人生论美学
与当代实践

"人生论美学与当代实践"全国高层论坛
论文选集

金　雅　聂振斌 / 主　编
刘广新　李　梅 / 副主编

中国社会科学出版社

图书在版编目（CIP）数据

人生论美学与当代实践:"人生论美学与当代实践"
全国高层论坛论文选集/金雅，聂振斌主编.—北京：
中国社会科学出版社，2018.5
　ISBN 978-7-5203-2653-7

　Ⅰ.①人… Ⅱ.①金… ②聂… Ⅲ.①美学—中国—
文集　Ⅳ.①B83-53

中国版本图书馆 CIP 数据核字(2018)第 112124 号

出 版 人	赵剑英
责任编辑	郭晓鸿
特约编辑	席建海
责任校对	李　莉
责任印制	戴　宽

出　　版	中国社会科学出版社
社　　址	北京鼓楼西大街甲 158 号
邮　　编	100720
网　　址	http://www.csspw.cn
发 行 部	010-84083685
门 市 部	010-84029450
经　　销	新华书店及其他书店

印　　刷	北京明恒达印务有限公司
装　　订	廊坊市广阳区广增装订厂
版　　次	2018 年 5 月第 1 版
印　　次	2018 年 5 月第 1 次印刷

开　　本	710×1000　1/16
印　　张	35.5
插　　页	2
字　　数	428 千字
定　　价	148.00 元

序 一

汝信

　　近年来，关于人生论美学的探讨与研究日益引起我国美学界的兴趣与关注，由浙江理工大学美学中心金雅教授发起组织，在杭州举行了多次学术研讨会，发表了不少值得重视的文章和专著。现在出版的由金雅、聂振斌共同主编的这一论文集，是 2017 年 6 月在杭州举行的"人生论美学与当代实践"全国高层论坛的相关成果，是继他们两位于 2015 年主编出版的《人生论美学与中华美学传统》后的又一该领域专门成果，从中可以看到目前我国美学工作者关于人生论美学研究的深度和最新成果。

　　人生论美学的基本精神自觉始于 20 世纪初的旧中国，新中国建立后一度沉寂，在 21 世纪重新崛起和发展，取得了引人瞩目的成就，这并非偶然，而是顺应了时代的需要。当前，我国美学研究面临的最重大任务是要大力构建有中国特色的美学理论体系和话语体系，这是有关我国社会主义精神文明建设和加强广大人民文化自信的一个重要环节，而人生论美学正是在这方面可以做出自己的贡献。我们能从人生论美学近年来的成长发展中得到以下一些有益的启示。

　　首先，构建中国特色美学理论体系和话语体系，必须从中国的实际出发，深深地扎根于中国文化沃土，紧密地联系现实社会生活，从中华民族悠久的优秀历史文化传统和丰富的文学艺术实践中吸取丰富营养，才能茁壮成长，开花结果。人生论美学之所以具有强壮的生命力，就是因为它不仅与中国传统哲学精神密切关联，又与千百年来的中国文化精神和艺术精神深度交融，富有民族特质，可以为中国特色美学理论的构建添砖加瓦，增强发展动力。

其次，人生论美学努力弘扬中华传统美学精神，绝不是意味着主张"复旧"，原封不动地照搬过去旧时代盛行的那一套理论和话语。历史告诉我们，人生论美学的产生在某种意义上也是"西学东渐"的结果，这一理论的首创者和开拓者从王国维、梁启超到朱光潜、宗白华、丰子恺等著名大师，无一不是既具有深厚的中国传统文化修养，又是我国最早接触和深入研究外国美学的学者。因此，他们能够吸收和借鉴国外美学研究的成果，与中国传统思想相结合，从而超越前人的窠臼，创造出一系列新理论、新观点、新概念、新方法，使我国美学研究面貌为之一新。今天，我们需要以马克思主义为指导，批判地继承传统美学遗产，取其精华，去其糟粕，弘扬优秀的中华美学精神，同时要以世界视野批判地吸收和借鉴全人类美学研究的一切积极成果，以创建中国特色美学理论。在这一过程中，已往的人生论美学也将在新的条件下获得创造性转换和创新发展。

最后，极其重要的是，与其他理论一样，人生论美学如要继续发展也必须与时俱进。近百年来，中国已经发生翻天覆地的变化，特别是当前中国社会历史发展到了全面建成小康社会的决胜阶段，中国特色社会主义进入了新时代。新时代有新气象、新作为，生活在这伟大新时代的中国人民是幸福的，他们过的是丰衣足食的小康生活，有新的理想、愿景和追求，有新的人生和价值观，有新的审美需求、趣味和审美活动。要深刻理解和解决新时代出现的美学问题，就需要学习和运用习近平主席新时代中国特色社会主义思想。因此，怎样使人生论美学适应新时代并得到进一步健康发展，真正成为一种中国化、时代化和大众化的美学理论，这是我们面临的一项新的重要研究课题。

以上是我有幸先读这一论文集后的一些粗浅的看法，仅供美学界朋友们参考。值此论文集出版之际，衷心祝愿它在广大读者中受到欢迎！也祝愿金雅教授及其领导的团队在这方面继续勇立潮头，做出更大的贡献！

2017 年 10 月

序　二

仲呈祥

　　金雅教授寄来即将付梓的《人生论美学与当代实践》书稿，并嘱我为之作序，这着实令我汗颜。此次论坛，我本拟与会学习，不料公务缠身，未能遂愿。书稿到手，爱不释手，喜读收入其中的数十篇论坛文稿，才扎扎实实地补了课，获益匪浅，感触良多，信笔记下自己的肤浅体会。

　　近十余年来，以金雅教授为领军人物的学术团队锲而不舍地高举"人生论美学"的旗帜，可谓登高一呼，应者云集，成果累累，已成气候。我是"人生论美学"的赞成者、信奉者，理由如次。

　　第一，"人生论美学"传承和弘扬了中华传统美学精神。

　　习近平总书记在著名的"四个讲清楚"中首要强调每个国家、每个民族都必须讲清楚自己独特的历史传统、文化积淀、基本国情，因而都有其特色的发展道路。建构民族美学和开展民族美育，也必须首先讲清楚中华美学的历史传统、学术积淀、基本国情，才能坚定地走有中国特色的美学、美育发展道路。应当承认，美学是 20 世纪初才从域外引进的现代理论学科，但这并不能说中华文化传统中此前就没有美学与美育思想。从儒家的"尽善尽美"到道家的"天地大美"，从代代相传、丰富多彩的各种文论、书论、乐论、画论到戏论，其间追求的人生伦理与自然伦理和谐交融的大美境界，其间聚焦于真善美张力贯通的大美情韵，其间蕴含的审美艺术人生动态统一的大美诗意，都为"人生论美学"所承接并提供了重要的思想学术资源。因此，"人生论美学"既植根于中华传统文化和中华传统美学精神的沃土，又接续着进入 20 世纪以来中国现代美学呈现出的如梁启超的"趣味说"、王国维的"境界说"、朱光潜的"情趣说"、宗白华的"情调说"、丰子恺的"真率说"等富有人生价值取向的学术积淀，是有中国特色、中国精神、中国风格、中国气派的美学美育理论主张和发展道路。

第二，"人生论美学"昭示了中华传统美学实现"创造性转化与创新性发展"的一条正确路径。

习近平总书记在中国文联十大、中国作协九大开幕式上的讲话中，强调要坚持以人民为中心的创作导向，坚持为人民服务、为社会主义服务，坚持"百花齐放、百家争鸣"，坚持实现创造性转化与创新性发展。这足见能否实现创造性转化与创新性发展是攸关当代文化建设的方向、道路、方针的一个重要问题。美学美育的当代构建也必须实现对中华传统美学的创造性转化与创新性发展。而真正实现"两创"，前提是必须对中华传统美学做到"两有"：有鉴别地对待，有扬弃地继承；并进而做到"两相"：与当代文化相适应，与现代社会相协调。这"两有""两相"到"两创"的正确路径都离不开"人生"。所以，在我看来，20 世纪五六十年代在我国开展的那场关于美学的大讨论，聚焦于"美是什么""美的本质"，总在形而上的概念层面思辨争论，并未跳出认识论美学的框架，当然也是有益的，于学术发展也有贡献，但承接的主要还是西方美学的研究路径和思维方式。之后，尤其是历史进入新时期以来，东西方文化八面来风，中国又相继出现了实践美学、新实践美学、生命美学、生态美学等学派，都从不同重点和侧面丰富和深化了对中国当代美学美育的研究，都是需要的，都功不可没。但是，比较起来，我以为"人生论美学"的提出，有利于令中国特色的当代美学美育研究和建构对中华传统美学美育精神实现"两有""两相"并进而实现"两创"，是既更具统领全局的宏观眼光，又更能紧密联系实现"两个一百年"的宏伟目标、实现中华民族伟大复兴的中国梦、促进人的自由而全面发展的人生实践。其现实意义与深远意义都不可低估。

第三，"人生论美学"紧扣"人生"，即以人为本、以人生为对象的美学研究贯彻了以人民为中心的工作导向和为人民服务、为社会主义服务的方向，因而具有强大坚实的研究对象和服务对象，具有广阔的研究空间和用武之地，前途未有限量。

"人生"者，涵盖了人与他人、人与社会、人与自然、人与自我的以人为本的整个生态，因此举起"人生论美学"旗帜就比单一地提"生命美学""生态美学""意象美学"更为全面、更为确当。而"认识论美学"和"实践论美学"都对，都有存在之必要，其"认识"和"实践"的主体皆为"人"，而"认识"和"实践"的都是主体与他人、与社会、与自然、与自我发生的关系即"人生"，所以，倒不如以"人生论美学"统而全之。这样，既上承中华传统美学精神，又更富时代特色和中国风格，且更趋科学、精准。不仅如此，"人生论美学"还有力地把美学美育研究从过去的书斋里彻底解放到现实鲜活的"人生"海洋里来，解放到人民群众的审美创造、鉴赏实践和艺术教育活动中来，解放到当今文学艺术创作与鉴赏的百花齐放的人生中来。"问渠那得清如许？为有源头活水来。"这就为当代中国美学美育

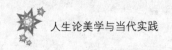

理论研究和实践注入了强劲的活力。

第四，"人生论美学"为创建中国现、当代美学美育理论和话语体系、创建中国美学学派，开通了一条充满希望和生气的大道。

"人生论美学"作为中国特色哲学社会科学和中国特色美学之一脉，必然要在中华传统美学宝库里汲取丰富的营养以"各美其美"，并注重学习借鉴西方美学经典中适合中国国情的有用启示以"美人之美"，并立足中国改革开放现代化建设的现实和人民的"人生"将两者交融整合创新以达到"美美与共"，从而创建出中国特色的中国现、当代美学美育理论体系和话语体系，创建出中国当代美学学派，为人类美学做出独特贡献。当然，一个真正意义上的学派的形成是需要历史和人民检验的。一是要有传承和渊源，"人生论美学"上承中华传统美学；二是要有代表性学者，"人生论美学"从孕萌于20世纪上半叶的梁启超、王国维、朱光潜、宗白华、丰子恺、方东美到自觉于20世纪末迄今的钟惦棐、聂振斌、金雅、陈望衡、马建辉、黄定华等；三是要有标志性的学术成果，"人生论美学"出版了《中国现代美学名家文丛》《中国现代美学名家研究丛书》《中国现代人生论美学文献汇编》《人生论美学与中华美学传统》《人生论美学与当代实践》等论著和金雅的《中华美学：民族精神与人生情怀》《人生艺术化与当代生活》、黄定华的《蒋孔阳人生论美学思想研究》等个人专著；四是要有读者群，"人生论美学"已经开始有了越来越多的关注它、传播它的读者群，尤其是青年读者群；五是要有代代相传的后继学者，且喜"人生论美学"两次学术论坛上已有越来越多的青年学者登台亮相……所有这些，都预示着"人生论美学"学术生气勃勃，前景辉煌灿烂。

习近平总书记殷殷期望我们："既要像小鸟一样在每个枝丫上跳

跃鸣叫，也要像雄鹰一样从高空翱翔俯视。"我深信："人生论美学"既能像小鸟一样深入"人生"细节捕捉并解析思想发现和审美发现；又能像雄鹰一样以与时俱进的中国化的马克思主义历史哲学意识，从高空翱翔俯视"人生"洞察真谛，为引领提升中华民族驾驭"人生"的精神修养和审美素质做出独特贡献！

以文化人，以艺养心，以美塑人，重在引领，贵在自觉，胜在自信。"人生论美学"当作如是观。

权且充序。

2017 年 7 月 17 日定稿

目　　录

人生论美学与中国美学的学派建设　　　　　　　金　雅　1

人生理想与美感—艺术教育　　　　　　　　　　聂振斌　28

关于推进"人生论美学"研究的思考　　　　　　王元骧　45

趣味与人生：人生论美学的一种维度　　　　　　陈望衡　63

人生论美学与生活实践的审美尺度　　　　　　　马建辉　77

审美与人生　　　　　　　　　　　　　　　　　王旭晓　93

"乐生"与"游世"：中国人生美学的两大原型　　徐碧辉　109

"人生论美学"与古典美学的现代化　　　　　　何卫华　122

当代人生论美学建构中的情感之思　　　　　　　寇鹏程　135

王国维"大文学"观的人生论美学意义及当代启示　朱鹏飞　151

王国维"境界"说的人生论美学意蕴及其当代意义　孟群星　165

从《为学与做人》看梁启超的人生论美学观　　　张　依　173

梁启超的"美术人"说与当代育人实践 　　　　王　宇　185

李石岑以尼采人生哲学改造中国传统的美善论 　　宛小平　195

华严境界：宗白华艺术"意境"说的人生论
　　美学意向 　　　　　　　　　　　　　　李瑞明　212

宗白华"动静"观的人生美学意蕴与当代
　　生活实践 　　　　　　　　　　　　　　陶优奕　228

宗白华的"同情"说与当代生活实践 　　　　李明慧　239

"赤子之心"与朱光潜人生论美学思想的实践意义 　胡　海　247

朱光潜"情趣"说的人生论美学内涵
　　及其当代美育实践启示 　　　　郑玉明　刘广新　265

论朱光潜人生论美育思想中的成长关注 　　　　肖　泳　281

丰子恺的"真率"人生论美学思想与当代
　　艺术实践 　　　　　　　　　　　　　　李　梅　290

丰子恺漫画的人生审美观照 　　　　　　　　白艳霞　306

丰子恺艺术教育思想与人生论美学 　　　　　卜凌冰　314

论丰子恺"艺术心"的人生论精神与时代意义 　田　瑞　324

范寿康艺术人格论与当代人生美育实践 　　　潘玲妮　335

吕澂的审美人生观及其当代生活实践意义 　　余骏迪　345

蒋勋的人生论美学观刍议 　　　　　　　　　王　泉　356

《文心雕龙》与中国文论成熟期文学人
　　生话语的建构 　　　　　　　　　　　　吴中胜　373

康有为的人生美学及其艺术追求　　　　　　　　祁志祥　393

"那我们来朗读吧!":人生论美学的美情传播与
　　价值引领
　　　　——董卿《朗读者》的样本意义　　　　　廖卫民　408

从心所欲不逾矩
　　　——人生艺术化与书法之境界　　　　　　　莫小不　426

人生论美学与松竹体十三行新汉诗实践　　　　　　黄永健　444

人生论美学指引下的大学美育漫议　　　　　　　　陈元贵　459

人生论美学与当代音乐教育的民主精神　　　　　　陈　芸　469

中小学艺术培训机构的人生审美教育　　　　　　　张贵君　483

人生论美育与职业院校艺术设计教学实践的创新　　李　琦　493

论古代思乡情怀中的人生论美学意趣　　　　　　　蔡堂根　503

培育人生的"艺术家"　　　　　　　　　　　　　崔一贤　511

附录

中国社会科学院学部委员汝信先生贺信　　　　　　　　　516

著名文艺美学家杜书瀛先生贺信　　　　　　　　　　　　517

著名美学家朱立元先生贺信　　　　　　　　　　　　　　519

论坛主办单位浙江理工大学副校长陈文华先生致辞　　　　520

论坛主办单位中华美学学会会长高建平先生致辞　　　　　523

论坛主办单位中国文联文艺评论中心主任庞井君先生致辞　526

论坛主办单位《社会科学战线》主编陈玉梅女士致辞　　　530

论坛协办单位代表东南大学艺术学院院长王廷信先生致辞　　533

论坛嘉宾代表中国文联副主席陈振濂先生致辞　　535

论坛嘉宾代表中国艺术研究院研究生院党委书记
　李心峰先生致辞　　539

论坛嘉宾代表王国维先生重孙王亮先生致辞　　542

《艺术百家》论坛综述　　545

后　记　　551

人生论美学与中国美学的学派建设

摘 要： 人生论美学是深蕴中华文化特质的美学学说之一。其理论基础，直接源自民族文化的诗性内核。其理论创化，吸纳融汇了中西古今之滋养。其思想精神，聚焦于审美艺术人生、真善美、物我有无出入、审美创美诸关系的张力统一和诗性交融所创化的大美情韵、美情意趣、美境创构。人生审美情趣，中国古已有之。人生论美学的理论建设，则孕萌于 20 世纪上半叶，自觉发展于 20 世纪末迄今，是民族文化学术和社会时代发展在美学领域的一种逻辑生成。简单套用一种现成的西方美学学说，是难以框范和裁剪人生论美学的理论内涵和学理特质的。人生论美学的人文性、开放性、实践性、诗意性等维度，使其呈现出极强的理论成长空间和现实针对性。对人生论美学的发掘阐发和研究建构，是当代中国美学学派建设的重要课题之一。

关键词： 人生论美学；中国美学；学派建设；文化特质；西方美学

---

* 作者单位：浙江理工大学中国美学与艺术理论研究中心。

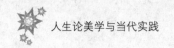

中国有没有自己的美学，这是长期以来困扰中国美学界的难题之一。肯定派认为，中国自先秦以来，就有关于"美"的思想和文字，所以中国是有自己的美学的。否定派认为，美学是 20 世纪初从域外引入的现代理论学科，中国没有自己学科意义上的美学。这种争议的实质，不仅是中国有没有自己的美学的问题，还隐含着中国美学有没有自己的学派的问题。如果说中国有自己的美学，那么我们的美学，区别于西方美学的理论内涵和学理体系是什么？我们的美学学派，区别于西方美学学派的话语特征和理论特质又是什么？

上述问题的提出，不管答案何时能够令人满意，都呈示出一个事实，那就是中国美学自我意识的觉醒。这种觉醒，其意义不只在美学的民族学术话语层面，还意味着对美学的民族学派的呼唤。如何通过美学的话语建构和学派建设，推动中国美学对于世界美学的原创性贡献，推动世界美学大家庭的多元对话、互学互鉴、精神共融，成为今天中国美学发展不容回避的基本课题。

一

中国美学发展的历程，既是一部古今文化交替和中西文化交融的历史，也是一部民族美学淬火涅槃的历史。中国美学学派的自觉建设，始自 20 世纪初启幕的现代美学，初呈于 20 世纪后期迄今，影响较大的，主要有认识论美学、实践论美学、生命美学、生态美学等。此外，现象学、本体论、存在论、形式论、主体论等西方思潮，在中国当代美学中也开枝散叶，产生了诸多影响。这些学派或思潮，具体的观点、立场各异，但它们有一个共同的特点，就是其哲学基础，主要来自西方。其中，认识论美学、实践论美学、生命美学、生态美学等，都不同程度地在西学基础上融入了本土文化，取得了较为丰硕且具一定特点的理论成果。

认识论是西方哲学最为古老而重要的理论基石之一。认识论美学也是当代中国美学最为重要最具影响的学派之一。20世纪五六十年代名噪一时的美的本质的论战，主要就是在认识论美学的框架内展开的。吕荧、高尔泰等主张美是主观的。吕荧提出了"美的观念"的命题，认为美的本质就是"作为社会意识形态之一的美的观念"[1]。高尔泰明确提出"客观的美并不存在"[2]，"美与美感，实际上是一个东西"[3]。与之相反，蔡仪作为客观派美学的重要代表，强调"美学的根本问题就是认识论的问题"[4]；"美感根本上就是对美的认识"[5]；"客观事物的美的性质是它本身所固有的客观性质"[6]。调和两者的，是以朱光潜为代表的主客观统一论。他认为："美是客观方面某些事物、性质和形状适合主观方面意识形态，可以交融在一起而成为一个完整形象的那种性质。"[7]认识论美学在20世纪下半叶发展为以审美反映论为中心的理论主张，体现出某种强大的生命力和不容忽视的影响力。钱中文、童庆炳、王元骧、杜书瀛等都是该学派的重要拥趸者。钱中文提出了"审美反映的创造性本质"[8]，认为"审美反映是一种灌满生气、千殊万类的生命体的艺术反映""可使主客观发生双向变化"[9]。王元骧反对将认识与情感截然割裂，认为"在审美反映过程中，它的内容不是直接以认识成果的形式反映在作品之中，而是从作家的态度和体验中间接地折射出来"[10]。他力主"审美反映"不是"实是"，而是"应是"，认为反映的内容"包含着这样两个方面，即'是什么'和'应如何'"[11]。这些观点呈现出向生命、体验、创造、意义等维度的开放，是对传统认识论美学的某种理论深化和自我超越。

实践论美学在当代中国美学发展中的重要意义毋庸置疑。实践论美学以马克思主义实践唯物论为理论基础，初成于 20 世纪五六十年代，至 20 世纪 80 年代声誉日隆，在很长一段时间里都是中国当代美学中具有主导地位的学派。李泽厚无疑是我国实践论美学最为重要的代表人物，也是当代中国美学迄今最具影响力的人物之一。他提出和阐释了审美活动中的"自然的人化""积淀说""情本体""新感性"等一系列重要命题和概念。他的著作《美的历程》《美学四讲》《华夏美学》等体现了厚实的理论功底、深广的历史视野、良好的思辨能力，自问世以来一直是众多中国美学研究者和爱好者的入门书和必读书。实践论美学流派中比较有影响的学者，还有蒋孔阳、刘纲纪等。蒋孔阳提出了"美是劳动的创造"和"美是一种多层累的突创"等命题[12]。实践美学在 20 世纪 80 年代末至 90 年代初，开始走向后实践美学，主要代表人物有杨春时等。杨春时提出了"后实践美学"的概念，构成了对实践美学的批判与超越。此后，朱立元、邓晓芒、张玉能、彭富春等提出了对"后实践美学"的质疑，形成了"新实践美学""实践存在论美学"等后实践美学之后的开放景观。实践美学及其引发的论争，是当代中国美学理论建设中最富思辨活力的场景之一，但无论是实践美学还是后实践美学及其后继者，美学的理论生命力最终还是靠审美实践本身来检验。是否真正切入了中国大众的审美实践，是否切实回答了当代中国审美的具体问题，这恰恰是任何美学学派都需面对和解决的关键所在。

生命美学在当代中国美学发展中有着重要的位置。生命美学在中国美学的理论自觉与学派建设中，是很值得辨析和研究的。后实践美学也将其纳入自己的麾下。事实上，中华文化本身就是非常重视生命的。"生生"是中国古典哲学的精髓之一，但作为学科意义上的生命美学，很难说是中国古典美学的命题。学科意义上的生命美学，主要还是西方现代美学中的命题。对于"生命"的理解和定位，在中西文化中，几乎有着根本性的差异。中华文化很早就体现了对生命的自觉，但这种自觉，主要是一种道德理性的自觉，即把生命主体视为具有道德规定的人。这种"人"，与天地同化，与万物并生，对自然、他人、社会负有自觉的责任。因此，这个"人"，从来就不可能从纯粹个体的心理去解读，也不可能落脚于纯粹生理的层面。而对于西方文化来说，"生命"就是那个独立的"我"，是"我"的最真实的肉和灵。对"我"的唯一性与本然性的张扬，形成了西方生命美学凸显个体欲望和身体解放的显著特点。生命美学在西方的亮相，甚至就伴随着潜意识、欲望等的登场。可以说，中国古典美学思想中，并不乏对生命审美的凝思，但与西方意义上的生命美学，实质上却大异其趣。20世纪始，以柏格森为代表的西方生命哲学引入，对20世纪上半叶中国现代美学的建设产生了巨大的影响。被冠以"生命美学"的美学家，重要的有宗白华、张竞生等。宗氏探究生命的"情调""意境"，张氏宣扬生命的"美流""美力"，内中意趣则颇相径庭。20世纪晚期，国内对"生命美学"进行自觉建设且较具代表性的，首推潘知常。他直接亮出了"生命美学"的旗帜，认为"美学即生命的最高阐释"，审美活动是"人类生命的最高表现"和"普遍形式"，强调"美学倘若不在人类自身的生命活动的地基上重新建构自身，它就永远是无根的美学，冷冰冰的美学"[13]。21世纪伊始，姚全兴提出了"生命美育"的主张，认为生命美育是"最基本的美育"，和素质教育、终身教育紧密联系[14]。生命美育体现了生命美学的实践拓展。当代中国美学中的生命美学思潮，吸纳了中西滋养，呈现出较为活跃的状貌，但也体现出一定的复杂性，需要进一步结合本土实践予以系统深入地建设。

　　生态美学与西方的生态存在论哲学、深层生态学、生态批评、环境美学等渊源颇深，在当代中国美学建设中有着长足的发展，并且与本土文化产生了较好的交融。中国古典文化，虽然没有打出"生态"的旗帜，实则深深地潜蕴着生态的理念和维度。中国文化讲的天人合一，可说是最彻底的生态论。曾繁仁、徐恒醇、袁鼎生、程相占等学者，都力倡生态美学的研究和建设。生态美学是 20 世纪 90 年代中期以来最具实绩和影响的中国当代美学学派之一。据曾繁仁考证，生态美学是 1994 年由中国学者李欣复首次提出的[15]。而中国生态美学学者中，用力最勤成果最为丰硕的，首推曾繁仁。曾繁仁提出要建构具有中国特色的"当代生态存在论审美观"[16]，提倡一种广义的生态美学。他把人与自然、与社会、与他人、与自身的关系都纳入生态美学的视野中，倡导动态和谐的生态整体审美观，即大生态审美观。这种思想与他在美育中倡导"生活艺术家"的大美育观，有着内在的共通点。袁鼎生提出了"生态美场"的概念，并进而提出"依生""竞生""共生""衡生"等生态审美范式和审美理想。曾氏和袁氏还致力于生态美学学术团队的建设，功不可没。生态美学是当下中国美学领域最为活跃的思潮之一，且呈现出研究队伍的日渐扩大，与西方美学积极对话的趋势，令人欣喜。

　　值得注意的是，20 世纪以来中国美学的一些重要理论家，应该说很难将他们锢于某一派，只能说他们主要归于哪一派，或某个阶段主要归于哪一派。像朱光潜，谈认识论美学要提到他，谈实践美学也要提到他，他也是人生论美学思想的代表人物之一。这既是中国现、当代美学家思想本身的开放性，也体现了美学问题本身的复杂性和活力。对美的研究和体认，其生成演进的过程，就是人类思想、精神、韵致的多元而精彩的绽放。于个体，于学派，莫不如此。

二

20 世纪以来，中国美学发展的历史图谱中，许多重要的美学学派或思潮，主要都以西学作为理论基础。较具民族渊源且影响较大的，首推叶朗先生力主的意象美学。"意象"的范畴，中西均涉。"意象"一词在中国典籍中，很早就有运用，真正作为美学和艺术范畴，则主要始于唐代。作为对中国艺术非常重要的一种形象形态、思维特征、表现方式的概括，在中国古典文论中并没有出现系统专门的研究论著，这与中国古典文论偏于品评赏鉴的形态特点密切相关。同时，在中国古典文论中，"意象""意境""境界"三个概念，也一直交叉并用，未定一尊。20 世纪 80 年代以来，经过叶朗先生的倡导，"意象"研究日渐活跃，但成果主要散见于单篇论文和一些著作的章节，大量的是结合作品的品鉴评析。这种状况使得意象美学作为对中国美学重要特色的一种理论概括，虽有一定的共识和较为广泛的影响，但总体上缺失相匹配的系统阐释和专门建构。而"意象"范畴本身，其主要侧重于对艺术特别是中国古典艺术形象特征的一种概括，在客观上也限制了意象美学在当代理论创造和实践应用上的拓展空间。在《意象美学》一书中，叶朗先生说："至今我们还找不到一个体现 21 世纪时代精神的、体现文化大综合的、真正称得上是现代形态的美学体系。"[17] 可见他对意象美学所达到的理论高度是有自己的客观判断的。他的《意象美学》从首章"美是什么"（美在意象）始，到末章"审美人生"（人生境界）终，也呈现出一种由艺术衍向人生、从艺术进至人生的思维路向，一种基于意象又力图超越意象的理论意趣[18]。意象美学面对当下实践的发展，如一味固守古典规范，似会有一种理论认知和实际应用的错位尴尬。其突破与发展，必然要走出古典意象

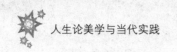

论的范围，吸纳中西美学特别是现代美学发展的新成果，切入鲜活而丰富的当代实践，既继续发挥其阐释中华艺术形象特征的所长，也拓向更为广阔的当代实践天地。

人生论美学也是颇具中华文化特质的美学学说之一。人生论美学的理论基础，直接源自民族文化的精神内核。中华文化的根基，既非认识论，也非实践论，而是人生论。与西方文化不同，中华文化在始源上，并不叩问宇宙的本质，也不自命为万物之上帝，而是温情于生。这个"生"既是最具体的人的生命、生存、生活，也是最鸿渺的天地万物。中华文化即大即小，即实即虚，即入即出。中华文化的胸怀实实在在地拥抱着生命、生存、生活，既是具体而微的人生，也是诗意超逸的人生。中华文化既倡扬爱生、护生、惜生，又倡扬大我、无我、化我，在物我、有无、出入中自在、自得、自由。由此，人生论美学既不同于认识论美学对真的倚重，也不同于实践美学对善的思辨，而聚焦于审美艺术人生动态统一、真善美张力贯通所创化的大美情韵和美情意趣。人生论美学也有别于生命美学的非理性维度、生态美学的自然维度，而强调"知情意"和谐统一、"物我有无出入"诗性交融所开掘的美境创化。人生论美学由纯审美和纯艺术的品鉴向着创美审美相谐的诗性美境的创化，既是对中国古典美学尽善尽美的一种扬弃，也是对西方经典美学审美独立论的一种超越。笔者以为，简单套用一种现成的西方美学学说，是难以框范和裁剪人生论美学的理论内涵和学理特质的。

中华古典美学没有人生论美学的自觉理论建设，但中华古典文化有着浓郁的人生情韵，源远流长。中华古典人生审美情韵，为人生论美学的现代创化与理论建构，提供了重要的精神渊源。儒家的"尽善尽美"和自得之乐，道家的"天地大美"和逍遥之乐，均不尚粹美、纯美、唯美，其中所追求的社会伦理和自然伦理相洽的理想境界，潜蕴着人生审美化的内在情韵，具有中华文化独有的诗性因子，是人生论美学思想的重要渊源。

20世纪初年，西方美学东渐，直接推动了中国美学的理论自觉和学科建设。中国现代美学从西方美学所接受的最为重要的影响之一，就是对于美和真的关系的科学认知。中国现代第一代重要美学家，几乎都将中国古典美学尽善尽美的核心理念与西方美学以真证美的现代精神相结合，结合20世纪初年中国社会的现实，以极具民族特色的角度和立场，以恢宏的视野和高度的自信，开始重新阐释富有时代和民族气息的真善美关系论，审美成为基于真善而高于真善的一种富有人生价值旨向的精神追求。20世纪上半叶，中国现代美学呈现出人生论意识的初步孕萌，在基本精神、理论视野、范畴命题等主要领域，都取得了令人瞩目的成果。中国现代人生论美学家群星璀璨，可以列出梁启超、王国维、朱光潜、宗白华、丰子恺、吕澂、邓以蛰、王显诏、李安宅、方东美等长长的一串名单，他们所呈现的深邃高逸的思想情怀和生机蓬勃的理论创造力，迄今都是中国美学与文化发展的一种高度和标识。梁启超的"趣味"、王国维的"境界"、朱光潜的"情趣"、宗白华的"情调"、丰子恺的"真率"、方东美的"生生"等，构筑了中国现代人生论美学思想的绚烂世界，它们共同指向了审美艺术人生、真善美、物我有无出入、审美创美诸关系的张力统一和诗性内核，从而为人生论美学民族学说的创构奠定了核心精神品格和基本理论视野。

20世纪下半叶以来，在西学几乎一统天下的中国美学语境中，人生论美学未绝其缕，有所承化。如实践美学的代表人物之一蒋孔阳，审美教育和生态美学的代表人物之一曾繁仁，审美反映论的代表人物之一王元骧；等等，均体现出人生论的某些思想、立场、方法或转化，这使得他们的美学思想，在整体上呈现出一种既复杂又开放的样态。如蒋孔阳，其本人并没有提出"人生论美学"的概念。1999 年，蒋氏逝世当年，他的弟子郑元者即在《复旦学报》刊文《蒋孔阳人生论美学思想述评》，将蒋氏的美学思想成就总结为"建立起以人生相为本，以创造相为动力，以美的规律和生活的最高原理为归旨的人生论美学思想体系"[19]。步入 21 世纪，蒋氏的另一弟子张玉能在《东方丛刊》发文《审美人类学与人生论美学的统一》，提出："随着中国当代美学的成熟，20 世纪八九十年代中国美学却正在向人生论美学回归。其标志就是蒋孔阳先生的《美学新论》的出版，此一著作标志着蒋先生的美学体系的变化逻辑：实践论美学—创造论美学—人生论美学。"该文还指出："人生论美学这个中国传统美学的优长之处，由于西方哲学美学的移置而被中断或淡漠了。"强调"实践美学在当代中国的进一步深入和发展，应该走向审美人类学和人生论美学的统一"。[20] 2012 年，张玉能的弟子黄定华出版专著《蒋孔阳人生论美学思想研究》，提出蒋氏美学以"人是世界的美"为总命题；"蒋孔阳关于美的本质论、美感论、美学范畴论、审美教育理论以及艺术论，共同形成了他完整的美学思想体系，这个体系始终由一根红线贯穿，那就是人和人生，因此，我们把蒋孔阳的美学思想称为人生论美学思想"。[21] 曾繁仁是我国当代审美教育和生态美学的领军人物，他力主大美育观和大生态观，倡导"生活的艺术家"的培育。应该说，他的整个美学思想是潜蕴着人生论的价值向度的，其相关思想观点也是当代人生论美学的重要资源之一。如他认为，美育理论的产生本身就是"美学领域由认识论美学到人生论美学"的反映[22]。"西方美学从 1831 年以后，逐步发生一种由思辨美学到人生美学的'美育转向'，到 20 世纪更为明显"；"从尼采直至当代，人生美学基本成为整个西方美学的主调"。[23] "美育的根本任务是培养'生活的艺术家'"[24]与蒋门弟子将人生论美学视为蒋氏美学思想新发展的基本立场相通，王元骧的弟子也明确研讨了王氏美学思想的人生论转向。2014 年，王氏弟子李茂叶发表《关于王元骧"人生论美学"的哲学思考》，将王氏的美学研究内容归纳为四个方面，其中之一就是"对审美与人的生存之间的关系等问题的探讨"，并认为"近几年他（指王）由探讨美学中的基本问题和个案研究逐渐转移到对美与人的生存""对人的关怀和对社会现实的介入"[25]。同年，王氏另一弟子苏宏斌发表《试论王元骧文艺思想的人生论转向》，认为"王先生文艺思想的人生论转向是其原有理论在社会现实推动之下发生蜕变的结果"，并认为王这一转向的时间为 21 世纪初。[26]王元骧本人也体现出对这种学术转向的自觉追求。2010 年，王元骧参加了《学术月刊》组织的"人生论美学初探"专题讨论，发表《美：让人快乐、幸福》，提出"美学就其性质来说不是认识论的，它不只限于艺术哲学，而是属于人生论、伦理学的"[27]。2011 年，他与弟子赵中华合作，发表《关于"人生论美学"的对话》。他在文中更为明确地提出："'人生论美学'就是从人生论的角度来探讨美对于人生的意义，具体说也就是对于提升人的生存的价值，使人具有自己独立的人格而成为真正自由的人的作用的问题。"[28]

中国当代美学思潮中，近年兴起的生活美学，可能是最接近于人生论美学的一种理论表述[29]。在英文中，单词 life 有着生命、生活、生存、人生等多种含义。生活美学的表述，从其思想源头说，应溯自 19 世纪末西方现代美学与艺术思想的"唯美主义"思潮。"唯美主义"主张"艺术美高于一切""艺术先于生活",倡导"为艺术而艺术""为艺术而生活",追求"形式至上"的艺术趣味和"刹那主义"的生活态度,以此来对抗庸俗的现实。唯美主义的"核心思想就是提倡生活的艺术化"。[30]其代表人物佩特、莫里斯、王尔德等,热衷于种种居室的美化、日用品的形式美改造、唯美的装扮行头等。崇尚艺术自律和精英主义的唯美主义,可以说是最早走向日常生活审美化和现代消费文化的。进入 20 世纪以来,西方哲学"出现了明显的'生活论'转向"[31],西方现代后现代诸多美学和艺术思潮也相继出现了种种生活论的转向,实用主义美学、身体美学、生存美学,行为艺术、大地艺术、装置艺术,都在呈现一种"重新进入生活"和"回归'生活世界'"的倾向[32]。1914 年,达达主义的代表人物杜尚"直接将一个供出售的瓶架贴上了艺术的标签,也就是在艺术史上第一次将日常用品拿来直接当作了艺术品"[33]。"生活即审美"正在模糊"艺术、审美与日常生活的边界"[34],成为一种"审美生活"或"日常生活审美化"的西方现代后现代样态[35]。但生活和审美,不可能完全同一或直接相互取代。生活美学和人生论美学,也不能直接等同。"生活美学"对"活生生""平民化""回归现实生活"的倡导[36],对人生论美学的建设也具有重要的启益。两者的对象、方法、立场等虽非截然对立,但在研究视野的广度、研究方法的综合、研究立场的取向上,是有区别的。从理论意识而言,"生活美学"的命名主要突出了研究对象的前置,以对象来导引方法和立场;"人生论美学"则以方法前置,以方法来导引对象和立场,从而使得后者更具理论意识和价值态度,也拓展了更为广阔的研究视野。国内生活美学的重要倡导者刘悦笛主张把"生活美学"这个概念英译成"Performing Live Aesthetics",显然这个"Performing"的限定增加,可以更好地体现理论的立场，应该说是一种智慧的选择[37]。实际上，"生活"和"人生"的考量，在20世纪上半叶的中国知识界，就已经发生过。随着西方哲学、美学、艺术思想的东渐，20世纪20年代，生活艺术化及其相近表述，在中国知识界开始流行。1920年，田汉在给郭沫若的信中使用了"生活艺术化"的概念，用以翻译Artification，是目前所见较早的[38]。嗣后，20世纪二三十年代，郭沫若、江绍原、赵景深、吕澂、李石岑、张竞生、周作人等，或使用了"生活的艺术化"的表述，或使用了"美的生活""美的人生""人生的美术""人生的艺术化""生活的艺术""艺术的生活化"等等相近相关的表述[39]。值得注意的是，其一，1921年，梁启超在《"知不可而为"主义与"为而不有"主义》一文中也用了"生活的艺术化"的表述，但对其精神旨趣进行了民族化的改造，成为一种"知不可而为"与"为而不有"相统一的不有之为的"趣味"精神的阐释[40]。其二，1932年，朱光潜在《谈美》中用"人生"取代了"生活"，以"人生的艺术化"来系统阐发一种"无所为而为"的"情趣"精神，既与梁启超的趣味精神相承化，也吸纳了西方现代心理美学等成果[41]。20世纪三四十年代，"人生的艺术化"的表述逐渐定型，为当时中国的知识群体所广泛接纳。特别是宗白华、丰子恺等，主要承化梁朱一脉，共同丰富发展了这一命题。"人生的艺术化"命题的建构、定型、阐发，对中国现代人生论美学思想基本精神向度和内在价值意趣的奠定具有极为重要的意义，也凸显了中华文化吸纳、消化、新构的能力。这个融汇中西而又富有民族特色的理论表述，成为中华美学思想内涵和理论精神的一种重要民族化概括，对人生论美学的民族理论建构，产生了直接而重要的影响。

三

与 20 世纪上半叶人生论美学思想取得的丰硕成果相比，20 世纪下半叶我国人生论美学的发展，从整体上看有一定的泥滞状态。这种状况，进入 21 世纪后，渐趋回暖。21 世纪以后，尤其是 21 世纪的第二个 10 年以来，随着民族优秀文化资源的价值日益得到重视，富有民族精神内质的人生论美学也重回人们的视野。人生论美学的理论自觉与相关建设渐引关注，在一定程度上形成了某些共识。

2010 年第 4 期《学术月刊》，以"人生论美学初探"为题，发表了一组专题讨论，共 3 篇文章，分别为王元骧的《美：让人快乐、幸福》、王建疆的《建立在审美形态学基础上的人生美学》以及笔者的《人生论美学的价值维度与实践向度》。该刊专门为这组稿件加了编者按："从人生论的观点来看待美是中国传统美学思想的特点。20 世纪，西方美学由王国维介绍到中国以来，也被许多研究者把它与解决社会人生的问题联系起来思考。只是到了 50 年代，受苏联美学的影响，才转向认识论视界，把它等同于艺术哲学，导致美学研究日趋高蹈和狭隘。今天回顾和总结百年来中国美学研究走过的道路和经验，在当代意义上重新探讨人生论美学的价值、形态和意义，对发扬中国现代美学的优良传统，建设符合我们时代所需的美学学科，具有重要的意义。"[42] 作为"初探"，这组稿件在观点和论证上，并非无懈可击，甚至各文在标题上也未统一亮出"人生论美学"的概念，但整组稿子以"人生论美学"为总题，作为一种引领性的学术探索，其立场和意义，已然自明。

2011 年第 1 期《社会科学辑刊》，在"美学与人生建设"的总题下，推出了包括聂振斌《艺术与人生的现代美学阐释》、郑玉明《人生苦难与审美拯救》、朱鹏飞《美学伦理化与"人生论美学"的两个路向》和笔者的《梁启超趣味人生思想与人生美学精神》在内的 4 篇论文。聂振斌的论文提出"咏叹人生是中国艺术的根本主题","礼乐的艺术——审美形式成为中华民族爱美心理形成的根源之地",并探讨了中国现代文化在理论上对这一传统的弘扬[43]。郑玉明的文章强调了从日常生活实践出发,关注苦难与超越的永恒人生美学命题[44]。朱鹏飞的文章比较了西方美学的尼采之路和伯格森之路,倡导美学走向与伦理结合的高扬超越性人文价值的积极人生论美学[45]。笔者的《梁启超趣味人生思想与人生美学精神》以梁启超为个案,认为梁启超的趣味人生学说是一种将审美、艺术、人生相统一的大美学观,对中国现代人生美学精神的建构和演化产生了深远影响[46]。这组文稿虽未明确以"人生论美学"命名,但其主题和精神都是属于"人生论美学"的。

2014 年 11 月 19 日,《光明日报》刊发潘玲妮、郝赫撰写的《人生论美学与中华美学传统》,对当年 11 月 2 日在杭州召开的"人生论美学与中华美学传统"全国高层论坛的情况予以报道总结。提出了论坛的主要学术成果:一是"明确人生论美学的理论概念,提出和进行基本学理建构";二是"发掘中国现代美学名家的人生论思想学说,梳理人生论美学的现代民族资源";三是"整理中国和西方的人生论美学思想资源,发掘其对当下人生论美学建构的启示"。该文引述拙见,强调人生论美学"是中国美学自己的民族化学说,是中国美学最具特色和价值的部分之一";应加强系的学理建设,应从理论上辨析"人生论美学"和"人生美学"的概念,"后者重在研究对象的性质,前者则突出了理论意识,具有方法论的意义。'人生论美学'可以用自己的学理原则来全面研究审美中的各种现象与问题,包括对自

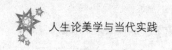

然、人、艺术、生活中的各种审美活动、审美现象、审美规律的研究"[47]。此次论坛，学术氛围浓郁，取得了一定的探索性成果。

2015 年 10 月，中国言实出版社出版了聂振斌先生和笔者共同主编的《人生论美学与中华美学传统——"人生论美学与中华美学传统"全国高层论坛论文选集》，集子遴选收入论坛论文 38 篇[48]。其中部分论文在文集出版前为各期刊先行刊用，及为《新华文摘》《复印报刊资料》等全文转载。笔者的《人生论美学传统与中国美学的学理创新》首刊于《社会科学战线》2015 年第 2 期，论文首次尝试对中华人生论美学的民族特质予以系统的理论概括。文章认为审美艺术人生动态统一的大美观、真善美张力贯通的美情观、物我有无出入诗性交融的美境观，既是人生论美学的民族精神特质，也是当下中国美学学理创新的重要路径[49]。聂振斌的《人生论美学释义》首刊于《湖州师范学院学报》2015 年第 5 期，文章认为"人生论美学"的提出，是中国现代美学研究的创新之点，也是与中国古代美学密切相联的传承之点，其研究内容涵盖审美、艺术、人生关系三个方面，即人的生命活动和艺术的生命精神、生活与生活的艺术化、生存环境和生态环境美、文化理想与艺术——审美境界[50]。马建辉的《人生论美学与审美教育》首刊于《社会科学战线》2015 年第 2 期。该文认为人生论美学的关键之一就是参与人生或建构人生的取向，审美教育是人生论美学的题中之义[51]。整部文集涉及了人生论美学的概念、渊源、精神特质、理论特征、价值取向、实践意义与审美教育的关系、与当代艺术的关系等多方面问题，也具体讨论了梁启超、王国维、朱光潜、宗白华、老庄、朱熹、罗斯金等的相关思想学说。此文集是迄今第一部公开出版的以"人生论美学"命名的专题文集[52]。

2010 年迄今，人生论美学的建设伴随着对中华美学精神传统的再发掘，出现了令人欣喜的新面貌。20 世纪上半叶我国人生论美学的成果，主要表现为人生论美学精神的初步确立，以及相关学说、范畴的初步创构。此后，经历了 20 世纪下半叶的相对沉寂后，2010 年后，人生论美学迎来了学科意义上的学理自觉。其突出特点，是将人生论美学自觉作为中华美学源远流长的精神传统与民族话语之一，开始系统而有步骤的资源梳理、理论阐释、学理建构、实践探研。当然，这个工作现在来看还只是开始。但我们有理由期待，人生论美学的独特资源，因为深植于民族哲学文化的沃土，深融于民族精神心理的内核，深切于社会人类发展的期许，是可以在当代传承创化中，开出璀璨的思想花朵，结出丰硕的理论果实的。

<h2 style="text-align:center">四</h2>

任何创新都不是无源之水。中国现代美学是人生论美学的思想沃土，也是当代人生论美学建构的直接资源，但是中国当代人生论美学的建设，不能机械地"照着讲"，而要在扬弃中"接着讲"。我们可以传承前人的精神、方法、立场，以及概念、范畴、命题、学说等一切可以为今天所用的东西，但我们需要直面今天的语境，面对当下的现实，创造性地弘扬发展，从而使理论真正具有面对实践发言、引领实践发展的生命力。

人生论美学理论意识的自觉、民族资源的整理、话语体系的建构，在今天仍有许多基础的工作要做。甚至可以说，真正从理论上自觉和系统地建设，还仅是启幕。

人生论美学不能简单地等同于生活美学或生命美学。"人生"与"生命""生活"等概念，既有一定的交叉，又有不同的内涵。"生命"的概念，人和动物共用，其基础是生理的肉体的维度。"生活"

的概念，个体和群体共用，其基础是生存的日常的维度。"人生"的概念，专门指涉人，但又扬弃了人的个体限度，而全面呈现了人的个体生命及与自我、与他人、与自然等关联所产生的丰富意义及其具体性。人生论美学视野中的人，是扬弃了感性与理性、生理和精神、个体和社会的分裂的活生生的完整的人。与"生命"和"生活"的概念相比，"人生"的概念不否弃生理的肉体的维度，不否弃生存的日常的维度，但又将自己的理论规定探入了人与动物生存的差别性，探入了人与世界关联的超越性。作为一个理论概念，以"人生论"来界定一种中国美学的理论创构，来阐发一种中华美学的理论精神或理论传统，可能是比"生活""生命"的界定更贴近中华文化统合的、人文的、诗性化的内质的一种表述，也是比仅用"人生"的表述更具理论意识、方法论立场、价值论意向的一种表述。

人生论美学也不能简单等同于伦理学的美学，它不仅要研究美与善的关系，也要研究美与真的关系。准确地说，它是要超越一切孤立地对待真美关系或善美关系的美学研究方法，而要将真善美的立体张力关系纳入自己的视野。由此，它必然不是单纯地研究美与艺术的关联，而是要将审美艺术人生的动态关联纳入自己的视野。它要解决的问题，不仅仅是审美一维的问题，也是创美与审美的关系，是要在审美艺术人生的动态统一的大美境界中解决物我有无出入的诗性创化的问题。所以，人生论美学的理论建构，不仅仅是人生伦理的课题，也不仅仅是审美标准的问题，而是一种人的美学情怀与风韵气象的建设。这种情怀和气象，不仅能够涵育人升华人，也能通过人作用于实践，影响于社会，是人创化世界和美化自我的重要心灵之源和精神动力。

人生论美学呈现出极强的理论成长空间和现实针对性，它对于当代中国美学建设的意义，突出表现为人文性、开放性、实践性、诗意性等可拓展的维度。

其一，人生论美学具有内在的人文性维度。人生论美学凸显了中华文化之民族特性。与西方文化突出的科学精神相映衬，中华文化最具特色的是浓郁深沉的人文情怀。科学精神追根究底，是探寻宇宙和自然的奥秘，终以神学为信仰之依托。人文情怀穷极其奥，是对人及其生命、生活、生存的关爱与温情，终以艺术为心灵之依托。科学精神以认识论为主要方法，追求真善美各自独立的逻辑体系。人文情怀关注人在天地宇宙中的和谐，憧憬真善美贯通相成的诗性心灵。中华文化这种泛审美泛艺术的诗性特质，自先秦孔庄以降，绵延流长，是中国人心灵最恰切最深刻的写照。它自然而直接地孕育了中华美学不泥小美崇尚大美的精神情怀和关爱生命关怀生活关注生存的人文情韵。这种民族特质奠定了中华美学不是纯理论的冷美学，而是关切人生的热美学。人生论美学的人文性维度，鲜明深刻地昭示了中华文化的民族精神传统和民族美学旨趣。具有传承开拓的深厚根基和大有作为的广阔天地。

其二，人生论美学具有突出的开放性维度。这种开放性，一是时空维度上向古今中西相关资源的开放；二是学科维度上向哲学、心理学、教育学、伦理学、文化学等相邻学科的开放；三是理论打开自我封闭之门，向着实践的开放。其以真善美贯通为基石的美论品格，使其不将视野局限于小美，而是将审美艺术人生、创美审美的统一都纳入自己的视野，不仅突破了西方经典美学偏于哲学思辨或艺术观审的视野，也拓展了中国古典美学偏于伦理考量或艺术品鉴的视野，建构了审美主体与自然、社会、他人、自我关联的立体图景，从而为自身的理论建设与实践应用开拓出广阔的天地。这种开放包容的理论智慧，使得人生论美学与生命美学侧重关注人自身、生态美学侧重关注自然、文艺美学侧重关注艺术等相比，呈现出更强的理论涵摄力，不仅构成与其他美学思潮学派的区别与互益，也凸显了自己包容、整合、统驭的理论特征。20世纪下半叶以来，中西文化和哲学都出现了人生论的转向。中国当代美学的一些重要学派和代表人物，也相继出现了人生论的转向，包括实践美学、生态美学、认识论美学、意象美学等重要学派和蒋孔阳、曾繁仁、王元骧、叶朗等重要学者。这种趋势，也进一步推动了人生论美学的开放维度。需要注意的是，开放不等于放弃自己的边界，消解自己的对象、方法、特质等，而是要在包容开放中实现理论的整合、概括、深化、统驭的能力。

其三，人生论美学具有鲜明的实践性维度。人生论美学勾连了审美艺术人生的关系。它对美和艺术的叩问，必然要落实到人生之上，这就使得人生论美学把创美审美的实践问题及其人生关联，自然而然地纳入了自己的核心视域，作为自身突出的目标指向。人生论美学的视野不限于艺术，也不限于生活，而是与文化、哲学、伦理、心理、生态、教育等杂糅，直接探入了人的生活、生命、心灵的建设，涵育、提升的广阔、丰富、多样的领域，将知情意统一的美学理论命题落实于行，以"践行"来"移人"。如果说西方美学中的"移情"范畴以"情"为关注焦点，重在把握知情意中情之要素的美感心理特点；那么民族美学中的"移人"范畴则以"人"为关注焦点，将整体的人纳入自己的视野而必然触及知情意三要素在美的实践中的汇融。前者体现了心理美学的科学主义方法，后者则与诗性美学的人文精神相呼应；前者以美学研究的科学结论为旨归，后者由关怀人关爱人走向人的自身涵育与建构。由此，美育必然成为人生论美学的题中之义，使得人生论美学凸显出中华文化以人为本、知行合一的民族气韵和实践路径，凸显了其创造性、理想性、诗意性等价值向度。由此，人生论美学的实践维度，对于引导美学理论切入当代实践具有鲜明的针对性，同时对于当下传统文化的传承创新、大众文化的批判引领、国民素养的美学提升、民族精神的涵育建设等，亦大有可为。

其四，人生论美学具有深蕴的诗意性维度。生命的诗性建构和诗意超拔，是人生论美学最富魅力的精神内核之一。应该说，只要是美学，应该都是人的生命实现超越的一种精神向路，这应该就是美学的使命和宿命。美赋予人生以超拔的张力，使人的生命不致在生活中沉沦。人生论美学的起点和终点就是这种人生的出入、有无、物我的对峙和超越，是诗意的交融和创化，由此去建构和观审生命的自在、自得、自由。这种现世超越的生命诗性，是中华文化的信仰标识和精神标识，即以大美为核心的心灵超越和内在超越，它不像西方文化的神性超越，它不从彼岸世界求寄托，而在此岸世界求自由。人生论美学创化了"境""趣""格""韵"等一系列富有人生指向和人生韵味的理论范畴，导引作为实践主体的人，切入与自然、艺术、生活的多维交融，探入自我生命和心灵的丰盈世界，创化并体味生命的诗意和超拔。这种生命的自在、自得、自由之境，既不可能在抽象的思辨中实现，也不可能将艺术和人生互相剥离而实现，而是需要融入审美艺术人生统一的艺术实践和生命践行中来涵成。

上述四个维度及其交融，呈现了人生论美学独特的民族理论特征。这种特征不是简单固守民族资源形成的，而是广纳中西古今之滋养，直面民族现实实践的需要，逐步探索、创化、发展的。同时，上述四个维度的弘扬，并不排斥科学性、概括性、理论性、现实性等相辅相成的维度，而是在呼应互融中逐步生成自身的特质，逐步凸显自身与世界美学对话的独特性和相洽性。如人文性这个维度，其核心是"情"，但并不排斥"真"和"善"，而是追求以"情"来贯通"真""善"，努力将中国古典美学重美善两维和西方经典美学重美真两维拓展为真善美的三维立体构架，但其核心和基点则始终为"情"。再如开放性这个维度，不等于说人生论美学就没有了自己的边界，有人把生命美学、伦理美学、生态美学、实践美学等都归于人生论美学，这就是对开放性的某种误解，模糊了人生论美学方法立场、价值意趣等的规定性。

人生论美学是民族文化学术和社会时代发展在美学领域的一种逻辑生成。其在当下，是生成态，而非成熟态，更非完成态。人生论美学的中心是人，是让美回归人与人生，是让人在美的人生践行中，创化体味生活的温情和生意，涵成体味生命的诗情与超拔，达成创美和审美的交融。人生论美学视野中的美，是温暖的，但不媚俗；是圣洁的，但不神秘；是接地气的，但也是超拔的。人生论美学的神髓，是向着人生开放的人世情致和生命生存的超拔情韵的相洽相融。它不仅是对美学学理问题的科学求索，更是由知到行，是知情意的贯通在人的生命的美的践行中圆成。唯此，美才成为我们生命中永不可分的部分，实实在在地融入我们人生的旅程，陪伴之涵育之导引之。也唯此，人生论美学才能实现美学理论和人生创化之相洽，涵成自身的理论品格和精神韵致。

20世纪初年，梁任公曾在《欧游心影录》中指出："我们的国家，有个绝大责任横在前途。什么责任呢？是拿西洋的文明来扩充我的文明，又拿我的文明补助西洋的文明，叫他化合起来成一种新文明。"[53]他还具体提出了"四步走"的策略："第一步，要人人存一个尊重爱护本国文化的诚意；第二步，要用那西洋人研究学问的方法去研究他，得他的真相；第三步，把自己的文化综合起来，还拿别人的补助他，叫他起一种化合作用，成了一个新文化系统；第四步，把这新系统往外扩充，叫人类全体都得着他好处。"[54]梁任公虽非专言美学，但其高屋建瓴的宏阔胸襟和意义深远的战略眼光，对于今天中国美学的民族道路和学派建设，仍具重要启示，人生论美学的建设亦复如是。

注释：

[1]《吕荧文艺与美学论集》，上海文艺出版社 1984 年版，第402 页。

[2] [3] 高尔泰：《论美》，甘肃人民出版社 1982 年版，第 3 页；第 13 页。

[4] [6] 蔡仪：《美学论著初编》下册，上海文艺出版社 1982年版，第 568 页；第 951 页。

[5] 蔡仪：《美学原理》，湖南人民出版社 1985 年版，第 111 页。

[7]《朱光潜美学文集》第 3 卷，上海文艺出版社 1983 年版，第74 页。

[8] 钱中文：《最具体的和最主观的是最丰富的——论审美反映的创造性本质》，《文艺理论研究》1986 年第 4 期。

[9] 钱中文：《现实主义与现代主义》，人民文学出版社 1987 年版，第 75 页。

[10] 王元骧：《审美反映与艺术创作》，《文艺理论与批评》1989 年第 4 期。

[11] 王元骧：《论马克思主义文艺学在当代的发展和意义》，《文艺研究》2008 年第 1 期。

[12]《蒋孔阳美学艺术论集》，江西人民出版社 1988 年版，第 74、136 页。

[13] 潘知常：《生命美学》，河南人民出版社 1991 年版，第 6、7、2 页。

[14] 姚全兴：《生命美育》，上海教育出版社 2001 年版，第 4—6 页。

[15] 曾繁仁：《试论人的生态本性与生态存在论审美观》，《转型期的中国美学——曾繁仁美学文集》，商务印书馆 2007 年版，第 327 页。

[16] 曾繁仁：《生态美学论——由人类中心到生态整体》，《转型期的中国美学——曾繁仁美学文集》，商务印书馆 2007 年版，第 323 页。

[17][18] 参见叶朗《美在意象》，北京大学出版社 2010 年版。

[19] 郑元者：《蒋孔阳人生论美学思想述评》，《复旦学报》1999 年第 4 期。

[20] 张玉能：《审美人类学与人生论美学的统一》，《东方丛刊》2001 年第 2 期。

[21] 黄定华：《蒋孔阳人生论美学思想研究》，中国社会科学出版社 2012 年版，第 1 页。

[22] 曾繁仁：《马克思主义人学理论与当代美育建设》，《天津社会科学》2007 年第 2 期。

[23] 曾繁仁：《论西方现代美学的"美育转向"》，《转型期的中国美学——曾繁仁美学文集》，商务印书馆 2007 年版，第 157、194 页。

[24] 曾繁仁：《关于当代美育理论建构的答问》，《转型期的中

国美学——曾繁仁美学文集》，商务印书馆 2007 年版，第 198 页。

[25] 李茂叶：《关于王元骧"人生论美学"的哲学思考》，《文艺学的守正与创新》，浙江大学出版社 2014 年版，第 245 页。

[26] 苏宏斌：《试论王元骧文艺思想的人生论转向》，《文艺学的守正与创新》，浙江大学出版社 2014 年版，第 151 页。

[27] 王元骧：《美：让人快乐、幸福》，《学术月刊》2010 年第 4 期。

[28] 赵中华、王元骧：《关于"人生论美学"的对话》，《文艺学的守正与创新》，浙江大学出版社 2011 年版，第 373 页。

[29] 国内"生活美学"的著作，主要有刘悦笛：《生活美学——现代性批判与重构审美精神》，安徽教育出版社 2005 年版；刘悦笛：《生活美学与艺术经验》，南京出版社 2007 年版；张轶：《生活美学十五讲》，北京师范大学出版社 2011 年版。

[30] 周小怡：《唯美主义与消费主义》，北京大学出版社 2002 年版，第 3 页。

[31] 张轶：《生活美学十五讲》，北京师范大学出版社 2011 年版，第 2 页。

[32] [33] 刘悦笛：《生活美学与艺术经验》，南京出版社 2007 年版，第 91、105 页；第 91 页。

[34] 舒斯特曼：《生活即审美》，彭峰译，北京大学出版社 2007 年版，第 3 页。

[35] [37] 刘悦笛：《生活美学——现代性批判与重构审美精神》，安徽教育出版社 2005 年版，第 73 页；第 408 页。

[36] 参见刘悦笛《生活美学——现代性批判与重构审美精神》，安徽教育出版社 2005 年版；张轶：《生活美学十五讲》，北京师范大

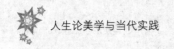

学出版社 2011 年版。

[38] 田汉 1920 年 2 月 29 日给郭沫若的信，参见《宗白华全集》第 1 卷，安徽教育出版社 1994 年版，第 265 页。

[39] 周小怡：《唯美主义与消费主义》，北京大学出版社 2002 年版，第 224—226 页。

[40] 梁启超：《"知不可而为"主义与"为而不有"主义》，《饮冰室合集》第 4 册，文集之三十七，中华书局 1979 年版，第 86 页。

[41] 朱光潜：《谈美》，《朱光潜全集》第 2 卷，安徽教育出版社 1987 年版，第 96 页。

[42] "人生论美学初探"栏目编者按，《学术月刊》2010 年第 4 期。

[43] 聂振斌：《艺术与人生的现代美学阐释》，《社会科学辑刊》2011 年第 1 期。

[44] 郑玉明：《人生苦难与审美拯救》，《社会科学辑刊》2011 年第 1 期。

[45] 朱鹏飞：《美学伦理化与"人生论美学"的两个路向》，《社会科学辑刊》2011 年第 1 期。

[46] 金雅：《梁启超趣味人生思想与人生美学精神》，《社会科学辑刊》2011 年第 1 期。

[47] 潘玲妮、郝赫：《人生论美学与中华美学传统》，《光明日报》2014 年 11 月 19 日第 15 版。

[48] 参见金雅、聂振斌主编《人生论美学与中华美学传统——"人生论美学与中华美学传统"全国高层论坛论文选集》，中国言实出版社 2015 年版。

［49］参见金雅《人生论美学传统与中国美学的学理创新》，《社会科学战线》2015 年第 2 期。

［50］参见聂振斌《人生论美学释义》，《湖州师范学院学报》2015 年第 5 期。

［51］马建辉：《人生论美学与审美教育》，《社会科学战线》2015 年第 2 期。

［52］2017 年 6 月，"人生论美学与当代实践"全国高层论坛在杭州召开，这是继 2014 年 11 月在杭州召开的"人生论美学与中华美学传统"全国高层论坛后的第二次人生论美学专题全国性论坛。论坛正式入选论文 50 篇，从人生论美学与当代艺术实践、人生论美学与当代生活实践、人生论美学与当代美育实践等方面展开对话争鸣。文集将正式出版，成为继《人生论美学与中华美学传统》后，人生论美学研究领域公开出版的又一部专题论文集。

［53］［54］梁启超：《欧游心影录》，《饮冰室合集》第 8 册，专集之三十二，中华书局 1979 年版，第 35 页；第 37 页。

［本文为浙江省高校重大人文攻关规划重点项目"中国现代人生论美学的民族资源与学理传统研究"（2013GH013）成果。《社会科学战线》2017 年第 10 期刊发］

人生理想与美感—艺术教育

聂振斌[*]

摘　要：中国文化理想是人生理想而不是宗教理想，理想教育是美感—艺术教育。美感—艺术教育是理想的树立、信仰的必由之路，中西方皆是如此。但是，由于美感的根源不同，艺术的价值取向不同，中西方理想教育所取得的成果也不尽相同。这种不同，归根结底是人生真实与宗教神话不同造成的。近现代以来，随着中西方文化交流的历史潮流，西方的宗教理想与中国的人生理想也面对面进行对话、碰撞、竞争。有些人想用宗教信仰取代中国人的人生理想信仰，结果都以失败而告终。

关键词：人生；宗教；理想；美感；艺术；教育

　　中国文化理想，不在金钱财富与称王称霸的现实占有，也不在虚构空幻的鬼神世界，而是在于自由快乐的人生体味与精神享受。这种文化理想，既根源于现实人生又超越于现实人生，是一种既真实又高

---

　　* 作者单位：浙江理工大学中国美学与艺术理论研究中心；中国社会科学院哲学研究所。

尚的审美境界。从这种审美精神出发而创造的艺术，是真实的人生艺术而不是空幻的神话宗教艺术。人生理想是人的一种思维构想，是对现实人生世界各种缺陷的弥补与美化，是一种完美的圆融境界。理想是人的意志、情感所追求的最高鹄的，不是经验对象，而是信仰对象。

一 古代理想教育之中西比较

理想的树立与信仰，主要是靠美感—艺术教育来实现的，中西方皆是如此。但是，由于美感的根源不同，艺术的价值取向不同，教育所追求的鹄的不同，理想教育的结果也大不一样。古代中国人信仰的是人生理想，古希腊人信仰宗教神话理想；一个是人间世界，一个是神灵世界。

（一）上古三代的人文教育与人生理想

中华民族从野蛮走向文明，主要是靠人生艺术教育来实现的。中国远古时代也有神话，但是很简单，零散、片段的个案，分别记载于各种典籍中，看不出它们之间的联系与谱系，没有形成一个完整的神话世界，对中国文化的发展没有产生多大影响。中华民族也有原始宗教和图腾崇拜，但从公元前21世纪之前的五帝时代，就开始实施人文教育，到公元前11世纪的西周时代人文教育就完全代替了原始宗教教育。在西周之后的3000年中国历史进程中，宗教虽然存在，却无力左右国家的政治与教育。五帝三王的人文教育的主要表现是实施人生艺术教育，被称为"先王乐教"。五帝三王都有自己的乐章。黄帝主要是《咸池》，颛顼是《承运》，帝喾谓《九招》《六列》《六英》，尧谓《大章》，舜谓《韶》，禹谓《大夏》，商汤谓《大濩》，武王谓《大武》。这些乐章都是记载开国帝王创业立国的功德，是对帝王歌功颂德，而不是崇拜、敬畏虚幻的神灵。周公"制礼作乐"实施礼乐教化，乃是"先王乐教"发展的典范。古礼是礼法、制度、规范，本来是外在的"规矩"、抽象的"理"，为了激发教育情趣，古礼都藻饰以美感的生命形式（礼仪），并与古乐紧密结合。一次礼仪盛典活动，各种形式美的展现，与音乐、舞蹈、歌诗等吟唱表演活动紧密结合，便造成盛大浓郁的美感氛围，令人既肃穆又敬爱，既激动又舒畅，使人受到熏陶。这样的熏陶，日积月累、潜移默化，从而把外在的生命形式活动转化为内在的心理需要，把礼法、制度、规范等普遍的社会正义转化为个体的心性习惯。这就是中国古代美感—艺术教育的价值意义所在。

美感—艺术教育是身心一体、感性与理性相统一的生命整体教育。中国古代非常重视道德教育与人格修养，然而道德教育与人格修养却没有自己的独立的教育形式，完全寓于美感—艺术教育之中。春秋时代"礼崩乐坏"之后，"诗"从古乐中分化出来而成为文学；"诗教"逐渐取代"礼乐教化"而形成新的艺术教育传统。"诗教"也不是单纯的"情感教育"，而是人性的综合教育。诗，西方人说是"语言的艺术"，但这样说中国古代的诗似乎不符合"国情"。因为中国古诗本身既有"言说"（语言）性能，又有"吟""唱"的音乐性能，还有表演（"手之舞之足之蹈之"）的舞蹈性能，是言说吟唱表演兼具，其名多称"诗歌"。中国古代的诗歌处于艺术的中心地位。它与音乐、舞蹈密切联系在一起（如乐府、戏曲），其功能同于古乐；它与绘画、书法联系在一起，时空、气象便有无限开拓；它与戏曲、小说等紧密相连，叙事、抒情、故事情节与时空画面，便气象万千，情思无限。中国的戏曲、小说不仅演绎故事，因诗歌而更加抒情，因"手之舞之足之蹈之"，加强了故事情节的节律、韵味，使情感恻怛缠绵，余味无穷。如果《红楼梦》只有"言说"而无诗歌、"舞蹈"，它的艺术效果就不可能如此深沉而强烈。所以，中国古代的"诗教"，实际上也是艺术的综合教育，也是理想教育的通途——美感—艺术教育。

（二）古希腊的神话教育与宗教理想

古希腊民族从野蛮走向文明，也是靠诗乐艺术教育，主要是神话题材的《荷马史诗》与悲剧。古希腊人的理想教育来自神话教育，而不是人文教育；信仰的是宗教理想，而不是人生理想。古希腊是世界古代文明的发祥地之一，大约在公元前二千多年，已经进入恩格斯在《家庭、私有制和国家的起源》一文中所说的"真正的工业与艺术产生的时期"[1]。但是，直到公元前 12 世纪至公元前 9 世纪，希腊仍然是个神话故事世界，没有真正的人生历史。公元前 8 世纪，诗人荷马以神话传说为题材所创造的史诗，其代表作《伊利亚特》与《奥德赛》，生动地描写与展现了诸神之间的战争场面和英雄人物的人生故事。王柯平说，荷马史诗"充满战争、仇杀、历险、除魔、斩妖、神恩等伟业与奇遇"，表现"高傲的个性、坚强的意志、自我的尊严、家族的荣誉以及政治的野心等诸多方面"，是"古希腊社会上层的生活与理想"的反映。"这两部史诗奠定了古希腊教育、文化与宗教的根基，直接影响了古罗马文化与基督教文化的传播以及整个西方人文传统的发展。"[2]从文明的起源看，古希腊晚于古代中国的五帝时代，比夏朝开国的时代也稍晚一点。实施古代文明的艺术教育比中国古代晚 1000 多年。尤其不同的是，中国的先王乐教是历史教育，是人文教育，而古希腊的史诗、悲剧教育是宗教教育，是神对人的奴仆教育，所谓英雄人物与传奇故事是虚构的，也不是历史。《荷马史诗》是欧洲的"元艺术"，其影响经过柏拉图的神学理论化与道德实用化的哲学阐释，其影响直接与宗教衔接起来。王柯平指出，柏拉图在《法礼篇》颂扬神明而贬低人类的同时，有意将人与神联系起来并要求人必须认同是神的"玩偶"，因而有机会参与神的"最高贵的消遣游戏"。他说："根据柏拉图言说的语境，我认为该部分既是'人'与'神'产生关系的契机，也是'人'完善自身和成就德行的基础。因为'人'正是作为'神的玩物'或'玩偶'，才使'人'攀上了'神'，从而结成三种关系，即：操控关系、游戏关系、教育关系。"[3]人与神的这三种关系，实际上是古希腊社会现实关系的反映：奴隶社会的政治统治与被统治关系、奴隶主与奴隶的主仆关系、宗教教主与教徒的上下等级关系。宗教、上帝是人生的主宰者，人心向善只能靠"神的启示"而不是人类自我教育；要求"人向神生成"，人却永远成不了神。因为神是永恒的，人是要死的。古希腊人的理想是柏拉图的"理想国"，是众神居住的"天堂"，与人的生命活动是无缘的。人只能按"神的启示""依样画葫芦"式地观照"理想国"，却无法亲身感受体验。这种教育与现实人生隔了一道"鸿沟"，神与人的对立是必然的。由神主宰的世界，人不过是神的奴仆与附庸。古希腊艺术的神话世界与人生世界不同，渲染的不是人道、亲爱、和平等观念，而是众神与英雄争斗杀伐、称王称霸的精神。与中国古代艺术理想不同，其艺术理想是宗教境界而不是人生境界。中国最早的一部诗歌集《诗经》，产生的时代与《荷马史诗》到古希腊悲剧的历史时代相差不多，虽然不能称作"史诗"，但它的确是中国生活历史的真实写照，而《荷马史诗》之"史"不是古希腊人的，而是神灵的，是虚构的。《诗经》所描写是中国人的人生真实。钱穆说："在这三百首诗中间，虽有许多宗庙里祭享上帝鬼神和祖先的歌曲，但大体上依然是严肃与敬畏心情之流露，亦有一种'神人合一'的庄严精神与宗教情绪，但却没有一般神话性的玄想与夸大。中国亦有许多记载帝王开国英雄征伐的故事，但多是些严格经得起后代考订的历史描写，亦随附有极活泼极真挚的同情的想象，但绝无像西方所谓史诗般的铺张与荒唐。中间亦尽有许多关涉男女两性恋爱方面的，以自见其自守于人生规律以内之哀怨与想慕，虽极执着极诚笃，却不见有一种狂热情绪之奔放。中间亦有种种社会下层以及各方面人生失意之呼吁，虽或极悲痛极愤激，但始终是忠厚恻怛，不致陷于粗粝与冷酷。"[4] "忠厚恻怛"是克己的，而"粗粝与冷酷"是放纵的。

中西方的不同理想信仰，不同的人性倾向，都是通过美感—艺术教育来完成的，这是共同的。但是，由于美感的根源不同，艺术的价值取向不同，理想教育的目的不同，理想教育的结果也大不一样。一个是人文的，通向"厚德载物"的人生境界；一个是宗教的，通向虚构的高高在上的"天国"。进而言之，古代中国的美感—艺术教育，其美感的根源是真实的人生世界，艺术是人生世界的真实表现，理想是现实人生世界缺陷的补充与美化。而古希腊的美感—艺术教育，美感的根源是虚构的神话，艺术所表现的是空幻夸张的宗教世界，理想则是众神居住的天堂空想。中西方两种不同的美感—艺术教育，培养出两种截然不同的国民性格：人性自律与人性扩张。

二 继承优良传统，树立现代人生理想

中西方理想信仰的方向、目标各不相同。这种不同，在古代各不

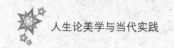

相干。到了近现代，随着中西文化交流、对话，时空距离拉近了，各自的文化理想也面对面了，因而开始了碰撞、融合与竞争。

（一）"世界观及美育"

蔡元培任中华民国临时政府教育总长，在上任演说中提出新式教育方针，即"军国民主义"（体育）、"实利主义"（智育）、"公民道德"（德育）、"世界观及美育主义"（美育）。他的新式教育方针否定了清王朝教育宗旨中的"忠君""尊孔"两项，认为"忠君"与民主共和抵触，"尊孔"与信仰自由不合。实际上是否定中国封建社会准宗教的理想信仰，为树立现代中国新的理想信仰扫清道路。他继承中国古代"乐教""诗教"传统，吸收了西方现代美育的经验，创设了中国现代理想教育的独立体系。涵养道德情操，培养健全的人格精神，追求超现实、超功利的人生理想境界。蔡元培所谓的人生理想境界，就是人道主义的终极关怀。他说："循思想自由言论自由之公例，不以一流派之哲学一宗门之教义梏其心，而惟时时悬一无方体无始终之世界观以为鹄。如是之教育，吾无以名之，名之曰世界观教育。"[5] 人道主义的主要内容是自由、平等、博爱，也是蔡元培道德教育之"要旨"。也就是说，人道主义把道德与世界观联系在一起。道德教育既是现实的政治功利教育，又是理想教育的现实根基——人道主义教育是道德教育与理想教育的统一。蔡元培把自由、平等、博爱与儒家的义、恕、仁对应互释，阐述他的人道主义教育，说明人道主义教育"则立于现象世界，而有事于实体世界者也"[6]。"现象世界"就是现实世界，"实体世界"就是观念世界即理想世界。他强调道德教育是整个教育的"中坚"或"中心"，与智育、美育紧密联系在一起。他说："夫人道主义之教育，所以实现正当之意志也。而意志之进行，常与知识及感情相伴。于是所以行人道主义之教育者，必有资于科学及美术。"[7]他的世界观教育，不同于知识传授，不同于道德说教，不是靠干巴巴的抽象的概念与逻辑演绎所能成事的。蔡元培说："虽然，世界观教育，非可以旦旦而聒之也。且其与现象世界之关系，又非可以枯槁单简之言说袭而取之也。然则何道之由？曰美感之教育。美感者，合美丽与尊严而言之，介乎现象世界与实体世界之间，而为津梁。""在现象世界，凡人皆有爱恶惊惧喜怒悲乐之情，随离合生死祸福利害之现象而流转。至美术则即以此等现象为资料，而能使对之者，自美感以外，一无杂念。"[8]又说，"而人道主义的最大阻力，为专己性，美感之超脱而普遍，则专己性之良药也"[9]。说明美育是世界观教育的必由之路。

（二）"以美育代宗教"

在反封建的新文化运动大潮中，宗教势力也不甘寂寞。为对抗新文化运动，北京基督教青年会发起"宗教运动"，引诱、拉拢青年学生加入基督教，企图扩大宗教势力。蔡元培作为新文化运动的领导者，及时给予迎头痛击，并提出"以美育代宗教"的主张，从历史事实与科学认识两个方面论证"以美育代宗教"的必然历史趋势。

第一，针对"宗教运动"，蔡元培发表了《以美育代宗教说》的演讲，及时地进行思想批判，消除影响。蔡元培历来反对教会插手中国的教育，理由有三：一，任何宗教信仰都是建立在"神话"的基础上，对于宇宙人生的各种现象的解释，都是以"神道为其唯一之理由"，迫使人盲从、迷信。二，宗教在思想上专断、保守，绝不允许任何人提出怀疑和异议，毫无思想自由之可言。宗教制定一系列清规戒律，要求信教之人绝对服从教义，否则即被严惩。"譬如一部圣经，那一个人敢修改？"三，凡是宗教都是唯我独尊，具有"扩张己教攻击异教"的侵略性。"回教之穆罕默德，左手持可兰经而右手持剑，不从其教者杀之。基督教与回教冲突，而有十字军之战，几及百年。基督教中又有新旧教之战，亦亘数十年之久。至佛教之圆通，非他教所能及。而学佛者苟有拘牵教义之成见，则崇拜舍利受持经忏之陋习，虽通人亦肯为之。"[10]宗教的本性如此，如果由它来掌管教育事业，将把人类拖向何方？所以，蔡元培一贯反对宗教插手现代教育事业，反对"教会之人"为学校之教员。

第二，蔡元培认为，"以美育代宗教"是历史发展的必然。他说："宗教本旧时代教育，各种民族，都有一个时代，完全把教育权委托于宗教家，所以宗教中兼含着智育、德育、体育、美育的原素。说明自然现象，记上帝创世次序，讲人类死后世界等等是智育。犹太教的十戒，佛教的五戒，与各教中劝人去恶行善的教训，是德育。各教中礼拜，静坐，巡游的仪式，是体育。宗教家择名胜的地方，建筑礼堂，饰以雕刻图画，并参用音乐舞蹈，佐以雄辩与文学，使参与的人有超尘世的感想，是美育。"[11]随着社会的进步和哲学、科学的发展，教育中的智育、德育、体育完全脱离宗教，如中国的西周时代之后，欧洲的中世纪之后就是如此。唯有美育没有完全脱离宗教，但最终摆脱宗教的控制，乃是必然之势。

第三，"以美育代宗教"，其实质是以什么样的文化理想来吸引人们的信仰。蔡元培认为，信仰应建立在"哲学主义"的基础上，而不应该信仰宗教的"神话""天国"。他说："中国自来在历史上便与宗教没有甚么深切的关系，也未尝感非有宗教不可的必要。将来的中国，当然是向新的和完美的方面进行，各人有一种哲学主义的信仰。在这个时候，与宗教的关系，当然更是薄弱，或竟至无宗教的存在。所以将来的中国，也是同将来的人类一样，是没有宗教存在的余地的。"[12]

蔡元培在中西文化交流的现代语境中，继承并发挥了古代美感教育、艺术教育的历史经验，借鉴西方现代美育思想，排除落后的宗教观念，进一步充实中国人生理想的内涵，创设了理想教育的独立体系——"美育"。蔡元培所说的"美育"包含艺术教育，与我们所说的美感—艺术教育完全相同。

（三）"人生的艺术化"与"艺术的人生化"

与蔡元培"以美育代宗教"的思想密切相关，中国现代许多学者认为，中国宗教不发达，绝大多数人不信教，是因为文学艺术及其审美活动代替了宗教的作用。现代许多美学家、教育家提出的"人生的艺术化"与"艺术的人生化"命题，同"以美育代宗教"的目的是一致的。所谓"人生的艺术化"，就是以现实人生为题材创作艺术，通过艺术教育，使人生成为精神家园，成为人们信仰的理想。艺术生活、艺术理想信仰，在上古时代，是属于社会上层的贵族士大夫的，随着历史的发展，从中古到近古才逐渐走向平民社会。"艺术化的人生"，说的正是艺术生活、艺术理想信仰普及到平民社会，也就是艺术的人生化、普遍化。林语堂、钱穆二位先生，对此有深入而系统的论述。林语堂是从人生哲学的角度，钱穆是从文化史的角度，二人共同论证了中国的文学艺术创造出人生的理想境界，满足了人们的精神生活需要，从而代替了宗教的作用。这进一步充实了蔡元培"以美育代宗教"主张的历史根据。

　　林语堂在《中国人》一书中认为，中国人的人生理想是人文主义的，既不暧昧，也不玄虚，真诚而实在。他说："在中国人看来，人生在世并非为了死后的来生，对于基督教所谓此生为来世的观点，他们大惑不解。他们进而认为：佛教所谓升入涅槃境界，过于玄虚；为了获得成功的欢乐而奋斗，纯属虚荣；为了进步而进步，则是毫无意义。中国人明确认为：人生的真谛在于享受朴素的生活，尤其是家庭生活的欢乐和社会诸关系的和睦。"[13] 这种欢乐与和谐的理想境界，正是通过文学艺术表现出来。林语堂说："诗歌教会了中国人一种生活观念，通过谚语和诗卷深切地渗入社会，给予他们一种悲天悯人的意识，使他们对大自然寄予无限的深情，并用一种艺术的眼光来看待人生。诗歌通过对大自然的感情，医治人们心灵的创痛；诗歌通过享受俭朴生活的教育，为中国文明保持了圣洁的理想。它时而诉诸浪漫主义，使人们超然于这个辛勤劳作和单调无聊的世界之上，获得一种感情的升华，时而又诉诸人们悲伤、屈从、克制等感情，通过悲愁的艺术返照来净化人们的心灵。""如果说宗教对人类心灵起着一种净化作用，使人对宇宙、对人生产生一种神秘感和美感，对自己的同类或其他生物表示体贴的怜悯，那么依著者之见，诗歌在中国已经代替了宗教的作用。"[14]

　　林语堂认为，在中国，佛教的影响比基督教大得多。但佛教影响之大，并不是来自佛教本身的吸引力，而是来自中国人对自然美景的热爱，来自要求人性解放的思想冲动。佛教寺庙大都建在山清水秀的自然环境中，对于中国人来说这才是极大的诱惑力。信佛可以走出家门去观赏大千世界，游览自然山水之美。从而形成了男女老少初一、十五朝山进香的风俗习惯。这不仅有利于旅游事业，也具有妇女解放的意义。旧社会的妇女，特别是富贵人家的小姐贵妇人，被关闭在自家的小庭院中，见不到或很少见到自家庭院之外的广阔天地，因而积聚了很强的内在冲动。朝山进香走出家门，正好满足了这种强烈欲望。朝山进香的队伍，主要目的不是向佛表示虔诚，而是借朝山进香之机会进行旅游、社交、欣赏大自然之美。佛教借山水美景吸引中国人，中国人专注自然美景而对佛视而不见。

钱穆与林语堂一致认为，中国的艺术文学的性能，替代了宗教功用，成为人生的精神追求与理想信仰。中国古代也有宗教，古礼本来是宗教祭神的仪文，至西周则完全政治化。钱穆在《中国文化史导论》中描述说，"宗教政治化""政治伦理化""伦理艺术化""艺术人生化"，这是中国文化发展的大趋势。中国人的宗教观念随着这一发展趋势而逐渐淡薄，以至于消失。"如此则人类生命只限于现世，没有过去世与未来世。换言之，人生只有历史上即文化界的过去世与未来世，没有宗教上即灵魂界的过去世与未来世。故人类只当在此现实世界及其历史世界里努力，不应蔑去这个现世与历史文化世界而另想一个未来世界，如此则人生理论之归宿，势必仍走向儒家的路子。"[15]钱穆用"伦理艺术化"，说明艺术文学"替代宗教功用"。所谓"伦理艺术化"，主要是指用诗一样的生活趣味，解除道德观念的种种束缚，享受人生的自由。钱穆说："中国人生可说是道德的人生。你若做了官，便有做官的责任，又不许你兼做生意谋发财。做官生活，照理论，也全是道德的、责任的。正因中国社会偏重这一面，不得不有另一面来期求其平衡。中国人的诗文字画，一般文学艺术，则正尽了此职能，使你能暂时抛开一切责任，重回到幽闲的心情、自然的欣赏上。好像'采菊东篱下，悠然见南山'这种情景，倘使你真能领略欣赏的话，似乎在那时，你一切责任都放下，安安闲闲地在那里欣赏大自然。中国的艺术文学和中国的道德人生调和起来，便代替了

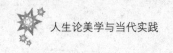

宗教的作用。"[16]

钱穆所谓"艺术人生化",针对两种历史事实而言。第一,宗教家创作的艺术,本该属于宗教艺术,但禅宗的诗人、画家创作的艺术却从宗教返回到人生,属于人生艺术。钱穆说:"无怪那时的禅宗要抢先在宗教氛围里突围而出。禅宗便是由宗教恢复到人生的大呼号,由是文学艺术,如风起云涌,不可抑勒,而终成为一个平民社会日常人生的大充实。"[17]第二,唐宋时代,中国艺术从贵族社会走向平民社会。钱穆认为,特别是宋代以后的文学艺术,都已平民化了,每一个平民家庭厅堂墙壁上,总会挂有几幅字画,上面写着几句诗,或画上几根竹子,几只小鸟之类,幽雅淡泊。甚至家庭日常用的一只茶杯、一把茶壶,一边总有几笔画,另一边总有几句诗。房屋建筑,只要经济上稍稍过得去的家庭,在院子里总要留有一块空地,栽几根竹子,挖一个小池,种几株荷花,或养几条金鱼。这些艺术化的生活点缀,当你去沉默欣赏时,心中自然会感到轻松愉快,一切功名富贵都将化为乌有。钱穆说:"这里特别要提醒大家的,如我上面所说,日常家庭生活之文学艺术化,在宋以后,已不是贵族生活才如此,而是一般的平民生活,大体都能向此上进。"[18]这种生活单纯、淡泊、和平、安静,让你沉默体味,教你怡然自得。总之,无论宗教家还是世俗艺术家创作的文学艺术,都普及到平民社会人生,成为一般的社会大众的生活理想,所以钱穆称作"艺术人生化"。

三　人生理想与宗教理想的根本区别

人生理想与宗教理想的根本区别在于,人生理想是在人的生命活动中,人可以进行生命体验;宗教理想是在人的生命活动之外,人无法进行生命体验。人生艺术是以现实人生为根基而想象构思的美感境界，中国人以人生艺术为理想是在人的生命活动的时空范围内。宗教理想是人死后升入"天堂"，或享受"来世幸福"，可见宗教理想是"人死理想"，是在人死后的"彼岸""来世"。生与死之间隔着一条不可逾越的鸿沟。人生理想与宗教理想，其价值取向恰恰相反。从理想的构想角度说，中国人的思维想象是实想，是感想，而不是空想，不是幻想。因为空想、幻想，都无现实根据，无法确信。宗教理想是所谓"上帝之子"空想、幻想的产物，是"上帝"强加给教众信徒的，教众信徒无法产生身临其境之实感。对于中国人来说，毫无身临其境之实感，如何去信仰？也许有人会说："宗教也是人创造的，宗教理想也应是人生的一部分。"是的，宗教是人创造的。但宗教不是"人生的一部分"，而是"人死的一部分"，是人生的"异化"。宗教理想是"人死理想"，其性质与人生理想根本对立，二者不能同日而语。宗教理想在哪里？在众神居住的"天堂"，在人死后的"来世""彼岸"。人要到"彼岸"世界，必须"灵魂出窍"或"涅槃"，即必须停止生命活动，才能升入"天堂"，才能获得"来世幸福"。一言以蔽之，宗教理想都是人的生命活动无法到达的"无何有之乡"。马克思说："在宗教中，人的幻想、人的头脑和人的心灵的自我活动是不以个人为转移地作用于个人的，也就是说，是作为某种异己的活动、神灵的或魔鬼的活动作用于个人的。"[19]宗教活动不是个体自发的生命活动，而是"神灵的或魔鬼的活动"强加给生命个体的，因而个体没有生命感觉与体验，只凭他人空幻地说教而信仰。这是对人的生命活动的根本否定，因而"贵生"的中国人不肯接受。

中国人的人生理想与艺术理想是合一的。王国维说："夫人之心力，不寄于此则寄于彼，不寄于高尚之嗜好，则卑劣之嗜好所不能免矣。而雕刻、绘画、音乐、文学等，彼等果有解脱之能力，则所以慰藉彼者，世固无以过之。何则？吾人对宗教兴味存于未来，而美术之兴味存于现在。故宗教之慰藉，理想的；而美术之慰藉，现实的也。"[20]他所说的宗教"理想""存于未来"，正是指个体生命死后，因而生命个体是无法体验感受的。王国维所说的"理想的"与"现实的"是指信仰的两种不同状态：宗教理想虽可望可想却无法感受体验，因为空幻的"理想"，与现实人生没有联系而且根本对立。而人生的艺术理想就不同了，人生的艺术理想是在人的生命活动之中，不仅是可望可想，还可以产生身临其境的感受，进行生命体验，从而获得精神享受。所以王国维说"美术之慰藉，现实的也"，"现实"正是指人的生命活动之实际。宗教理想是别人的承诺，并且是死后之事，与个体生命活动相隔一道不可逾越的鸿沟，生命无法兑现，无法亲临其境，无法进行生命体验。如果说艺术与宗教都有体验的话，艺术体验是主动的、真实的，而宗教体验是按照神的旨意去体验，是被动的、异己的，无法与自己的人生经验衔接。朱光潜说："我们有美术的要求，就因为现实界待遇我们太刻薄，不肯让我们的意志推行无碍，于是我们的意志就跑到理想界去寻求慰情的路径。美术作品之所以美，就美在它能够给我们很好的理想境界。"[21]总之，一向受"务实的""乐感的"文化熏陶的中国人，对于宗教家所编造的虚幻故事和许诺，因怀疑而不信仰，宁愿在表现人生的美感—艺术活动中通过直觉观照，来瞻仰与体味人生的理想境界。

历史的经验告诉我们，人类的理想信仰不是一成不变的，而是随着历史的延伸、文化的发展以及人类认识的不断提高，而不断变化。

对于中西理想的不同对于美感—艺术教育的认识要以历史的眼光去看待，才能全面、深入。

注释：

[1]《马克思恩格斯选集》第 4 卷，人民出版社 1972 年版，第 21 页。

[2] [3] 王柯平：《〈法礼篇〉的道德诗学》，北京大学出版社 2015 年版，第 219 页；第 115—116 页。

[4] [15] [16] [17] [18] 钱穆：《中国文化史导论》，商务印书馆 1994 年版，第 66—67 页；第 145 页；第 249—250 页；第 172 页；第 249—250 页。

[5] [6] [8] 蔡元培：《对于新教育之意见》，载聂振斌选编《中国现代美学名家文丛·蔡元培卷》，中国文联出版社 2017 年版、第 26 页、第 25 页、第 26 页。

[7] 蔡元培：《华法教育会之意趣》，载聂振斌选编《中国现代美学名家文丛·蔡元培卷》，中国文联出版社 2017 年版，第 69 页。

[9] 蔡元培：《价值论》，载聂振斌选编《中国现代美学名家文丛·蔡元培卷》，中国文联出版社 2017 年版，第 14 页。

[10] [11] 蔡元培：《以美育代宗教》，载聂振斌选编《中国现代美学名家文丛·蔡元培卷》，中国文联出版社 2017 年版，第 112—116 页、第 130 页。

[12]《蔡元培全集》第 9 卷，中华书局 1984 年版，第 70 页。

[13] [14] 林语堂：《中国人》，学林出版社 1994 年版，第 110 页；第 240 页。

[19] 马克思：《1844 年经济学－哲学手稿》，人民出版社 1979

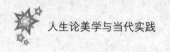

年版，第48页。

　［20］王国维：《去毒篇》，载聂振斌选编《中国现代美学名家文丛·王国维卷》，中国文联出版社2017年版，第112页。

　［21］朱光潜：《无言之美》，载《朱光潜全集》（1），中华书局2012年版，第71页。

（《社会科学战线》2018年第4期刊发）

关于推进"人生论美学"研究的思考

王元骧[*]

摘　要：美是相对于人的需要而存在的。传统美学重在学理分析，按"本体论"与"认识论"哲学的思维方式，把美学分解为本质论和美感论来进行研究，它对于美学学科的建设虽然功不可没，但在这种科学分析中也把作为审美主体的人给抽象分解了。"人生论"是研究人的生存活动及其意义和价值的学问，人的生存是应对现实境遇的人的意志活动，它的对象是处身于一定现实关系中的实际的、个体的人。我们研究人生论美学就是为了克服以往美学研究脱离现实人生的局限，使之落实到对个人生存的人文关怀上来，同时也使得我们对审美价值的理解在以往情—理维度的基础上进一步向情—志的维度推进，而对之做出更全面、深入的发掘。

关键词：人生论美学；审美情感；生存意志

---

* 作者单位：浙江大学中文系。

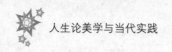

一

美是相对于人的审美需要而言的，离开人的审美需要，现实世界中的事物就无所谓美与不美。所以要研究美学，我们就不能不联系到人，联系到对人的认识和理解。

人是感性与理性，个性与社会性的统一体。但在历史上，却往往把人作分割理解。一般来说，古代，在看待人上比较着眼于理性、社会性，如亚里士多德认为"人是政治的动物"[1]，个人是城邦的一员；孔子也认为人的特点就在于"群"，说"鸟兽不可与同群，吾非斯人之徒与而谁与?"[2]但由于他们片面强调人的理性和社会性，忽视了作为在现实生活中实际存在的人的感性与个人性，因而往往导致以社会性压制个人性，以理性排斥感性。所以到了近现代，随着个人意识的觉醒，又出现了与之相反的倾向，特别是从叔本华和尼采的意志哲学和生命哲学开始，往往都站在感性、个人性的立场来否定人的理性和社会性，把理性看作"摧毁生命的危险的力量"[3]。尽管这两者的意见截然相反，有一点却是共同的，即不论取理性、社会性的立场，还是感性、个人性的立场，都是离开人的生存的具体的现实关系、环境和条件，对人作抽象的理解，把人视为观念中的而非现实生活中的实际存在。我们提倡人生论美学，就是为了改变以往把人作抽象的、分解的理解，把审美关系中相对于审美对象而言的审美主体看作处身于现实关系中的感性与理性、个人性与社会性统一的、现实的、具体的人。这是不同于我国以往美学研究的一个新视角，是迄今为止我们所能找到的最为切实的美学研究的立足点和出发点。

要说明这一点，笔者认为只要把我国近半个世纪以来较为流行的美学派别稍作比较分析就能明白。美学自王国维开始引入我国，在我国影响最大的是以康德、席勒为代表的德国古典的传统美学。但由于它的唯心主义倾向在新中国成立之后，曾一度被中断研究，代之而起的是以马克思的历史唯物主义原则为指导的"实践论美学"。"实践"是一个有多重内涵的概念，而"实践论美学"所说的实践主要是指物质生产劳动，认为这是社会得以存在和发展的物质基础，一切精神现象也只有在这一基础上，才能从根本上获得科学的解释。这决定了实践主体必然是人类，是社会的、普遍的人。所以就实践论美学看来，人与现实的审美关系，从客体方面来看，只有当人类在生产劳动过程中改变了自然世界，使自然从"自在"的变为"为我"的，与人的关系从疏远的、对立的变为亲和的，从满足人的物质需要的对象变为同时满足人的精神需要的对象；从主体方面来看，只有在长期的社会实践过程中由于经验的积累、内化，改变了人的心理结构，使人的感官从"自然的感官"变为"人化的感官"亦即"文化的感官"之后，这才有可能与对象发生审美关系，使对象对人来说有可能成为美的。这就改变了长期以来人们或把美看作只是事物的自然属性，从对称、均衡、比例、节奏等外部形态方面来加以分析和研究，或把美看作只是个人主观情感的外化和移入的结果，认为审美只不过是一种自我观照的活动的片面的观点，从而为看待人与现实的审美关系找到了一个科学的思想基础。这无疑是对于美学研究的一个重大的历史性的突破。

但我们也应该看到，这些研究虽然意义重大，它主要还是沿承古希腊以来的本体论美学的传统，从美的本质、本源的意义上来说的，难以直接解释现实生活中丰富多彩的审美现象，也难以满足人们试图通过学习和研究美学来提高自己审美鉴赏能力的需要；因而到了20世纪八九十年代，就渐渐被人冷落，开始从认识论的、从事物为什么是美的转向从我为什么感到事物是美的维度，亦即从美感论和审美心理学方面去进行研究。这转向自然有它的必然性和合理性。因为审美关系作为人与对象之间所建立的一种情感关系，不仅只能以存在于感性世界中的美为对象，而且也只有通过个人的感觉、体验和想象才能为人所切实感受到，这就离不开个人的心理活动。

但是，感觉、体验、想象作为个人的心理活动，是不可能直接由对象的单向刺激产生的，它总是建立在主客体交互作用的基础上。在实际生活中，某一对象之所以被我们认为是美的，总是由于它契合我们的审美需要而把我们的情感激活起来，并通过情感的交流使自己深入审美对象，使审美对象的客观属性转化为主体的审美情感的价值体而产生的，所谓"情以物兴，物以情观""神来似赠，兴往似答"[4]，就是对审美活动中主客关系的一种生动的描述。这就使得反映在个体的心理层面上的审美意象不同于客观事物的物理映像，而总是主客体共同创造的结果。以致同一对象经过不同主体审美心理的折射，所形成的主观意象往往会有很大的差别。同时也决定了美只有通过个人的感知，对个人心灵的陶冶、人格的塑造才能影响社会。这都足以说明美感论和审美心理学的研究对于建立完善的美学理论意义的重要。

那么，美感论和审美心理学能否像当今有些学人所理解的那样可以取代美的本质论而占据美学研究的全部内容呢？这同样是不现实的。我们在前面谈到的审美意象不同于物理映像，就在于它不仅仅是客观事物的简单的映像，不像小孩或野蛮人仅凭自然感官所接纳的那样，山就是山，水就是水，不含有任何主观感觉和情感的成分；王观的《卜算子·送鲍浩然之浙东》中写道："水是眼波横，山是眉峰聚。欲问行人去哪边？眉眼盈盈处。"词中以笑意盈盈的眉和眼作比，所描写的虽然是自然的山和水，但却已经过他的审美感官的改造，人感觉到的是这江南山水的灵秀所引发的人的亲切和喜悦的心情，已不是物理映像中的山和水了。而人的审美感官与自然感官的不同就在于它是"以往全部世界历史的产物"[5]，带有人的文化教养和审美意识的深刻的印记。这就使得审美活动不可能只按心理活动的生理机制，而只有联系社会、历史、文化才能获得圆满的解释。所以在审美活动中，个人的审美选择和判断总是这样那样地反映着一定社会的选择和判断，总是带着鲜明的社会、历史、文化的印记。比如同样是对于美的评判，由于西方的美学观念最初是从古希腊自然哲学衍生的，古希腊自然哲学的代表人物毕达哥拉斯把自然的本原视作"数"，从数的关系出发，从对称、均和、比例、节奏等方面看待和评判事物的美，所以比较看重外观；而我国古代则深受"比德说"的影响，所以在审美评价中往往以"品"来取代"美"这个概念，如绘画中的"岁寒三友""四君子"等，都是由于它们自然品性与人的道德品格相似而倍受看重。这就不是以纯感觉、纯心理的观点所能解释得了的。所以，如果否定了对美的本质论和审美社会学研究的成果，仅从审美心理学的角度去进行研究，我们对美的理解就必然趋于肤浅、贫乏。

以上分析说明，虽然从本体论、社会历史层面和从认识论、个人心理层面的研究对于美学来说都非常重要，但是由于它们的立足点和出发点不是抽象的人类就是抽象的个人心理过程，而与现实生活中实际存在的人的生存活动相分离，所以都不足以完满地解释现实生活中实际的审美关系；只有把两者统一起来，把与审美客体相对应的审美主体看作既不是一般的社会的人，也不是个别的心理的人，而是感性与理性、自然性与文化性、个人性和社会性统一的在现实世界从事实际活动的人，才有可能使之成为人生论美学研究的立足点和出发点，而改变以往我们美学研究把本体论或认识论作分离研究所造成的科学

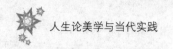

化的倾向，也才能显示它对于现实人生的人文情怀而突出它的人学的、伦理学的内容。这也是我国传统美学的特色和优势之所在。提倡"人生论美学"，在某种意义上也是对我国传统美学思想的一种继承和发展。

二

那么，什么是"人生论"？这门学科目前似乎还鲜有人研究，词典上一般也找不到这一词条；而在笔者看来大致可以说它是一门关于人的生存活动及其意义和价值的学问。它与一般的所谓"人学"不同，在于它的对象不是"类"而是具体的、处身于一定现实关系中的"社会性的个人"；其目的是探寻人生的方向和目标，为人们理解人生的意义和价值提供评判的准则，使人在实际生活过程中把自己从"实是"的状态提升到"应是"的境界。所以它是一门综合性的学问，它的内容至少应涵盖"目的论""价值论"和"存在论"三个方面，是立足于人的生存活动来对目的论和价值论所做的一种理解和阐释。

首先是"目的论"。目的是人的活动的指向，是活动所要达到的结果，是人的一切有意识的活动所共有的。但"目的论"所说的"目的"不是指人的一般日常生活中的行为的目标，它是从古希腊"本体论"哲学中引申出来的。古希腊哲学把世界看作"神"（宇宙理性和宇宙精神）按照自己的意志所创造的，认为在那里，每个事物都根据神的意志被安排得最为完善，是宇宙、人生所要达到的终极目的。所以到了中世纪，就被基督教所吸取而发展为"上帝创世说"。自文艺复兴以来，随着基督教神学的被否定，也遭到了许多哲学家的批判，如恩格斯说："根据这种理论，猫被创造出来是为了吃老鼠，老鼠被创造出来是为了给猫吃，而整个自然界被创造出来是为了证明造物主的智慧。"[6] 所以到了康德那里，就对之加以改造而把它引入人学的领域，提出"人是目的"。他把世界看作由因果链所构成的一个体系，在这里，所有一切部分都交互作用为目的和手段，其中人又是它的最终目的所在，认为唯此才能使人"对世界的沉思有其价值"[7]。而人之所以能成为最终的目的，在康德看来就是由于人有意识和自我意识，他不仅能"感觉到自身"，而且还能"思考到自身"，这才使人的自然欲望上升为情感、自然需要上升为意志、自然感觉上升为认识，成为"世界上唯一拥有知性因而具有把他自己有意抉择的目的摆在自己面前的能力的存在者"[8]，而在自己的生存活动中有了一个"至善"的观念，并以此来设定自己的人生。这表明相对于这一终极的目标来说，个人的一切得失、荣辱都是有限的，是不足以为之计较的。因而这里所说的目的也就成了人生论的形上层面，克服在人生论问题上一切经验论的倾向。由于终极目标的指引，使人生有了毕生努力的方向。反映在他的美学中，美也就被视为一种"至善"的愿景，一种以近似信仰的方式所体现的人对自身存在的终极关怀。

其次是"价值论"。价值论是研究事物的价值属性以及人的价值观念和价值评价的学问。这里所说的价值除了指客观对象的物质价值和精神价值之外，从人生论的角度来看，还应包括人自身存在的价值。价值属性不是通过认识，而是通过评价来裁定的。价值评价是以一定的价值观为尺度的，而价值观不是一个层级的系统，一般可以分为两个层次：有限的即为个人欲望和功利目的所驱使的和终极的也就是为高远的人生理想、信念所指引的，而且由于人们追求目标的不同，在不同的评价主体中还会出现不同的价值取向，这样人们在价值评价中、在设定自己的人生目标和立身处世的原则上就会出现不同的选择。这突出地体现在一个人对于苦乐、义利、荣辱、生死等问题的理解和态度上，如对于苦乐问题，人们之间的理解就有很大的区别。就我国哲学史上来看，孔子说自己："饭疏食饮水，曲肱而枕之，乐亦在其中矣。"[9]而杨朱认为快乐来自"丰屋、美服、厚味、姣色，有此四者，何求于外"[10]。在西方即使同属"快乐主义"者，阿里斯底卜和伊壁鸠鲁也大不一样。人的高尚与卑下，根本上也就由此而来。我们把目的论视为人生论的形上层面，也就是为了让人们认清有限目的和终极目的，相对价值和绝对价值之间的利弊得失，而按终极目的和绝对价值，亦即"至善"的观念作为评价人生意义和价值的尺度及一个人的人格的最高标准。我们把美引入价值论，以美为价值取向来引领人生，就是把理性与感性、社会性与个人性的统一的自由人生来作为人生所应达到的最高境界。

再次是"存在论"。存在论以就是从现实生活中人的实际存在状况出发来研究人生的学问。如果说目的论是属于人生论的形上性的层面、价值论是属于人生论的社会性的层面，这些研究都还只停留在理论上的分析与探讨；那么，存在论则属于现实性和个人性的层面，它强调人生在世，人总是在一定的现实关系中生活的，目的就是使我们对人的理解回到现实人生，进入人的实际的生活领域。这种现实关系除了人与自然、人与社会的关系之外，还包括人与自我的关系。这就是由于前文谈到的人不仅有意识而且还有自我意识，他还会把自己作为对象来认识自己、评价自己、筹划自己、选择自己的人生道路。这三种现实关系互相渗透、互相交织，反映在人的活动过程中就构成了任何人在生活中都无法避免和摆脱的境遇、遭际和命运，使得人生的成败、得失、福祸、荣辱往往充满着偶然性和不可预见性，以致任何个人在生活中不可避免地都要经受各种境遇、遭际、命运的严正的考验。这就是现实的人的生存状态，是处身于这现实世界中的每个人都必须正视的一个问题。所以孔子说"不知命，无以为君子"[11]。而生存论的研究目的就是使人在不可回避的种种命运、遭际面前不俯首屈从而积极进取，做自己命运的主人。所以歌德认为"一个人，即使驾驶的是一艘脆弱的小舟，但只要把舵掌握在他的手中，他就不会任凭波涛摆布，而有选择方向的主见"[12]。这样他就不仅不会被命运压倒，而且在与命运抗争中反而变得更加坚强；不像一些意志薄弱者那样，或因挫折、失败、厄运而悲观失望、消极颓唐，或因顺利、成功、幸运而陶醉沉迷，不思进取。所以要做一个具有自己的人生信念、胸怀远大、心理健全、意志坚强的人，就必须具有与命运抗争的精神，不以胜骄，不以败馁，把一切境遇都看作对自己意志和情感的一种磨炼和考验，而使自己的人格在各种磨炼中获得提升。这里就涉及意志的行为，所以蔡元培认为"人的一生，不外乎意志的活动"[13]。因此自19世纪以来，不论是意志哲学、生命哲学还是存在哲学，都把人生的问题联系意志的问题去思考，并把审美从传统本体论和认识论美学所探讨的情理的关系扩展到情志的关系。这当中虽然有像叔本华那样主张借美来泯灭意志的，但多数还是倾向于借审美来激励意志和强化意志的，只是由于没有明确的目的论的指向，使得他们把意志活动只看作一种内心的期盼和追求而难以付诸实践，如同海德格尔那样虽然认为"形而上学就是此在本身"，"只要我们生存，我们总是处在形而上学之中的"[14]，但它到底是什么，"我们至多可以唤醒大家去期待它""却无法把它想出来"[15]。但不论怎样这无疑是在美学研究中向存在论维度的一大深入。它把美学研究的视界在以往认识论的基础上进一步推向实践论，凸显了审美在知意情全方位的意义上对人的生存所发生的影响和作用。

所以按人生论的观点把审美的精神与人的生存活动联系起来，也就改变了传统美学按本体论哲学和认识论哲学的思维方式，把美学的内容按美的本质论和美感论作分解研究的纯理论的路向，而使之进入人的生存活动，从人生论维度把它们融为一体，显示了审美赋予现实人生以亲切的人文情怀，这是我国传统美学的思想特色之所在。但由于我国传统哲学是在儒、道两家（后来又出现了佛家）的对立互补中发展起来的，虽然它们都视"道"（天道）为世界的本体，并把"天人合一"视为人生追求的最高境界，但儒家的道是指"人伦之道"，道家的道是指"自然之道"，所以前者倾向于"入世"，把践仁成圣作为人生的最高目标；而后者倾向于"出世"，把清静无为、顺应自然看作人生的理想状态。这就在一定程度上造成了在我国传统哲学熏陶下所成长起来的知识分子人格上的两面性：虽然在他们之中大多在社会理想上倾向于儒家，但在美学思想上则往往倾向于道家，以致历来许多以儒家思想为人生理想的知识分子都以"达则兼济天下，穷则独善其身"作为自己处世行事的准则，少有像屈原那样"虽九死其犹未悔"的为理想赴汤蹈火的献身精神。所以一旦匡时济世的理想受到打击，往往就从寄情山水中获得一种精神上的慰藉和解脱，就像王维的诗中所言"自顾无长策，空知返旧林"，在"松风吹解带，山月照弹琴"的生活中过着逍遥自在的日子；并通过一些文学艺术作品把这种生活境界描写为一种至美的、最值得人们向往、羡慕、留恋的理想境界。不像康德和席勒那样把"振奋性的美"和"融洽性的美"、崇高与美看作对立互补、内在统一的。这样，审美也就成了对于人生挫折、逆境、苦难、厄运的一种逃避，而对抗争、奋斗的决心和意志的消解，以致"崇高"这一审美范畴在我国传统人生论美学中的地位几近丧失。所以当近代西方美学被介绍到我国时，最为人们所推崇和乐道的就是西方美学中建立在审美所给予人的是一种"无利害关系的自由愉快"基础上的"静观"的思想,并按我国传统美学思想的思维定式把审美观照与意志活动截然分割、对立起来。王国维如此,朱光潜如此,今天大多数美学论著也是如此,如朱光潜早年在《谈美》中认为,今天社会闹得如此之糟,不完全是制度问题,大半由于"人心太坏",人心之坏就在于"未能免俗"不能超脱,都在"像蛆钻粪似的求温饱"[16],他提倡美学,提倡"人生艺术化"就是为了使人在这种世俗的生活中以求超越,凭着"孤立绝缘"的静观进入一种纯粹的美的境界,这岂不是把人求生的本能也当作一种罪过?是对人的生存意志的一种否定?所以对于我国传统的人生论美学,在肯定和继承它对现实人生的人文关怀的同时,还有一个如何对之进行超越的问题。这里就涉及我们对审美与意志关系的理解。

三

由上所述,要使美学进入人生、融入人生,还要突破传统认识论美学的困扰,联系审美情感与生存意志的关系作深入的分析。

近代的西方美学虽然流派纷呈,但有一点似乎是为各家所普遍认同的,即审美带给人的是一种"无利害关系的自由愉快"。按康德在《判断力批判》"美的分析"中所谈的,就在于它和人与世界的理智关系(真)和意志关系(善)不同,是"既没有官能方面的利害感,也没有理性方面的利害感来强迫我们去赞许",它"对对象的存在是淡漠的",他把这种感知形式称为"静观"(一译"观照")[17]。后来叔本华、克罗齐所说的"直观"基本上也沿袭这一理解。但这认识似乎并不全面。首先,这显然只是就狭义的美(优美)感而言,并不包括崇高感。所以康德后来做了补充说明:"美的鉴赏以心意的静观为前提""而崇高则结合着心意的运动",它经由想象联系着"认识能力和意欲能力"[18]。其次，即使是就美（优美）感而言，也并不与意志绝缘。如果按斯多亚主义那样把静观视为排除激情的纯理智的观审，那自然是与意志活动分离的；但是到了中世纪基督教神学中，它却被理解为与上帝开展交流、相亲相近并趋向合一的途径，是一种"心灵的扩展""心灵的升华""一种与神圣者尽量近似的行动"[19]。这样静观也就被发展为一种意向性的心理。只是到了近代，随着宗教世界观的逐渐解体，对于"静观"的后一理解也逐渐被人们所淡忘，返回到斯多亚主义的解释而与意志重新趋于分离。这突出地表现在叔本华的美学思想中。他把世界的本体理解为一种非理性的"生存意志"，它是人生痛苦的根源所在，所以认为"没有彻底的意志之否定，解脱生命的痛苦是不能想象的"。他研究审美，就是认为静观（直观）作为一种"纯粹的认识方式"，它可以作为一种意志的"清静剂"，带给人以"真正的清心寡欲"，使人"意识到这一切身外之物的空虚"，被视作一种达到解脱的重要途径[20]。王国维就是按叔本华的这一思想来解释美学的社会功效的。这种解释显然偏于消极。所以要全面深入揭示静观这一概念的内涵，很有必要回顾康德思想的本意。

康德的美学思想是为了匡正近代西方社会功利主义和幸福主义伦理观的流行所造成的社会风尚的腐败而展开的。因为自文艺复兴以来，人们在反对基督教神学时把目的论也一概予以否定，反映在对人的认识上，不是像霍布斯那样把人比作"钟表"，就是像拉美特利所形容的"机器"，都是"在必然性掌握下的一个被动的工具"；认为"人的精神想冲到有形世界范围之外乃是徒然的空想"[21]。这样人也就完全丧失自己的自由意志，被置于手段、工具、奴隶的地位，与完全受自然律所支配的动物无异了。这在康德看来是近代社会风尚日趋腐化和堕落的根源。他提出审美带给人的是一种"无利害关系的自由愉快",正是为了他的"人是目的"思想在美学中得到贯彻和落实。因为在他看来,在世界上一切互为目的和手段所构成的因果关系体系中,人之所以"有资格来做整个自然目的论上所从属的最后目的",就在于人具有一种"超感性的能力(即自由)",他能从因果性的规律即眼前的利害关系之中将意识解放到"以之为其最高目的的东西,即世界的最高的善",使人作为一个"有理性的存在者在道德律下存在"[22]。审美在他看来就是使人的生存活动从必然达到自由境界的最为有效的途径。因为在西方美学思想史上,美从来并不只被看作感觉的对象供人以耳目之娱,同时被当作"上帝的象征",是显示于现实生活中的"至善"的理想形态,是"分享"了"神明的理式"而来的,它"只有一种为审美而设的心灵的功能才能领会"。所以若"要观照这种美我们就得向高处上升,把感官留在下界"[23],这就使得审美成了一种对于人的思想境界的提升力,它所追求的主要不是本真的存在而是目的的指向,是超越理性认知所领悟到的对人的生存状态的终极关怀。这种"神明的理式"实际上也就是康德所说的"审美理想",它作为一种人生的目的不是像一般的行为目的那样以概念的方式向人们宣示,而只是人们所感觉和体验的对象。所以看似"没有目的",但他通过对于"有限目的"的否定正是为了强调"终极目的"在人的生存活动中的地位和作用,从而向人表明在个人的实际生存活动中虽然不可避免地会受到成败、得失、荣辱、福祸等利害关系的困扰,但若是我们有了一个终极目的和信念,我们就能分清眼前的和长远的、相对的和绝对的、有条件的和无条件的,就不至于为了汲汲追求个人眼前的利害,放弃根本的人生目标,把生存当作只是一种为达到有限目的的手段,而不再是目的本身。这里所阐明的实际上就是一个理想、信念，也就是意志在人的活动中的地位和作用的问题。所以在我国近代介绍西方美学的学者中，梁启超是最深得康德美学的精髓的，他不仅认为康德是"非德国人而是世界之人，非十八世纪之人而百世之人"，而更在于他提倡"趣味"说，提倡"'知不可而为'主义"，要求人们在活动中把"无聊的计较一扫而空"，"把利害的观念变为艺术的、情感的"，认准了目标就应该"一味埋头埋脑去做"[24]，而不以一时的成败、得失、荣辱、福祸来衡量自己活动的意义和价值。这样他在活动中就有了自己高远的人生理想，就会做到胜不骄、败不馁，而永远保持奋发向上的精神。审美带给人的这种"无利害关系的自由愉快"，正是造就这样一种人格、品性的最为有效的精神良方。

但是由于审美带给人的自由愉快是排除了当下的利害的计较，对"对象的存在是淡漠的"，只求主体把全身心都调动起来专注于对象外观，为对象所沉醉、所欢娱；所以它在感知形式上虽然与意志不同，不像意志那样"以概念为其基础和目的"，带有某种强制的性质，从而对心灵起到一种净化的、解放的作用；但又与斯多亚主义和叔本华等所宣扬的那种淡泊宁静有别，而恰恰是为了按美的目的来指引人的生存活动。这是由于情感包括审美情感作为客体能否满足主体需要所生的心理活动，实际上是以情绪体验的方式所表达的人们对于客观对象的态度和评价，是对现实世界的愿望和期盼，它总是隐含着一种"合目的性"的观念和指向，是人的一种意向性的心理。它与理智的不同在于"理智是灵魂用来思索和判断的部分"，它"与躯体是分离的"；而"感觉和情感则不能离开身体"[25]。所以一旦当感觉在内心唤起某种情绪体验之后，就会通过中枢神经传递到人的全身，引发呼吸、心跳、血液循环等肌体各个部分的变化，而转化为人的行为的心理能量，就像笛卡尔所说"从心灵上看是激情的东西，从身体上看则是行动"[26]，使意向性的心理同时也成为一种意向性的行为，不仅成为驱动人们按照美所指引的目标去从事行动的精神动力，而且经过长期的心理积淀还会形成一种"动力定型"，一种行为的内隐倾向。这就使得审美判断在形式上虽然是静观的，但在心灵深处却能把情感与意志沟通起来，克服按原子心理学的观点将认识和意志分离的倾向，而通过情感这一中介使知、意、情三者交互作用，互相渗透统一而成为一个心身一体、知行合一的整体人格，这就把人们对审美价值的理解从传统的情感—理解的关系进一步推向情感—意志的关系，同时表明在人的生存活动中审美比之于任何其他精神活动更能深入人心、进入人的实际生活的领域，对人的全身心都能发生深刻而持久的影响。

所以从审美对于现实人生的实际介入这一点来说，我们完全可以把人生论美学看作一种生活美学，但是它又与目前学界所流行的"生活美学"即"日常生活审美化"的理论不同，因为这是一种只求"有限目的"——满足于当下休闲、享乐等消费性需要的美学，它以"贴近生活"为名一味追求平庸、低俗，使作品完全丧失了振奋人心、鼓舞人心、激励人为美好人生奋斗的热情，所缺少的正是对人生的终极关怀；而人生论由于是在目的论和价值论的视野下来审视和评判人的生存活动的，这就使得"终极目的"在"人生论美学"中有着特殊的意义和价值。因为它作为康德所说的"目的王国中的立法的元首"所隐含着的"至善"的概念[27]，所指向的完善的境界是没有止境的，虽然人们在行动中"可以越来越接近它们，但却永远不能完全达到"[28]，以致人们在追求这一理想目标的时候就仿佛永远是在途中。它在让人们看到这一路途的艰难和险阻的同时，却又如同春风雨露那样滋润人的心灵，所以又最能深入内心、融入人生，而成为人生旅途中的精神伴侣，时刻给人以慰藉和鼓舞，激励人们的意志和决心，让人生命不息而奋斗不止。对于那些人生旅途上的跋涉者来说，它仿佛是夜幕降临前的旅舍，使这些精疲力竭的旅人仿佛回到家里，烤烤火，驱散寒意，喝口水，解除饥渴，从而消除疲劳、恢复体力，因为尽管前途遥远，而且还会遇到许多艰难险阻，但这条路总得走下去；又仿佛航行者在旅途中所见的灯塔，如同柯罗连科在他的散文诗《火光》中所描写的，在一个黑暗无边的夜晚乘船在一条曲折的河流中航行时所看到前面的火光那样，尽管小船驶了很久，拐了一个弯又一个弯，火光还是那么遥远而没有临近，但它毕竟让人看到希望，激励人奋发前行。这就使得人生论美学不像本质论、本原论美学那样停留在社会的、形上的，也不像美感论、审美心理学那样局限于个人的、形下的，而是以感性与理性、个人性与社会性统一的人为出发点把两者有机地统一起来，联系它对人的生存活动的价值和意义来理解，反过来又为提升、完善和诗化人生，为培育具有自由意志和独立人格的人作为自己的归宿和落脚点。

所以尽管对于美的问题我们可以从各个角度来进行研究，但是从人生论的观点进行研究才是它最能亲近人生，满足人的生存需要，实现美学回归人生的最具现实意义、也最能体现我国传统美学思想精神的理论形态。

注释：

[1] 苗力田主编：《古希腊哲学》，中国人民大学出版社 1990 年版，第 585 页。

［2］《论语·微子》，万卷出版公司2009年版，第239页。

［3］尼采：《悲剧的诞生》，生活·读书·新知三联书店1986年版，第344页。

［4］刘勰：《文心雕龙·物色》，齐鲁书社2009年版，第590页。

［5］马克思：《1844年经济学哲学手稿》，陆侃如、牟世金译，人民出版社1985年版，第83页。

［6］恩格斯：《自然辩证法》，《马克思恩格斯选集》第3卷，人民出版社1972年版，第449页。

［7］［8］［27］康德：《判断力批判》下卷，商务印书馆1964年版，第109页；第94页；第111页。

［9］《论语·述而》，万卷出版公司2009年版，第90页。

［10］《列子·杨朱》，中华书局2007年版，第237页。

［11］《论语·尧曰》，中华书局2007年版，第257页。

［12］《歌德的格言和感想集》，中国社会科学出版社1982年版，第6页。

［13］蔡元培：《美育与人生》，金雅、刘广亲：《中国现代人生论美学文献汇编》，中国社会科学出版社2017年版，第23页。

［14］海德格尔：《形而上学是什么?》，《海德格尔选集》上卷，生活·读书·新知三联书店1996年版，第152页。

［15］海德格尔：《只有一个上帝能拯救我们》，《海德格尔选集》下卷，生活·读书·新知三联书店1996年版，第1306页。

［16］朱光潜：《谈美·开场话》，《朱光潜美学文集》第1卷，上海文艺出版社1982年版，第446页。

［17］［18］康德：《判断力批判》上卷，商务印书馆1964年版，第46页；第86页。

［19］狄奥尼修斯：《神秘神学》，生活·读书·新知三联书店1998年版，第114页。

［20］叔本华：《作为意志和表象的世界》，商务印书馆1982年版，第543—545页。

［21］霍尔巴赫：《自然的体系》，《西方哲学原著选读》下卷，商务印书馆1982年版，第220、203页。

［22］康德：《判断力批判》下卷，商务印书馆1964年版，第109—113页。

［23］普洛丁：《九卷书》，《西方美学家论美与美感》，商务印书馆1980年版，第53、60页。

［24］梁启超：《"知不可而为"主义与"为而不有"主义》，《饮冰室合集》第4册，文集之三十七，中华书局1979年版，第59—68页。

［25］亚里士多德：《论灵魂》，《亚里士多德全集》第3卷，中国人民大学出版社1992年版，第75—76页。

［26］笛卡尔：《心灵的激情》，转引自李莉《身体与激情》，《哲学动态》2015年第3期。

［28］康德：《实用人类学》，重庆出版社1989年版，第88页。

（《学术月刊》2017年第11期刊发）

趣味与人生：人生论美学的一种维度

陈望衡[*]

摘　要：趣味是人生论的重要范畴。中国文化背景下的趣味强调其中的意义，特别是人生的意义，它的实质是美主义。此美融真善于其中显现为情趣，是一种值得推崇的人生哲学。健康的情趣建立在健康人性的基础上，它的核心是爱。爱有私爱与公爱、大爱与小爱之别，由此决定趣味的品位。人做事，有两种动力：目的与趣味。目的是功利的，趣味是超功利的。较之目的动力，趣味动力更有意义，因为它是自由的劳动，更富有创造性。趣味体现出乐观的人生观，正义的道德观和幽默的审美风度。趣味是境界的产物，人人有境界，事事有境界，其最高的境界是天地境界。人在实现天地境界的过程中，不断地创造趣味，享受趣味，让人生变得更美好，也让世界变得更美好。

关键词：趣味；人生；审美；境界；人生论美学

---

* 作者单位：武汉大学城市设计学院。

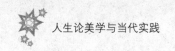

趣味应是人生论的一个重要范畴，各种哲学著作殊少对它做专题性的阐述，其实，它是一种人生哲学，这种人生哲学，字面上标举的是"趣味"，实质标举的是"美"，本文试图对"趣味"做一个初步的探索。

一

趣味，英文为 taste，在西方美学史中，它是一个重要范畴。英国经验派美学非常看重趣味。至于什么是趣味，《西方哲学英汉对照辞典》中将它与鉴赏力等同起来，说它是对"对象审美特性的敏感性，能使人识别优美或优雅对象的审美直觉与审美反应"[1]。这样，趣味就被框定在审美领域里了，相当于美感。

在中国文化的语境中，趣味不只是美学的范畴，还是人生观的范畴。趣味，不仅涉及审美，还涉及人生的意义、人生的终极追求以及追求的方式。

人生意义在不同的人是不一样的。但不管什么样的人生意义，它的存在形态以及表达方式，只能是两种。

第一种，理性的，称之为"志"。志，本义为书写，为符号，是语言表达的。正是因为用语言表达，它是理性的，可以分析，有根据，有逻辑，能让人理解。

第二种，情性的，称之为"趣"。在古代文化语境，趣与志同义，均是人生理想与追求的表达。《文选·嵇康〈赠秀才入军〉》云："仰慕同趣。"此"趣"实为志趣。与"志"不同的是，"趣"的形态为情，而"志"的形态为理。

基于中国文化背景下的趣是体现为情的志，所以，也可以称之为"情志"。《文心雕龙》中有"情志"这一概念，但它只是在创作心理层面上的运用，没有提升到人生观的高度。现代汉语"趣"衍化成"趣味"，意义更丰富了。这一概念有两个重要因素。

一，趣。让人喜欢，甚至迷恋。喜欢、迷恋，作为心理为情感。趣味是一种情感，但不是一般的情感，它是一种正面的情感，让人高兴的情感。

二，味。味本义是味觉。在《老子》中，它与"道"联系在一起。《老子》云："道之出口，淡乎其无味。"[2] "无味"指"道"，悟道就是"味无味"[3]，现在说的"味道"原本是哲学名词，不是指味觉。

"趣味"一词中有了"味"，内涵就深刻了。中国哲学中的"道"属于形而上层面，既是宇宙本体，也是人的终极追求。古代说的"志"，如今说的真、善，无不可以上升为道。

正是基于"趣味"中有理性的志，有真、善，梁启超才说出如下的话：

> 假如有人问我："你信仰的甚么主义？"我便答道："我信仰的是趣味主义。"有人问我："你的人生观拿什么做根柢？"我便答道："拿趣味做根柢。"[4]

显然，梁启超信仰的"趣味主义"不是一般的爱好，而是蕴含真、善等理性意义的情趣，是我们上面说到的"情志"。

内容中有真，有善，这真与善又都融化为情，体现为让人愉快甚至迷恋的趣，这不就是美吗？

通常说，人生有真善美三大价值追求。关于真善美三者的关系，人们的理解，大体上有两种说法。其一，并列说，即认为真善美是不相包含的各自独立的三种价值。其二，包容说，即认为真善美是互相为前提也互相包含的。包含说也有诸多不同的看法，其中最重要的是

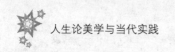

真善美三者的融合，谁是最高或最后的融合者，大体上有三说，主真说，即认为善与美最后归于真；主善说，即认为真与美最后归于善；主美说，即认为真与善最后归于美。

梁启超的趣味主义属于主美说，因此，他的趣味主义实质是主美主义。每个人都有其信仰的主义。既然有主美主义，也会有主真主义，主善主义。

主真主义，理摆在最高位。一切均要讲个是非曲直。这固然对，但如若过分，成为认死理者，就未免机械，少了点情趣。

主善主义，利摆在最高位。一切均要较个利害，不要说"无利不起早"，就是有利，还要分个利大利小。这样做，如果不过分，也行，但如果过分，成了唯利是图，就非常可怕。

主美主义，将美摆在最高位。必须强调的是，主美主义的美，不是形式美，而是内容与形式相统一的美，内容就是真与善，它的特质是情趣。

主真主义和主善主义，理性成分多一些；主美主义，情性成分多一些。

梁启超将自己的人生观拿"趣味"做根柢，显然，情性成分多一些。需要注意的是，梁启超主张"趣味主义"，并不是唯趣味主义。趣味在他的人生观中，只是"根柢"，并不是一切。

梁启超的趣味主义是值得肯定的，这是一种融真善美为一体的人生观，同时也是一种从健全人性生发出来的优秀的人生观。

二

作为从健全人性生发出来的人生观，趣味主义的趣味，必须是健全的。

健全的趣味固然可以列出许多特质，但它的核心只有一个，那就是爱。是对什么的爱？从本质上来说，是对生活的爱。生活中的爱是多种多样的，大体上可以分成三类。

第一类是对人的爱，分别为对自己的爱与对他人的爱。对人的爱，可以发展成为对文明的爱。

第二类是对物的爱，这里主要指对非人类创造的自然物的爱。日月星辰云霞、树木花草、动物植物均属于此类。这种爱延展则为对自然界的爱，对生命世界的爱，对生态平衡的爱。

第三类是对宇宙精神的爱，用中国哲学概念来说，就是对天地精神的爱。此种爱，是前两种爱的升华。

有爱与无爱，大不相同。有爱就好像戴上了有色眼镜，生活中的一切无不着上色彩——情感的色彩；一切都充满活力，此时，无需执意寻趣味，自有趣味逼人来。所有的爱都是个体的，但它的性质可以根据不同的标准分成若干不同层次。

第一是公爱与私爱之别。公爱与私爱的区分基于人性的正常与不正常，正常人性是大众所共同的，是健全人性；基于健全人性产生的爱是公爱。不正常人性只是某一个人所具有，是不健全的人性，基于不健全人性所产生的爱是私爱。私爱，囿于一己私利，极为偏狭，由此产生的趣味得不到他人认同，其严重者可能危害他人的生活。公爱，基于正常人性，由此产生的趣味，大众可以接受并产生共鸣。

第二是雅爱与俗爱之别。这种区别与人性的构成有必然联系。人性大致可以分为自然人性与社会人性两个大的方向，是这两者的统一。虽然人性是两者的统一，但统一的情况是不一样的，有的更多地见出自然人性，有的更多地见出社会人性。凡能更多地见出社会人性的爱是雅爱，而更多地见出自然人性的爱是俗爱。社会人性是文明的

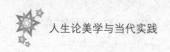

内化，因此，雅爱更多地见出文明，而俗爱，则相对地缺少文明或不够文明。

第三是大爱与小爱的区别。这种区别主要依据于爱的广度与深度。广度与深度缺一不可，没有深度为保证的广度是空泛的，没有力量的，没有意义或意义不够的。虽然一般说来对于国家、民族、自然、人民、人类、生命乃至生态的爱都可以称得上大爱。但这种爱之内涵（包括思想与情感）如何，又在很大程度上决定了它是不是真正的大爱。

以上的区别，蕴含着人性的、伦理的、认知的、哲学的诸多意义，关涉到人的全部修养。

既然如此，就不是所有的趣味都能得到肯定。梁启超说："趣味的性质不见得都是好的，如好嫖好赌，何尝不是趣味，但从教育的眼光看来，这种趣味的性质当然是不好。"[5]即算得到肯定的趣味，也有高低之分，雅俗之别。

三

人做事，均是有动力的，动力之源有二：一是目的，二是兴趣。目的是理性的，兴趣是情感的。

大体上，人做任何事，首先是目的驱动。读书，小时候，是为了得到好分数。长大一点，知道读好书后可以获得好工作，可以赚大钱。不能低估目的于读书的重大作用，它是读书的原动力。但是，读着读着，读出了趣味，读书的动力就增加了一项——兴趣。尽管如此，在一个相当长的时期内，目的仍然是读书的主要动力，兴趣是次要的动力，但逐渐地，目的退居其后，甚至淡化了，而兴趣跃居其前，并成为读书的主要动力。当读书成为兴趣，读书一是不苦了，二是读得更好了。读书如此，做别的事也是如此。

孔子早就发现了其中的奥妙，他说："知之者不如好之者，好之者不如乐之者。"[6]孔子说了做事的三种心理状态："知之""好之""乐之"。"知之"，是理性的。知道在做什么，知道做这事的好处——目的与意义。"好之"的"好"相当于"欲"，主要是感性的，具有非理性的色彩。"乐之"是情性的。乐之中，融入理，理虽在其中，但已不显；它化为欲，虽为欲，但此欲不是非理性的。因此，"乐之"一方面是"知之"与"好之"的统一，另一方面又是"知之"与"好之"统一之后的升华。它产生了一种新的心理——快乐。正是因为它快乐，所以，它为"趣"；正是因为这"趣"中有理，所以，它为"味"，合起来，就是"趣味"。

关于以目的为动力来工作和以趣味为动力来工作，汉语有两个相应的概念："敬业"和"乐业"。敬业以目的为工作动力；乐业以趣味为工作动力。

敬业的敬是理性的，之所以要敬，是因为认识到做这份工作的价值与意义。价值与意义可以分出诸多层次：最低层次，这业能为自己带来一份利益；最高层次，这业能为他人、为社会带来一份利益。敬业的最大好处，是从商业伦理层面保证工作的质量与效率。说是商业的，因为这种敬业实质是市场经济条件下的等价交换，执守的是合同原则。它的不足，是不可超出合同，创造更多更好的价值。这是一种于数量和质量均有一定保证，但没有创造性也没有超额的劳作。

乐业则完全不同了。不是目的，而是趣味成为劳作的动力。工作既不是为了获得报酬，也不是为了给他人带来什么利益，而是为了乐。乐，有不同的意义，对于乐业的乐来说，乐的实质是全面地实现自己。按马斯洛的需要学说，自我实现是人的最高需要。它的意义超出人的各项需要。自然实现，也可以说是人的终极追求，是人之为人的最终确证。于是，工作不再是被迫的，而是自觉的，进而成为自由的。在这种情况下，工作的物质成果，倒成为副产品了。虽然劳动的物质成果成了副产品，但收获颇丰，因为这是创造性的劳动，是忘我的劳动，是不计报酬的劳动。还有什么劳动比乐业更美妙呢？

从本质上来说，敬业，是据善。善在这里既为法律，以合同为依据；也为道德，以良心为原则。乐业，是求美。它是主动的、自愿的、自由的、情感的、快乐的。两种工作态度，前者必然循规，然无创造；后者可能逾矩，但有创造。

由目的动力到趣味动力，其过程的本质是超越。具体来说，它体现为三个层面。

其一，内在对外在的超越。目的是外在的，它显现为某种具体的利益；趣味是内在的，它为内在的心理追求。目的被趣味替代，并不是目的被弃除，而是目的由外在到内在的转化。外在目的转化为内在趣味。

其二，主观性对于客观性的超越。目的是理性的，理性体现为逻辑性，它是可以分析的，量化的，正是可以分析的，量化的，在处理己与他的关系时，为了公平，必须取对等的原则，也能取对等的原则。正是因为如此，它具有客观性。趣味是情性的，情性是个体当下对外在事物的心理反应，这种反应虽然源自外在的物，但根据不在于外在的物，而在于主体的心志，它没有固定的逻辑性，是不可以分析的。其突出性质是主观性而非客观性。趣味对于目的的超越是主观性对于客观性的超越。

其三，美对于善的超越。目的是利益，不管是主体自己的利益，还是他人、社会的利益，它都是善。善是有功利性的。趣味则是情感，是愉快，这种愉快有两种重要的性质：第一，它的主体是个人的，不是他人的，因而它具有强烈的个体性。第二，它的愉快不是由外在功利产生的，而是由内在主体的自我实现而产生的，是一种非功利的愉快，这种既非群体也非功利的个体愉快实质是审美的愉快。关于此，康德早就说得很清楚[7]。

四

趣味于人，既表现于处理物的关系，其中主要的体现为工作，如上所论；也体现于处理人与人的关系，从而体现为一种风度，见出人的精神品位。

从本质上看，趣味决定于人的修养，其中主要是三个方面的修养。

第一，是乐观还是悲观的人生观。梁启超说："我生平对于自己所做的事，总是做得津津有味，而且兴会淋漓。什么悲观咧，厌世咧，这种字面，我所用的字典里头可以说完全没有。我所做的事常常失败——严格的可以说没有一件不失败——然而我总是一面失败一面做。因为我不但在成功里头感觉趣味，就在失败里头也感觉趣味。"[8]乐观与悲观与人生的顺逆没有必然联系，人生顺畅的人未必乐观，人生迭遭不顺甚至不幸的人未必悲观。梁启超说他能在失败中也感觉到趣味，这是一种很高的人生境界，耐人品味。

人生百年，生老病死，很正常。泰然处之，认真待之，正确识之，极为重要。苏轼与朋友夜游赤壁，朋友"哀吾生之须臾，羡长江之无穷"，悲从中来。苏轼认为，客之所以如此，一是没有正确地看待天地万物的变化与永恒，他说："客亦知乎水与月乎？逝者如斯，而未尝往也。盈虚者如彼，而卒莫消长也。"这就是说，天地万物其实也是在不断地变化着，然而它又是永恒的，这与人有生老病死一样。二是没有摆正人与物的关系，不错，物是物，人是人，二者不一样，但如果换一种观点来看，物与人其实是一样的，甚至是一体的。如果持人与物一体观来看天地万物的变与不变，就是："盖将自其变者而观之，则天地曾不能以一瞬；自其不变者而观之，则物与我皆无尽也，而又何羡乎？"[9]

能不能乐观地对待人生，说到底是一个哲学问题，属于如何认识世界认识人生的问题。它是趣味的最终来源。

第二，是恰当还是偏邪的待人观。趣味必然是快乐的，快乐既来自正确地处物，更来自正确地处人。人与人之间因为种种原因难免会发生矛盾，能不能恰当地待人，至关重要。《论语》载："或曰：'以德报怨，何如？'子曰：'何以报德？以直报怨，以德报怨。'"[10]孔子说了两种报怨的方式：以直报怨，以德报怨。联系有人提出的"以德报怨"，可以理解为三种报怨的方式：以怨报怨，以德报怨，以直报怨。三种方式应该说都是善的，但善的程度与品位不一样。以怨报怨，是非分明，道理上没错，但少了一些宽厚；以德报怨，虽然多了宽厚，但少了是非，是一个烂好人，也不可取。"以直报怨"中的"直"指是分曲直即原则，"以直报怨"强调分清是非，讲究原则，而将怨报恩报摆在其要地位，酌情处之。这就非常恰当。恰当地待人处事，归结为一个字，就是"正"，与之相反的，是偏、是邪，均不可取。

第三，是幽默还是笨拙的个人气质。幽默气质是最富有趣味的，幽默具有先天性的因素，但也与后天修养相关，幽默必须具备两个特质：智慧和温婉。智慧是显然的，与一般的智慧不同的是，幽默的智慧在形式上往往近于儿童的天真，不是狡诈，而透着真诚。温婉是必须的，但它则往往为人忽视。幽默中少不了调侃与讽刺，与一般的调侃与讽刺不同的是，幽默的调侃与讽刺透着善良，正是这善良，让人的心灵在疼痛中感到温暖。

幽默是从心灵深处生长的花朵，透着生命的气息与芬芳，它不是纸糊的假花。幽默自然天成，不是苦思冥想的结晶。有意编造的幽默，不是幽默。幽默是即情即景的创造，是当下的，不能重复也不能模仿。幽默不只是智者的生活方式，也不能归结为善人的处世态度，从本质上来看，它是真与善共同培育的宁馨儿，是人类至精至妙的心理创造。幽默就是趣味的精灵。

五

人作为万物之灵，其灵应做何理解，是哲学上的一大难题，说法很多。在笔者看来，其灵就在于人有境界的追求。

何谓境界？境界是精神，精神虽然筑基于物质，但必然超越物质。

境界对物质的超越，主要体现为对物质功利的超越。功利是人的外向性的需求，境界则是人的内向性的需求，如果说境界蕴含有功利，这功利必然内化，成为主体的内向性的需求，既是内化，其功利的物质性必然消融，转化为无功利的状态。

精神通常归之于真善美三个方面，美无疑是最高的，最高，不是说它的地位，而是说，美是以真善为基础的，它是真与善的统一，但并非统一就是美，而是真善共同作用创造性的化成。

真与善在创造性的化成中，人的情性在其中起着重要的作用。可

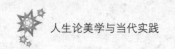

以说，没有情性的参与，就不会有境界的生成。从某种意义上讲，境界的特质不是理性，而是情性，也不是一般的情性而是融合了理性的情性。

以上特点可以概括为四重转化：物质向精神的转化，外向性需求（物质功利）向内向性需求（精神追求）的转化，真善向审美的转化，理性向情性的转化。四重转化的最高成果是趣味。

境界神秘吗？并不神秘。人的思维及行事虽然有功利性，但并非只是功利性，因为人均有精神。有精神，就有真善美的追求，有真善美的追求，就有理性与情性的作用。虽然在某些情况下，理性占据优势，但不少情况下情性占据优势。细细品味，人之生存于世，较之动物有何不同，也就在一点：有超越物质功利的精神需求。而在精神需求中，不仅有理性的需求，而且有情性的需求。较之理性，也许情性更为本质。在当今社会，人工智能的出现，人的理性功能已经可以用机器来取代，唯独不能取代的就是情性了。因此，人之本质，与其说是理性，还不如说是情性。

趣味是情性之花，是人的那点"灵明"的美学确证。

冯友兰先生说："各人有各人的境界，严格说来，没有两个人的境界，是完全相同底。每个人都是一个体，每个人的境界，都是一个体底境界。"[11]强调境界的个体性，实质上就是强调境界的审美性，人的各种活动中，唯独审美是纯粹个体的，其他人不能代替的。境界具有当下性，它是变化的，即使面对着相同的对象，在不同的时间、空间、社会境况下，同一个人所构建的境界均不一样。

境界无限之多，但境界有层次高下之别。不同的境界产生不同的趣味，因此，趣味也有高下之不同。冯友兰先生是将天地境界视为最高的境界。何谓天地境界？概而言之，就是天人合一的境界。天人合一的境界是中国哲学的最终追求，在天人合一境界中所得到的趣味为大乐。《礼记·乐记》云："大乐与天地同和。"[12]

如果说古人所理解的"天人合一"主要为精神性的，在实践上不可能做到，也不希求做到，那么，在科学昌明的今天，天人合一，就不只是精神追求，也是实践追求，它的科学表述则是正确处理人与自然的关系。这种"正确"是在不断地进步之中：在认识自然的过程中，人们更加懂得尊重自然，在征服与改造自然的过程中，人们更加重视自然生态平衡。实现天地境界是人的最高追求。虽然于人永远具有理想性，它不可能全面地实现，但是，只要有心，就可以在各项活动中有限地实现，无数有限地实现，通向全面地实现。

在实现天人合一的过程中所产生的趣味，不断地提高升华，越来越丰富，越来越纯粹，也越来越光华。人性就在这创造趣味享受趣味的过程中得到完善，自然生态也在这一过程中得到优化，世界也就在这一过程中变得越来越美好。

注释：

[1] 尼古拉斯·布宁、余纪元编著：《西方哲学英汉对照辞典》，人民出版社2001年版，第983页。

[2]《老子》第三十五章，上海古籍出版社2013年版，第73页。

[3]《老子》第六十三章，上海古籍出版社2013年版，第162页。

[4] [5] [8] 梁启超：《饮冰室合集》文集之三十八，中华书局1941年版，第12页；第13页；第12页。

[6] 杨伯峻：《论语译注·雍也篇第六》，中华书局1980年版，第61页。

[7] 参见康德《判断力批判》上卷，商务印书馆1987年版，第

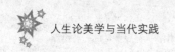

39—83 页。

［9］苏轼：《前赤壁赋》，吴楚材、吴调侯编：《古文观止》下，文学古籍刊行社 1956 年版，第 508 页。

［10］杨伯峻：《论语译注·宪问篇第十四》，中华书局 1980 年版，第 156 页。

［11］冯友兰：《贞元六书》下卷，华东师范大学出版社 1996 年版，第 553 页。

［12］王文锦：《礼记译解》下卷，中华书局 2001 年版，第 532 页。

［本文为浙江省高校重大人文攻关规划重点项目"中国现代人生论美学的民族资源与学理传统研究"（2013GH013）成果。《社会科学战线》2017 年第 10 期刊发］

人生论美学与生活实践的审美尺度

马建辉*

摘 要：人生论美学是当代美学研究的一个很深刻的转折。它为摆脱形而上学的纠缠、摆脱抽象的辞藻玩弄，提供了一个适宜而恰当的选择。生活实践是观念世界和感觉世界的基础，是审美的尺度，对审美意义的实现具有一种内在的规定性、中介性和牵引性。只有深入生活，走进现实人生的真实的社会存在状态，我们才能更深刻更科学地揭示美、把握美、诠释美。

关键词：人生论美学；生活实践；审美的尺度

人生论美学是对人生意义的一种美学价值的衡估，或者是对美学意义的一种人生价值的衡估。人生论美学的审美尺度，不是从美学理念、审美意识出发的，也不是从审美对象出发的，而是从生活实践出发的。借用修辞学上的概念来说，生活实践是本体，审美是它的喻体。本体作为喻体的尺度，对喻体意义的实现具有一种内在的规定性、

* 作者单位：《求是》杂志社。

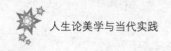

中介性和牵引性。

一　生活实践主体作为审美的规定

盛唐诗人贺知章在《咏柳》一诗中写道："碧玉妆成一树高，万条垂下绿丝绦。不知细叶谁裁出，二月春风似剪刀。"生活实践之于审美，如同"春风"之于"细叶"。生活实践是审美的尺度与规定，正像"春风"是"细叶"的尺度与规定一样。可以说，生活实践生产出了审美的全部要素。从审美的任何一个要素出发，都可以找到生活实践的质地和蕴涵。南宋诗人朱熹《观书有感》诗云："半亩方塘一鉴开，天光云影共徘徊。问渠哪得清如许，为有源头活水来。"可以说，诗的前两句是审美，后两句则况喻了生活实践。生活实践，实际上给我们提示了审美的本质方面。

生活实践是其主体的生活实践。生活实践的主体是人民，生活实践对于审美的规定，实际上就是人民作为主体对于审美的规定。人民作为生活实践主体的地位，不是靠理论演绎或逻辑推导得来的，而是人民用自己的辛勤劳动来奠定的，是他们以自己的社会贡献与历史功绩来体现和证明的。人民是推动生活实践和历史进步的决定力量，他们既是人类物质财富的创造者和生产者，又是精神文化特别是先进文化无限丰富的源泉。人民是国家的精华、国家的力量、国家的未来，他们的行动、理想和愿望指示并决定着人类社会发展的前景。他们的命运，就是国家的命运，就是世界的命运，就是历史的命运。正是在这样的意义上，马克思、恩格斯说"历史活动是群众的事业"[1]；列宁把人民称作"自觉的历史活动家"[2]，认为决定历史结局的正是广大群众；毛泽东也断言，"人民，只有人民，才是创造世界历史的动力"[3]。作为生活实践和社会历史的真正主体，劳动人民普通得如同大地和空气一般，但我们却一刻也离不开他们。恩格斯指出："自从阶级产生以来，从来没有过一个时期社会上可以没有劳动阶级而存在的。"[4] 没有作为生产者的劳动人民，社会一刻也不能生存发展。对人民我们应奉上至高的尊崇和敬意，正是他们无私的奉献和付出，正是他们宽厚的脊梁与肩膀，支撑起我们的"现代性"生活、"都市化"生活、"审美化"生活。不懂得劳动人民的历史主体地位，就不能真正懂得我们自己，就不能真正懂得人和人性，就不能真正把握生活实践的本质，更不能真正理解历史发展的本真。可以说，人民就是历史的一切，离开人民，包括审美意识在内的一切主体意识都必然走向空洞和虚妄。

发现对象特别是复杂对象内涵的真实，是审美的基础，而人民正是内涵真实的尺度和规定。真实是审美价值的生命，审美对象所表现的内涵首先要让受众感到真实可信；也只有在真实的基础上，对象才会发挥其应有的审美价值。而实际上，真实性本身就始终闪烁着美的辉光。那么，我们如何判断或认识这个真实呢？笔者认为，这个真实主要就体现在人民对于审美意识内涵的或隐或显的参与与建构上，或者说，就体现在审美意识所实现的人民性程度上。李绅《悯农》诗句"谁知盘中餐，粒粒皆辛苦"，其内含的深刻的真实，就正是以人民为尺度和规定来衡量的。有些艺术家喜欢描写私人生活，喜欢展览个体体验。但如果这种私人生活或个体体验是疏离人民的，那么，这种私人生活或个人体验在其现实性上就会成为一种虚妄或虚假的个人意识。因为人民生活从来就是个体存在的基本境遇和条件。这类作品由于遮蔽了人民而在真实性上大打折扣，是难以令受众心悦诚服的。

人民也是审美意识表现个人的尺度与规定。从生活实践总体来看，单个人是无法体现出真实性来的。只有在人民中间，在同人民的

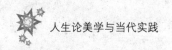

血肉联系中，才能体现出个人的真实存在。离开人民，审美意识不仅不能准确把握社会和历史，也不能正确理解和表现个人。当然，这不是说，审美意识要为了人民而失去自我，而是说，审美意识只有跟人民在一起，融入人民之中，才会构建起深度真实的自我，审美意识的源泉也才不会枯竭。审美意识除了融入人民之中，不可能真正获取自我的真实影像，也就不可能在审美意识中真实地直观自我。

审美意识意蕴的厚度和穿透力在于其思想和表现的历史感，而历史感同样离不开作为生活实践主体的人民。人民是历史的尺度和规定，同样，人民也是审美意识历史感的尺度和规定。比如，对战争的审美，必须要有民心向背作为底蕴。古人说，得民心者得天下，失民心者失天下。"夫君者舟也，庶人者水也，水所以载舟，亦所以覆舟。"[5]人民是历史的真正创造者，是生活的真正主人，因此，审美意识要想获得怀古今、骋天下的厚重史感，就必须把生活实践的主体——人民作为最深沉的底蕴。

人民，还是审美意识本身的规定和尺度。作家柯岩在其创作生涯60年座谈会上的答谢词中曾这样说过，"我是谁？我是我们祖国无边无际海洋里的一粒小小的水滴，我只有和我13亿兄弟姐妹一起汹涌澎湃才会深远浩瀚，绝不能因为被簇拥到浪花尖上，因阳光的照耀而误以为是自己发光；如果我硬要轻视或蹦离我13亿海水兄弟姐妹，那么，我不是瞬间被蒸发得无影无踪，就将会因干涸而中止生命……"[6]审美意识首先必须正确认识自我，确立起真正的主体性，只有这样才能真正在审美中映出存在的自我。审美意识不应陷入"顾影自怜"，沉溺于鲁迅先生所说的"所感觉的范围却颇为狭窄，不免咀嚼着身边的小小的悲欢，而且就看这小悲欢为全世界"[7]。有的艺术家自以为审美意识就是要张扬自我，排斥艺术的人民性传统和取向。但观其作品，却往往充斥着西方的话语、结构和手法，思想情感内容也充斥着西方对于东方的拟像与想象——这样的审美意识何尝张扬了自我？何尝凸显了其"高贵的""独立的"主体性？

审美意识的根是扎在民间的，这是为我国的文艺发展史所证明了的。当审美意识也穿上西装，系上领结，或打扮成披头士，或沉浸于墙上的斑点，那么，审美就会像乔木被拔离了泥土，除了走向枯槁将再无别的命运可以选择。我们常说艺术创作要接地气，怎么接地气？衣服是劳动人民，面孔却是贵族绅士，不是接地气。劳动人民不是被动、消极、分散或孤独的个体，人民是历史的创造者，是审美意识的"大堰河"[8]。人民是创造者的形象，是哺育者的形象。人民是大地，艺术家只有站在大地上，把根深深扎在泥土中，才能在审美表现上行稳致远。或许正是在这个意义上，我们可以说，人民，是审美意识本身的规定和尺度。

毋庸讳言，当前有些审美意识有丑化人民和歪曲人民的倾向。有的艺术家，虽然比较熟悉基层人民群众，熟悉他们的语言和生活，但却打心底看不起劳动人民，把劳动人民表现成生活中软弱的丑角或无知的群氓。有的艺术家致力于表现人民生物活动的一面，把人民的精神史表现为生物追求实现其本能的历史。有的专门从野史中寻找描写地方性恶风恶俗的素材，虚构或捏造出劳动人民的人性之恶。还有的从个人的家族恩怨出发，去否定人民追求解放的历史，以极端个人的主体性去解构人民的主体性。这样的审美意识远离人民、解构人民，甚至背离人民，因而也就成了"无根的浮萍、无病的呻吟、无魂的躯壳"[9]。

"小楼一夜听春雨，深巷明朝卖杏花。"[10]当人民的春天来了，审美意识的杏花就会尽情绽放。当我们的审美意识充满春阳的和煦和春

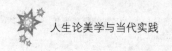

雨的慈悲，当我们的审美意识以自己的光芒去照亮受众和世界，当我们可以以审美意识驱除围绕在人们四周的风寒和阴暗，它的力量一定是来自大地，来自生活实践，来自人民，来自其自身的充分的人民性品格。

二　生活实践形态作为审美的中介

生活实践，有跟人的物质生活方式相连的形态，也有跟人的精神生活方式相连的形态。从一定意义上看，人的生活实践形态往往是总体性、复合性的，在生活实践中往往交织着大比例的精神活动、情感活动。可以说，审美在其现实性上也就是生活实践形态的一种形式、一个部分。黑格尔在其《哲学全书》中说："身体的各个部分只有在其联系中才是它们本来应当的那样。脱离了身体的手，只是名义上的手（亚里士多德）。"[11]审美之于生活实践形态也是如此。它只有在与生活实践形态的联系中，才是有机的、富于活力和动能的。如果脱离了生活实践形态，就只能走向干枯和陨落。在这个意义上，我们也可以说，生活实践形态是审美的中介，有了这个中介，审美才鲜活、生动、持久。

我们为什么要讨论生活实践形态作为审美的中介呢？这实际上还牵涉到我们如何看待审美的问题——审美是"生成的"审美还是"现成的"审美。人生论美学主张的应该是一种"生成的"审美。其基本结构有两个，一个是从个体的审美主体出发，经过生活实践形态的中介，生成审美对象；另一个是从审美对象出发，经过生活实践形态的中介，生成主体的审美意识。总体而言，生活实践形态对于审美的中介功能，既表现在生活实践形态是审美对象的中介，又表现于生活实践形态是审美呈现的中介。

首先，生活实践形态是审美对象的中介。这意味着，只有对象进入人们的生活实践之中，才可能成为审美对象；那些没有进入人们生活实践形态中去的，连对象都不是，更不可能成为审美对象。比如，自然景物在审美中的出场，不是自在的，它一开始就是作为生活实践即人的能动活动的对象而存在的。如果自然景物处于自在状态，没有和人发生任何联系，是不可能成为人们的审美对象的，对于它的审美也就不可能发生。

这正如马克思所说："不仅五官感觉，而且连所谓精神感觉、实践感觉（意志、爱），一句话，人的感觉、感觉的人性，都是由于它的对象的存在，由于人化的自然界，才产生出来的。"[12]这里"人化的自然界"，实际上指的就是进入人们的生活实践并结合进其形态的自然界。对象只有以生活实践形态为中介才能成为对象，也才可能成为审美对象。"只有音乐才激起人的音乐感；对于没有音乐感的耳朵来说，最美的音乐毫无意义，不是对象。"[13]那么，人们怎样才能具有音乐感，培养起自己耳朵的音乐感呢？首先要有音乐（大自然的乐章）进入生活实践中，使人们能够感知音乐，之后才可能形成音乐感。如果生活中不存在音乐，音乐没有生活实践形态这个中介，人的音乐感将从何而来呢？"一个对象对我的意义（它只是对那个与它相适应的感觉来说才有意义）恰好都以我的感觉所及的程度为限。"[14]而"我的感觉所及的程度"，就是生活实践形态本身。生活实践形态对于审美对象的中介功能，就是使审美对象进入"我"的感觉范围之内，从而使其成为对"我"而言的对象。

其次，生活实践形态是审美呈现的中介。当人们把从生活实践形态中获得的美感加以呈现时，又必须回到生活实践形态之中，通过呈现生活实践形态本身来呈现美感和审美意识，来完成审美呈现过程。

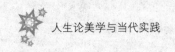

而这时，生活实践形态也就成为审美呈现的中介了。

1859年4月马克思在致斐迪南·拉萨尔的信中指出，戏剧表现应"莎士比亚化"，而不应"席勒式地把个人变成时代精神的单纯的传声筒"[15]。恩格斯在同年5月致斐迪南·拉萨尔的信中也说："我认为，我们不应该为了观念的东西而忘掉现实主义的东西，为了席勒而忘掉莎士比亚，根据我对戏剧的这种看法，介绍那时的五光十色的平民社会，会提供完全不同的材料使剧本生动起来，会给在前台表演的贵族的国民运动提供一幅十分宝贵的背景，只有在这种情况下，才会使这个运动本身显出本来的面目。"[16]

马克思、恩格斯在这里强调的与"席勒式"相对立的"莎士比亚化"、与"观念的东西"相对立的"现实主义的东西"，以及"五光十色的平民社会"，还有在恩格斯致斐迪南·拉萨尔的信中提到的"福斯泰夫式的背景"[17]，都是指生活实践形态。只有以这个形态的再现为中介，才能使审美意识得以完全呈现。没有生活实践形态作为中介，审美呈现便无所从出。同时，生活实践形态的复杂性结构在一定程度上投射为审美意识的复杂结构。现实比艺术更精彩，生活比小说更离奇。在生活实践形态结构的复杂性远远超越人们想象力的今天，审美意识的结构尤其需通过生活实践结构的中介，来获得受众的认同感。

作为一种美学理论主张，在经济基础和理论体系之间，在社会生活与艺术表现（或审美表现）之间，普列汉诺夫曾提出过以社会心理作为中介的理论。其基本观点是：提出社会心理是为了发展人的主体的、能动的方面，是为了填平在"哲学的抽象公式和社会生活的具体需要之间"的鸿沟。[18]在普列汉诺夫的理解中，社会心理一般是指人的生活的主体方面，是指"一定时间、一定国家的一定社会阶级的主要情感和思想状况"[19]以及"一定的精神状况和道德状况"[20]。没有社会心理分析的参与，解释历史和生活，解释经济基础和理论体系发展的走向都是困难的、有缺陷的。社会心理既是由经济基础生成理论体系的中介，又是理论体系反过来影响经济基础的桥梁，思想体系必然首先反作用于人们的心理，"影响社会心理，也就是影响历史事变"。[21]

依据其社会心理中介理论，普列汉诺夫对当时流行的"文学是社会的表现""文学是生活的反映"等一些流行的常识性艺术理论命题表达了不满，并提出了改进意见。他说："文学是什么？好好庸人们齐声答道：文学是社会的表现。这是一个很了不起的定义，只是有一个缺点：它是含混的。等于什么也没有说。"[22]他还指出，"说艺术像文学一样是生活的反映，这虽然也讲出了正确的意见，可究竟还不十分明确。为了理解艺术是怎样地反映生活的，就必须了解生活的机制"，考察这种机制中的推动力，"弄清楚文明社会的'精神的'历史"。[23]在普列汉诺夫看来，经济关系所结构的社会生活实践虽然是艺术的反映或表现对象，但这反映或表现不是直接抵达社会生活实践的，而是要通过社会心理的中介，"任何一个民族的艺术都是由它的心理所决定的"[24]，"在一定时期的艺术作品中和文学趣味中表现着社会的心理"[25]。艺术通过表现"社会的心理"表现社会生活实践，这是普列汉诺夫对于艺术及其本质进行阐释的一个独到方面。

笔者认为，普列汉诺夫提出的社会心理中介理论，用于说明经济基础和理论体系的相互作用是恰当的。经济基础首先生成和影响社会心理，然后在社会心理基础上生成理论体系；反过来，理论体系也是首先影响到社会心理，通过社会心理的建构和损益来反作用于经济基础。而在社会生活与艺术表现之间，普列汉诺夫的社会心理中介理论却是值得商榷的。从我们的生活实践形态中介论出发，应该是艺术通过表现社会生活实践来表现社会心理（包括审美意识），而非通过表现社会心理来表现社会生活实践。当然，反映过程中的生活实践形态也是为社会心理（包括审美意识）所折射的或浸泡过的，而非纯然外在的生活实践形态，则是毫无疑问的。

三　生活实践存在作为审美的牵引

审美意识虽然对于生活实践存在具有反作用力，在特定范围和特定意义上，发挥着升华生活实践存在的功能；但归根结底，在更为普遍的意义上，却是生活实践存在始终牵引着审美意识的走向。"不是意识决定生活，而是生活决定意识。"[26]马克思、恩格斯在《德意志意识形态》中的这句名言，表明了社会生活实践存在对于包括审美意识在内的社会意识的基础性地位。生活实践是观念之因，"意识在任何时候都只能是被意识到了的存在，而人们的存在就是他们的现实生活过程"[27]。在马克思那里，这首先意味着，观念体系自身不具有自足性（当然，这并不排除它可以有自足性的幻觉与幻象），生活实践是理解观念的基础，理解和把握观念问题，必须将其置于生活实践的基础之上，把观念问题还原为现实问题、生活问题、实践问题，寻找到它所以发生和形成的根据与前提。正是在这个意义上，形成了生活实践存在对于审美意识的牵引功能。

人的审美感觉和审美意识的发生依赖于生活实践存在。"只是由于人的本质客观地展开的丰富性，主体的、人的感性的丰富性，如有音乐感的耳朵、能感受形式美的眼睛，总之，那些能成为人的享受的感觉，即确证自己是人的本质力量的感觉，才一部分发展起来，一部分产生出来。"[28]"客观地展开的丰富性"就是在社会生活实践中，并且只能是在社会生活实践存在中实现了的丰富性。人对现实的审美感知、审美关系只有在社会生活实践存在中才是可能的，因为一方面只是由于社会劳动，在人创造的产品的影响下，人的感觉器官和人的意识才脱离了动物的特性，生成为能够进行审美感知的器官和意识。[29]另一方面，由于"我们的出发点是从事实际活动的人，而且从他们的现实生活过程中还可以描绘出这一生活过程在意识形态上的反射和反响的发展。甚至人们头脑中的模糊幻象也是他们的可以通过经验来确认的、与物质前提相联系的物质生活过程的必然升华物"[30]。所以，审美感觉以及美的观念也都是现实生活过程的"必然升华物"——生活实践存在是审美发生的前提和基础。

马克思指出："动物只是按照它所属的那个种的尺度和需要来构造，而人懂得按照任何一个种的尺度来进行生产，并且懂得处处都把内在的尺度运用于对象；因此，人也按照美的规律来构造。"[31]他还说："这种生产方式……更确切地说，它是这些个人的一定的活动方式，是他们表现自己生命的一定方式、他们的一定的生活方式。个人怎样表现自己的生命，他们自己就是怎样。因此，他们是什么样的，这同他们的生产是一致的——既和他们生产什么一致，又和他们怎样生产一致。"[32]这就表明审美不仅不是同生活实践存在相分离的一种主体精神状态，相反，审美活动本身就是生活实践存在的一种合乎规律的方式，而审美本身也就是人们的一种生活实践存在状态，是个人在以审美的方式来表现自己的生活实践存在。当然，表现自己的生活实践存在，内在地显现着主体对生活实践存在的理解和把握。也正是在这个条件下，生活实践存在实现了对审美意识的牵引。

应该说，审美有其超越性品质，它也应该发挥对于生活实践存在的牵引作用。诚然如此，审美以其独特的心灵性、精神性、超越性，对于生活实践存在具有引领和建构功能。但审美的牵引与生活实践存在的牵引并不矛盾。审美牵引是在生活实践人格品质、生活实践精神含量、生活实践要素优化等方面的牵引；而生活实践存在的牵引则是如同地球引力一般的一种存在性、根本性的牵引。想离开这种牵引，就像鲁迅先生在《论"第三种人"》一文中所说的，是"恰如用自己的手拔着头发，要离开地球一样"[33]。

生活实践存在还牵引着美学研究的走向。学界现在热议人生论美学、美学的生活论转向等，都是生活实践存在对于美学研究进行牵引的例证。"在思辨终止的地方，在现实生活面前，正是描述人们实践活动和实际发展过程的真正的实证科学开始的地方。"[34]同样，在现实生活实践存在面前，也是科学的美学研究真正开始的地方。脱离生活实践存在的理论研究，不是走向抽象思辨，就是沦为胡言乱语。

人生论美学作为一种研究方法，它一方面要求美学研究不能只关注审美意识及其作品，更要关怀生活实践存在本身，研究生活实践存在中的个人的生活状态和特点；另一方面，它也要求研究者有一种生活实践的立场，从生活实践存在出发去把握和理解审美意识，将其视为生活实践存在在意识范畴或观念领域的回声。另外，把人生论美学作为一种方法，还要求把审美意识、美学研究都看作并理解为生活实践存在的一部分，在根本的意义上，它们不是孤立的和超越的，它们也都是在生活实践存在中发生和成长的。毛泽东《在延安文艺座谈会上的讲话》中特别提出的"学习社会""研究社会"[35]等命题，都内在地蕴含着面向生活实践存在的理论研究指向。

当今时代，审美观察和审美研究正日益走向生活实践。曾有一段时间，"日常生活审美化"成为一个为不少学者所关注的研究课题。不管这个表述是否恰当，都在某种程度上道出了当代审美与生活实践的紧密贴合。这个命题实际上只是指出了一个方面，即审美对于生活实践存在的牵引作用，而没有指出生活实践存在对于审美的牵引。"生活审美化"和"审美生活化"作为两个审美研究的向度，可以揭示出不同的问题和意义。

实际上，我们有时会感受到这样的情形，即日常生活实践存在越是"审美化"，生活中人们的审美能力、审美情感、审美意识越是退化、越被稀释。在"审美化"的生活实践存在中，"审美"有时甚至成了与人的本质力量相对立的东西。按照一些学者，特别是一些当代西方学者的理解，所谓"日常生活"是指人们没有自觉意识的生活，它是感性的存在，而人们常常对它没有什么感觉。这样的"日常生活审美化"，会不会导致审美的平庸呢？它或许将导致人们在日常状态下对"审美化的生活"失去审美的判断力。诚然，街心公园是美的，但是那些终日行色匆匆、倦怠不堪的打工族谁会注意到他们的美呢？从这个意义上说，也许"日常生活审美化"在实质上并不存在，也不可能真正实现人生论美学的使命。

我国学者王元骧先生曾深刻指出："审美的愉悦不只是让人活得'快活'，更不是在这种'快活'中沉醉，以致忘却了自己遥远的旅程。它是点燃人的希望，给人以勇气、给人以信心、给人以力量的！""在当今社会里，美与美的艺术日趋泛化甚至异化虽然有它一定的必然性，但这种必然性不等于它发展的方向性。因为在马克思主义看来，异化现象的产生只不过是人和人类社会发展过程中所出现的一个环节，人和人类社会的发展的最终目的就是要消灭异化，实现人性的复归，使人得到全面的发展、社会得到全面的进步。这也是美与美的艺术自身所追求的目的和它存在的价值。这我认为应该成为我们衡量美与美的艺术的基本价值取向。"[36]王元骧先生在这里对于审美愉悦的判断，对美与美的艺术发展的论断，与其说是证明了审美牵引，不如说是证明了生活实践存在牵引。因为在他看来，那种由于"审美的愉悦"而使人忘记"自己遥远的旅程"的审美不是真正的审美。"遥远的旅程"，不是审美的旅程，而是人生的旅程，是以生活实践作为其存在形态的旅程。

可以说，人生论美学是当代美学研究的一个很深刻的转折。它为摆脱形而上学的纠缠、摆脱抽象的辞藻玩弄，提供了一个适宜而恰当的选择。生活实践是观念世界和感觉世界的基础，只有深入生活，走进现实人生的真实的社会存在状态，我们才能更深刻更科学地揭示美、把握美、诠释美。

注释：

[1]《马克思恩格斯全集》第 2 卷，人民出版社 1957 年版，第 104 页。

[2]《列宁选集》第 1 卷，人民出版社 2012 年版，第 127 页。

[3]《毛泽东选集》第 3 卷，人民出版社 1991 年版，第 1031 页。

[4]《马克思恩格斯全集》第 19 卷，人民出版社 1963 年版，第 315 页。

[5] 语出《孔子家语·五仪解第七》，中华书局 2011 年版，第 58 页。

[6]《蓦然回首——柯岩创作 60 周年座谈会文集》，作家出版社 2011 年版，第 482—483 页。

[7]《鲁迅全集》第 6 卷，人民文学出版社 2005 年版，第 250 页。

[8] "大堰河"出自诗人艾青写于 1933 年 1 月的诗作《大堰河——我的保姆》，其中有诗句："大堰河，是我的保姆。/她的名字

就是生她的村庄的名字，/她是童养媳，/大堰河，是我的保姆。/我是地主的儿子；/也是吃了大堰河的奶而长大了的/大堰河的儿子。"

[9] 习近平：《在中国文联十大、中国作协九大开幕式上的讲话》，《人民日报》2016年12月1日第2版。

[10] 南宋诗人陆游诗，诗题为《临安春雨初霁》。

[11] 列宁：《哲学笔记》，中共中央党校出版社1990年版，第224页。

[12][13][14][28]《马克思恩格斯全集》第3卷，人民出版社2002年版，第305页。

[15][16][17]《马克思恩格斯文集》第10卷，人民出版社2009年版，第171页；第176页；第176页。

[18]《普列汉诺夫哲学著作选集》第1卷，生活·读书·新知三联书店1959年版，第145页。

[19][20][21][22]《普列汉诺夫哲学著作选集》第2卷，生活·读书·新知三联书店1961年版，第272—273页；第186页；第374页；第177页。

[23][25]《普列汉诺夫哲学著作选集》第5卷，生活·读书·新知三联书店1984年版，第496页；第482页。

[24] 同上书，第350页。需要注意的是，这里的决定不是在根本意义上的决定，而是直接意义上的决定，中介层面的决定。这样的理解也是为普列汉诺夫的框架性思维所决定的。

[26][27]《马克思恩格斯文集》第1卷，人民出版社2009年版，第525页。

[29] 参见乔·米·弗里德连杰尔《马克思恩格斯和文学问题》，上海译文出版社1984年版，第101—102页。

［30］［32］［34］《马克思恩格斯文集》第1卷，人民出版社2009年版，第525页；第520页；第526页。

［31］《马克思恩格斯全集》第3卷，人民出版社2002年版，第274页。

［33］《鲁迅全集》第4卷，人民文学出版社2005年版，第452页。

［35］毛泽东《在延安文艺座谈会上的讲话》中指出："文艺工作者要学习社会，这就是说，要研究社会上的各个阶级，研究它们的相互关系和各自状况，研究它们的面貌和它们的心理。只有把这些弄清楚了，我们的文艺才能有丰富的内容和正确的方向。"（《毛泽东选集》第3卷，人民出版社1991年版，第852页）

［36］王元骧：《审美超越与艺术精神》，浙江大学出版社2006年版，第338—339页。

审美与人生

王旭晓*

摘　要：审美活动是美学研究的起点与核心，也是了解美学与人类自身建设的关系的关键。本文从分析人类的多样性活动开始，区分审美活动与非审美活动，从而定义审美活动。进而从审美活动的三大特点具体分析其与人生的关系，分析美或审美价值对人生的启迪，从而揭示审美活动对于人生特别是对于人的精神生活的意义，以促使人生的审美化或称艺术化。

关键词：审美；审美活动的特征；审美价值；人生；人生的审美化

审美活动是美学研究的起点与核心，对审美活动的研究与分析可以使人更加了解自身，这是美学研究的重要任务之一。审美与人生就是要揭示审美活动与人类自身建设的关系，揭示出美对于人生特别是对于人的精神生活的意义，促使人生的审美化或称艺术化。

---

* 作者单位：中国人民大学哲学院。

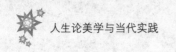

一　什么是审美活动

人类从产生之时起，就需要以各种不同的活动来维持自己的生命与存在，人类的活动就是人的存在与发展的方式。由于人是有着多重规定性的社会存在物，因此人的活动也具有多样性。而其中一项重要的活动方式，就是审美活动。

英国人类学家马林诺夫斯基对人有这样的界定："人是一个制造工具，使用工具的动物；一个在团体中能够传达交通的社员；一个传统绵续的保证者；一个充为合作团体中的劳作单位；一个留恋着过去和希望着将来的怪物；最后，靠着分工合作和预先准备所获得的闲暇和机会，他又享受着色、形、声等所造成的美感。"[1]这个界定里所提到的人的本质是多样的，这决定了人的活动的多样性。首先是物质生产活动，人会制造与使用工具，表现出人与动物的不同；人具有社会性，有各种社会交往活动；人具有精神性，能思维，有文化，并且能把人类的历史文化一代一代地延续下去；最后，人还有一种特殊的精神活动，那就是精神享受活动，马林诺夫斯基称之为对"色、形、声等所造成的美感"的享受。可以看出，马林诺夫斯基说的这种享受活动，就是审美活动。如果对审美活动做这样的认定，那就把人类的其他活动都看成了非审美活动而进行了排除。

这里第一排除的是日常生活中为了满足单纯的生存需要所进行的活动，如吃饭、喝水、睡觉、养神、锻炼等，这一类活动是作为自然生物体的动物的人所必需的活动，是出自人的本能需要，因为"人直接地是自然存在物"，是"具有自然力、生命力"的"能动的自然存在物"[2]，"正如任何动物一样，他们首先是要吃、喝，也就是说，并不'处在'某一种关系中，而是积极地活动，通过活动来取得一定的外界物，从而满足自己的需要"[3]。因此，这一类活动不是审美活动。也就是说，审美活动不是人的本能活动。

第二，排除的是工作。现代人的工作性质是不同的，有的从事物质生产实践活动，有的从事社会管理工作，有的从事科研工作，还有的从事精神生产。这一类活动是作为能够制造和使用工具的人所进行的活动，即便是精神生产，也是人"积极地活动"的延伸。因此，这一类活动是人的一种谋生手段，有着直接或间接的功利目的，为着这种目的，人需要付出一定的劳动与精力。而审美活动却与谋生无关，它明显地表现出一种享受的性质。正像马林诺夫斯基所说的，需要"靠着分工合作和预先准备所获得的闲暇与机会"，因此工作也不是审美活动。

第三排除的是一般的社会活动。人之所以为人，主要不在于人的自然属性，而在于人的社会属性。所以人类社会制定了各种规范，制约人的行动，使人的活动与行为符合社会的要求。在这个社会整体内的个人都要遵从这种规范，对个体行为进行调整，哪怕有时要牺牲个人的利益。而审美活动却往往以个体为单位展开，并不需要对个人行为进行调整，也没有什么社会规范的制约。因此，一般的社会活动也不是审美活动。

第四排除的是宗教信仰活动一类的精神活动。人作为能思想的存在物，不仅运用自己的思维能力认识世界，改造世界，也"是自己的观念、思想等的生产者"[4]。宗教信仰活动所相信并崇拜的超自然的神灵、相信并向往的虚幻的精神王国就是人的思想的产物。宗教活动是人在超现实的虚幻世界中寻找安慰和寄托希望的活动，宗教总是引导人脱离现实与世俗的生活。为此，宗教活动制定了各种严苛的戒律和禁令，束缚着人的身心。而审美活动却是面向人的现实生存状态的，没有什么戒律或禁令的束缚。因而，我们可以区分在朝圣的路上虔诚行进、在神圣的教堂或佛殿顶礼膜拜的信徒的活动与旅游观光、欣赏宗教艺术的人们的活动，这也正是对宗教活动与审美活动的现象上的区分。

最后排除的是认识活动。科学认识活动具有明显的必然性、严谨的逻辑性，从目的上看有一种明确的对"真"的追求，它本质上也同样是艰苦的工作，故有"书山有路勤为径，学海无涯苦作舟"之说。而审美活动的享受性质就说明了它与认识活动的不同。因此，审美活动不是认识活动。

那么，审美活动是一种什么样的活动呢？我们发现，在审美活动中，作为主体的人关心的是对象能否满足自身需要的特性，而审美对象则对人显示出它对人的"有用性"。因此，在审美活动中，审美主体与审美客体之间的关系是一种价值关系。

审美活动虽然是一种价值活动，但它追求的价值不是物质价值，而是一种精神价值，即审美价值。它的出发点也不是人的实用需要，而是一种精神享受的需要。

所以，人的审美活动，是人类的多样性活动中的一项特殊活动，一般理解为日常生活中的欣赏活动及艺术欣赏活动，是不同于人类的物质生产活动、生存活动、社会交往活动、宗教信仰活动与认识活动的一种精神享受活动。

二　审美活动的超功利性特征与人生

审美活动首先是一种超功利性的人类活动。这里所说的功利性是狭义的，指的是物质功利性。审美活动的超功利性，使它与一切有着直接或间接功利目的的活动相区别，那些功利性的活动包括生物本能

活动、物质实践活动以及某些精神活动与社会活动。

对物质功利性的追求是人类一切实践活动的出发点，因为人的生物性本能要求人通过活动取得一定的外界物来满足自己的需要。随着人类的发展，物质生产活动的目的也日趋明显，那就是对物质财富或物质功利的追求，以满足自己的生活需要和欲望。在私有制的条件下，在异化劳动中，人对物质功利的追求甚至是狂热的。私有制造成了人的感觉的异化，人只有在"占有"或"使用"对象时才感到满足与愉快。这种状态在私有制的扬弃之后能得到改变，但是人的物质生产实践活动对物质功利的追求却是不可能抛弃的，主体在这种活动中的动机、过程和结果都直接指向某种直接的物质功利目的。因此，人的行为也受到功利目的的直接或间接的制约。我们把审美活动与生物本能活动及工作区分开来，主要的一点就是因为审美活动不存在物质功利性的考虑，就像观赏白石老人的画而不会引起"吃"的欲望一样。

在人的其他活动中，只要这种活动是出于功利的目的，我们就会肯定它不是审美活动。比如，人们赞赏纯洁的友谊或爱情，认为这类活动具有审美的意义，人们的赞赏也可以说是一种审美活动。但人们的交往或婚姻如果出自功利的目的，就不会被认为有审美的意义，不会被人赞赏。又比如艺术活动，无论是艺术创作还是艺术欣赏，都是人们认可的审美活动。但如果创作单纯是为了赚钱，那就同物质生产的性质相同了，这时的艺术创作很难说是审美活动。因为艺术家此时的活动是受制于功利目的的，是不自由的，这类创作的成果也不都是艺术品。近年来市场上出现的大量迎合部分民众趣味的"文化垃圾"，不也打着"艺术品"的旗号吗？而对这类所谓"艺术品"的"欣赏"，是与真正的艺术欣赏截然不同的。这种"欣赏"的出发点是与

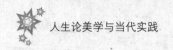

人的本能欲望相联系的，最后所获得的也往往是某种欲望的满足。因此，我们也把审美活动与这样的活动作了区分。

真正的审美活动几乎是不存在功利性的考虑的。在面对一种审美对象，如自然风光、艺术作品时，人们不会去想着要占有它们，也不会去估算它们的价格，当然也不是要弄清它们的科学含义。用朱光潜先生举的一个例子来说，面对一棵古松，商人想到的是它能出多少方木料，能卖多少钱；科学家想到的是这棵古松的科学分类及生长年代；而画家却马上会被古松的外形所吸引，沉醉于它的苍翠遒劲。这里，商人的活动是功利性的活动，科学家的活动是认识活动，只有画家是在进行审美活动。朱光潜先生由此指出，人对一件事物的看法或态度是多样的，所看出来的现象也有多样性。最主要的看法或态度有三种，即实用的、科学的、美感的。持美感的态度去看事物，就能看到美。所谓美感的态度，就是不含利害关系的态度，因此，就"用"字的狭义说，"美是最没有用处的"[5]。

审美活动的超功利性在于它不需要从实体上占有与拥有对象，只是观赏对象的外形。物质功利的满足，不是通过外在事物的外形获得，而是需要事物的实存。正如黑格尔所说，"欲望所需要的不仅是外在事物的外形，而是它们本身的感性的具体存在。欲望所要利用的木材或是所要吃的动物如果仅是画出来的，对欲望就不会有用"[6]。朱光潜先生把审美活动所要求的对象称为事物的"形相"，"形相"是与实用无关的。它是一种"幻境"，一种时过境迁后的"意象"。正因为如此，审美活动就有了一种超功利的自由。所以黑格尔说："审美带有令人解放的性质，它让对象保持它的自由和无限，不把它作为有利于有限需要和意图的工具而起占有欲和加以利用。"[7]由于审美活动让对象"保持它的自由和无限"，也就使主体从有限的、自私的占有欲中解放出来，超越了物质功利性的束缚，获得了一种自由。在审美活动中，主体变得乐于与他人共享从对象之中获得的愉快。这是只有在审美活动中才出现的现象，是审美活动的最宝贵的特征之一，也是成就一个不斤斤计较的、超脱的、潇洒的人生的重要条件。

三 审美活动的主体性特征与人生

审美活动又是一种最具主体性特征的人类活动。所谓主体性特征，指的是人所具有的自主、主动、能动、自由、有目的地活动的特征。由于审美活动本质上是一种价值活动，因此，它的主体性特征比其他人类活动更加强烈。

在人类的各种实践活动中，作为主体的人是体现了一定的主体性的。但大部分又是受束缚、受限制的。恩格斯强调在实践活动中的人的自由"不在于幻想中摆脱自然规律而独立，而在于认识这些规律，从而能够有计划地使自然规律为一定的目的服务"，"因此，意志自由只是借助于对事物的认识来作出决定的能力"[8]。也就是说，在人的各种实践活动中，人的主体性的发挥即人的自由是受限制的。这是人类不可避免的事实。

在人的物质实践中，当人通过"积极地活动"使自己与自然界构成主客体关系并使自己成为主体时，人是主动的、能动的、有目的的。人们按照自己的目的来发现、掌握自然规律，征服或改造自然界。但是，人的主动、能动和自由的活动所带来的却往往是人的被动、受动和不自由。自然规律要求人遵循、服从而不是相对，人的自由被局限在客观规律画定的框架内。在人的活动所创造的世界之中，这种局限性甚至加大了。人发明了机器，它使人的生产效率成倍地、甚至成百成千倍地增加。但是，机器不是使驾驭它的工人同时成为它的"奴隶"吗?回想一下著名电影大师卓别林在《摩登时代》里的表演吧,那在自动传送带上拧紧螺丝帽的极其紧张的、重复的、简单的操作摧残着工人们的肉体和神经,把工人变成了机器,甚至陷入精神失常的境地。当然,这是异化的社会,人类通过自己的努力能够逐步克服异化,消除异化,减轻客观规律对人的束缚。但是,客观规律是不能选择、不能改变、不能创造的,从这个角度说,人类不可能发挥完全的、绝对意义上的主体性。

在人的社会活动中,各种规范与限制更明显地存在。伦理道德规范就是其中有代表性的一种社会规范,它是人类维护、协调某种特定的社会关系的活动,它虽然不像法律那样对人带有强制性,但也会通过社会舆论、公众态度等对人的行为造成一种强制性的要求,并要求逐步成为人的一种内在自律。

此外,科学认识活动、宗教信仰活动等,都对人的活动目的与方式的选择、展开、创造等方面有着具体的不可改变的要求和规范。因此,在这些活动中,人的主体性—自主、能动和自由的发挥也是有限的。

相比之下,人类的审美活动是对主体性的发挥最少局限和制约的活动,人的自主性、能动性在审美活动中能得到最充分的体现,审美活动也因此表现出精神的充分自由。我们把审美活动与其他有着严格的规范性的活动如物质生产活动、科学认识活动、宗教信仰活动等社会活动相区别,区分的原则之一即在于看到了审美活动所具有的这种主体性特点,其表现就是一种精神的自由。

在审美活动中,人们对于对象的选择是自主、能动和自由的,可以不受外部力量的强迫,所以在选择中主体自身的兴趣、爱好、理想等起着主要的作用。在具体的审美活动中,主体能够随意地想象,这种想象更具有自主、能动、自由的特点。在审美活动中主体不仅按照自己的意愿、情趣、爱好、经验等选择对象，同样也按照它们去"建造"对象，这种"建造"除了主体的内在要求之外没有任何规定与局限。谁也不能指责那位把"维纳斯"雕像看成一块冷冰冰的大理石的人是无知的，谁也不能认为雕塑大师罗丹在抚摸"维纳斯"雕像时感到的温暖是荒唐的。你看不上眼的野花小草，也许在他的眼中展现了那么美妙、丰富的审美世界；我所鄙弃的乱石枯竹，也许你会把它看作一幅高雅、动人的图景。主体对审美对象的建造只受到主体自身条件的制约，建造本身则是能动的、自由的，是主体的创造。在审美活动中，这种创造是始终存在的。

真正的艺术创作往往被视为人类最为自由的活动方式。美国人本主义心理学家马斯洛把艺术创作称为人类的一种超越性的自我实现需要，他说："一位音乐家必须作曲，一位画家必须绘画，一位诗人必须写诗，否则他就无法安静。"[9]他们通过创作表达自己的审美理想、审美情感和意趣，这是一种自由自在的表达。

因此，审美活动的主体性主要表现为人的精神的自由，这也是审美活动的本质特征之一。

审美活动具有"自由"的特色，尽管这种自由存在于人的精神活动或想象之中，却对人和社会有着特殊的作用。它诱发人对自己的潜能和创造力的了解，培养个体的独特的感知力、想象力、理解力；它使人精神自由，视野开阔，思维敏捷；更重要的是，它能使主体建立起足够的自信和自尊。一句话，它培养起人的强烈的主体性。

伟大的物理学家、相对论的发现者爱因斯坦，自小就喜爱音乐，从6岁起开始学拉小提琴，13岁开始懂得和声曲式的数学结构，他最爱莫扎特的作品。除此之外，他热爱各种艺术，在意大利上中学时就

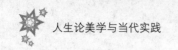

常到博物馆去欣赏米开朗琪罗的雕塑和绘画，阅读席勒和歌德的作品，还爱在地中海之滨散步，欣赏意大利的自然美景。

审美活动使爱因斯坦的想象力和理解力得到极大的发展，著名的相对论的提出，没有宏伟的丰富的想象和深刻的理解是不可能的。爱因斯坦甚至认为想象力比知识更重要，因为知识是有限的，而想象力概括着世界上的一切，推动着进步，并且是知识进化的源泉。他还认为想象力是科学研究中的实在因素。因此，爱因斯坦在科学上有了惊人的发明。

著名的科学家爱迪生，自小爱动脑筋。但进中学才 3 个月，就因为他爱做一些化学实验而不爱听那种死板的课堂教育被赶出了校门，理由是学习成绩不好并且贪玩，还带着"毒药"（做实验的药品）到学校来。爱迪生的母亲南希理解自己的孩子，她与儿子约定，历史地理由她来教，化学药品放在地下室里，把地下室作为实验室。

南希的教学与审美活动密切结合在一起，母子常常到大自然中去，一边欣赏一边上课。他们在秋天的小河边朗读文学作品，在夏日晴朗的星空下讲述罗马帝国的历史，母子共同讨论物理、化学的问题，一起动手做实验。这样，爱迪生对学习和创造有了浓厚的兴趣，他的想象力也得到了极大的发展。一个被赶出校门"不可救药"的"坏学生"终于成了杰出的科学家。他拥有 2000 多项发明。

因此，审美活动不是人类生活的点缀和消遣，它对人和社会有着特殊的重要意义。主体性的培养，创造力的发展，对于人类进步、社会发展都是不可缺少的。

审美活动使人生具有巨大的创造力。

四　审美活动的感性特征与人生

审美活动还是一种具有感性特征的人类活动。这里的感性，是指一种与人的感性生命——生理欲求、情感、个性等人性的自然状态、人性的根基相联系的状态。审美活动往往体现着、满足着感性生命的要求，所谓"爱美之心，人皆有之"，也是审美活动与感性生命要求相联系的一种佐证。

感性生命的要求毕竟是与理性本质极为不同的，我们强调的也是在审美活动中，人的感性生命的要求受到重视与满足，这是在人类其他活动中所没有的或被忽视的现象。

我们不能否认，人之所以为人，是因为人具有理性。理性使人类具有更高的掌握、控制、协调自然和社会的能力，使人类和社会不断地向高级阶段发展。因此人类崇尚理性，人类的各种活动也以理性为主宰。

科学认识活动是一种理性、逻辑性极强的活动，人的感性活动基本上是不允许加入其中的。人的丰富的潜意识、下意识是科学认识时时防范的"敌人"，人的情感只在推动科学认识活动的开展时起到动力作用，认识活动一开始，情感因素便要排除，否则就会歪曲客观现实。伦理道德活动表明社会理性和意志的力量，整个活动受到社会理性的制约。人自身的伦理道德活动在很多情况下是以抑制甚至牺牲人的感性生命的要求为代价的。宗教信仰活动植根于人的理性，信仰本质上是一种理性价值观念。任何信仰活动都会给人的感性生命提出戒律和禁令，宗教本质上是禁欲的。

人类自身还明确地倡导理性，鄙视感性，自古以来，人们要求"以理制情"。在理性的统辖下，人类学会了以冷静的理性态度对待一

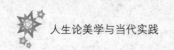

切，不让自己的感性生命的要求——欲望、情感等来干扰自己所从事的事业，从而使人类的事业得到了巨大的发展，也使人类世界变得有序、科学、理性、界限分明。

但是，我们也不能否认，人首先是感性的存在物，感性生命的要求在人存在的任何时候都不可能消失或彻底理性化。正如席勒所说："即使在最粗野的人身上我们也可以找到理性自由的确凿无误的痕迹，正如在最有教养的人身上也不乏唤起昏暗的自然状态的瞬间。"[10]我们把审美活动与科学认识活动、伦理道德活动、宗教信仰活动相区别，所依据的另一条区分的原则就是审美活动不同于这类理性活动的感性特征。

人的感性生命的要求是不容忽视的，因为它是人类活动的最深层的动力性根源。生命的存在与运动使人具有自然的需要和欲望，感性生命的要求的满足使人快乐，这种快乐是生命本身所具有的反应，它是生理的、本能的、自然的、感性的情感。

马克思指出："人作为自然存在物，而且作为有生命的自然存在物，一方面具有自然力、生命力，是能动的自然存在物；这些力量作为天赋和才能、作为欲望存在于人身上；另一方面，人作为自然的、肉体的、感性的、对象性的存在物，同动植物一样，是受动的、受制约的和受限制的存在物，就是说，他的欲望的对象是作为不依赖于他的对象而存在于他之外的；但是，这些对象是他的需要的对象；是表现和确证他的本质力量所不可缺少的、重要的对象。"因此，马克思又指出，因为人是一个受动的存在物，并且人感到自己是受动的，"所以是一个有激情的存在物。激情、热情是人强烈追求自己的对象的本质力量。"[11]马克思指的是，表现为自然的欲望与需要的自然生命力，是人与生俱来的本质力量，是人类活动和发展的最终动因。那么，不难理解，在人类活动中发展、展开的感性生命，仍然是人类活动和发展的动因，并且是使人类在自我丰富、自我完善的过程中更为强有力的永不枯竭的动力。

在人类的生活实践中，人们已经发现，人的兴趣和感情是激发人的全部潜能与才能的基础。例如，音乐大师贝多芬的成功与他对故乡和自然的感情与爱分不开。他的创作灵感许多是来自大自然的启发，林间小溪的潺潺声和在茂密的树叶间歌唱的小鸟，唤起了他的《第六交响曲》中"溪畔小景"的创作构思。可以说，没有兴趣和感情的人几乎是没有生命的人，对生活和他人没有爱的人更是畸形的人。

因此，完善的人应该是感性与理性相统一的和谐的人，仅仅具有理性或只具有感性的人都不是完善的人。智力水平和道德修养的提高使人趋向于理性的高度发展，而感性的丰富性和生活热情的提高则使人趋向于感性的高度发展。

在历史上，有许多理论家看到了人的感性生命的要求与理性崇尚的矛盾，认为感性生命的要求应该得到满足也必须得到满足，并且提出解决的办法。弗洛伊德与马尔库塞认为艺术活动既能满足本能冲动，又让社会能够承认、理解和赞许。席勒认为，在资本主义文明时期，人的感性与理性严重分裂，人被异化了。但是，人"应该是人。自然不应该完全支配他，理性也不应该有条件地支配他。这两种立法应该彼此独立并存，且完全一致"[12]。所以他提倡美育，希望以此来消除人性的分裂与异化，使人重新获得自由、和谐的发展。可以说，他们都看到了审美活动对于满足人的感性生命的要求的特殊意义与作用——审美活动会使人生充满活力。

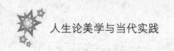

五　美与人生启迪

美或审美价值是在人的实际的审美活动中形成的。与人的审美需要的不同层次相应，对象的美也有不同的层次。可以是使人感到悦耳悦目的感性形式的美，可以是使人感到悦心悦意的形式意蕴的美，也可以是令人悦志悦神的深层的底蕴的美。无论哪一个层次的美，都展示出一种人所肯定的和愿意追求的理想境界。所以，对美的追求是人的永恒的追求。

每个人都有着自己的人生，每个人的人生都有不同的光彩。但有一点是共同的，即人首先要有理想和目标，要有所追求，人生的路程才能展开。我们身边的各种美的对象，作为美的载体，总是在感性地、具体地显示着美的理想，它们对于每个具体的人都会有人生启迪的意义。

我们身边的美，无论是自然界的、生活中的，还是艺术中的，即使是感性形式的美，也时时使人欢欣鼓舞，使人生充满欢乐和色彩。这是感性形式的美对于人生的最主要的启迪作用。

在美丽的大自然中徜徉，那郁郁葱葱的林木、争奇斗艳的花朵、潺潺流淌的溪水、灵巧活泼的各种动物，充满生机和活力，使人感到世界的美好、生命的可贵，产生对生活的渴望。

我们平时的生活中会有遭受艰苦环境的折磨、恶劣的社会力量的打击，如果能看到生长在海拔5000多米处的小草，一定会给予你坚持和拼搏的勇气和毅力。自然界的一些小花野草，没有娇艳的花朵、绚烂的色彩，却被人深深地挚爱着，认为比牡丹、芙蓉更美，那一定是这些小花野草给人以某种精神的鼓励、心灵的感动。

伟大的艺术作品都有深层的美，那是艺术家对人生的一种理解，是对人生的重要课题如理想、事业、追求、爱情、家庭、社会关系、伦理道德、心理感觉、生死、穷达、盛衰等的一种理解。他们通过艺术形式表现出自己的好恶，分出真假善恶与美丑，建立审美思想。

每个人对艺术作品的深层的美的欣赏也是对人生的体悟，从而借此对自己尚未碰到的各种人生课题有了一定的理解，有了美丑之分。这对于人的一生有着巨大的作用。它将使人面对各种人生难题不再被动甚至束手无策，面对各种人生坎坷不再恐惧甚至灰心绝望，使人生总是有正确的选择，美的选择。

因此，美是人生的向导，美是生活的动力。人生不能缺少美！

注释：

[1] 马林诺夫斯基：《文化论》中译本，中国民间文艺出版社 1987 年版，第 91 页。

[2][11]《马克思恩格斯全集》第 3 卷，人民出版社 2002 年版，第 324 页；第 324—326 页。

[3]《马克思恩格斯全集》第 19 卷，人民出版社 1963 年版，第 405 页。

[4]《马克思恩格斯选集》第 1 卷，人民出版社 1995 年版，第 72 页。

[5] 朱光潜：《谈美谈文学》，人民文学出版社 1988 年版，第 18 页。

[6][7] 黑格尔：《美学》第 1 卷，商务印书馆 1991 年版，第 46 页；第 147 页。

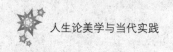
［8］《马克思恩格斯选集》第 3 卷，人民出版社 1995 年版，第 455 页。

［9］马斯洛：《动机与人格—自我实现的人》译者前言，生活·读书·新知三联书店 1987 年版。

［10］［12］席勒：《美育书简》，中国文联出版公司 1984 年版，第 123 页；第 127 页。

"乐生"与"游世":中国人生
美学的两大原型

徐碧辉*

摘　要: "乐"与"游"是中国人生美学的两大原型。以"曾点气象"为代表的儒家审美精神在《论语》中还表现为孔子的快乐精神。这种"乐"是灵与肉、身与心、物质与精神的融会贯通的综合性结果,是一种自由的人生境界。庄子的"逍遥游"其实就是一种审美之游,一种心灵摆脱物欲羁绊而自由任情、高度愉悦的审美历程,是真正超越狭隘的功利得失之后所获得的广阔的自由境界。孔孟儒家和道家庄子虽然在许多具体问题上有分歧,但精神上都崇尚一种阳刚壮烈之崇高。

关键词: 乐生;游世;人生美学;崇高

李泽厚先生称中国文化是"乐感文化",这是不无道理的。应该说,"乐"是中华民族的一个重要的文化心理特征,也是中国美学精

---

* 作者单位:中国社会科学院哲学研究所。

神的一个显著特点。由于中国美学是与哲学、宗教、艺术等社会意识形式综合纠结在一起的，着重于人生意义与价值的感悟，因而也可以说中国美学是一种"人生美学"。它不以对美与艺术的本质的追问为目标，不着力于以分析式、思辨式地抽象解释"美"为起点去建构一个关于审美与艺术的理论体系，而是在对人生意义、价值、"味道"的反复体验、领悟中去把握有关审美与艺术的问题，并在人生实践中融入美与诗。从而，这种人生美学的精神就有了两个鲜明的特点："乐生"与"游世"，而它的哲学基础则是中国传统的以情为本的"一个世界"观。

一 "乐生"

中国传统智慧中，无论儒家还是道家学说，本来都是一种鲜活明亮的人生哲学，是在人生实践中践履道德、完善人格、实现超越、获得自由的一种人生经验与感悟的升华。这种人生智慧包含着极为丰富的哲学、艺术、审美、宗教的思考成果。作为儒家学说创始人的孔子的言行中，深刻地体现出一种珍惜在世生活、积极乐观面对人生境遇的人生态度。经过宋明理学的阐释，以孔子为代表的儒家学说基本上被伦理化、道德化了。宋儒甚至试图建立一种人生的道德本体论，把人的自然生理需要看成"人欲"而大加限制和批判。如此一来，孔子学说中那些鲜活而非常有生命力的东西被消解、遮蔽了，儒家的艺术精神和审美精神消逝了。一部《论语》本来是当时人们的生活实录和思想留影，它记载的是孔子在各种情景中对人、对物、对事、对世界的感受和体验以及根据不同情境灵活处理的实用理性与方法，却被看成一部无所不包的治国"圣经"，那些本来具有高度生活性的对话、鲜活生动的语言，便也在反复的阐释中慢慢变成了教条。朱熹把"吾与点"解释为"人欲尽处，天理流行，随处充满，无稍欠缺"便是一个典型的例证。其实，"曾点气象"就是对日常生活的"审美点化"，是要通过对日常生活的暂时疏离还原人的本真性情，并使人直接面对自然，从而以一种无遮碍的态度和状态去体会宇宙自然的生命精神，实现日常生活的审美化和艺术化过程。因此，它既是对日常生活的暂时抽离，也是对日常生活本身的审美升华。

在《论语》中，这种日常生活的"审美点化"和"审美升华"还表现为孔子的快乐精神。这种快乐并非完全是感官肉体之乐，它与感官相关联，但更多是一种艺术的"满足的不关心精神"所带来的精神愉悦，同时这种乐也含有道德上的崇高感与伟大感。它是灵与肉、身与心、物质与精神的融会贯通的综合性结果，是一种自由的人生境界。它通过对具体生活过程和细节的重视去品味和体察人生的真谛，把日常生活塑造为一种融生命体验与哲学思考于一体的境界。在这里，超越寓于现实，精神寄于物质，心灵呈现于肉体，理性积淀于感性。它是一种"乐感文化"，或称之为"乐活"的人生哲学或人生态度。

这种"乐活"的人生态度，首先表现为对生活的珍视和享受。《论语·乡党》记载的孔子是个非常讲究生活的人，它记述了孔子的一些生活细节——吃饭、穿衣、睡觉、上朝、斋戒，都有一定之规，很是考究。从这些习惯中，可以看到很"科学"的一面：食物腐坏，颜色不正，味道发臭，自然不可以食用。"食馕而锡，鱼馁而肉败，不食。色恶，不食。臭恶，不食。失饪，不食。"（《论语·乡党》。以下凡引《论语》，皆只注篇明，不再注书名。）但对孔子来说，这还不够。关于进食，他还有更高级的追求：不但不吃腐坏的食物，还要讲究烹饪的方法，要有规律地进食，而且要讲究肉切割的美感，酱的

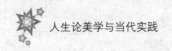

质量。"失饪，不食。不时，不食。割不正，不食。不得其酱，不食。"（《乡党》）

其次，"乐"更重要的内涵是人生的艺术化和审美化，即在艺术创作与欣赏中，在对自然的凝神观照和生命交融中得到精神的升华与巨大的愉悦。孔子是一个有着很高艺术修养的人。他欣赏音乐能达到如醉如痴的程度："子在齐闻《韶》，三月不知肉味，曰：不图为乐之至于斯也。"（《述而》）这个故事也许有些夸张，但孔子对音乐的鉴赏力可见一斑。在美学史上，孔子对于一些艺术作品的评价已成为中国美学和艺术史上的经典之评："子曰：《关雎》乐而不淫，哀而不伤。"（《八佾》）

"乐而不淫，哀而不伤"，成为传统艺术批评特别是诗歌批评最重要的标准，奠定了中国美学欢乐不逾分、悲哀不过度的"中和"标准和美学特征，使中国人不走极端，善于克己，无论是表达快乐之情还是体现悲哀之情，都控制在恰到好处的范围之内，使中国人的精神产生一种雍容大度、慷慨有节的审美特征，从而使得华夏民族很少有过度的精神和情感取向，很少走向极端。这对于维持中国社会数千年的稳定和中华民族数千年的文化传承起到了无可估量的作用。

孔子不但有很高的艺术鉴赏力，本身也善于演奏乐器，且技艺高超。《论语》记载，孔子周游列国来到卫国时，曾击磬自娱，无意中却遇到一个知音：

> 子击磬于卫，有荷蒉而过孔氏之门者，曰："有心哉，击磬乎！"既而曰："鄙哉，硁硁乎，莫己知也，斯己而已矣。深则厉，浅则揭。"[1]

这也是古人讲"言为心声"之意。击磬时，孔子作为演奏者的思想、情感融入了磬声之中，流露出来。其时，孔子正离国出奔卫国，心中自是有些郁郁不得志，大约磬声中也流露出了这种愤懑不平和怀才不遇之感叹，以至于一个挑担的"布衣"都听出了其中的不平之意来。

《史记·孔子世家》称孔子曾学鼓琴于师襄，由学习曲子的演奏技巧到体会乐曲所蕴含的志向，再由此推知作曲者其人的形象："丘得其为人，黯然而黑，几然而长，眼如望羊，如王四国。"《韩诗外传》《淮南子·主术训》《孔子家语·辩乐篇》所载大体相同。《史记》还讲到另外一个故事。孔子周游列国时被困于陈、蔡之间的荒野，断粮绝炊，身心交疲，还遭到小人围攻迫害，差点连命都不保，但他谈笑自若，"讲诵弦歌不衰"。相信这不是做作，而是发自内心的对艺术的热爱。当然，从这个故事也可见到孔子非凡的修养与定力，宠辱不惊、随遇而安的性情。

根据《礼记·檀弓上》记载，孔子临死前，尚在歌唱着："孔子蚤作，负手曳杖，消摇（逍遥）于门，歌曰：'泰山其颓乎！梁木其坏乎！哲人其萎乎！'既歌而入，当户而坐，……盖寝疾七日而没。"徐复观认为，这表明孔子于歌唱，也如对于一般学问一样，是随地得师，终身学习不倦的。这也可由"子与人歌而善，则必反之，而后和之"（《述而》）而得到证明。此外，《礼记》中这段带有浓重伤感意味的记载还表明，孔子由于终生与艺术亲近，在艺术中熏染、陶冶，其身心已艺术化。

孔子不仅欣赏音乐，而且对当时的诗乐曾做过一番深入的整理工作。他说，"吾自卫反（返）鲁，然后乐正。《雅》《颂》各得其所"（《子罕》），使乐与诗得到它本来应有的配合。据《史记》记载："古者诗三千余篇，及至孔子，去其重，取可施于礼义，……三百五篇，孔子皆弦歌之，以求合《韶》《武》《雅》《颂》之音，礼乐自此可得而述。"当时，流传的诗歌有的重复，有的粗鄙，孔子进行了细心地分类整理，去粗取精，并把留存下来的每一首诗都谱写了音乐，配上乐器歌唱。经孔子整理的这些诗篇，既保留了民间诗歌的活泼生动，同时又具有较高的艺术水平，成为中国传统文化的不朽经典。

此外，《论语》中多次提到"乐"。这些"乐"里，有求知的愉悦，有友情的悦乐，子曰："学而时习之，不亦说乎？有朋自远方来，不亦乐乎？人不知而不愠，不亦君子乎？"（《学而》）有欣赏自然山水之陶然："知者乐水，仁者乐山。"（《雍也》）更有由于崇高的道德人格战胜了外在的恶劣环境带来的精神自由的大乐，这种精神的大乐转化为一种达观积极的人生态度。如他的自述："其为人也，发愤忘食，乐以忘忧，不知老之将至云尔。"（《述而》）以及他说的"知之者，不如好之者；好之者，不如乐之者"（《雍也》）。其中最著名的当属称赞颜回身处贫贱而不坠精神、不丧失其人格独立的乐观精神——"孔颜乐处"：

> 子曰："贤哉，回也，一箪食，一瓢饮，在陋巷，人不堪其忧，回也不改其乐。贤哉，回也！"（《雍也》）

从日常生活中的各种"简单的快乐"，到认识世界的认知之乐，到朋友之间的信任与情感思想的交流，再到在自然中获得心灵的平静安慰，精神得以寄托，最后，形成一种生活态度，一种人生状态，孔子的"乐"层次丰富，内涵深厚，既是生命精神的状态，也包含道德人格的内蕴，可说是蕴含了审美和道德的人生化境。

正是由于有这种"乐活"的精神，平淡的生活才可以被审美地"点化"，人生才能变得"有味道""有意味""有意思"，也才值得人去活。儒家文化两千多年来被定为中国文化的"正统"，屡次遭受冲击而不衰，说明它的确有某种值得人们去挖掘的精神内涵。在当今这个强调感性、感性泛滥的时代，如何赋予感性以一种内在的理性精神，如何让物质性的生活具有诗性的光辉，是一个宏大的课题。孔子所代表的儒家文化那种对于日常生活的"审美点化"和"审美升华"的能力，那种赋予现实的、物质的生活以超越性精神的能力，正是当今这个时代所需要的。

二 "游世"

陈鼓应先生曾言，庄子哲学对于人生既非出世，亦非厌世，而是一种"游世"。这种所谓"游世"，其实是在无可奈何之际的一种选择。因为庄子时代，战乱频繁，人命如蝼蚁，朝不保夕。作为关注个体生存状况的庄子，首先要关注的当然是如何在这样一个混乱的时代里活下来。在"苟全性命于乱世"的前提下，寻出一点活着的"味道"与"意义"来。在这个背景下，"活着"本身就是"意义"，所以他"宁其生而曳尾于涂中"，而不愿"死为留骨而贵"，宁愿做一棵活着而"无用"的大树，而不愿因为"有用"而被砍伐。

然而，若仅仅如此，《庄子》就不会成为千古名作，吸引无数文人骚客反复阅读和注释，甚至被尊奉为"经"。《庄子》蕴含着极为丰富的哲学和美学思想，它本身亦可作为水平极高的文学文本。就美学而言，庄子不仅为我们创造了逍遥游、大鹏、心斋、坐忘、见独、坐驰、真人、至人、神人、圣人、栎树、离形得知、正味、正色、道通为一……诸多概念与范畴，更于儒家之外，在中国美学史上确立了另一条人生美学的路径，即通过齐物我、泯是非、越生死而达到心胸澄明的审美境界，从而超越世俗社会生活与伦理羁绊，实现广阔的心

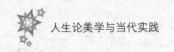

灵自由的"逍遥游"。

"逍遥游"用现代的话来说就是一种审美之游,一种心灵摆脱物欲羁绊而自由任情、高度愉悦的审美历程,它是现实的,更是超越现实的;是审美的,也是艺术的;是感性的,也是理性的;是肉体的,更是精神的。庄子的时代,正是政治上最黑暗、混乱的时代,庄子所要探寻的是,人如何在这样一个混乱不堪、生命危如晨露的时代里生存下去,并实现精神上和心灵上的自由。外在的命运是无法控制的,但自己的精神境界却可以由自己支配。命运尽管可以坎坷,境遇尽管可以严苛,自己的精神却须超越外界的控制,实现自我对环境的突破,精神对物质的超越,心灵对现实的升华。这种"逍遥游"并非心理自欺,而是真正超越狭隘的是非、功利、得失甚至生死的计较之后所获得的广阔的自由境界。

"逍遥游"作为审美之游有以下特点。

首先,逍遥游必须有精神上磅礴广阔、自由翱翔的天地,像大鹏一样展翅高飞,而不是斤斤计较于眼前得失,眼光像斥鷃一样短小浅薄。眼界需宽,境界要高,目光须远,翅膀必大。大鹏的存在本身就是一个巨大的事实,而一旦它飞翔起来,其震动的何止一城一池,一国一地,乃是天下苍穹,是整个世界。鲲鹏的精神所体现的境界是一种伟大、宏阔、壮美之境,也就是西方人讲的崇高:

> 北冥有鱼,其名为鲲。鲲之大,不知其几千里也。化而为鸟,其名为鹏。鹏之背,不知其几千里也。怒而飞,其翼若垂天之云。(《庄子·逍遥游》,以下引《庄子》只注篇名,不再注书名。)

其次,逍遥游是人与自然精神的一种交流融合,它强调的是人对自然精神的学习与体察,是人以其心灵去领会和把握天地自然之精神,超越自我的局限性和个体生存的有限性,实现"以天合天""独与天地精神往来"。中国古代社会作为一种农耕文明,人与自然环境之间始终有一种血肉相连、骨肉相亲的内在联系,人对自然有一种天然的亲近之情。无论是在农业生产中,还是在日常生活中,人们遵循自然规律,日出而作,日入而息,顺势而为,应运而行。在这个过程中,自然之精神浇灌了人之灵性,而人的理性与德性则为自然增光添彩。在庄子笔下,正因为有人与自然的这种内在性关联和精神的交流,人便可以在顺应自然而为的基础上超越个体的有限性,达于无限的自由精神境界。这也就是"逍遥游"之境界:

> 若夫乘天地之正,而御六气之辩,以游无穷者,彼且恶乎待哉!(《逍遥游》)

最后,逍遥游所达于的是一种"无待"之境。所谓"无待"之境,不仅是要从名利、得失、是非各种现实的计较追逐中解脱出来,对这些人们一向看重的现实问题抱以超越的心境,而且,还须超越自己本身的生死。《齐物论》讲"彼亦一是非,此亦一是非"。当我们不是取某种褊狭的立场,而是站在一个更为广阔的视野上,则可以自己所坚持的是与非,便是无足道的,因为从另一方面看,事情便会有另一角度,另一种解释。如果说"是非"还只是关涉人们对某物或某事的评价,则"名"与"利"更是直接关涉切身利害的,一般人很难摆脱这二者的羁绊。"小人则以身殉利;士则以身殉名;大夫则以身殉家;圣人则以身殉天下。故此数子者,事业不同,名声异号,其于伤性以身为殉。"(《骈拇》)在庄子看来,利、名、家、天下,都不过是人们拼命追求的外物罢了,可就是有人不惜以身殉之。这都是作茧自缚,得不偿失。对于生与死,庄子更是给出了一种超然态度。在《鼓盆而歌》的寓言中,庄子说,人一开始无生、无形,亦无气;之后,有了气、形、生。而死不过是变回之前的状态而已,尤如四季运行周而不殆,因此所谓生与死是一件很自然的事,没有必要悲哀。"察其始而本无生;非徒无生也,而本无形;非徒无形也,而本无气。杂乎芒芴之间,变而有气,气变而有形,形变而有生。今又变而之死。是相与为春秋冬夏四时行也。"(《至乐》)其实,是非、名利、生死,在道的视野中其差别性并非像人们所想的那么重要。"故为是举莛与楹,厉与西施,恢恑谲怪,道通为一。"(《齐物论》)由此,齐生死,泯是非,把自己的精神与自然之精神混融为一,"乘云气,骑日月,而游乎四海之外,死生无变于己",(《齐物论》)达到真正自由的境界。用现代语言来说,这正是一种审美与道德的至高境界。

所谓"无待"之境,建立在如大鹏那样具有宏阔高远视界和磅礴万钧的力量基础之上,其主体须具有理性的清明和超越的心胸,从而达到主客合一、天人合一之境。《逍遥游》里,庄子谈到人生四种境界。

第一种,大鹏的境界:视界高远,磅礴万钧,雷霆奋发。

> 穷发之北,有冥海者,天池也。有鱼焉,其广数千里,未有知其修者,其名为鲲。有鸟焉,其名为鹏,背若泰山,翼若垂天之云,抟扶摇羊角而上者九万里,绝云气,负青天,然后图南,且适南冥也。斥鴳笑之曰:"彼且奚适也?我腾跃而上,不过数仞而下,翱翔蓬蒿之间,此亦飞之至也,而彼且奚适也?"此小大之辩也。

在这种小大之辩中，大鹏之境呈现出雄浑博大、辽阔高远的壮美特征，这是斥鷃永远无法达到的，斥鷃的体积、眼光、能力都限制了它，正如庄子所言，"朝菌不知晦朔，蟪蛄不知春秋"，这是由其天生的条件所局限的。但与朝菌、蟪蛄这些具有先天性的局限性的生物不同，人是有精神的，人的精神使他可以超越自己存在的局限性，达到大鹏那样的高远宏阔的境界。

第二种，宋荣子的境界：定乎内外之分，辩乎荣辱之境。

> 举世誉之而不加劝，举世非之而不加沮，定乎内外之分，辩乎荣辱之境，斯已矣。彼其于世，未数数然也。虽然，犹有未树也。

宋荣子的思想与道家思想是非常接近的，《庄子·天下篇》说他"不累于俗，不饰于物，不苟于人，不忮于众。""见侮不辱，救民之斗。"这里说他是"举世誉之而不加劝，举世非之而不加沮"，特立独行，不受世俗社会评价的影响，而是听从自己内在精神的引导。"誉"与"非"都是外在的评价，独立自主的精神则是内在的。外在的赞誉对内在的精神无所补益，因此，哪怕是"举世誉之"，他也并不更加努力；外在的非难对内在精神也无所损伤，因此，哪怕是"举世非之"，他也不沮丧。这与庄子所主张的独立无羁、不受任何束缚的自由精神是非常接近的。但是，庄子说宋荣子仍有未达到的境界，这就是下文所言之"无己""无名""无功"之境。

第三种，列子的境界："御风而行"。

> 夫列子御风而行，泠然善也，旬有五日而后反（返）。彼于致福者，未数数然也。此虽免乎行，犹有所待者也。

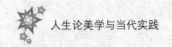

列子的境界已非常接近于庄子的理想境界，御风而行，轻然曼妙，逍遥无羁，无论是内在精神还是外在形象都达到了相当高的审美境界。但是庄子认为列子的御风而行还是要有所凭借，还没有达到"无待"之境。

所谓"无待"之境，这是庄子理想中的人生最高境界。

第四种，最高的境界："无待"。

> 若夫乘天地之正，而御六气之辩，以游无穷者，彼且恶乎待哉！故曰：至人无己，神人无功，圣人无名。

六气即阴、阳、风、雨、晦、明。"天地之正""六气之辩"都是自然本身的性情与运动，不以人的意志、情感为转移，人类只要顺应自然万物的本性，因势而为，顺时而动，其精神与自然之精神便可以真正合而为一。如此一来，人又何所凭借？他必然是无所待于世，无所待于人，无所待于己。因此，至人、神人、圣人是无己、无名、无功的，他们的自我、名位、功业已化作自然本身的一部分，所以能够超越是非，勘破生死，同与天地万物游，上下与天地同流，这也就是"物化"之境。物化，用现在的哲学话语来说，就是"人的自然化"。人与自然之间，不再有主体与客体之别，自我与对象之分。人以其整个身体和心灵去体会、感悟、欣赏自然之美与精神。这时，人就是自然，反过来说，自然也就是人。因此，庄周梦蝶，不知是庄周梦见蝴蝶，还是蝴蝶梦见庄周。周与蝶，在一种混然泯灭物我之中达到同一中的分别。

注释：

[1]"深厉浅揭"，见《诗经·邶风·匏有苦叶》："匏有苦叶，

济有深涉。深则厉，浅则揭。"意为水太深便不过河，水浅则可以撩
起衣服蹚过河去。水深比喻社会非常黑暗，只得听之任之；水浅比喻
黑暗程度不深，还可以使自己不受沾染，便无妨撩起衣裳，免得
濡湿。

（《探索与争鸣》2017 年第 12 期刊发）

"人生论美学"与古典美学的现代化

何卫华*

摘 要："人生论美学"是中国美学界发掘中国传统美学思想的重要成果，随着相关讨论的不断推进、深入和发展，这一理论已逐渐发展为一个立体的、多维度的和综合的体系。作为一种体现了中华民族审美精神的美学体系，该理论在对审美情怀、审美内容和审美方式的理解上都有别于西方美学。本文将这一种正在走向成熟的富有民族特质的美学理论放在中华文化复兴这一历史背景中，对其思想渊源、理论特质和未来走向进行一些理论性思考。

关键词：人生论美学；古典美学；现代化

经历了早年忙乱的"引进"热和"洋为中用"热，整个学术、文化和思想界已开始出现可喜的变化：一方面，在引进、借鉴和挪用西方的文化和思想成果时，中国学界开始对各种形式的西方理论的"入侵"有所警醒，更为注重考查各种理论和知识背后隐藏的政治性、

---

* 作者单位：华中师范大学外国语学院。

历史局限性和特殊性，不再盲目跟风，在国际学术对话中开始更为冷静、自信和具有甄别力；另一方面，越来越多的学者开始意识到中国传统思想文化的重要性、强大阐释力和现实意义，开始致力于这方面的挖掘、整理和推进工作。在众多已取得的成果中，以其对中国审美传统的精准提炼、现世关怀和开放的姿态，"人生论美学"在学界开始得到越来越多的关注，自这一理论提出以来，已吸引不少重量级学者参与到相关讨论中，并取得了丰硕成果，但在笔者看来，就其思想渊源、理论特质和未来走向而言，仍需有更进一步的说明。

一 "人生论美学"是对传统美学思想的提炼

理论都是历史的产物，因此有必要在历史语境中对理论的兴起本身进行一些思考，这样才能更好地讨论"人生论美学"的内涵外延、演进机制和未来走向等问题。在众多参与"人生论美学"讨论的学者中，最具代表性的学者无疑是金雅，她不仅发表不少重量级的相关文章，还组织过关于"人生论美学"的全国性高层论坛[1]，切实地推动了相关讨论的深入。关于这一理论的定义，金雅有过这样的描述，"人生论美学扎根于中国哲学的人生情怀和中华文化的诗性情韵，吸纳了西方现代哲学与文化的情感理论、生命学说等。其理论自觉，奠基于王国维、梁启超等，丰富于朱光潜、宗白华等，构筑了以'境界—意境''趣味—情趣''情调—韵律''无我 - 化我'等为代表的核心范畴群，以'美术人'说、'大艺术'说、'出入'说、'看戏演戏'说、'生活—人生艺术化'说等为代表的重要命题群，聚焦为审美艺术人生动态统一的大审美观、真善美张力贯通的美情观、"物我有无出入"诗性交融的审美境界观，成为迄今为止中国美学发展最具特色和价值的部分之一，区别于以康德、黑格尔等为代表的西方经典美学的学理特质与精神意趣"[2]。这一定义对"人生论美学"的理论渊源、代表性观点和理论特性等主要方面都有说明，并很好地从宏观上对这一话题的范围进行了勘定。

就其定义而言，"人生论美学"奠基于王国维、梁启超等，其理论根基是中国传统美学思想。"人生论美学"之中的不少核心观点都源于中国传统美学智慧，很早就已经内在于民族精神之中，关于这一点，金雅等众多学者在不同场合都有所强调。以王国维为例，王国维的悲剧意识，以及关于生活的本质为"欲"的理解，深受叔本华的影响，其"美在形式"和关于审美独立的观点则受到康德启发。但显而易见，在受到康德、尼采和叔本华等西方思想家影响的同时，王国维美学思想的内核仍然是中国古典美学思想。在王国维的"意境"说以及"古雅"等观点的背后，不难发现儒家、道家和佛教智慧的踪迹。在已有的关于"人生论美学"的讨论中，朱光潜同样有着重要的地位，而在很大程度上，朱光潜的直觉理论是吸收和借鉴了克罗齐的美学思想，当然，其思想观点的底蕴同样是中国传统思想和美学精神，关于这一点，朱光潜自己就曾强调说，"可以说，我的美学观点，是在中国儒家传统思想的基础上，再吸收西方的美学观点而形成的"[3]。而且在借鉴克罗齐的学说时，一旦其观点和中国艺术概念相抵牾，"朱光潜便会毫不犹豫地摈弃克罗齐，或者采用他认为必要的'修正'"[4]。还可以简单提及的是宗白华，宗白华吸收和借鉴了西方的美学传统，但其目的同样是赋予古典美学更多的时代气息，两种传统在他思想之中的兼容并蓄，是因为"（宗白华）是想借助德国文化、特别是德国古典文学中的伦理学的激情来促进中国的变革。对于他来说，最根本的是把德国思想与中国思想加以结合，因此可以称他为现代的传统主义者"[5]。宗白华提倡生活的艺术化，其内核实际上就是老庄意义的那种旷达和高远情怀。这种"援西入中"以促进古典美学现代化的努力，同样体现在"人生论美学"提出以来涉及的其他重要美学理论家的相关观点之中。可以说，"人生论美学"的众多核心思想都内在于传统美学之中，"大美观""美情观"和"美境观"等思想都可以在古人的美学思想中觅得渊源。

本文认为，老子崇尚的空无境界、庄子的"逍遥游"以及孔子关于"君子"的论述，都可以成为"人生论美学"继续推进的重要资源。在老子看来，理想的生活应该以"道"作为指导，他强调"人法地，地法天，天法道，道法自然"。因此，自然即为至上之道，"五色""五音"和"五味"只会给人带来纷扰，圣人行事都应遵循自然之规律，自然的才是美的。为此，老子推崇"素朴"的生活状态，提倡"见素抱朴，少私寡欲，绝学无忧"，从而减少纷扰，以一种简淡、空灵和无所待的方式生活。在老子之后，庄子将其推崇的这一生活方式推向极致，他强调"大美"，也即万事万物的本然状态，希望能够彻底摆脱一切世俗的羁绊，进入一种不需要任何凭借和绝对自由的"逍遥游"的状态，最终达到"独与天地精神往来，而不敖倪于万物"的人生境界。在老庄这里，至高的人生境界强调的是素朴无为、清心寡欲和崇尚自然；但以孔子为代表的儒家学说则不然，在后者看来，达到理想的人生境界需要积极作为，在入世中协调好个人、社会和自然的关系。在孔子心目中，"君子"之道才是生活的一种极高境界，只有"君子"才能过上一种光明而坦荡的生活，正所谓"君子坦荡荡，小人长戚戚"。要想成为"君子"，个人德行上的修为极为重要，"仁"是君子必备品质之中最重要的一种。要想做到"仁"，必须"克己复礼"，战胜个人的私欲，使自己的行为举止符合礼法。此外，还必须践行中庸之道，因为在孔子看来，"质胜文则野，文胜质则史。文质彬彬，然后君子"。凡事的最佳状态就是适度，不宜过，适度的才是美的。此外，"君子"还必须能够固守自己高尚的品格，安贫乐道，不向外界妥协。为此，孔子大大地夸奖了颜回，因为他能够做到"一箪食，一瓢饮，在陋巷，人不堪其忧，回也不改其乐也"。虽然老庄和孔子希冀的生活方式迥异，但他们都以人为终极归宿，同样以人本主义为依归的"人生论美学"，自然可以从这里找到不少完善自身的理论资源。

综观这种种思想，无不是先哲们在个人人生体验的基础上，结合自己生活于其中的时代环境和条件，提出的关于个体生命境界的构想，并试图借此从宏观上为规范个体行为提供一些指导性建议。因此，作为一种体现民族精神的美学理论，"人生论美学"的渊源在历史时段上应该还可以继续往前推进，隐藏在中国传统美学中的范畴、命题和资源还可以进一步发掘。这样的更进一步的发掘将有利于将更为广阔和丰富的传统美学思想纳入这一框架中，这一理论的根基自然会变得更为深厚，视野更为恢宏，民族特质同样能够得到进一步显现。

二 "人生论美学"是对时代问题的回应

"人生论美学"是中国学者在全新时代环境中文化自觉的体现，是中国美学研究者总结、提炼和弘扬传统美学精髓的成果，该理论的兴起有自身的历史必然性。中华文化的复兴是时代的呼唤，作为古典美学现代化的努力，"人生论美学"的生成是对时代问题的回应。

首先，"人生论美学"是中国美学界近些年理论反思的必然结果。自"五四"以来，传统文化经常遭到贬损、批判和压制，"西学"长驱直入，不断挤压传统文化的生存空间。近些年，随着中国在世界上地位的不断提高，国人才逐渐重新意识到传统文化的重要性。2014年，张江在《文学评论》撰文，批评了西方文论界"强制阐释"的现象，认为西方文学理论"背离文本话语，消解文学指征，以前在立场和模式，对文本和文学作符合论者主观意图和结论的阐释"[6]。通过对这一内在缺陷进行批评，该文的意图不仅是要唤起中国学界在援引西方理论时的甄别意识，更为重要的是，该文还旨在激发中国学界在中国文论重建过程之中的本位意识。一经发表，该文就引起广泛关注，王宁、朱立元和周宪等众多知名学者都参与了这场讨论。事实上，具体到美学领域，存在着同样的问题。而"人生论美学"能在近几年引起关注和热烈讨论，这不能不说这是国内学界在这一时期的一种理论自觉，是在有意或无意地回应时代对美学工作者的召唤。张江批评了西方理论的"碎片化""局部性"和"单向性"等特征，而中国传统思维和理论的优长则在其辩证性、综合性和系统性，正好可以弥补西方理论在这方面的不足，这正是"人生论美学"的优势之一。在很大程度上，对当下逐渐衰微的西方理论进行反思是"人生论美学"兴起的重要背景，以中国文化传统为本位，"人生论美学"是中国学者致力于中国美学理论重建的成果；而"人生论美学"的不断成长、完善和系统化，则在很大程度上代表着当今世界美学思想前进的重要方向。

其次，"人生论美学"同样是对现实社会问题的回应。中国古典美学的教化功能、现实关切和伦理化特征都是当时社会的需要，正如金雅所强调的，"中华文化强调知行合一，主张思想与实践的融通，体现出这些伦理化、伦理审美化的倾向，表现在中国古典美学思想上，就是重视美善相济，注重体验教化，呈现出向人生开放的入世情致和试图超越现实生存的高逸清韵"[7]。不难看出，传统美学思想背后都有着一定的现实考量，承担着某种社会功能。同样，西方美学的兴起、发展和成熟是对西方社会需求进行回应的结果，是西方社会中各种因素综合作用的产物。总之，任何理论的兴起，如果不是对社会现实的回应，不能增进个体对社会的了解和把控，不能为建设更为美好的社会有所增益，其意义、阐释力和生命力必定会大打折扣。因此，作为一个宏观的和综合的系统，"人生论美学"的建构在传统中挖掘和寻求相应资源时，应着眼于当下社会中亟待解决的问题，并做出有效回应，承担起理论在时代中所应当承担的社会职责。在笔者看来，"人生论美学"在进行理论建构的同时，对于建设更为美好的社会秩序和文化生态而言，同样具有一定的规范性、指导性和实践性意义。

现实意义之一："人生论美学"为在消费时代迷失在商品拜物教中的个体提供了导向。随着消费社会的到来，不少人陷入了消费的狂欢，沉醉于各种欲望的满足之中，将占有更多的金钱、权力和消费品视为人生理想。社会最终被物所主宰，甚至包括亲情在内的人与人之间的关系也开始变质为物与物的交换，善良、友谊和忠诚等都成为可以在市场上进行交换的商品，正如马克思所言，"资产阶级撕下了罩在家庭关系上的温情脉脉的面纱，把这种关系变成了纯粹的金钱关系"[8]。马克思所说的商品拜物教已初露端倪，逐渐成为主导个体生活的逻辑，物遮蔽了人生应有的真正意义，让大家的生活背离了"人生"的真谛，本来为大众服务的物，现在反过来主宰人的生活。作为一种为"人生"的美学，"人生论美学"试图将重心拉回到人本身，强调美的意义如何通过人自身的感受、体悟和境界而得到彰显。不难看出，不管是梁启超崇尚的"趣味"人生观，还是朱光潜主张的"人生的艺术化"，人、生活和人生本身都是他们关注的中心。更为晚近一些，当代美学家陈望衡强调的"乐活""乐居"和"乐业"，其中最核心的本质同样是对人本身的关注。因此，通过将审美、艺术与人生统一起来，"人生论美学"寻求的是一种人文主义的或艺术化的人生，这一对人本主义的坚持将有助于国人跳脱物化、消费主义和"单向度"思维等对个人和社会生活的统制。

现实意义之二："人生论美学"表达了对环境不断恶化的问题的关切。近些年来，由于过度地强调经济发展，环境问题被忽略，我们生活于其中的环境可谓每况愈下。经济的高速发展往往"对环境不友好"，因为将利润最大化的同时使生产成本最小化，这就是资本的逻辑，正如戴维·佩珀所言，"在自由市场中，资源保护、在循环和污染控制由于提供生产率和使剩余价值最大化的动力而受到阻碍"[9]。如果缺乏必要的监管，企业将会采取一切措施使收益内在化、成本外在化，而成本的外在化部分地是对空气、水和土地的污染。当人类赖以生存的自然环境遭到污染，"人生的艺术化"之类的想法无异于痴人说梦。作为传统中国智慧的结晶，"人生论美学"在本质上是对"人类中心主义"的超越，并不寻求对自然的征服和索取，和西方思想传统中强调人对自然的征服相对立。"人生论美学"强调自然和人的审美活动之间的关联，在日常生活之中寻找美、发现美和创造美，强调"天人合一""道法自然"和"物我交融"等，并以内在于自然美中的高远、逸趣和自由来指导自己的日常生活，这无疑对人的审美境界和生活实践具有很强的指导和现实意义，因为在"人生论美学"之中，审美活动、艺术实践和人生践履往往是统一的，人的审美情趣和艺术修养最终会在人的生活方式中得到体现。事实上，在境界、意境、无我、化我和人生艺术化等"人生论美学"的重要概念中，无不体现了传统智慧中对自然"大美"的敬畏，对"众生平等"的强调，

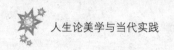

对主观生命与客观自然景象交融互渗的审美体验的向往，这些生态审美实践希冀的是"诗意的栖居"，这显然对解决环境问题有重要的现实意义。

现实意义之三："人生论美学"在当下美育中具有指导性意义。就人的综合发展而言，美育应是教育体系中的重要一环，但由于我国教育片面地追求升学率，导致美育被弱化。如果将美育放在"人生"的大背景之中来省视，不仅可以帮助国人更好地意识到美育的重要性，还可以为这一工程提供丰富资源。可喜的是，这一方面已经出现一些优秀成果，在金雅和郑玉明合著的《美育与当代儿童发展》中，就有关于该理论在美育实践之中的意义的相关论述。总之，由于前些年片面追求经济成就，已经在我国引发了一些严重的社会问题，在对这些问题进行纠偏的过程中，深入研究"人生论美学"具有现实性、紧迫性和重要意义。

三 "人生论美学"是具有开放性的理论体系

"人生论美学"正逐渐走向成熟，从根本上说，这一理论体系是开放的、包容的和动态发展的。在笔者看来，"人生论美学"并不是一系列具体美学思想的简单集合，而更多的是一种具体的审美态度、观念和取向，该理论的开放性正是由其这一本质所决定。"人生论美学"强调"审美艺术人生的动态统一""真善美的张力贯通"以及"物我有无出入的诗性交融"，但由于历史时段、社会语境和现实社会提供的条件的不同，这些核心内容无疑会以不同的具体形式表现出来，带有不同时代的印记，这些都可以成为丰富"人生论美学"的内容。

以传统文化为本位的"人生论美学"仍应继续对外来文化和思想

保持开放的姿态。尽管强调这一理论是对中国审美传统的总结和提炼，但如前所述，"人生论美学"中的很多概念、命题和思想都受到外来文化的影响。如前所述，梁启超、宗白华和朱光潜等都深受西方美学思想浸淫，通过对中西美学思想的整合，才最终得以形成自己的理论体系。顺带补充一点，佛教对宗白华等产生过重要影响，但正如大家所知，佛教在很大程度上是"舶来品"。虽然中国传统思想可以为"人生论美学"提供源源不断的养分，但在强调传统的同时，不能故步自封，局限于既有的"传统"，应对世界各国文化保持开放的姿态。之所以仍然要对外来文化保持开放，是因为外来文化中仍有很多精华之处值得我们学习和借鉴。以"人生论美学"中的生态维度为例，尽管中国文化中蕴藏有丰富的生态智慧，但要在该领域对人在当下世界之中的"诗意栖居"有更强的指导意义，就必须吸收外国生态思想之精华，因为"最具民族特色的生态智慧，中国集中体现于古典美学思想，而西方则集中表现于当代生态学理论"[10]。更重要的是，中国的生态审美智慧面对的主要是农耕时代的农耕文化，但西方的生态思想针对的主要是工业文明，因此自然有不少值得学习和借鉴的地方。如果说王国维、朱光潜和宗白华等在西方美学思想的影响下，发展出了自己的美学思想体系；那么，在当下这一全球化时代，面对西方更为丰富和多元化的美学思想，如果能够以适当的方式将其精髓整合到"人生论美学"之中，相信一定能结出全新的、更富有时代气息和现实意义的硕果。

作为古典美学现代化中的一项工程，"人生论美学"还必须着眼于当下社会现实中的新问题、新情况和新思潮，不断发展、充实和丰富自身。优秀的文学、艺术和思想都应该与时俱进，能够展现时代内容，辉映时代精神，并把握时代前进方向。老子强调清静无为，为的是反对对感官刺激的盲目追求，同时对世俗社会中充斥的各种堕落进行批判；现代小说在英国的兴起，是由于新兴的资产阶级寻求在知识领域的表征；而德国剧作家布莱希特发展出"叙事体戏剧"，则是为了更好地适应科技时代的到来。"人生论美学"的发展和完善，必然受制于类似的生成机制。因此，"人生论美学"不是确定的、封闭的或已完成的体系，在回顾、总结和提炼过去的美学精髓时，仍需要立足于当下的审美实践，吸收来自时代的各种养分，并把握时代规律，与时俱进。城市已成为当代大部分中国人生活的中心，日常体验到的更多的是柏油马路、购物广场、街心花园、办公楼或本雅明的，"拱廊街"，审美对象更多的是电子和数码产品带来的影像。由于大众传播的迅猛发展，电视、电影和网络等已彻底改变了公众的审美体验，在这一全新视觉或网络时代，本雅明的"光晕"（aura）再无踪迹可寻。同王国维、朱光潜和宗白华等的相关论述相对照，不管是就审美主体的认知和体验模式而言，还是就审美对象而言，都已发生了全方位变化。面对当下中国整个社会已发生的翻天覆地的变化，在立足于对传统美学思想进行总结和提炼的同时，"人生论美学"还必须将时代中新出现的美学现象、审美观点和审美方式容纳进来，将时下的视觉美学、身体美学、生活美学、环境美学和城市美学等转化为自身的有机组成部分。换言之，当"人生"的内涵都已经发生极大变化，在这一全新语境下，如何再定义境界、意境、趣味、情趣、情调等概念，审美、艺术和人生如何重新得到统一，从而对更为幸福、美好和和谐的当下生活有所增进，并为其提供导引和滋养，都是这一理论必须回答的问题。

四 结论

通过高扬中华民族审美精神,作为一种处于完善过程中的美学体系,"人生论美学"对审美情怀、审美内容和审美方式等都做出了有别于西方美学的理解,这是中国学界发掘中国传统美学思想的重要成果,是古典美学现代化的体现。随着相关讨论的推进、深入和发展,对各种全新审美对象的关注,同时与时俱进地吸纳各种全新的审美手段,"人生论美学"必将逐渐发展为立体的、综合的和有时代气息的思想体系。尽管以个体情感、感受和体验为核心内容的"人生"是该理论的关注重点,审美、艺术和人生的有机统一是其旨归,但具有美学意义的"人生"背后必定是一个综合的工程,将不可避免地同国民的性格培养、道德教化和理想培养等相关联,因此,"人生论美学"不仅是在建设有中国特色的人文社会科学,更重要的还在于其在建设有中国特色社会主义的过程中具有的实践意义。

注释:

[1] 其中影响力比较大的两次会议分别为:2014 年 11 月举行的"人生论美学与中华美学传统"全国高层论坛和 2017 年 6 月举行的"人生论美学与当代实践"全国高层论坛。

[2] [7] 金雅、聂振斌主编:《人生论美学与中华美学传统》,中国言实出版社 2015 年版,第 5—6 页;第 6 页。

[3] 《朱光潜全集》第 10 卷,安徽教育出版社 1987 年版,第 653 页。

[4] 马利奥·沙巴提尼:《朱光潜在〈文艺心理学〉中的"克罗齐主义"》,赖辉亮译,《中国青年政治学院学报》1989 年第 6 期。

［5］顾彬：《美与虚——宗白华漫谈》，《美学与艺术学研究》第2辑，江苏美术出版社1997年版，第112页。

［6］张江：《强制阐释论》，《文学评论》2014年第6期。

［8］《马克思恩格斯选集》第1卷，人民出版社2012年版，第403页。

［9］戴维·佩珀：《生态社会主义——从深层生态学到社会正义》，刘颖译，山东大学出版社2005年版，第135页。

［10］卢政：《中国古典美学的生态智慧研究》，人民出版社2016年版，第335页。

当代人生论美学建构中的情感之思

寇鹏程*

摘 要：金雅教授近些年一直在构建中国当代的人生论美学。在人生论美学的建构中，情感维度最值得关注，因为中国当前美学最缺乏的是情感。中国古代情感传统中的"情"有四个特点：一是认为"情"是低级的本能反应；二是"情"的社会化；三是"情"的虚化、意象化；四是"情"的理性化。而中国现、当代则由于政治革命进程与阶级斗争的影响，"人情味"成为集中批判的对象，情感美学式微。而美学理论中认识论美学、实践美学、后实践美学等也没有把情感作为本体。随着市场经济的飞速发展，在物质利益与感官欲望膨胀面前，情感再次被放逐。情感本体的长期缺失是我们精神危机的深层次原因。在这样的语境下，情感的维度和人生论美学的建设应引起高度重视。

关键词：人生论美学；情感本体；形而上学；情感；建构

---

* 作者单位：西南大学文学院。

金雅教授近些年一直致力于人生论美学的建构。人生论美学在当前中国的社会现实与美学实践中都具有重要的意义，所以引起了广泛的关注。人生论美学可以从多个维度进行建构，情感是其中最重要的一个维度，因为当前中国美学最缺少的就是情感。潘知常提出当前中国美学最缺少信仰，需要补上"信仰的维度"，他认为"神性缺席所导致的心灵困厄，正是美学之为美学的不治之症"[1]。为此，蔡元培先生的"美育代宗教"因为取消了宗教独特的信仰力而受到了批评。的确，神性信仰的虔诚与超越也许是我们当代美学缺少的一个维度。但是与其说缺少的是信仰，不如说我们首先缺少的是情感。因为信仰毕竟更加抽象与虚无，更加形而上，更需要特定的历史情境来形成，离我们一般人似乎更远。而情感则好像离我们更近，更加真实而具体，我们更能直观地感受到，情感在美学中更具基础性、直接性，但是我们的美学却恰恰最缺乏这种最基础的情感。情感都没有，何谈信仰。当代较长一段时间以来，我们其实在用各种方式批判着、摧毁着真正的情感，我们还没有建立起一种真正的情感美学。本来美学在人的精神滋养中，最能提供的资源就是情感的陶冶，但在政治革命的需要与现实急功近利的市场影响下，情感在我们美学理论的价值谱系中越来越被边缘化了。情感美学的缺失是我们当前精神危机的原因之一，是我们当前许多社会问题的深层次动因。

一

也许有人会说，中国艺术自古以来就有"抒情"的传统，我们有"重情"的悠久历史，我们的美学怎么会最缺乏情感呢？《尚书》就有被我们称为诗歌"开山纲领"的"诗言志"；《乐记》强调"情动于中，故形于声"；《毛诗·序》提出"情动于中，故形于言"；陆机说"诗缘情而绮靡"；《文心雕龙》要求"以情志为神明，辞采为肌肤"；白居易说"根情、苗言、花声、实意"，这些都形成了一个"气之动物，物之感人，所以摇荡性情，形诸舞咏"的由物到人，由人到文的链条，"感物而动""为情造文""发奋著书""不平则鸣"的理念在中国古典艺术里已经是传之久远的共识了。的确，"有情"是我们美学的一个传统，怎么到了现在我们最缺乏的反而是情感呢？这里面有我们情感本身的问题，也有中国当代特殊社会环境的问题。就古代情感美学本身来讲，我们的情感有这样几个值得注意的问题。

第一是在我们的意识里，"情"常常只被看作一个人自然原始的本性，多属于本能地触发与直接的反映和感受，是低级的，第一层次的，情感本身还不是我们所追求的价值目标，它还需要被后天的社会理想、人伦道德等文明所教化。圣人之所以制礼作乐，制《雅》《颂》之声，就是人如果基于自己本来的性情而动就不能无乱，因此就要制礼乐以导之。《荀子·性恶》认为人之情性都是"饥而欲饱，寒而欲暖，劳而欲休"的原始本能；《韩非子·五蠹》也说，"人之情性，莫先于父母，皆见爱而未必治也"，这样的情感免不了自私狭隘。李翱《复性书》中提出情实乃人的本性之动，如果百姓溺之则不能知其本也。这就是说，老百姓都是沉浸于自己的情感而忘记了人的根本大道，任情则昏，所以到程朱理学时期，理学家追求"万物静观皆自得"的超然境界，不以物喜，不以己悲，这种"圣人无情"的超越性成了一种理想。因此，我们的"情"实际上是一个"以理节情"的超越过程，"情"不是我们追求的目标。

而且，我们的"吟咏情性"，绝不是单纯吟咏个人的得失苦乐，而必然是和家国大事、历史兴衰、天地人伦等联系在一起的，《毛诗·序》里谓"国史明乎得失之际，伤人伦之废，哀刑政之苛"，所以才"吟咏情性"，而这种吟咏，也是"发乎情，止乎礼"的，与家、国紧密联系在一起，情感这种社会历史的"超越性"也是我们"情感"的特点之一。黄宗羲就曾经指出那些怨女逐臣，触景感物，言乎其所不得不言，这只是"一时之性情也"；而孔子删诗以使它合乎"兴观群怨""思无邪"之旨，这才是"万古之性情"。这里表达的"万古之性情"的"情"实际上已经是一种普遍的、社会性、集体性的"情"，而不是单纯个人的感受了。这也导致我们把文章看作"经国之大业，不朽之盛事"，看成"三不朽"的事业之一，立言著书也就担负了神圣的历史使命，不再仅仅是个人"求其友声"的共鸣了，情感的社会化、神圣化是我们自古以来的特质。

第二是由于中国艺术对于自然、空灵、玄妙境界的追求越来越突出，这导致我们的情感越来越"虚化"。中国传统艺术的美学追求越来越注重"形外""象外""言外"，追求境生象外，形似之外求其画，含不尽之意见于言外的"寄托"，激赏"镜中之花、水中之月"式的"无迹可求"的"诗味"，甚至不着一字，尽得风流，在飘逸、神韵、含蓄、蕴藉、幽深与精妙、传神的追逐中，中国美学的虚化与神秘化成了不争的事实，这种"虚化"境界的追求导致我们的情感也越来越虚化。韩非子提出的是"画犬马难，画鬼神易"，而到了欧阳修则提出"画鬼神难，画犬马易"了，因为"犬马"只是"形似"，被看作很容易的事情。以形写神到了苏东坡则变成了"论画以形似，见与儿童邻"了。在虚实、形神、言意、表里、内外等关系上，中国艺术越来越倾向于"虚""神""意""里""外"的"写意"泼墨了。《周易》里说"书不尽言，言不尽意"，所以"立象以尽意""美在意象"逐渐成为中国艺术的美学原则，情感意象化而不直接抒情的这种"间接性"是我们情感的又一个特点。

在人格追求上，清虚淡远的超脱人格也逐渐成为文人的理想追求。老庄以一种"忘却"与"超越"的精神以及深刻的相对主义思想追求"自然"与"逍遥"的自由境界，不被物役，不被形累，万物随化，一生死，齐万物，"独与天地精神相往来"，这种超然物外、超越形式束缚的自由旷达的精神境界是中国艺术最重要的基因，也是千百年来文人墨客向往的理想人格。古人追求的消散简远、淡泊素雅，是一种对功名利禄、庸俗猥琐的超越，陶渊明的无弦琴，王维的雪里芭蕉固然是一种高洁的志趣与高尚的人格，但在遗世独立的抛弃大众而自我完善的孤高俊洁之中，同时也是一种逃避与不负责任，是一种孤独与落寞，是一种对激情人生的负累与消磨，在一定程度上也是一种冷漠，也是一种较为单一与简单的情感，缺乏情感体验的丰富性与复杂性，缺乏一种灵魂战栗的拷问、忏悔等"极端体验"式的"疯狂"情感。温柔敦厚有余，激昂高亢不足。即如陶渊明不为五斗米折腰的故事，历来为中国文人所欣赏，但从另一面来说，陶渊明对于家人的穷困生活也是一种不负责任，对于社会的黑暗也是一种逃避。

第三是随着中国文学艺术的发展，具有理性色彩的"意"逐渐占了上风，"情"逐渐式微。中国诗歌有"物境""情境"与"意境"，但诗歌的最高境界已经不是"物境"，不是"情境"，而是"意境"，"意"战胜了"情"，"情"越来越理性化了。南朝时的范晔已提出文章"当以意为主，以文传意"，唐时杜牧也提出"凡文以意为主"，梅尧臣讲究诗歌的"内外意"，要求"内意"尽其理，"外意"尽其象，《中山诗话》也特别强调"诗以意为主"，作文"载道"，文以达意，逐渐成了文坛的范式。中国艺术在追求超凡脱俗的"飘逸""神韵""兴趣""妙悟""性灵""童心"的虚化人格情感之外，越来越注重理性化内容的传达，越来越注重"法理""格调"的张扬了。宋以来的诗越来越讲求"法""理"，要求"规矩""法度""知识""道理"，"议论为诗"成了一个重要现象。黄庭坚说"无一字无来历""点铁成金""夺胎换骨"，他认为"好作理语"虽然是文章一病，但"当以理为主，理得而辞顺，文章自然出群拔萃"。陈师道强调"君子以法成身"，"可得其法，不可得其巧"；吕本中谈"活法"，苏轼讲"出新意于法度之中"，杨万里说"去词""去意"，姜夔讲"理高妙""意高妙""想高妙"，规矩法理与自然清新的关系已经成为人们争论的中心，"理"与"趣"等代替了"情"，"情感"已经不再是美学的中心话题了。

在"一物须有一理"的"理学"与"吾心即宇宙"的"心学"夹击之下，情感地位的衰落是很明显的。至如"饿死事小，失节事大"对人们的束缚，则更是对情感的摧残。由此"情""理"之间的偏废对立、争论碰撞与调和也就尖锐起来了。汤显祖为了强调"情"，提出"情有者、理必无，理有者、情必无"，将两者完全对立起来，认为情理毫不相容，从这也可以看出"情""理"的矛盾达到了极点。而钱谦益等则要求性情、学问互相"参会"，调和两者的矛盾。但是从明清文学实践来看，从王世贞等的"文必秦汉，诗必盛唐"的复古，到姚鼐"义理、考据、辞章"的古文，到翁方纲的考证"肌理"等文学实践来看，学问、知识、理性等在美学中的位置逐渐掩盖了情感。叶燮《原诗》提出诗人的四大品格是"才""胆""识""力"，这里面已经没有"情"了，才能与胆识成了诗人最重要的品格，这是中国古代美学的发展所昭示的情感历程。

二

从中国当代文学艺术与美学的实践来看，情感美学被遮蔽得更严重了，文艺、美学的核心价值变成了更加宏大的话语，情感被更加边缘化，成了受批判的一种错误，被看作个人微不足道的东西，在美学的价值谱系中，情感成了唯心主义的罪恶，成了被淡化、被疏远、被忽略的一种忌讳。路翎《洼地上的战役》发表后，读者一片欢呼，北京大学学生甚至在广播上逐段朗诵。但是由于作品描写了志愿军战士和朝鲜姑娘之间懵懂的爱情，被批评是破坏了军队"纪律"，同时宣扬了"温情主义"。《关连长》里因为敌人把二十几个孩子作为人质关在大楼里，关连长为了不伤害孩子，不得不改变战略，从而延缓了战斗进程，这被批评是资产阶级的人性论。宗璞的《红豆》中，江玫对于与齐虹断绝关系泪流不止，那颗红豆"已经被泪水滴湿了"，整个作品被批评"暗淡凄凉"："这当然是一种颓废的、脆弱的、不健康的小资产阶级个人主义的感伤。"[2]像《红豆》以及类似的作品这样来写"人情"，都被看作小资产阶级的人性论。只要写到个人的感伤、徘徊、烦恼、痛苦、眼泪、叹息等，就有被批评是"小资情调"的可能，就有被打入吟风赏月的"腐朽""不健康"另册的可能，这种个人的情感在当时被批评对于人民毫无"积极性"，只能培养他们"颓唐的感伤的感情"，根本不能鼓舞人民建设社会主义的高昂"斗志"。

我们知道新中国成立之初的文艺界，由于过分强调文艺从属于政治，文艺往往成了政策的图解，文艺的主要价值标准是"人民大众""革命性""阶级性""真实性""集体主义""现实主义""乐观主义"等。中国古代的"扬、马、班、张、王、杨、卢、骆、韩、柳、欧、苏"由于没有"人民性",郭沫若认为他们的作品"认真说,实在是糟粕中的糟粕"[3]。而"行乞兴学"的《武训传》感动了不少人,但是由于武训只是希望用教育来使穷人翻身而没有想到革命,最终武训成了被批判的对象。《红日》中的韩百安要父亲交出他偷拿的集体的粮食,父亲给他下跪他也不心软,这被看作为了集体利益而大义灭亲的英雄形象受到表扬。而红军转移时,因为有小孩啼哭而要把那些孩子扔下山谷,有的母亲犹豫落泪,这被批评是个人主义,是人性论。"阶级爱""同志情"掩盖了个人之间的私情。当时的文艺界充满了政治化、概念化、口号化、公式化的宏大叙事,到处充满着血与火的战歌,排山倒海的纪念碑,共产主义的教科书,等等,正是有感于这种假大空的泛滥,巴人说我们的文学作品政治气味太浓,缺乏"人情味",呼吁作品表达一些诸如"饮食男女"之类的共同"人情",这被批评是超阶级的人性论。钱谷融先生认为我们的文学还没有以人自身为目的,反对把描写人仅仅看作反映现实的一种工具,呼吁文学应该是真正的人学,一切都是从人出发,一切都是为了人,但这种理论被批评是抽象的资产阶级的人道主义论。总之,"人情味"是当时集中批评的对象之一,甚至被看成洪水猛兽。而随后"文革"期间的斗争文化、整人文化、告密文化等的膨胀无疑将人与人之间残存的一点情感与信任摧毁殆尽,整个民族的情感被严重地扭曲、异化与践踏。

从美学本身的发展来看,我们还没有真正把情感美学提到本体论的高度来进行建构。我们知道新中国成立后的美学大讨论形成了我们通常所说的四大派:蔡仪的客观派;吕荧、高尔泰的主观派;朱光潜的主客观结合派;李泽厚的客观性与社会性结合派。但这四派由于当时唯物主义与唯心主义的严格区分,实际上都主要是认识论的美学,把美作为一个"对象"与"知识"来认识。蔡仪提出:"美学的根本问题也就是对客观的美的认识问题。"[4]李泽厚当时也强调"美学科学的哲学基本问题是认识论问题"[5]。即使是主观派的吕荧,在《美是什么》中也说:"我仍然认为:美是人的社会意识,它是人的社会存在的反映,第二性的现象。"[6]把美学限定在认识论的范围。高尔泰也强调自己愿意"从认识论的角度"来谈谈对美的一些看法。所以,实际上美学"四大派"的哲学出发点都是认识论,都还是认识论第一。

还有一个值得注意的现象,那就是在当时的美学大讨论中还有一个重要的流派,这就是以周谷城为代表的"情感派",这"第五派"却被排除在了美学大讨论的历史之外。周谷城先生1957年5月8日在《光明日报》发表《美的存在与进化》;1961年3月16日在《光明日报》发表《史学与美学》;1962年6月在《文汇报》发表《礼乐新解》;1962年12月在《新建设》发表《艺术创作的历史地位》等一系列文章,提出"美的源泉,可能不单纯是情感,但主要的一定是情感"[7]。他认为,世界充满斗争,有斗争就有成败,有成败就有快与不快的情感,有了感情,自然会表现出来。表现于物质,能留下来供人欣赏的,就成为艺术品。他说:"一切艺术品,务必表现感情;但感情的表现,必借有形的物质。"[8]这就是所谓"使情成体"。如果情感不发生,美的来源一定会枯竭。我们每个人的生活,可能不一定都有情感,但是美或艺术或艺术品,却是以情感为其源泉的。而"依源泉而创造的艺术品,其作用可能不单纯是动人情感;但主要的作用一定是动人情感的"[9]。历史家处理历史斗争过程及斗争成果;艺术家处理斗争过程与成果所引出的感情。周谷城先生的这一系列"情感美学"的论述在当时引起了巨大的争论,朱光潜、李泽厚、马奇、汝信、王子野、刘纲纪、叶秀山、陆贵山、李醒尘等人都对周谷城的美学展开了批评讨论，生活·读书·新知三联书店辑录出版的《关于周谷城的美学思想问题》出版了三大册。这样重要的流派，我们的当代美学史却一般不提，只提四大派。比如薛复兴先生的《分化与突围：中国美学 1949—2000》一书，颇有中国当代美学史的味道，但他也主要只记录了朱光潜、蔡仪、李泽厚以及周来祥四人的美学，没有谈及周谷城为代表的"唯情论"美学。中国当代美学史对于周谷城"情感美学"的遗忘是偶然的还是必然的？是有意的还是无意的？也许这只能说明我们对于情感的美学本体论本身的价值重视不够。

我们知道"文革"结束后，第四次"文代会"明确提出不再提"文艺从属于政治"，为文艺正名成为当时的主要思潮，这时文艺的审美特性受到关注，提出了"文艺美学"的设想，童庆炳、钱中文、王元骧等提出了文学的"审美特征""艺术特性"的概念，"文学是社会生活的审美反映""文学是审美意识形态""文艺是人类对现实的审美认识的重要形式"等，"审美诗学"的理念成为当时审美自觉的主要命题，审美自律的美学逐渐形成，审美意识形态成为文艺学的"第一原理"。而 20 世纪 80 年代后期，李泽厚以马克思《1844 年经济学哲学手稿》为基础的"实践美学"逐渐成为美学中影响最大的一种学说。他强调制造工具、生产劳动的实践的"积淀"在美学中的基础性地位，强调人的主体性创造能力，认为人的审美路径是理性化为感性、历史化为经验，他把马克思、康德以及荣格、格式塔心理学等的一些理论熔为一炉，一时蔚为大观。

李泽厚的"工具本体"过于强调主体"理性""集体""共性""劳动"等概念，引起了一些学者的"对话"与"批评"，要求以"感性""个体""直觉"来"突破"实践美学的局限，体验美学、后实践美学、生命美学等纷纷登场，强调个人体验的瞬间性、即时性。

而 20 世纪 90 年代以来，随着社会主义市场经济飞速发展，物质享受、感官刺激的享乐之风开始盛行，"发财主义""利己主义"等绝对自私自利的个人欲望无限膨胀，人们跟着感觉走，跟着欲望走，急功近利，戾气横行，欺诈、伪善盛行，为了金钱而出卖了各种价值底线，人们痛感"人文精神的失落""道德的滑坡"，社会的失信、失序、失衡与失范导致社会精神的迷惘。一种及时行乐式的消费主义理念兴起，日常生活的感官化开始成了一种"新的美学原则"。暴露小说、隐私小说、身体写作、下半身写作、美女写作等甚嚣尘上。可以说，为了金钱，人与人之间那种美好的感情似乎烟消云散了，我们再也难以寻找那种"温情脉脉""文质彬彬"的感觉了，马克思所描绘的那个撕毁了一切温情脉脉面纱的社会似乎就是我们的社会。我们曾经为了政治，为了宏大而虚幻的梦想抛弃了感情，亲人相残，家庭反目；而现在我们又为了金钱、物质利益再次抛弃了感情。感情成了我们当前最稀薄也最需要的东西了。

三

正是在这个意义上，情感成了美学最需要的东西，也因此具有了形而上学的本体论意义。曾经情感上的快与不快就是我们美学研究的中心，康德在《判断力批判》中指出："为了判别某一对象美或不美，我们不是把它的表象凭借悟性联系于客体以求得知识，而是凭借想象或想象力和悟性的结合，联系于主体和它的快感与不快感。"[10] 也就是说美学是研究单凭表象就引起的快与不快的感情的。康德的美学实际上是研究快与不快的情感美学。在知、情、意三分的知识体系中，美学是研究情的。而在中国现代美学之初，情感美学也确曾是我们的美学之本。吕澂先生 1923 年出版的《美学概论》指出，物象美不美，以能否引起人的快感为据。要想知道快感是什么，则又必须首先明白一般感情的含义。这样，吕澂实际上把"感情"作为美的本体。而"感情"是什么呢？吕澂认为"由对象引起之精神活动为感情之根据"，"吾人因精神活动而后与对象有感情可言"[11]。而"精神活动"则奠基于"人格"，人格的价值是一切价值的根本，由此吕澂建立起了奠基于人格的精神活动的情感美学体系。

朱光潜先生在《文艺心理学》中也提出："美就是情趣意象化或意象情趣化时心中所觉到恰好的快感。"[12]宗白华先生也把美归结为快感，他说："什么叫美？——'自然'是美的，这是事实。诸君若不相信，只要走出诸君的书室，仰看那檐头金黄色的秋叶在光波中颤抖，或是来到池边柳树下看那白云青天在水波中荡漾，包管你有一种说不出的快感。这种感觉叫'美'。"[13]实际上，宗白华认为快感就是美。可以说中国现代美学的初期，很多是以快与不快的情感本身作为自己的美学本体的。只是由于中国社会历史发展的特殊进程，面对长期救亡图存的民族解放战争，情感美学被更加紧迫的政治美学、革命美学遮蔽了。新中国成立后由于阶级斗争的特殊情况，情感美学再次被搁置了。而20世纪90年代以来的发展市场经济又让我们把眼光投向了感官解放与欲望满足，情感美学被中断了，我们的美学远离了情感。

其实"五四"时期一些著名的思想者曾经注意到了"情本体"在民族建构中的重大作用并转移到对情的呼唤中，只是由于当时的社会形势，这些思想的深刻性未被人们重视。比如提倡新文化"科学"与"民主"最积极的战将陈独秀却在新文化运动开始后不久就展开了反思，赋予"情感"特别的意义。他说："我近来觉得对于没有情感的人，任你如何给他爱父母，爱乡里，爱国家，爱人类的伦理知识，总没有什么力量能叫他们向前行动。"[14] 所以刚开始陈独秀为了"科学"与"民主"，认为一切宗教都是骗人的，"皆在废弃之列"，一切都应当"以科学为正轨"。但是到了 1920 年他发表《再论孔教问题》时，思想已经大变，他认为"美与宗教的情感，纯洁而深入我们生命源泉的里面。我主张把耶稣崇高的，伟大的人格和热烈的，深厚的情感，培养在我们的血里"对于这种转变，我们往往认为这是陈独秀落后倒退的开始。但是陈独秀这种"科学救国"到"情感救国"的"情感的转向"的深刻意义恐怕是我们还没有深刻认识到的。一个无情的国度，科学民主真的能拯救她吗？由于革命进程的加剧，民族危亡的紧迫，陈独秀的"情感启蒙"只能被淹没。

另一个思想启蒙的先锋梁启超也经历了同样的转变。他从极端的功利主义转向了情感的"趣味主义"，这也被我们认定为一种倒退。梁启超早年一直致力于唤醒中国民众，无论是"诗界革命""小说界革命"还是"文界革命"，都充满了急切的革命思想，试图把艺术作为革命救亡的工具。他那篇著名的《论小说与群治之关系》，就把兴一国之民、一国之道德、一国之政治、一国之风俗等希望都寄托在小说身上。但是当"五四"新文化运动如火如荼展开的时候，他却对科学展开了质疑，把情感作为救国的"稻草"。在《欧游心影录》中，梁启超描述了欧洲"科学破产"的灾难，认为一百年物质的进步，没有给人类带来幸福。梁启超质疑科学，却转向了"情感救国"，把情感作为一切的原动力，在《中国韵文里表现的情感》中，梁启超强调"天下最神圣的莫过于情感"，把情感抬到基础性的地位。晚年他还特别强调自己是"无所为而为"的"艺术主义""情感主义"的"美术人"，除了"趣味"，没有别的了。由于救亡图存革命进程的紧迫，梁启超这种情感转向同样在很长一段时间里都被我们看作"倒退",其深刻的内涵没有被充分阐释出来。由于中国的革命战争,又由于新中国成立后特殊的政治环境,"文革"后拨乱反正,改革开放后人们急于脱贫致富,到现在我们都还没有来得及静下心来审视一下情感的本体性地位。我们的思想里是否接续上"五四"一代的情感本体呢?如果接上了,是什么时候接上的呢?

仅就文学艺术来说,我们认为文学是反映现实生活的"意识形态";是教育人民的工具,打击敌人的武器;是语言的艺术,是审美的形式;是无意识的流淌,欲望的宣泄;是无底的棋盘,是各种现代主义后现代主义的实验,可是我们认真直面了文艺就是情感吗?虽然我们的"文学概论"也会讲情感,但我们只是把它看作文学创作的一个特点。托尔斯泰认为文学是唤起自己曾经体验过的情感,然后把这种情感传达给别人的"情感传达",在很长一段时间里被我们批评是"托尔斯泰主义",是从情感、宗教感化的"说教"等来削弱人的革命意志,是软弱无能的不抵抗主义。

我们还没有从人存在的本体地位来认识情感。李泽厚提出过"情本体"美学,但他自己也没有对"情本体"进行认真的系统阐释。而学界的反响也很冷清。李泽厚在实践美学"工具本体"的建构过程中,确实已经由他的历史积淀的人性结构即文化心理结构这一模态中提出了"心理情感本体"的命题。在1989年关于主体性的《第四提纲》里他已经提出:"人性、情感、偶然,是我所企望的哲学的命运主题,它将诗意地展开于二十一世纪。"[15]而且在《美学四讲》里高喊:"情感本体万岁,新感性万岁,人类万岁。"[16]但是,这种"情本体"在学界的反响却不大,李泽厚自己说:"总的看,学界是保持沉默。"[17]也许一是因为人们认为李泽厚的"情本体"实际上还是他的

"工具本体"的"积淀",两个本体实际上还是只有一个"工具本体"。二是因为他说的"情本体"就是日常生活的"日用伦常","情本体"即无本体,这种"情本体"美学也就是另一种"生活美学"了,人们把它看作中国传统的人生哲学;而他浓厚的海德格尔学说色彩使人们又把他的情本体看作了另一种存在主义美学。三是因为李泽厚的"情本体"主要是从后现代哲学背景下人的孤独、荒诞与异化这样的世界性难题来讲的,来讲人"如何活""为什么活""活得怎样",以此来把握"人类的命运",所以人们把它当作另一种后现代哲学,一种人类学美学,觉得无甚新鲜。四是李泽厚提出"情本体"后,并无太多相应阐释,由此他的"情本体美学"的当代意义、现实意义还没有引起我们足够的重视。而面对当前中国的社会现实的时代挑战,面对当前中国人的精神生态,情感的维度凸显了新的意义,也是人生论美学建设的重要内涵之一。

注释:

[1] 潘知常、取天颖:《叩问美学新千年的现代思路:潘知常教授访谈》,《学术月刊》2005 年第 3 期。

[2] 姚文元:《文艺思想论争集》,作家出版社 1964 年版,第 150 页。

[3]《郭沫若全集》第 20 卷,人民文学出版社 1992 年版,第 88 页。

[4] 文艺美学丛书编委会:《美学向导》,北京大学出版社 1982 年版,第 1 页。

[5] 李泽厚:《美学旧作集》,天津社会科学院出版社 1999 年版,第 100 页。

［6］《吕荧文艺与美学论集》，上海文艺出版社 1984 年版，第 400 页。

［7］［8］［9］周谷城：《史学与美学》，上海人民出版社 1980 年版，第 104 页；第 108 页；第 104 页。

［10］康德：《判断力批判》，宗白华译，商务印书馆 1964 年版，第 39 页。

［11］吕澂：《美学概论》，上海书店 1923 年版，第 1 页。

［12］《朱光潜全集》第 1 卷，安徽教育出版社 1987 年版，第 347 页。

［13］《宗白华全集》第 1 卷，安徽教育出版社 1996 年版，第 310 页。

［14］《独秀文存》，安徽人民出版社 1987 年版，第 281 页。

［15］《李泽厚哲学文存》下编，安徽文艺出版社 1999 年版，第 662 页。

［16］李泽厚：《美学三书》，安徽文艺出版社 1999 年版，第 596 页。

［17］《李泽厚对话集：中国哲学登场》，中华书局 2014 年版，第 82 页。

王国维"大文学"观的人生论
美学意义及当代启示

朱鹏飞*

摘 要： 王国维是中国现代人生论美学思想的重要代表人物之一。他以屈原作品为例，阐释和倡导了一种弘扬强烈的入世情怀、关注社会问题与人生百态，强调入世与出世统一、追求现实关怀与终极关怀双重实现的"大文学"观。这种"大文学"观体现了人生论美学的基本精神，对当代文学艺术创作具有重要启示。

关键词： 大文学；人生论美学；当代启示

一 王国维的"大文学"观

王国维是中国现代人生论美学思想的重要代表人物之一，推崇审美艺术人生动态统一的大美观。"他所极力推崇的'境界'说、'大

---

* 作者单位：浙江理工大学中国美学与艺术理论研究中心；浙江工商大学人文与传播学院。

词人'说等，也是着意于从艺术通达人生，是将艺术审美品鉴与人生审美品鉴相融通的'出入'自由的大美论。"[1]秉承这种审美艺术人生统一的大美观，王国维在探讨文学艺术作品时，阐发了颇富启示意义的"大文学"观。

"大文学"观是王国维在《屈子文学之精神》一文中提出来的。他认为，春秋以前，道德政治思想可分为两派："帝王派"和"非帝王派"。"帝王派"爱称道尧、舜、禹、汤、文、武，是北方派、入世派、国家派，大成于孔子；"非帝王派"则喜称道上古之隐君子，是南方派、遁世派、个人派，大成于老子。这两派的处世原则常常互相矛盾，主义互相反对，难以调和，战国以后的诸家学派，基本源出于上述两大家。在文学方面的表现，"北方派"以诗歌见长，如《诗三百篇》，重在表现诗人的感情；"南方派"以散文见长，如《庄子》《列子》，主要表现作者的想象。这两派文学虽各有所长，但都不是真正的"大文学"。王国维所谓的文学创作"北方派"与"南方派"，实则指具有儒家思想与道家思想特征的两种不同文学风格。"北方派"大成于儒家，重视文学作品的社会教化功能，重视国家、社会意识的输灌，具有强烈的入世意识；"南方派"大成于道家，重视文学作品的修身养性功能，强化个人、自然、自由意识，具有鲜明的出世倾向。这两种文学风格虽各具优点，但也有各自的缺陷，前者因过于重视社会、国家而忽略了个人，后者则因过于重视自我、出世而忽略了对于社会与人生的介入。唯有将二者合而为一，即将"北方派"的入世情感与"南方派"的自由想象融合在一起，才能造就"大诗歌"，王国维因此说："而大诗歌之出，必须俟北方人之感情与南方人之想象合而为一，即必通南北之驿骑而后可，斯即屈子其人也。"[2]在王国维看来，屈原文学作品的伟大，就在于他将"北方派"与"南方派"的文学理想融合在一起，造就了一种"大诗歌"。一方面屈原的诗歌，所称之圣王有高辛、尧、舜、禹、汤、少康、武丁、文、武，这些都是北方学者所常称道的，而南方学者爱称道的黄帝、广成子则从未提及；但从另一方面看，屈原的诗歌又深得南方派之神韵，其丰富的想象力不《庄子》与《列子》之下。由是屈原将北方"肫挚的性格"与南方丰富的想象力合二为一，造就了一种足以标榜千秋的"大文学"。[3]

从王国维的分析来看，"大文学"有如下几个特点。

首先，"大文学"具有强烈的入世情怀，关注社会问题与人生百态，其目标是"改作旧社会"。王国维认为，"大文学"应以北方派"肫挚的性格"为根基，在诗歌中关注社会、拷问人生，"诗歌者，描写人生者也（用德国大诗人希尔列尔之定义）。……今更广之曰描写自然及人生"[4]。北方派的理想，"在改作旧社会"，"以坚忍之志，强毅之气，持其改作之理想，以与当日之社会争；……故彼之视社会也，一时以为寇，一时以为亲"[5]，这样，"大文学"必然是那种充满人生关怀的文学，它介入社会，关注世态人情，批判各种以"私我"为特征的落后道德观念，弘扬积极的人生观，并将社会、国家的利益置于个人利益之上。

其次，"大文学"具有鲜明的浪漫主义情怀和理想主义特征。它弘扬去欲与超越，将自由、解放、"创造新社会"作为人生追求的终极目标。"大文学"虽关注社会现实，但又不囿于现实，它的终极目的，是通过对此岸世界的认识，引领我们向彼岸世界飞升。所以"大文学"关注社会功利而超越社会功利，关注现实世界但更重视理想与情怀，它的终极目标是为我们创造一个自由、解放的理想世界。

再次，"大文学"是入世与出世的统一。北方派即儒家的理想，在于改造旧社会，以社会责任去抑制个人私欲，因此重在将"个体之我"提升为"社会之我"；南方派即道家的理想，"在创造新社会"[6]，希望将个人从社会束缚中解脱出来。北方派与南方派的结合有两条路径：一条是进则为北方派，退则为南方派，即"达则兼济天下，穷则独善其身"；另一条是以北方思想为根基，以南方思想为旨归，即让个体在不离弃社会的基础上，将"社会之我"升华为个体已经获得自由解放的"理想之我"，从而达到社会与个人的双重实现。很显然，"大文学"不是那种北方入世思想与南方出世思想互相冲突的文学，而是南方派理想主义对于北方派现实主义的升华。

屈原的诗歌，正是这样一种追求现实关怀与终极关怀双重实现的"大文学"。在他的诗歌中，充满了对现实世界各种黑暗现象的揭露与嘲讽，同时又表现出对理想世界的热切向往。譬如《离骚》，前半部描写了当政者的昏庸、奸佞者的诬告、群小们的谗言以及善良者的忠告，后半部则描写了对人生的留恋、对理想的追求，因此从总体看，整部作品既是入世的又是出世的，既是国家的也是个人的，既是现实的又是理想的。自屈原以后，这种现实与理想、社会与自我双重实现的"大文学"风格渐渐确立，成为后世文学创作的范本。

二 王国维"大文学"观的人生论美学意义

"大文学"自屈原之后，经过唐宋诗歌的发展以及元曲的过渡，至明清小说，逐渐成为中华民族文学创作的主流风格。明朝以"大文学"为特征的长篇小说主要有三类：第一类是历史演义小说，以《三国演义》为代表，刻画了刘备、关羽、张飞等一系列英雄人物，其他小说还有《隋史遗文》（主人公秦琼）、《英烈传》（主人公常遇春）等；第二类是英雄传奇小说，以《水浒传》为代表，刻画了武松、林冲、鲁智深、李逵等一系列英雄群像，其他小说还有《北宋志传》（主人公杨业、杨延昭、杨门女将）、《大宋中兴通俗演义》（主人公岳飞、岳云、牛皋）等；第三类是神魔小说，以《西游记》为代表，刻画了孙悟空等神话英雄，其他小说还有《封神演义》（主人公黄飞虎、哪吒）等。可以说，中华民族以弘扬英雄人物、表达社会理想为特征的"大文学"风格在明朝长篇小说中已经发展到高峰，并一直延续到清朝中期。

王国维对屈原文学创作的研究，正是基于这种中华传统的"大文学"风格基础之上，并对其做出了发掘与阐释。他所阐发的"大文学"观，在中国传统文学艺术中有鲜明的体现，呼应了人生论美学所倡导的"审美艺术人生动态统一的大审美观""真善美张力贯通的美情观""物我有无出入诗性交融的审美境界观"[7]，对于民族美学精神的弘扬具有重要意义。

第一，王国维的"大文学"观体现了人生论美学追求审美艺术人生动态统一的大美观。"大文学"与其他文学作品的区别，首先要的是其视野胸襟之大，在这个艺术舞台，不但关注人生疾苦、世间百态，同时还向我们展现人生的美好愿景以及艺术家的审美追求，因此"大文学"作品以艺术为中介，将审美与人生动态统一在一起。中国自古以来的"大文学"作品，不论是以审美性追求为主还是以关注现实人生为主，都体现了这种审美艺术人生相统一的阔大视野与胸襟。比如陶渊明与杜甫，他们的诗歌都堪称"大文学"，前者重审美后者重人生，但他们的艺术作品都能将审美与人生统一在一起。陶渊明的

《桃花源记》向我们呈现了一个远离人世的美好世外桃源，但在这个世外桃源中，仍然体现了作者对现实生活的关切，那里"土地平旷，屋舍俨然，有良田美池桑竹之属。阡陌交通，鸡犬相闻"，而"其中往来种作，男女衣着，悉如外人。黄发垂髫，并怡然自乐"。相比之下，魏晋时期的名士看似颇得陶渊明的超然遗世之风，但他们只学会了陶渊明的饮酒，"且效醉昏昏"，至于人生则很少在他们的关注之列，所以阮籍对前来吊唁其母的客人翻白眼，刘伶没事就脱光了衣服裸奔，阮咸跟猪一起饮酒，殷洪乔甚至把别人托他转交的数百封书信悉数丢到水里，声称"不作致书邮"。这种超然出世，虽有"宁与燕雀翔，不随黄鹄飞"的审美性追求，但于现实人生，确实缺乏应有的关怀，这群魏晋贤士以鄙视陈规旧俗为乐，因此对于人生只有逃避甚至是破坏，而缺乏起码的审美建构。比较陶渊明的"大文学"与魏晋时期那些颇具"魏晋风度"贤士们的文学，就更能彰显出"大文学"将审美艺术人生相统一的难能可贵。同样，以关注民生疾苦著称的"诗圣"杜甫，其诗歌也不缺乏审美性追求的另一面，所以他在《茅屋为秋风所破歌》中发出的呼吁"安得广厦千万间，大庇天下寒士俱欢颜"，就瞬间境界尽显。后世一些批判现实的文学作品，比如清朝中晚期的讽刺小说，就缺乏这种"大文学"所特有的审美追求，《儒林外史》《官场现形记》等小说，批判现实有余而彼岸性审美关怀不足，因此这些小说最缺乏的就是"大文学"所特有的阔大审美胸襟与人生正能量。

第二，王国维的"大文学"观体现了人生论美学追求真善美合一的美情观与积极浪漫主义精神。中国人历来看重"尽善尽美"，因此与西方喜欢将情与知、意割裂开来进行研究的粹情观不同，中国古人推崇真善美合一的美情观。这种美情观表现在文学创作中，就是"大文学"所特有的积极浪漫主义精神。中国传统"大文学"作品，不论情节如何曲折、黑暗势力如何强大，最终常以善终胜恶、善始善终的大团圆方式结束。早期的艺术，善恶兼具，有时光明战胜黑暗，有时黑暗暂时战胜光明，唐传奇中的爱情故事，美满成双与失败殉情互见，及至宋朝话本，《错斩崔宁》等故事仍以主人公死亡收场。唯自元杂剧始，"大团圆"结局渐成中华艺术一大特色。经典的四大戏剧《窦娥冤》《西厢记》《长生殿》《牡丹亭》，全部来源于早期的"纯"悲剧故事，但改编之后都以大团圆收场：《西厢记》将唐传奇《莺莺传》的始乱终弃改编为终成眷属；《窦娥冤》将汉代故事《东海孝妇》的冤死结局改成惩恶告终；清朝戏剧《长生殿》则将元杂剧《梧桐雨》的孤独终老改为上天永为夫妻；《牡丹亭》的蓝本是宋朝洪迈的《夷坚志》，它记述的只是书生梦见女鬼最终病亡的故事，但在《牡丹亭》中则人与鬼最终喜结伉俪。这四大经典戏剧奠定了中华传统"大文学"作品"善始善终"的"大团圆"传统，从而使弘扬善行、努力做善人成为中华传统艺术的一大特色。这种"大文学"所特有的积极浪漫主义精神因之成为中华民族的宝贵思想遗产。

第三，王国维的"大文学"观体现了人生论美学追求"物我有无出入"、个人追求与社会理想合一的诗性情怀。中国传统文学艺术崇尚"物我有无出入"诗性交融的审美境界，因此传统"大文学"作品多表现感性与理性、物质与精神、个体与群体、有为与无为、有我与无我、有限与无限的诗意和谐。这种诗意和谐发展到"大文学"高峰期的明清小说，集中体现为个人追求与社会理想合一的诗性情怀。最为典型的作品是《西游记》，其中的孙悟空堪称"大文学"主人公的经典形象：作品中孙悟空既有个人感性强烈爆发、自我得到极致展现的"大闹天宫"的一面，又有最终修成正果立地成佛的一面，在孙悟空身上，个人追求与社会理想得到了完美统一。另外两篇"大文学"名著《三国演义》《水浒传》也体现了同样的特点：《三国演义》将个人兄弟情义与国家统一结合在一起，从此以后"桃园结义"被赋予了一种带有中华民族集体潜意识性质的、个人与国家合一的高大上内涵；《水浒传》向我们展示了一群集聚在水泊梁山的英雄好汉，这群人既是私交甚好的生死兄弟，又是为民请命、为国赴死的英雄，从此以后"水泊梁山"成了中华民族集体潜意识中追求个人自由以及施展英雄抱负的理想圣地。无论是《西游记》还是《三国演义》与《水浒传》，这些经典的"大文学"作品向我们呈现的，正是一种感性与理性、个体与群体、有我与无我以及个人追求与社会理想合一的诗性情怀。

王国维"大文学"观所蕴含和阐发的人生论美学情趣，生动体现了中华民族以弘扬英雄人物、展现个人理想与抱负、表达美好社会理想为特色的经典文学艺术风格，这种美学情趣作为一种充满正能量的精神传统，一代代在优秀的"大文学"作品中，生生不息地传承下来，成为中华美学精神的生动体现。

三　王国维"大文学"观的当代启示

21世纪以来，"大文学"传统日益受到严峻的挑战，一方面，它受到享乐主义文化以及大众文化的强烈冲击；另一方面，当代许多艺术家的创作实践，也日渐背离"大文学"的优秀精神传统。

当今诸多艺术作品，"大文学"传统所蕴含的三大人生论美学旨趣，仅剩下真善美合一的美情观与积极浪漫主义精神，即中国人所坚守的"人之初性本善"、善有善报恶有恶报、善终胜恶、美善同一的信念，在当今艺术作品中仍然得到良好的传承，而另外两大追求——审美艺术人生动态统一的大美观以及"物我有无出入"合一的诗性情怀,却在当今的艺术作品中难觅其踪,这主要表现为两个方面。其一,大艺术传统追求审美关怀与现实人生关怀的动态统一,因此作品主人公即使身处恶俗的尘世,也仍然保有不变的彼岸情怀,坚持一种超越性的审美价值观,而不被世俗同化,因为有这样的审美情怀,所以作品主人公在面对尘世中的恶时,总是大义凛然、嫉恶如仇;而当代许多作品主人公则常常显得现实人生关怀有余而审美追求不足,这些所谓的"英雄人物"一方面试图做个超越性的英雄,另一方面却活得像个世俗小人,争名夺利、斤斤计较,当代碎片式的多元价值观在这些大艺术作品主人公身上彼此对抗,表现出明显的审美与人生的分裂。其二,大艺术传统追求"物我有无出入"、个人追求与社会理想合一的诗性情怀,因此作品主人公大多是美德践行者,其自我理想超越于社会规范之上,在他们的世界里,没有"私我"与社会的对抗,只有"超我"对社会规范的引领,所以,作品做到了"物我有无出入"的诗性交融以及个人追求与社会理想的双重实现。但当代诸多艺术作品时常陷入物与我、有与无、出世与入世的矛盾境地中难以自拔,作品主人公不再是超越性的美德践行者,而只是一个坚定不移的社会公德践行者,当他们终于走出这个道德旋涡,才发现自己只是个步履沉重、心力交瘁的义务与责任捍卫者,远不是有个人道德抱负、超越于道德矛盾之上具有真正感召力的楷模。这种物与我、有与无、出世与入世、个人利益与社会责任的矛盾纠缠而不是诗性交融,成为当代许多艺术作品缺失大艺术精神的典型特征。

要解决当代艺术创作的上述症结,王国维的"大文学"观恰能给我们以有益的启示。

　　首先，为了实现艺术改造社会的目的，当代作品应在人生关注之外，不忘审美与超越性追求，从而在更高层面上实现审美与人生的统一，弘扬发展大艺术传统。用王国维的话来说，就是注重从"有我"之境往"无我"之境的提升，从"身前"之名往"身后"之名[8]的提升。譬如杜甫的"吾庐独破受冻死亦足"，以及王翰的"古来征战几人回"，就是一种超越于"有我"之上的"无我"；文天祥的"人生自古谁无死，留取丹心照汗青"，以及于谦的"粉身碎骨浑不怕，要留清白在人间"，求的则是超越于身前利益的"身后名"。但当代许多艺术作品却常常执着于"有我"与"无我"之间的对抗，而"身后名"则更被一众艺术家忘在脑后，这些缺陷在一些商业性较强的艺术作品中表现得尤为突出。譬如2005年热播的电视连续剧《亮剑》，主人公李云龙号称有"剑锋所指，血溅七步，不是敌死，就是我亡"的亮剑精神，可是这样一个面对敌人不畏死的英雄，同时却是个狭隘的个人主义者，他能不顾全军区的需要而私自从军区被服厂带回两百套军衣，也能在为友军国民党部队解决内乱之后顺手收缴了对方叛乱部队的全部武器。这种狭隘的个人主义在电视剧中却被裹以英雄主义的漂亮外衣，因此事实上，这部作品呈现的正是商业社会中，以弘扬君子之风为诉求的传统价值体系向当下部分以追求个性解放、自私自我为特征的大众心理的妥协，是善对于恶的"大度"和包容。但是，这样的作品与其说是在弘扬英雄，不如说它实际上消解了英雄，使英雄的面目变得更加模糊，立场变得更加动摇。王国维"大文学"观的启示意义正在于，我们必须牢记大艺术的终极追求是让我们摆脱现实人生的种种束缚，飞升到一个审美超越的美好世界，它的社会使命是救赎而不是媚俗，是引领而不是调和，因此作品主人公一定要有一双明辨是非、超越现实功利的慧眼，也即王国维所说的"诗人之眼"[9]。唯有以超越功利的"诗人之眼"来看待世间的好坏是非，以"无我"超越"有我"，才能创作出既有深刻人生关怀又有彼岸审美情怀、审美与人生动态统一的经典大艺术作品。

其次，要实现艺术创造理想社会的功能，大艺术作品的主人公除了应是一个遵守社会规范的公德践行者，更应是一个拥有超越于社会道德之上的诗意践行者，唯有这样，才能使作品主人公不至于在物与我、有与无、出世与入世、个人利益与社会责任之间痛苦纠缠，而是达到"物我有无出入"的诗性交融。传统的大艺术作品中，那些经典的艺术形象多是美德践行者，比如《三国演义》中的关羽，之所以被后世称为"义帝"，因为他与刘备之间的交往原则不是"己所不欲勿施于人"一类的公德，而是以个人情感抱负为特征的美德，所以他在面对曹操的高官厚禄引诱时才会毫不动心，不会陷入"有我"还是"无我"的矛盾境地痛苦权衡；再比如《西游记》中的孙悟空与唐僧，当孙悟空火眼金睛看出妖怪原形三打白骨精时，唐僧并不是用"惩奸治恶 人人有责"的尘世行为原则来要求徒弟，而是以"普度众生"的超越性境界来衡量孙悟空的行为，在这样的严苛要求之下，孙悟空才最终从一个一生气就打死一干强盗的公德践行者度化为一个践行"我为众生"美德的佛。因此我们看到，中国经典的大艺术作品中，主人公很少陷入物与我、有与无、出与入相矛盾的痛苦境地。但当代的许多艺术作品中，主人公常常只是一个公德践行者，因此他们总是在个人与社会、有我与无我之间痛苦徘徊，灵魂挣扎，包括一些具有大艺术追求的作品。比如电影《生死抉择》，其主人公李高成自始至终只是一个现有社会道德的维护者（所以他反腐），但并不是一个超越性道德抱负的提倡者（所以他没有余力向我们展示倡廉以及倡廉带来的快乐和幸福），这样，李高成作为这部以弘扬主旋律为目的的电影主人公，其道德引领作用就要打一个折扣，普通百姓走到"亲手把妻子送进牢房"这一步，就会瞻前顾后，畏步不前。李高成在国家利益与个人利益之间的这种痛苦徘徊，就像片名所暗示的一样，是一种"生死抉择"，最后大我"生"而小我"死"，但是，影片表现这种几近你死我活的个人与社会之间的冲突，只会为公众带来更多的沉思与冷漠，而难以让这种痛苦的主人公成为公众学习的楷模。关云长如果因为抛弃曹操的高官厚禄而痛苦，就绝不会成为万众景仰的"义帝"；孙悟空如果只是一个遇神杀神遇鬼杀鬼的充满戾气的战斗机器，心中没有最终生出"我为众生"的超越性善念，那么他就始终只是一个泼猴。正是这样的缘故，当代一些追求大艺术精神作品的主人公也难免充满"小我"与"大我"激烈争斗的戾气而不是更高层次的超越。比如电视连续剧《人民的名义》，这部曾引发全民收看高潮的反腐剧，有人质疑为什么主人公侯亮平那么年轻就可以身居高位，而反派人物祁同伟拼尽全力才混到公安厅长这样的位置，甚至一些人对"真实""活生生"的李达康书记更有好感。之所以有这类质疑，根本原因在于侯亮平只是一个坚定反腐的公德践行者，而不是一个依据超越性原则来行动的美德践行者，因此普通大众对于一个周身时常充满戾气的孤胆英雄缺乏学习的勇气。但事实上，电视剧中确实有一个这样的美德践行者——陈岩石，陈岩石积极参加反腐，但更积极地向我们展示倡廉所带来的幸福：他卖掉了自己的房子，住进养老院，觉得那儿清静舒服，身心畅快，并且把别人送来巴结他的花花草草都捐献给养老院。陈岩石的生活，告诉我们的正是一个廉洁的人其实可以很幸福很快乐，而这样的人物，才不会像侯亮平那样充满戾气而是散发着溢满诗意情怀的光芒。因此，王国维"大文学"观的启示意义还在于，真正的大艺术，其主人公应该是一个具有美德引领意义的诗意践行者，用王国维的话来说，作品主人公只有拥有一颗具有彼岸情怀的"美丽之心"[10]，才能真正达到"物我有无出入"的诗性交融，以及社会规范与个人抱负、现实主义与理想主义的双重实现。

综上所述，王国维"大文学"观给当代艺术创作的启示着重体现为以下几点。第一，真正的大艺术，须有明辨是非、超越功利的"诗人之眼"，才能在这个商业利益弥漫的社会，去抵制生活中的恶，弘扬人性中的善，才能真正将人性从"有我"提升到"无我"，进而达到艺术作品中审美关怀与人生关怀的统一；第二，大艺术不但要改造社会，而且要表达美好的理想与诗意的追求，因此，作品主人公不能只是一个社会公德的践行者，更应是一个拥有"美丽之心"的诗意引领者，唯其如此，艺术形象才能在"物我有无出入"、个人追求与社会理想的诗性交融中，成为万众景仰的审美标杆和现实标杆，引领我们走上通往现实世界和诗意世界合一的坦途。

注释：

[1] [7] 金雅：《人生论美学传统与中国美学的学理创新》，《社会科学战线》2015 年第 2 期。

[2] [3] [4] [5] [6] 王国维：《屈子文学之精神》，金雅主编：《中国现代美学名家文丛·王国维卷》，浙江大学出版社 2009 年版，第 133 页；第 134 页；第 132 页；第 133 页；第 133 页。

[8] 王国维说："美术上的势力，无形的也，身后的也。"见王国维《论哲学家与美术家之天职》，金雅主编：《中国现代美学名家文

丛·王国维卷》，浙江大学出版社 2009 年版，第 4 页。

［9］王国维：《人间词话删稿》，金雅主编：《中国现代美学名家文丛·王国维卷》，浙江大学出版社 2009 年版，第 158 页。

［10］王国维：《孔子之美育主义》，金雅主编：《中国现代美学名家文丛·王国维卷》，浙江大学出版社 2009 年版，第 105 页。

［本文为浙江省高校重大人文攻关规划重点项目"中国现代人生论美学的民族资源与学理传统研究"（2013GH013）成果。《学术界》2017 年第 9 期刊发］

王国维"境界"说的人生论美学意蕴及其当代意义

孟群星*

摘　要：王国维"境界"说是开启中国现代美学思想的重要理论资源之一，它所蕴含的人生论美学意蕴对当代有不可忽视之价值。本文试从王国维"境界"说中创作主体的人格之善、情感之真、人生之美三要义进行探讨，阐明三者的递进关系及其对当代的意义。

关键词：王国维；境界；美学思想；人生论美学

人生论美学是中国美学中的民族理论思想之一。如金雅教授所说，是"审美与人生相统一，以美的情韵与精神来体味创化人生的境界。也就是在具体的生命活动与人生实践之中，追求、实现、享受生命与人生之美化"[1]。简言之为审美、艺术、人生合一，真善美贯通的精神态度，是以审美涵养人格，建构和谐人生的理论向导。而王国维的"境界"说所蕴含的人生意味，对现代人生论美学有着开荒拓土

---

* 作者单位：浙江理工大学中国美学与艺术理论研究中心。

的意义，是现代人生论美学的理论源头之一。王国维虽然没有直接论述人生审美的关系问题，但从他的成就大事业的三种境界中便可看出，他所说的"境界"已经不是纯粹的艺术品鉴，而是一种人生审美品鉴。从整个《人间词话》来看，王国维的"境界"实是一种通向人生审美至境的境界，已初步涉及将艺术、审美、人生相统一。"境界"中主要包含三要义。首先需要保证诗人主体的人格之善，其次要坚持生命体悟后的情感之真，最后才能通向人生审美至境。本文拟从这三要义入手，分析这三者之间的递进关系，阐明"境界"中的人生论美学意蕴及其对当代的意义。

一

"境界"作为《人间词话》的理论核心，有其深厚的含义。首先，王国维重视的是诗人主体人格的德性修养，即人格之善，此为"境界"中的第一要义。他从诗人胸襟、人格出发，继承了中国诗论传统，以人品论诗品，强调主体的道德品格，将此作为评判诗词优劣的基础，也为境界生成与否的首要前提。我们可以在王国维对诗人独特性的强调上见出此种对主体人格的重视，他认为，"一切境界，无不为诗人设。世无诗人，便无此种境界"[2]。以此见出主体诗人的重要性，无诗人则无境界，当然此类诗人必须是道德意志高尚、胸襟开阔，且有旷世之学问的，否则不为大诗人。他在《文学小言》中便认为真正之大文学（这里指抒情的文学，诗词皆是）不仅需要有旷世之学问，且需有志趣高远之德性。所谓旷世学问不过是作为诗人最基本的要求，王国维强调的是在此基础上诗人所表现出来的高尚超脱的德性。

此德性有二。一为宏阔的胸襟。他在《人间词话》第四十四则中，写到"东坡之词旷，稼轩之词豪。无二人之胸襟而学其词，犹东施效捧心也"[3]。以"狂"评苏轼之词，以"豪"论幼安之词，进而论其胸襟之大，赞其"雅量高致"，有忧生忧世、悲天悯人的胸怀。认为无此二人胸襟学其词，犹如东施效矉，而不满那些写"美刺投赠"之篇，言不由衷的粗拙模仿者。二为志趣高远的气格。有气格才有境界，这在论气格极高的文天祥词时便可见出，他说，"文文山词，风骨甚高，亦有境界，远在叔夏、公谨之上"[4]。再者，王国维推崇的屈原、陶潜、杜甫、苏轼等诗人，亦是有高尚超脱的人格，称"其人格自足千古"。又赞同李希声"气格凡下者，终使人可憎"。并称北宋之后，梅溪以下之词人，为气格凡下者。显然在王国维眼里无此高尚伟大的人格，便不能成就真正之诗人。

其次，王国维还强调对生命的体验与感悟，表达出真感情，即评判境界的第二要义，情感之真。他在《文学小言》中明确将诗词列为抒情的文学，以"景""情"作为诗词原质，"'景'为描写自然及人生事实，'情'则是诗人对此种事实的精神态度。""前者客观的，后者主观的也；前者知识的，后者感情的也。""文学者，不外知识与感情交代之结果而已。"[5]再者，他在《人间词话删稿》第九则中，又说"一切景语，皆情语也。"[6]可以见出王国维认为只有主客统一，情景交融的诗词才谓之文学，否则"不足与文学之事"。在《人间词话》第六则中又说"能写真景物，真感情者，谓之有境界，否则谓之无境界"[7]。也就是说诗人要表达出真感情才谓之有"境界"的诗词，而真感情就是一种主客统一，情景交融的情感。笔者认为，这里的客体并非纯粹客观的自然景象，而是联系人生的宇宙大观，是一种对宇宙人生进行生命感悟，达到物我为一，所抒发出来的真实而自然的情感。

再次，王国维将境界分为"有我之境"与"无我之境"，同样是在强调这种情景交融，物我为一的真情感。"有我之境，以我观物，故物皆着我之色彩。无我之境，以物观物，故不知何者为我，何者为物。"[8]这种"有我""无我"的划分，一直是学者们争论的对象。朱光潜用"同物之境"与"超物之境"来解释"有我"与"无我"；萧遥天则用"主观"与"客观"来解释"有我"与"无我"。而笔者比较赞同聂振斌先生的观点，用"显"与"隐"来区分"有我"与"无我"。即无我之境并非不存在诗人主观情感，而是这种主观情感在对宇宙大观进行体悟之后，与物交融统一，不轻易为欣赏者所见。从创作美感来看，"无我之境"是一种"初发芙蓉"的浑然天成之美，"有我之境"是一种"错彩镂金"的人工巧妙之美。而从王国维的具体评论"古人为词，写有我之境者多，然未始不能写无我之境，此在豪杰之士能自树立耳"[9]可知，他认为"无我之境"更上乘，因"无我之境"是诗人情感的自然流露，更真实和谐，也更能体现出诗人主体情感与景物合二为一的景象，物我已然融为一体，分辨不出何者为我，何者为物。由此可见，王国维推崇的无我的境界，是一种发自内心的物我合一的境界，也可以说是一种对宇宙人生的观察体悟，达到本质后的生命感受。

最后，是"境界"有别于"意境"的最显著的特点，即人生之美境。其实在前二义中，人生已贯穿始终。王国维在《人间词话》第六十则中说"诗人对宇宙人生，须入乎其内，又须出乎其外"[10]。对真正之大诗人，不仅要求身临其境地深入宇宙大观中，体悟其内在本质，获得真切永恒的生命感受，还需要有对自身的生命把握，保持自身的执着追求，以自然之眼观之。王国维在《屈子之文学精神》中说："诗歌者，描写自然及人生。然人类之兴味，实先人生而后自然。"[11] 即他认为诗歌源自人生，描写人生，且将人生贯穿始终。所谓人生，正如聂振斌先生所说，是"指人的生命活动的历史过程"。它将贯穿人的整个生命活动，而"艺术—审美是人的生命活动本身"，"是人的精神活动，虽然超越现实的物质关系，却没有离开人生"[12]。因而王国维论述的境界，归根结底是人对自然、艺术、审美的精神空间，心灵空间的呈现，是紧密联系人生，关注人生的境界。

<h2 style="text-align:center">二</h2>

此三要义，不管是人格之善，情感之真都与人生有密不可分的联系，可以说这就是在论述人生的不同阶段，通过以人生为线，相互交织，最终通向人生审美至境。在人格之善中尽管历史上也有种种将主体人格联系到作品中来进行品鉴的论述，但王国维强调的主体人格德性只是作为评判境界的基本要义，它是成就大诗人的基本途径，是人生审美至境的大厦下的基石，在此基础上，再进行生命体验与感悟，表达出真感情，才能够通向人生审美至境，成为真善美贯通的大诗人。

他在《人间词话》第二十六则中，将艺术境界联系到成就大事业的人生道路上，论述了通达艺术、审美、人生相统一的三个阶段。"古今之成大事业、大学问者，必经过三种之境界。'昨夜西风凋碧树，独上高楼，望尽天涯路。'此第一境也。"[13] 作为造就大诗人的第一境，强调的是主体人格的理想之境，"独上高楼"，通往人生理想的境地是孤独的，但若是不努力登上高楼，又岂能望尽天涯路。"'衣带渐宽终不悔，为伊消得人憔悴。'此第二境也。"登上高楼会获得一时之享受，而要得永恒真切的生命感受，还需有"知其不可而为之"的执着，对人生审美境地，达到这种挚爱到信仰的程度，才能够通向宇宙人生。在绚烂之极后再复归于平淡，心灵空间得到释放，豁然开朗，才能最终获得"蓦然回首，那人却在，灯火阑珊处"的愉悦美境。王国维又说，未经历过第一二境界，则不能通达第三境，没有超脱的人格如何能有广阔的眼界观察、体悟宇宙万物；没有坚持执着体悟人生过后的真挚情感又如何能有"入乎其内""出乎其外"的生气与高致。因此，第一二境界是诗词境界的基石，亦是真善美和谐统一的关键所在，此三种之境界，环环相扣，缺少其中任何一环，都不能成就真善美贯通的大词人，亦不能获得艺术、审美、人生相统一的至美之境。

王国维将"境界"脱离传统的对诗词评判的纯艺术品鉴，关注人的整个生命活动，以人生为基调，对诗词进行人生审美评鉴。这是王国维对艺术境界与人生的高度概括，也是他在吸收西方生命哲学之后，以人生为主要关注对象的思想流露。是人生论美学思想的萌发，开启了现代人生论美学理论的先河，为之后梁启超、朱光潜等人生论美学家开了一扇窗，奠定了一定基础，成为人生论美学思想的重要理论资源之一。

三

王国维的"境界"贯穿《人间词话》始终，总揽诗人的整个人生，通过"入乎其内，出乎其外"的审美态度来建构艺术、审美、人生相统一的人生美境，这对当代实践有其独特的意义。

"境界"要求艺术作品能让人在体验中感受到艺术家的真情实感，只有这样才能使人在审美体验中获得精神自由。习总书记在 2014 年文艺座谈会中谈及艺术的最高境界，"就是让人动心，让人们的灵魂经受洗礼，让人们发现自然的美、生活的美、心灵的美"[14]。偶尔走进展厅，静心享受艺术作品带来的审美感受，在体验中感受生命的本质，也是一种心灵熏陶。2015 年，笔者在《文艺报》上看到一则有趣的消息：一位画家在法国举办个人画展，其间，一位华裔女孩前来观展，她在一组主题为“异乡”的画前受到震撼，她想起了自己已离家多年没有见过父母，离开展厅之后，她便辞职回国了。作品之所以能触动她，应该不仅仅是单纯的乡愁主题，她会去观展，一定源于她有艺术审美的习惯，而多年之后，这位画家的作品竟能触动她，让她回到家乡。是艺术家传达出了一种真切自然之情，使她对生命产生体悟，与作品产生共鸣，获得生命感受。让她在体验中灵魂得到洗礼，“蓦然回首，那人却在，灯火阑珊处”，发现心灵的归宿。这就是艺术审美人生和谐统一的境界吧，王国维所说的三种之境界，其实就是培育完满人生的三种境界，德智修养是基础，生命体悟是关键，和谐完满是目标，无论哪种境界，都是整个生命活动的一部分，三种境界环环相扣，缺一不可，通向人生审美至境。

尽管王国维的“境界”说距离我们已有一百多年，但它所蕴含的人生论美学意蕴，在今天对生活实践、艺术实践仍有很大的启示。为使人性完满建构和谐人生，我们应以审美的态度对待人生，始终保持对审美心胸的执着，才能创化人生，使人达至艺术、审美、人生统一的人生美境。

注释：

[1] 金雅：《人生论美学的价值维度与实践向度》，《学术月刊》2010 年第 4 期。

[2] 金雅主编：《中国现代美学名家文丛·王国维卷》，浙江大学出版社 2009 年版，第 165 页。

［3］［4］周锡山编校：《王国维集》，中国社会科学出版社 2008 年版，第 220；232 页。

［5］［6］［7］［8］金雅主编：《中国现代美学名家文丛·王国维卷》，浙江大学出版社 2009 年版，第 111 页；第 152 页；第 211 页；第 113 页。

［9］周锡山编校注评：《人间词话》，上海三联书店 2013 年版，第 19 页。

［10］［11］［12］金雅主编：《中国现代美学名家文丛·王国维卷》，浙江大学出版社 2009 年版，第 135 页；第 148 页；第 132 页。

［13］金雅、聂振斌主编：《人生论美学与中华美学传统》，中国言实出版社 2015 年版，第 16—27 页。

［14］中共中央宣传部：《习近平总书记在文艺工作座谈会上的重要讲话学习读本》，学习出版 2015 年版，第 27 页。

（《大经贸》2017 年第 10 期刊发）

从《为学与做人》看梁启超的人生论美学观

张 依[*]

摘 要：梁启超的美学思想是融艺术、审美、人生为一体的美学
体系，对感性生命、现实人生的观照使得梁氏美学具有浓郁的人生论
美学意蕴。在《为学与做人》一文中，梁启超提出了"如何做成个
人"的现实人生问题。他一方面从人类心理出发，结合中国古代先哲
普通道德的标准，主张达到"不惑""不忧""不惧"的人生状态，
才能算做成一个完全的人；另一方面针对现代学校教育方式的不足，
他提出了以"知育""情育""意育"补充传统的"智育""德育"
"体育"，以弥补现代学校教育在培养完全的人上的欠缺。

关键词：人生论美学；梁启超；完全的人

梁启超是中国现代美学学科的奠基人之一，他的美学思想既继承
了中国古典美学的优秀传统，又借鉴了西方美学的精髓，对感性生
命、现实人生的观照是梁启超美学思想的显著特征。梁启超的美学思

---

* 作者单位：浙江理工大学中国美学与艺术理论研究中心。

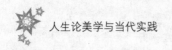

想实际上也是一种人生美学，他要解决的不仅是美学问题，也是现实人生与感性生命的问题。

1922 年，在苏州学生联合会上，梁启超作了名为《为学与做人》的演讲，他在这篇演讲稿中主要论述了两个问题：一是"做人的方法"，二是"做学问的方法"。梁启超在他的许多演讲与著作中都提到了"为学与做人"的命题，如 1923 年在《治国学的两条大路》中提出的"文献的学问"与"德行的学问"[1]，就是提倡"做学问的方法"与"做人的方法"并举。可以说"为学"与"做人"是梁启超后期学术研究的两大基点。"为学"与"做人"也是人生的两大要事，勉励人们将"做学问的方法"与"做人的方法"并举，实现知识教育与人格教育的统一，从而做成一个"完全的人"，就是梁启超在《为学与做人》一文中体现出的人生论美学观。

一

关于"如何做成个人"的问题，梁启超从人类心理出发，结合中国古代先哲普通道德的标准，主张达到"智者不惑""仁者不忧""勇者不惧"的人生状态，才能算做成一个完全的人，并将具备"不惑""不忧""不惧"三方面确立为做人的标准。

不惑 "不惑"，是指遇事能明辨不疑。梁启超认为，要做到"不惑"，最要紧的就是养成我们的判断力，如何才能养成我们的判断力呢？首先是要掌握基本知识。掌握了基本知识也就具备了相当的常识，这样在日常生活中就不至于碰到一点疑难问题就表现出"大惑不解"的窘态，也免得将时间精力耗费在琐事上，这是我们在小学、中学里要掌握的；其次是要具备专门知识。正所谓"术业有专攻"，我们日后要从事哪种职业，就应当掌握这项职业的专门学识，这样处理起专业问题来，自然就会"不惑"，这是高等教育要做的；最后是要具备遇事能断的智慧。我们在小学中学甚至高等学府中学习到的知识是不够的，基本的常识与专门的知识是单纯的、刻板的，而宇宙与人生是变化的、活动的，如果单纯用常识或专门知识处理问题，学习过的我们自然可以顺利解决，但是如果这个问题我们没有学过呢？所以要形成总体的智慧，才能养成根本的判断能力，具有总体的智慧，我们才能遇事明辨不疑。这种总体的智慧的养成需要两大要件：第一是将我们原本粗浮的脑筋磨炼成细致且踏实，这样无论遇到怎样繁难的问题，我们都可以沉下心来理清它的条理；第二是将我们原本混浊的脑筋养成清明，这样我们就可以用清明的头脑去判断事理。但是传统学校教育倡导的"智育"往往更偏重基础知识与专门知识的传授，因此，梁启超提出"知育"，深化了传统"智育"的内容，强调学校教育不仅要教授基本常识与专门知识，还要帮助学生养成总体的智慧，"知育"就是要教授学生既掌握基本知识和专门知识，又养成总体的智慧，人通过这种知识的教育后，才能达到"知者不惑"的境地。

不忧 "仁者不忧"出自中国古代先哲的人生观。梁启超在论述如何做到"不忧"时，首先提出了一个十分重要的问题：普遍人格的实现。他将这种普遍人格的实现叫作"仁"。"仁"在中国古代是一种含义极广的道德范畴，本指人与人之间相互亲爱，后孔子提出"仁者人也"，即是说仁爱就是人，换句话说就是指人所具有的各种美好品格属于仁，"仁"因人的各种美好品格的汇聚而成。因此，在梁启超的人生论美学思想中就将"仁"看作普遍人格的实现，但是，这种普遍人格是如何实现的呢？梁启超是从人格的形成开始讲起的。

首先，人格是从人与人的关系中体现的。梁启超说："要彼我交感互发，成为一体，然后我的人格才能实现。"[2]通常来讲，人格是在个人身上体现出来的品质，与他人似乎没有直接的联系，但是个人所体现出来的品质内涵单薄，还不能称为人格。人是具有社会性的，这种社会性促进了人与人的交往，在这种人际交往中达到彼我交感互发、成为一体的境界，"我"的人格才算是显形了。正如"仁"字从人从二，所蕴含的不止我一个人，还有我以外的很多人，所以，"我"的人格也不是由一人独立体现的，"我"的人格的实现是在人际交往与社会活动中逐渐表现的。"我"的人格的实现反过来也促进了人与人的交往，增强了人的社会性。

其次，普遍人格是从人与宇宙的关系中显现的。梁启超讲人格主义的归宿在于普遍人格。"我"的人格与普遍人格有什么区别呢？"我"的人格是一种"大我"的人格，体现在人与人的关系中；而普遍人格是一种"无我"的人格，体现在人与宇宙的关系中。"宇宙即是人生，人生即是宇宙"[3]，宇宙和人生是不可分的，宇宙即是人生的活动。宇宙永无圆满之期，处于宇宙之中的人生更是如此。人生就在这不尽的宇宙中，流转变化，人类处于这种发展变化中，"我"的人格不再单独存在，而是与宇宙人生交融互构，当它们达到无二无别的境界，体验到这一点就是普遍人格的实现。

体验到普遍人格的实现，就成为"仁者"。为什么"仁者"就会"不忧"呢？因为"仁者"实现了普遍人格，得到了"仁"的人生观，而这种人生观蕴含了两种主义：一是"知不可而为"主义，二是"为而不有"主义。梁启超曾专门论述了这两种主义："知不可而为"主义，是我们在做这件事之前就已经明白它无法达到我们期待的结果，但我们依旧热心去做，也就是我们在做事的时候，将成功与失败的念头抛之脑后，只是一味地去做；"为而不有"主义，是不以占有为目的，只为劳动而劳动。[4]梁启超说，大凡忧虑来自两端：一是忧成败，二是忧得失。这是世间人最普遍的特性，做事时忧心成败，事后计较得失，所以这样的人生过得十分痛苦。得"仁"的人生观就能达到"不忧"的境界，首先是因为"仁者"体验到了宇宙就是人生，人生就是宇宙，宇宙和人生都是不断变化的，处于永不圆满的状态，也正是这种不圆满促进了人类社会的进化与发展。既然宇宙是永不圆满的，人作为宇宙的一个片段，所做的不过是几万万分之一，终极的圆满是不可能达到的，但是我们所做的却能推动这种理想圆满的进程，体悟到这个道理，那么只要肯做事，它就都是成功的。其次是因为"仁者"将做事看作一种目的而不是为达某种目的的手段。占有欲是人之常情，将得失作为做事的标准，不论做什么总要想想我能得到什么，人生就有无尽的烦恼。"仁者"是为学问而学问、为劳动而劳动，这样自然不会计较得失。而通过情感教育的方式，可以教人体验到宇宙人生的真理，养成优美高洁的人格，实现"仁"的人生观，从而达到不忧愁、不计较的自由境地，所以说最高的情感教育，目的是教人做到"仁者不忧"。

不惧　"不惧"，就是无所畏惧，属于人的意志层面。做到"不惑""不忧"，还不能算是真正做成了一个人，因为意志力薄弱的人，即使他学识丰富、情操高洁，一时起了兴味去做一件事，却是过不了多久就会厌倦或是遇到一丁点困难就打了退堂鼓，也是成不了完全意义上的人的。这是因为一个人不管做什么事，都需要有坚定的意志力，也就是说当你的内心足够勇敢足够坚强，你就有了一种做事的信心和勇往直前的力量。所以说"勇者不惧"，而"不惧"就是要养成坚毅的意志力。

如何养成坚毅的意志力呢？第一要件就是为人光明磊落。古人常说，大丈夫行事，应当光明磊落。当人的一切行为如日月光辉般皎然，万事皆可坦白，一切都可以做到问心无愧，自然就无所畏惧了。第二要件就是不为低劣欲望所牵制。古人常说："无欲则刚。"欲是人的一种生理本能，但欲望有好有坏，好的欲望能使人进步，坏的欲望却使人堕落。欲望多了、坏了便会欲壑难填，人的意志力也就做了欲望的奴隶，也会被逐渐消磨殆尽。所谓"无欲则刚"并不是叫人排斥所有的欲望，要人做到清心寡欲，而是劝诫人们要抵制丑的、恶的欲念，远离这些低劣欲望。掌握这两个要件，坚毅的意志力自然就形成了。由此我们可以看到，实施"意育"是十分有必要的，"意育"的目的，就是锤炼人们的意志力，教人做到"勇者不惧"。

梁启超认为，人生由知、情、意三者构成，知、情、意三方面俱全的人才能称为完全的人，而"不惑""不忧""不惧"这三件事正对应着人类心理"知、情、意"三要素，梁启超就将"不惑""不忧""不惧"这三件事确立为做人的标准，这三件事缺少其中任何一件，就都算不得是做成一个完全的人，而只能算作片面的人。因此，我们应当以"不惑""不忧""不惧"为做人的准绳，争取人人都做成一个完全的人。

二

梁启超在探讨"做人的标准"的三个方面时，也对现代教育事业提出了有益的建议。针对现代学校教育只重视智育的现象，梁启超多次明确提出教育的根本目标是教人学做人。在梁启超看来，学校教育不仅要教授学生知识，还要培养学生成人，而现代学校教育倡导的"智育""德育""体育"，梁启超认为其中"德育"太过宽泛，"体育"又过于狭窄，"智育"也只是偏重基础知识与专门知识的传授。他认为这种教育是一种十分呆板的教育方式，并表示"校中呆板的教育不能满足我们的要求"，"智育"固然重要，但修养人格、锻炼意志，"任何一国都不能轻视"。"现在的学校大都注重在知识方面，却忽略了知识以外之事，无论大学、中学、小学，都努力于知识的增加，知识究竟增加了没有，那是另一问题，但总可说现在学校只是一个贩卖知识的地方。……但学问难道只有知识一端吗？知识以外就没有重要的吗？"[5]梁启超认为教育要达到的最终目的是教人学做人，做人不仅仅需要丰富的知识，还需要优美高洁的人格以及坚强刚毅的意志力，而这正是现代学校教育所缺失的。

因此，梁启超主张学校教育应分为知育、情育、意育三部分，教育要达到的根本目的是"知育要教会智者不惑，情育要教会仁者不忧，意育要教会勇者不惧"[6]，而"不惑""不忧""不惧"正是做成一个完全的人不可或缺的标准。梁启超指出，学校里的教育只有第一层的知育，第二层的情育和第三层的意育是完全没有的，只有"知育"却没有"情育"和"意育"，也就没有优美高洁的情感和坚强刚毅的意志，人就很容易被低劣的欲望蒙蔽双眼，反而是知识越多越坏。他毫不客气地将这种学校里的教育称作"贩卖智识杂货店"的教育，正是因为这种学校教育方式的存在，学生才会困惑"我为什么要进学校？""我学知识是为了什么？"现在的青年才会因为不知而怀疑沉闷，因为不仁而悲哀痛苦，因为不勇而意志薄弱。由此我们可以看到，"情育"和"意育"的实施是十分有必要的。"仁者"不忧成败，不计得失，去掉了人类计较利害关系的念头，喜欢做便做，这是一种积极健康的情感态度，也是一种纯然趣味化艺术化的生活态度。而情感教育可以培养人积极健康的情感取向，养成优美高洁的情操，这是形成"仁"的人生观的关键，因此，最高的情感教育可以教人养成高洁优美的人格，从而达到"仁者不忧"的境地。"意育"的目的，是教人做到"勇者不惧"，而"勇者"可以做两种层面的解释，一是体格的强健，可以称为勇者；二是内心的强大，亦可以称为勇者。健康强健的体魄固然是人类必要的，但健康强健的心魄对于人来说更显得可贵，因此，"意育"相对于强化体格的"体育"意义更广更深，作为一种意志教育，它可以影响到人的意志层面，锻炼人的心魄，教人养成坚毅的意志力，达到"不惧"的境地。所以，知、情、意全面发展的人才是完全的人，要让人成为知、情、意全面发展的人，教育就应该分为"知育""情育""意育"三部分："知育"教会人养成总体的智慧，形成遇事能断的判断力，我们就不会再因不知而怀疑沉闷；"情育"教会人养成优美高洁的情操，塑造"仁"的人生观，不忧成败，不忧得失，我们就不会再悲哀痛苦；"意育"教会人养成强健的心魄，形成坚毅的意志力，这样我们就能抵御外界的压迫。这三件事的完成就是达到了做成一个完全的人的标准。

虽然梁启超在文章中批评了现代教育的不足，但也承认这种教育方式一时是改革不过来的，转而痛心疾呼学生要自救。对于20世纪的中国教育界来说，一时的改革固然做不到，但随着时代的进步、教育事业的发展，梁启超所提出的"知育""情育""意育"三教育法值得我们当代的学校教育事业借鉴与学习，我们在倡导"德智体"三方面协调发展的同时，也要不断提升"智育"的水平，兼顾"情育""意育"的发展，使人养足总体的智慧，体验出自己的人格人生观，磨炼坚毅刚强的意志力，方能教会学生做人的道理，培养出知、情、意三件具备的完全的人，这种教育才能称为健全的教育。正如后来丰子恺所说："知情意，三面一齐发育，造成崇高的人格，就是教育的完全的奏效。倘有一面偏废，就不是健全的教育。"[7] 总的来说，梁启超的美学思想始终关注着现实人生与完全人格的塑造，他所提出的以塑造完全的人为核心的教育思想不仅丰富了中国现代教育思想的内涵，也推动了中国现代美育思想由传统的伦理美育走向现代人文美育的转型[8]。

三

梁启超关于"为学"与"做人"的论述，最终归结到一点，就是劝诫人们要做一个"完全的人"。所谓"完全的人"，就是知、情、意三方面协调发展的人。从人类心理层面来说，知、情、意就是真、善、美，真是自然科学的事实，善是道德品格的规范，美是情感感知的诉求，真、善是美的基础，美是真、善的升华，而真、善、美的统一就是人类精神的永恒追求。因此，"完全的人"就是求真、向善、爱美的人。但是，当代生活中的人们更注重对真与善的追求，往往轻视甚至忽略美的部分，从而导致自身的不完全发展，成为片面的人。造成这种片面性的原因主要有两点。

首先是普通教育与艺术教育比重的失衡。普通教育的主要目的是培养学生"德、智、体"三方面的协调发展，关于"美"的方面却不甚重视。梁启超曾指出："'美'是人类生活一要素——或者还是各种要素中之最要者，倘使在生活全内容中把'美'的成分抽出，恐怕便活得不自在甚至活不成。"[9] 梁启超将"美"确立为人类生活的要素，突出了"美"的重要性，艺术教育就承担着"美"的方面的发展。然而人们却将培育"美"的艺术教育浅显地理解为培养钢琴家、画家、舞蹈家的专业教育，不知艺术教育承担着开启人的感知力、理解力、想象力、创造力，使人内心情感和谐发展的重任[10]，是培养人的"美"的方面的关键。做钢琴家、做画家、做舞蹈家固然是实施艺术教育的一种结果，但艺术教育更重要的职责在于培育一双发现"美"的眼睛，使人们养成一颗纯然艺术化的审美的心。在当代社会生活中，知识的普及固然重要，"美"的心灵的养成也是十分重要的，社会节奏的快速发展使得人生压力越来越重，压力无处释放导致人心越来越浮躁不安，人们不再关注人生"美"的方面，甚至怀疑人生的意义，焦躁、抑郁成为当代社会生活中最致命的健康杀手。因此，我们提倡通过艺术教育，鼓励人们养成一颗审美的心，以一颗审美的心消解社会生活中的种种压力，发现人生中"美"的方面，进入一种纯然艺术化的生活境界，重聚人生意义与价值。

其次是人类物质生活与精神生活的严重失衡。在当代社会生活中，随着科学技术的迅猛发展，人类在物质生活层面得到了极大的满足，精神生活却逐渐走向世俗化、功利化，可以说，物质的空前发展不断冲击着人类的精神文明。梁启超在19世纪末20世纪初就注意到了这个问题，从欧洲考察归来的他第一次深刻地认识到科学技术给人类精神生活带来的灾难：在当时的西方社会，物质主义与功利主义的盛行导致人与人之间除了物质的利害关系外，绝无情感可言，人逐渐退化成情感冷漠的"冷血动物"。因此，梁启超认为物质的过度膨胀会阻碍精神自由的发展，精神生活发展的不自由会导致人的片面性的发展。的确，物质生活与精神生活的严重失衡，必然会导致人情的冷漠、社会关系的紧张。比如在我们当代社会生活中，人际交往关系变得不再真实，而是靠各式各样的虚拟的社交网络维系，人与人之间的情感交流也越来越少，心灵距离也越来越远，比如过年时阖家团圆的日子，好不容易团聚的一家人却交流甚少，而是各自沉迷于手机，这是多么不可思议的现象啊！几日前收到一个多年未见的老友的明信片，她这样写着："好似社交网络越频繁，在现实生活中就越孤独。关掉了朋友圈，幸福感居然大大地提升了！"看似丰富多彩的社交网络却反映出人类内心的空虚，我们不能否认科技的发展给人类生活带来的种种便利，但我们也不能忽视它对人类精神世界的侵蚀与伤害。精神生活的贫乏还会导致功利主义的霸权。在当代社会生活中，人们不管做什么事都要忧心成败、计较得失，以物质得失为做事的标准，不仅失去了做事的初心，也是导致人生痛苦的根源。比如近年来被我党查处的贪污腐败分子，最初哪个不是抱着为国家、为人民做贡献的初心？最终被物质主义、金钱主义所腐蚀，没能坚守初心，不仅断送了自己的大好前程，还严重败坏了社会风气。由此看来，物质生活与精神生活的严重失衡是我们当代社会生活中不可忽视的难题，将审美融入现实人生、用情感制衡功利主义，刻不容缓。聂振斌教授也曾说过："只有物质生活和精神生活互补互辅，均衡发展，才是人生的真正生活。"[11]

因此，我们的教育事业要注意普通教育与艺术教育的平衡，社会发展要注意物质文明与精神文明的协同进步，这样才能有效避免人的片面化的发展。正如梁启超所强调的，无论是"做人"，还是"为学"，知、情、意三方面任何一方都不能有所偏颇，三方面的统一才能做成一个"完全的人"，梁启超认为孔子就是知、情、意三方面同时发达且调和圆满的典范，他的人格无论何时都可以称之为人类的模范，孔子就是梁启超所说的"完全的人"。孔子说"知者不惑，仁者不忧，勇者不惧"，知，就是理智的作用；仁，就是情感的作用；勇，就是意志的作用。在梁启超看来，"完全的人"不仅是理智的人，也是情感充沛、意志坚毅的人，他的智识是卓越的，他的人格是高尚的，他的意志是自由的，"完全的人"才能用"真、善、美"的眼光去看待生活、欣赏生活，才能发现自我的人生意义与人生价值，进入一种纯然趣味化艺术化的人生状态，达到一种超越忧患、乐生爱美、与天地万物并生为一的人生境界。

注释：

[1][2][3][6]《梁启超全集》第七册，北京出版社 1999 年版，第 4067 页；第 4065 页；第 4065 页；第 4064 页。

[4]《梁启超全集》第六册，北京出版社 1999 年版，第 3411 页。

[5]《梁启超全集》第九册，北京出版社 1999 年版，第 4883 页。

[7]《丰子恺文集》第二卷，浙江文艺出版社、浙江教育出版社 1990 年版，第 226 页。

[8] 金雅：《梁启超美学思想研究》，商务印书馆 2012 年版，第 308 页。

[9]《梁启超全集》第七册，北京出版社 1999 年版，第 4017 页。

[10] 彭吉象：《艺术学概论》，北京大学出版社 2006 年版，第 47 页。

[11] 聂振斌：《人生论美学释义》，《湖州师范学院学报》2015 年第 5 期。

梁启超的"美术人"说与当代育人实践

王 宇[*]

摘 要: 梁启超的"美术人"说是中国现代美育思想中极具特色的理论学说,"美术人"是梁氏创造的理想的人。"美术人"的养成须通过艺术和审美对大众进行普遍的情感教育和趣味教育。通过情感教育"提情养心",对普通大众进行情感的陶养和净化。借助趣味教育"立趣育人",健全完善知、情、意相统一的趣味人格建构,从而超拔人生境界,捍卫人性价值,最终实现人人都是"美术人"的社会理想。"美术人"说以趣味为核心的人格教育对于当代审美人格的培育具有重要的实践意义。

关键词: 梁启超;"美术人"说;情感教育;趣味教育

一

梁启超在《美术与生活》(1922 年 8 月 13 日梁氏在上海美术专门学校演讲稿)一文中创造性地提出了"美术人"这一概念,他认

---

* 作者单位:浙江理工大学中国美学与艺术理论研究中心。

为："人类固然不能人人都做供给美术的'美术家'，然而不可不个个都做享用美术的'美术人'！"[1]"美术"一词是由近代日本以汉字意译过来的，在当时"美术"这一概念是包含音乐和诗歌在内的所有艺术。

"美术人"这一术语是梁启超创造的，是对其前期"新民"的进一步发展，其创造这一概念是为了"专要和不懂美术的人讲美术"[2]，因为梁启超确信，"'美'是人类生活一要素——或者还是各种要素中之最要者，倘若在生活全内容中把'美'的成分抽出，恐怕便活得不自在甚至活不成！"[3]在这里梁启超尤为强调"美"的重要性，他把"美"作为人类生活的必要条件和人生追求的最高境界，这种"美"主要是一种精神与情韵，强调的是情感陶养、人格美化、趣味升华，通过生活实践塑造审美人格，提升生命境界，建构生命的内在精神。对于"美术人"的概念，金雅教授认为，"首先，'美术人'是具有审美能力的人。其次，'美术人'是能够创造领略生活之美及其趣味的人。第三，'美术人'是人本来就该具有的面貌，是本真的人和理想的人的统一。'美术人'以趣味为本。"[4]同时钱中文教授也说："这'美术人'明确是指懂得和享受美术的人，是懂得享受包括文学在内的各种艺术形式、具有审美能力的人，'审美的人'。"[5]由此看来，"美术人"就是以趣味为核心，具备领略艺术之趣与生活之美的审美能力和趣味人格，并且能够将趣味置于生命本体的高度上去践履现实生存的审美的人。

梁启超的"美术人"说并不局限于表层含义，而是把艺术与审美进一步提到了人的生活与人生的层面，凸显了"美术人"所蕴含着的生命内在精神。如钱中文教授所说，"'美术人'传承了中外人生论哲学思想，把人生内化为人的生存趣味，进而把生存趣味内化为人的审美趣味,一种与生命的内在精神和理想契合的人,一种生命的高级本然意义上的自由的新民"[6]。维新运动失败后,梁启超深感要想改造国民性,必先从国民的精神入手,但在当时,大多数中国人"总以为美术是一种奢侈品,从不肯和布帛菽粟一样看待,认为生活必需品之一"[7],致使人的审美本能变得麻木,缺乏对于生活的热情与活力,所以梁启超认为"中国人生活之不能向上,大半由此"[8]。为此梁启超提出,"今日的中国,一方面要多出些供给美术的美术家,一方面要普及养成享用美术的美术人"[9]。

对于梁启超来说,美术教育的两个根本性的任务在于:一,培养能够进行艺术创作的"美术家";二,培养具有审美能力及趣味的人生境界的"美术人"。在这里,美已不是少数人的专利,而是让"美术"以"平民化"的姿态走进普通大众的现实生活。

二

在梁启超看来,"美术人"是一种生命本然意义上的理想中的人,诚如金雅教授所说:"'美术人'是梁启超式的人生论美育理想在中国现代文化语境中的一种创构,也是梁氏'生活的艺术化'理想在人身上的一种构型。"[10]所以要成为一个"美术人",必须对国民进行"情感教育"和"趣味教育",即通过情感陶养与趣味升华来完善现代人格的塑造,实现"美术人"的终极目标。情感教育是趣味教育的根基,也是实现趣味教育的前提条件。梁启超认为,情感教育和趣味教育既要通过对普通大众进行艺术教育来实现,也应落实到具体的生活实践中,情感教育的作用重在"提情养心",而趣味教育的作用旨在"立趣育人",唯有这样,"美术人"的培育才能得以实现。

在梁启超看来,情感具有最本质的意义,知育和意育的践行,无不需要情感对人的内在推动力，情感教育对于"美术人"的培养至关重要。梁启超力倡的情感教育，就是要通过艺术这一"情感教育最大的利器"[11]，培养一种饱满的生活态度与健康完满的审美人格，从而保持对于人生的活力、进取心与审美能力。梁启超认为，艺术是情感的表现，艺术作品具有强烈的情感感染力，为此，梁启超把艺术审美看作情感教育的基本途径。

在梁启超看来，情感是趣味人格建构和趣味精神得以实现的原动力。理性对人的行为具有一定的局限性，而情感却能最大限度地激发人的潜能，使人能够全心全意地投入具体的实践活动中，所以梁启超认为，情感的性质是本能的也是超本能的，是现在的又是超现在的。他说："我们想入到生命之奥，把我的思想行为和我的生命进合为一；把我的生命和宇宙和众生进合为一；除却通过情感这一个关门，别无他路。"[12]由此看来，梁启超对于情感尤为推崇，他认为情感对于人的人生境界的超越具有决定性的作用。所以梁启超提出了情感教育："古来大宗教家大教育家，都最注意情感的陶养。老实说，是把情感教育放在第一位。"[13]

梁启超强调，"情感教育的目的，不外将情感善的美的方面尽量发挥，把那恶的丑的方面渐渐压伏淘汰下去"[14]。在梁启超看来，情感虽是人生来皆备的，但情感本身却有美善丑恶之分。丑恶的情感若时常迸发，甚至会造成可怕的后果，所以必须对情感进行陶养，使情感得到净化，由此也突出了情感教育对于养成"美术人"的重要性，即通过情感教育把日常情感引深、引高，从而提情养心，将人的思想行为与生命实践进合为一。梁启超说情感教育的"工夫做得一分，便是人类一分的进步"[15]。

梁启超之所以如此重视情感教育，强调艺术对于情感教育的决定作用以及重视艺术家的责任与修养，一方面突出了其"启蒙新民"的爱国理想，另一方面旨在借助艺术审美，来培养人们积极健康的情感价值取向，激发人们对于生活的内在热情，从而实现人人都是"美术人"的理想，不仅实现了对于国民趣味人格的塑造，也成就了其艺术的人生。诚如金雅教授所言："梁启超的情感教育并非要人陷于一己私情之中，也不是让人用情感来排斥理性，更不是要人沉入艺术耽于幻想。他的情感教育实质上也就是人生教育，是从情感向人生，从艺术与美通向人生。"[16]

对于"美术人"的培养，梁启超所主张的情感教育实则是趣味教育的基础，金雅教授认为："梁启超以'趣'为'情'立杆，主张高趣乃美情之内核。而艺术的价值既在于表情移情，使个体的真情得到传达与沟通；也在于提情炼情，使个体的真情往高洁纯挚提挈。"[17]在梁启超看来，情感是趣味的条件也是趣味的实质。但是"趣味固然是情感，但是并非凡情感都是趣味。趣味其实是最具有行为驱动力量和内外融通功能，并因之使人生充满意义和愉悦、使生活显得合理的情感"。[18]梁式的趣味教育的根本目标就是借助艺术和审美，激发人自身对于生活的热情和生命的活力，强调责任心与兴味的统一，健全和完善审美人格，提升人生境界，最终实现"生活的艺术化"。

梁启超所倡导的趣味教育旨在提升和锻炼人的审美能力，培养高尚趣味，并将这种趣味的人生态度运用到对于现实生活的实践上来，最终实现真、善、美相谐的趣味人格建构，这种具备趣味人格的人，实则就是"美术人"。梁启超说："审美本能，是我们人人都有的。但感觉器官不常用或不会用，久而久之，麻木了。一个人麻木，那人便成了没趣的人。一民族麻木，那民族便成了没趣的民族。美术的功用，在把这种麻木状态恢复过来，令没趣变为有趣。"[19]在这里，梁启超把审美本能与"趣"紧密联系起来，认为"趣"是审美本能的基本要素。但是不同的主体对趣味诱发的程度有所差别，主要取决于感觉器官的敏锐度，感觉器官敏则趣味增，感觉器官钝则趣味减；诱发机缘多则趣味强，诱发机缘少则趣味弱。因此，要想成为"美术人"，就要通过音乐、文学、美术等美育实践，把"坏掉了的爱美的胃口，替他复原，令他常常吸收趣味的营养，以维持增进自己的生活康健"[20]，从而成为一个"有趣的人"。由此看来，梁启超所谓的"趣"，不仅包括艺术之趣味，还包括生活之趣味。正如他所言"问人类生活于什么？我便一点不迟疑答道：'生活于趣味。'"[21]"趣味是生活的原动力，趣味丧掉，生活便成了无意义。"[22]所以趣味并不单指审美活动，梁启超还将其拓展到例如劳作、游戏、艺术、学问在内的一切生活乃至人生领域。

梁启超认为趣味教育的基本原则应该是促发和引导，而不应是强制性的灌输，梁启超提出如"注射式"的教育、课目太多、把学问当手段等几种方式，其结果都是将教育之趣味完全丧掉。梁启超指出："教育家最要紧教学生知道是为学问而学问，为活动而活动。所有学问，所有活动，都是目的，不是手段。"[23]为学问而学问，为活动而活动，不仅是一种责任心的体现，更强调了趣味精神对于主体行为的巨大推动作用。梁启超认为，趣味应该是责任心与兴味的统一。他说："我半生来拿'责任心'和'兴味'这两样事情做我生活粮食，我觉得于我很是合宜。"[24]正如郑玉明教授所言："梁启超后期思考趣味人生问题，关注'美术人'的养成，目的在于思考如何使人被迫承担人生责任（特别是对国家民族的责任）的痛苦转化为自觉履行的兴趣。"[25]梁启超倡导通过趣味教育来培育"美术人"，就是要培养普通大众积极饱满的生活态度，让国民能够以唯美的眼光看待生活，能在现实的实践活动中体悟人生乐趣，最终建构起健康完整的趣味人格，实现"生活的艺术化"的人生理想。梁启超的趣味教育不仅仅只是一种教育的方法与手段，而是教育的本质，其继承和发扬了中华文化中的"知行合一"论，强调生命力的健动，主张精神与实践的双向互动，从艺术之"趣"到人生之"趣"，实现培养"美术人"的终极目标。

三

在当时激荡变革的历史时期，"美术人"说对于当时虚伪落后的封建伦理道德具有一定的批判性，同时也起到了人性启蒙的作用。笔者认为，在科技日新月异、生活节奏加快的当今社会，"美术人"说对于弥补大众在精神生活上的缺失同样意义深远。

叶朗教授说："当今世界存在的众多问题中，有三个问题十分突出：一个是人的物质生活和精神生活的失衡，一个是人的内心生活的失衡，一个是人与自然关系的失衡。"[26]这三大问题如今依旧有迹可循，困扰着人们的身心发展。20世纪以来，中西方现代工业文明迅猛发展，使得生产力不断提高，物质财富持续增长，与此同时，技术文明也加剧了异己力量的产生，人们长期处于拜金主义盛行、科学理性膨胀、自然生态恶化、精神疾患蔓延等"非美"状态中，实现"诗意地栖居"，是当今社会对于美育的强烈吁求。在中国现代文化语境下，梁启超的"美术人"说更凸显出其对于当代育人实践的重要作用。

首先，"美术人"尤为重视情感教育，对于现代中国人的情感陶冶和情感净化起到了重要作用。现代中国人信仰严重缺失，"单向度的人"依旧存在，审美本能逐渐麻木，在物质生活中纸醉金迷，在精神生活中流离失所，生活变得乏味无趣，焦虑感、空虚感充斥人心，悲观厌世等消极情绪得不到净化，人们逐渐失掉了对于生命的活力和生活的热情，使得物质生活和精神生活严重失衡。所以，"美术人"说所力倡的情感教育，正是教人激发那颗审美麻木的心，涤除内心的负面情绪，使人以审美的眼光去品鉴艺术、观察生活、享受人生。

其次，"美术人"力倡的趣味教育对于当代人知、情、意相谐的趣味人格塑造起到了不容忽视的作用。在当今信息时代，大众文化快速发展，使得庸俗无趣的艺术泛滥成灾，知、情、意在人性中被割裂，出现严重的结构失衡，这种失衡对健全完善的人格培养尤为不利，使人追名逐利，计较得失成败。"美术人"所强调的趣味教育，就是要培养人的高尚趣味，通过长期不断地艺术审美活动，潜移默化地培育趣味人格，用趣味去践履现实生存，实现生活的艺术化、情趣化。

再次，"美术人"说所倡导的情感教育和趣味教育不仅能够使人的审美能力得到砥砺，对现代人实现"责任心"与"兴味"相统一的趣味主义人生态度，把"无所为而为"的精神融于生活实践，从而实现"生活的艺术化"起了至关重要的作用。如蒋励等"无国界医生"主动去战争频仍的国家和地区进行医疗援助，让无数病患重获健康，把救治伤员的责任心与对事业的趣味统一起来，践行生活实践，实现了人生境界的升华。

梁启超的"美术人"说倡导通过对国民进行情感陶养、人格美化、趣味升华，最终建构起知、情、意和谐统一的审美人格，促进个人与社会的和谐发展。由此来看，梁启超的"美术人"说所蕴含的美育思想对于现代社会的发展尤其是学校教育仍然任重而道远。

李岚清同志指出："美育的最终意义，就在于使人的情感得到陶冶，思想得到净化，品格得到完善，从而使身心得到和谐发展，精神境界得到升华，自身得到美化。"[27]此外曾繁仁教授认为，"美育是一种'综合教育'，它不仅作为社会关系的内在调节器，具有情感协调的作用。同时，还可以提高全民辨别美丑与善恶的能力，有利于克服不正之风，端正社会风气"[28]。而"美术人"说所倡导的情感教育和趣味教育，不仅能够使人们枯燥乏味的生活多些乐趣，同时也对利欲熏心的现代社会具有一定的净化作用。可以说是"抗衡种种现代主义后现代主义的工具理性、实用理性、反理性、非理性的有力武器"[29]。使人们对于"真、善、美"的人格追求内化为心灵的自觉，实现个人的德行修养与社会责任相统一，最终达到孔子所言的"从心所欲不逾矩"的精神自由。

注释：

[1][2][3] 金雅主编：《中国现代美学名家文丛·梁启超卷》，浙江大学出版社2009年版，第10页。

[4] 金雅：《梁启超美育思想的范畴命题与致思路径》，《艺术百家》2013年第5期。

[5][6] 钱中文：《我国文学理论与美学审美现代性的发动》，《社会科学战线》2008年第7期。

[7][8][9] 金雅主编：《中国现代美学名家文丛·梁启超卷》，浙江大学出版社2009年版，第10页；第10页；第12页。

[10] 金雅：《梁启超美育思想的范畴命题与致思路径》，《艺术百家》2013年第5期。

[11][12][13][14][15][16][17] 金雅主编：《中国现代美学名家文丛·梁启超卷》，浙江大学出版社2009年版，第102页。

［18］方红梅：《梁启超趣味论研究》，人民出版社 2009 年版，第 92 页。

［19］［20］［21］［22］［23］［24］金雅主编：《中国现代美学名家文丛·梁启超卷》，浙江大学出版社 2009 年版，第 12 页；第 12 页；第 10 页；第 18 页；第 195 页；第 4 页。

［25］金雅、聂振斌：《人生论美学与中华美学传统》，中国言实出版社 2015 年版，第 46 页。

［26］叶朗：《胸中之竹——走向现代之中国美学》，安徽教育出版社 1997 年版，第 30 页。

［27］仇春霖主编：《大学美育》，高等教育出版社 1997 年版，第 2 页。

［28］曾繁仁：《美育十五讲》，北京大学出版社 2012 年版，第 94 页。

［29］金雅：《人生论美学传统与中国美学的学理创新》，《社会科学战线》2015 年第 2 期。

（《大经贸》2017 年第 6 期刊发）

李石岑以尼采人生哲学改造
中国传统的美善论

宛小平[*]

摘 要：李石岑以尼采的"人生观上要用最大的苦痛换取最高贵的人生"为指引，批评中国人的人生观太安逸、太中庸之道。尼采的人生观孕育着不同于中国传统的美善论，而李石岑恰恰是以尼采《善恶的彼岸》的核心"战即是善"的伟大道德，反对中国传统的"奴隶的道德"。相信尼采的艺术观是从"与者"替代"受者"，以此观点反对中国人"心灵麻木的慰安"（缺乏力的逃逸美学观）。

关键词：李石岑；尼采；人生哲学；善美

尼采形象在中国的传播可谓命运多舛，他时而是新文化运动鼓动者为了打破偶像而举的思想武器；时而又是被误解的"英雄主义"在中国的借尸还魂；时而又是拨乱反正时期需要重新作出估价的欧洲思想家。非常有意思的是，每经过一次涨潮之后又像退潮一样沉寂了下

---

* 作者单位：安徽大学哲学系；浙江理工大学中国美学与艺术理论研究中心。

去，以至于在"尼采中国化"的历程中有三位重要研究和宣传者——李石岑、陈铨、周国平，他们三位至今只周国平一人广为人知。周先生自己也不谦虚，称自己的《在世纪的转折点上——尼采》是"第一本正面评价和热情肯定尼采的著作"，而在此之前，"我们还没有全面检讨尼采思想的有分量的学术著作"。注意，周先生讲这番话时是1997年。同样否定前人的语句出现在1944年，是陈铨在《从叔本华到尼采》大著后的按语。其中写道："下篇介绍尼采思想，为中国唯一阐明意志哲学的书籍。"

难道周国平、陈铨真的忘了在他们的著述之前已经有一本在学理和评介的全面性上都超过他们的宏著吗？难道记忆可以在话语权力的作用下被尘封吗？要知道，在1931年，李石岑就写了近十万字（和周、陈著作几乎同样分量）的大著《超人哲学浅说》。而且，从尼采生平到思想发展，从尼采和斯迪纳（又译施蒂纳）、尼采和叔本华的思想比较，再到尼采的人生观、宇宙观、价值观、进化观、道德观、艺术观，几乎无所不包。那为什么会被遗忘呢？是李石岑的著作写得不好吗？还是尼采的思想不具有深远传播的力量？看来都不是。因为李石岑短命，他在1934年就去世了。陈铨写《从叔本华到尼采》时可以无视李著的存在；而周国平写《在世纪的转折点上——尼采》时又因为长期的理论禁锢，人们哪里还知道抗战时期的"战国策"派？何况陈铨又被误解为法西斯在中国的鼓吹者，当然周先生不提他也在情理之中。至于李石岑的名字更是早早被遗忘了！不提又有何错误？

然而，无论如何我们不能忘了李石岑的《超人哲学浅说》对尼采中国化所做的贡献。历史就是历史，它不会被遮蔽！1933年，艾思奇站在唯物主义的立场对当时前后二十二年的中国哲学思潮做了描述，其中有这样一段话耐人寻味："但人生问题的研究中也有资本主义型的哲学，世纪末的欧洲哲学界，自叔本华、尼采、倭根以至柏格森、狄尔泰，无一人不是以人生的研究为哲学问题之中心者，这资本主义国家的人生哲学当时也输入了中国，与中国当时的需要相吻合，因为世纪末的哲学是欧美资本主义走向没落的道路上时的挣扎中的梦呓，而中国的民族资本当时也正式开始没落了，原因虽不同，而结果则类似，故柏格森、尼采等的研究便盛行起来，我们现在就可以指出李石岑先生，便是受尼采之影响最深者，又如朱谦之先生的唯情哲学之受柏格森影响，也是不可否认的。"[1]

艾思奇说尼采是欧洲资本主义走向没落的"梦呓"，我们姑且不去讨论，而说李石岑是"中国的尼采"介绍者则真真确确！在当时，杜威和罗素都先后到过中国，在中国胡适可谓杜威的"代言人"，张申府可谓罗素的"代言人"。我们说李石岑为尼采在中国那个时代的"代言人"，并不言过其实。

一　李石岑介绍尼采是中国"五四"精神的延续

李石岑并不是一个只想做纯粹学术专家的学者，他是一个思想家型的哲学家，他的哲学始终是关注现实的。从这个意义上说，他介绍尼采也并不只是想当一个尼采研究专家，之所以把尼采哲学系统介绍到中国，实基于中国民族性的改造问题。李石岑指出："尼采做超人哲学的意思，是为的全人类太萎靡，太廉价，太尚空想，太贪安逸；我原介绍超人哲学的意思，是为的全中国民族太萎靡，太廉价，太尚空想，太贪安逸。"[2] 这当然是一种激烈的批评，倘若我们不是从"负"面，而是从"正"面讲，或许会像林语堂在他的《中国人》里说了中华民族 15 个特点：①稳健，②单纯，③酷爱自然，④忍耐，⑤消极避世，⑥超脱老猾，⑦多产，⑧勤劳，⑨节俭，⑩热爱家庭生活，⑪和平主义，⑫知足常乐，⑬幽默滑稽，⑭因循守旧，⑮耽于声色。但是，如果我们仔细一想，这①，②，⑤不免是"太萎靡"的一种表现；这⑨，⑬，⑮不免是"太廉价"的另一体；这③，⑪不免是"太尚空想"的别名；这④，⑫，⑭不免是"太贪安逸"的同义词。如此说来，李石岑鼓足勇气，是要拿尼采那"重估一切价值"来重新给中国"民族性"拟定一个改造的、完全不同于此前的蓝图。这不能不说是在平静的中国大地发出的振聋发聩之声。他自己也说这也起于一个刻骨铭心的亲身经历，即他在1928年刚从日本返国，恰逢"济南惨案"发生，他原以为中国人会因此惨案的刺激而"比较兴奋些、敏感些"，结果是大谬不然，仿佛这事发生于别国他土，中国人照样过着那庸庸碌碌的生活。这使李石岑感到"中国民族性非有一番根本的改造不可"。从哪儿着手呢？当然是从思想上，而尼采的"超人哲学"是绝好的一剂药方！

第一，尼采反对启蒙主义者宣扬的所谓平等、博爱的思想，认为这是一个弱者吃不到葡萄说葡萄酸的心态，是要通过"平等""博爱"让对手和自己处在同一起跑线上的"奴隶"性格。尼采主张要做"超人"，要摒弃这奴隶的软弱性。李石岑则认为："中国民族的最大的弱点，是带有妥协、微温一类的性质，在表面上看来，这是中庸，这是平和，而在实际上看来，这只是乡愿和奴隶之劣根性之暴露。"[3]换句话说，中国人这种所谓的"妥协、微温"的品格，实际上是一种奴性哲学，是如同乌龟缩在自己甲下、鸵鸟把头埋在沙里一样的一种自我保护的弱者逻辑。这种逻辑思维在"济南惨案"发生后所起的作用是消极逃避，而不是奋力反击。

第二，尼采"重估一切价值"的目标是反对吃人的耶稣教，高喊"渎神是可以的，因为神老早死了"的口号；李石岑重估旧价值的所指是吃人的"礼教",认为这"以理灭欲"的旧礼教,它已经过时了!在这里,我们仿佛见到另一个"鲁迅",在主张重新培植中国人的新感情上,李石岑甚至认为尼采是西方的"新浪漫主义"[4]!可以借鉴于中国人的情感塑造上。故而,李石岑说:"中国的名言教训,是重理而不重欲,以为人欲在天理之中;不知离了人欲又有什么天理。一味倡导天理,结果只产出伪善、乡愿、奴隶的教育、非人的生活以及一切宗法社会的遗毒。所以对于旧价值非极力加以破坏不可。"[5]

第三,在李石岑看来,中国人似乎并不信什么"神",如果从西方的宗教立场上看是没有宗教的。但是,事实上中国人骨子里却信奉着多神教,所谓"圣人以神道设教",从儒释道的互补互融可以见出中国人心里的"神"是多元的,可以互相兼容的。然而,尼采一声"上帝已经死了!"把西方的神给彻底摧毁了,中国的"神"尚未被摧毁,它还在毒害青年,所以,李石岑说:"不把多神教的思想打破,则科学的威权是无法施展的。"[6]注意,李石岑这里是把反对神学和科学观的树立联系在一起的,这可以反映出他是步着"五四"新文化运动倡导科学精神后尘的。

第四,个体的独立性是我们传统文化中所缺乏的,尼采主张是要立"地"的,是要有个人这唯一的立法者和征服者优先存有的。然而,李石岑认为中国人只有那"孝"字当先,无"我"字的观念;无"人格"观念。因此,李石岑说:"凡属以自我牺牲为主旨的道德,只是弱者的道德,奴隶的道德。凡尼采所给予我们的教训,在老大奄弱的中国人听来,至少要吃一大惊的,这便是医治中国人一副最好的兴奋剂。"[7]

总括这上述四点,不难见出李石岑肩负着"五四"新文化运动高

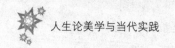

扬科学的旗帜，对旧传统的价值已经摆出"横扫千军如卷席"的
姿态。

二 《悲剧的诞生》的核心是"用最大的苦痛换取高贵的人生"来反对中国人的中庸之道

众所周知，尼采《悲剧的诞生》给出了希腊精神的两种元素：一是阿波罗（Apollo），是静观的；另一是狄奥尼索斯（Dionysos），是动的。前者（太阳神）唤起审美的幻象；后者（酒神）则同化永远意志，遂"吾人即可由此解脱厌世的思想，此即所谓悲剧的睿智，为希腊文明之特色"[8]。简言之，希腊的精神是日神和酒神调和的产物。

对于这"调和"，学术界有两种不同的解读。一种以朱光潜为代表，认为尼采的"从形象中得解脱"是通过阿波罗（日神）的点化作用，即化现实的苦难为审美的快悦。虽然是在和酒神的矛盾冲突中形成，然则静观的态度是主导的。另一种是大多数学者的观点，认为是由酒神精神的"力"的推动，才使得阿波罗静观的美愈加灿烂。李石岑介绍尼采的希腊精神显然属于后者，因为他要强调的是这"酒神"的原始冲动。这冲动是和痛苦的意志锻造紧密联系着的。正是这狄奥尼索斯的天才，才使原来在叔本华那里只是对意志的消极否定而换得的审美暂时解脱一变为积极向上的"美"与"力"的相映生辉的扩大。这样一来，痛苦不是逃避所能消除的元素，它是得到快乐本身的一部分！

于是，李石岑描绘了一幅尼采的人生观和中国传统"妥协"、中庸的人生观对立的图景：

尼采以为解脱生命之苦痛，即宜用苦痛自身；从苦痛以锻炼自己的意志，增高自己的人格。故认苦痛为美与力之源泉；苦痛愈多而美与力之发挥乃愈益扩大。质言之，乃是增进人生的价值唯一的兴奋剂，正欢迎之之不暇，又何取乎解脱？一般人因感着苦痛，便藉美的幻象以为慰安，便想在观念界里面企图幸福和安逸，不知这种企图那里有现实的时期？而且这种廉价的企图，纵令能得到一时满足，抑又何贵乎人生？尼采在这点，便极力表扬爵尼索斯（即酒神——引者）的价值。以为真正的人生，要在脱去观念的世界而代以意志的世界。如果专在观念的世界里面讨生活，只不过是平凡的、颓废的、无勇气的人生之表示，只不过是对于人生加以一种廉价的肯定，其结果只有陷人类于堕落与灭亡。所以人生的第一要义，要在对于人生取挑战的态度，是在用最大的苦痛换取高贵的人生。[9]

现在我们拿尼采的人生观来批评中国人的人生观，很可以发现中国人不长进的来源。中国人永是在观念世界里企图幸福和安逸，换句话说，中国人永是借着美神的荫庇以求内心的慰安。[10]

如果我们把李石岑和朱光潜对日神和酒神调和的不同解读作一个对比，不难发现朱光潜是站在中国文化的立场上对尼采的审美（化现实苦难的结果）作了和李石岑中国人"借美神的荫庇"相同含义的创造性解读。如果从尼采的文本看，不免是歪曲，但是朱光潜之所以从日神（静观）出发，不是从酒神（动观）出发，显然有他进一步的考量，即和中国文人那种静观的审美态度调和的目的。所以，朱光潜一再强调现实的苦痛不等于艺术的苦痛。"悲剧"作为一门艺术，我们就应该保持适当的心理距离，这才是欣赏的正确态度。与此相反，李石岑是把现实的苦痛和艺术的苦痛不加区别地放在一起考察的，从这立于"地"（尼采哲学的特色）的观点出发，中国旧文人那种陶渊

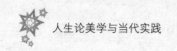

明式的田园生活方式的审美快乐是"幻想的、妥协的和因袭的"。

据此，李石岑又从"破"的三个方面对中国传统的人生观作了"尼采批判式"的解剖。

首先，李石岑指出："孔子的安贫乐道，颜子的箪食瓢饮，都是在幻想中讨生活，都是想借着幻想以解脱世间一切的苦痛。这种麻醉心灵的方法，虽然也可以获一时的效果，但至少足以弱减中国人的'现实'的欲求。"[11]

其次，李石岑指出："中国人富于妥协的思想，自从古代所谓'允执厥中'，直到近人所谓'双的路子'，没有不是赞扬妥协的思想的。孔子的'无可无不可'，更是其妥协的精神之表现。妥协与和平是互为因果的，妥协与破坏是互相反对的，中国人所以爱和平而忌破坏，就由于受妥协的暗示太深之故。"[12]

再次，李石岑说："中国人富于因袭的性质，孔子说：'述而不作，信而好古。'孟子说：'诗云："不愆不忘，率由旧章。"尊先王之法而过者，未之有也。'这两段话增进中国人因袭的成分很不少。既富于因袭的性质，故一切无进步，无创造。"[13]

李石岑在"破"了中国传统旧价值观之后，便拿尼采的"新"价值观来重新估定，提出"三性"：现实性、革命性、创造性。也就是说，尼采的"权力意志"（李石岑译"强烈的意志"）是要"捧出一个陶醉的酒神"来，就不必沉陷于"梦幻的世界"（包括耶稣的天国），立足于"地"（现实性）。在中国就是要消除老子赞美的那个"黄帝"；孔子赞美的那个"尧、舜"；墨子赞美的那个"大禹"，因为它们统统是"观念的世界"，不是现实的世界。这便是现实性。

尼采破除旧价值的激烈手段也可以借鉴，至少可以消除中国传统那种"因循的妥协，灰色的调和，骑墙的见解，矛盾的生活"之纰漏，基于此，李石岑说："所以我们情愿用破坏的手段换取和平，用痛苦与激烈的方法，换取生活的改造与向上。这便是改变中国人的妥协性而代以革命性。"[14]

最后，便是不要小瞧"我"。尼采说，我们自身便是世间最高立法者。因此，中国人那种尊先王法的观念大可不必。唯其如此，创造性才能凸显，"所以我们目前第一步工作，就在于打破中国人的固定观念（fixed ideas）。这便是改变中国人的因袭性而代以创造性"[15]。

三 《查拉图斯特拉如是说》的核心以"超人是地的意义"反对中国传统"敬神尊天"的流毒

尼采的价值观便是要做"超人"，他借赫拉克利特所说"最美的猿猴比较之最丑陋的人还是丑的"一句话，说："最杰出的人比较之超人都是不值一提的，是笑料。是垃圾！"他的"超人"是一种人格的塑造，是一种价值观。并不是美国大片中外星来的"超人"，相反，尼采不是"上天"，而是"入地"。李石岑说："'超人是地的意义'，'灵魂自身倒确是瘠弱，确是奄毙，确是饥饿的了。'这是尼采超人哲学的大前提。这是尼采价值观的主眼。尼采只看重地不看重天，只看重肉，不看重灵。因为'天'和'灵'的观念支配人心，已经有了二千多年的历史了，结果只是把人类愚昧化，迷妄化，软弱化，平凡化。整千整万的行尸走肉，便是由'天'和'灵'的观念所产生的成绩。这在过去的道德宗教家都不能辞其咎。尤其是基督教徒，其蹂躏人类之残酷，更非吾人所得而想象。所以超人之真髓，是一种反抗基督的精神，是一种反抗'天'和'灵'的精神。超人认为最大的罪业，是亵渎'地'和侮辱'肉体'。"[16]

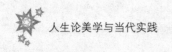

尼采这种由"天国"转入"尘世"的价值观在李石岑看来是可以洗刷中国数千年尊天蔑地观点的。

李石岑先从中国数千年被这"天""鬼""神""灵""怪"观念欺骗揭示起,他指出:"中国自上古至春秋,原为鬼神求之世代,春秋以前,鬼神术数之外无他学,春秋之后,鬼神术数之学遂分裂而为各家。墨子的'尊天明鬼',孔子的'获罪于天,无所祷也',以及董仲舒天人感应之说,哪一种不是鬼神术数之学之演绎?所以天的观念在中国支配了数千年。又灵的观念在中国也很发达,这是和天的观念相随附而发生的现象。尤其在古代宗法社会里面,因提倡慎终追远一个意思,所以灵的观念遂益发深中人心。在数千年尊重天的观念和灵的观念的国家,当然所患的幻影崇拜病较之西洋更不知要增加多少倍。在思想上所受本体、心灵、理想、绝对这一类带有很重的玄学气的用语的毒害,较之西洋,也不知要增加多少倍,因之,在国民气质上所受到愚昧、迷妄、软弱、平凡以及污秽、奄毙和可怜的安逸这一类半死半活的症候,较之西洋也不知要增加多少倍。一言蔽之,中国所以老大瘠弱奄奄无生气,都是由于鬼气充塞之故,因为凡是幻影的崇拜者即是生命的咒诅者。所谓生的充溢和生的扩大,中国人尚还不曾梦见呢!"[17]

从李石岑上述批评中国人"尊天明鬼"的观点可以见出:李石岑是"五四"新文化运动"打倒孔家店"的坚定支持者,至少他早期的思想是这样。当然,透过他犀利甚至是刻薄的批评语句,我们可以想见当时一拨新青年、新知识分子是多么渴望用现代西方哲学思想作为"利器",刺穿那几千年封建思想统治人民心灵的迷障。然而,他们也不免未就中西方思想观念在不同的文化背景条件下而可能有不同的诠解上下工夫。所以,才出现将"本体""绝对"这样一些原本西方哲学特有的范畴和中国哲学的"天""道"未加区别地一棍子打死的情况。

尼采赞扬"地"和"肉体",那么中国人对"地"和"肉体"持什么样的态度呢?在李石岑看来更是不堪回首,他说:"至于地与肉体,中国人一向是轻蔑的。中国人只是把地看作污浊臣妾一类的代名,也从没有注意到地的意义的。至论到肉体则为中国数千年来伦理学上之大敌。论到肉体就不能不联想到欲望,就不能不联想到禁欲主义。中国人的禁欲思想,发达最早,到了宋明时代遂发达臻于绝顶。程朱陆王所倡导的存天理去人欲,就完全是一派禁欲主义的议论。曰无欲,曰寡欲,曰克欲,曰去欲,所谓欲大抵就肉体和外物上说,于是禁欲的结果,产生许多乖戾丑恶的现象,产出许多伪善、乡愿、奴隶的教育、非人的生活以及一切宗法社会的遗毒。中国人以礼教国自诩,其实所谓礼教有许多教条是残废的收养所,杀人的催眠药。凡是看重自己的生存的人,是不肯轻意给这个吃人的礼教去牺牲的。"[18]

像这样在 20 世纪 30 年代前后把尼采思想和国民性的改造联系在一起阐述得如此深刻的恐怕独独李石岑一人了!尽管他话里用的"吃人"的"礼教"的说法令人想到鲁迅先生的《狂人日记》,鲁迅也是在 20 世纪 20 年代便翻译介绍尼采,不过鲁迅并未系统论述过尼采,多是在杂文里有些借尼采的话嘲讽旧文化的片段。如果我们仔细检视那一时期介绍尼采的文章,有许多文章都止于片言只语,或者也只是拿尼采的一些名句说事,如胡适说尼采"重新估定一切价值"就是评判的态度,新文化运动倡导的就是这"评判的态度",当然是"新的"。再如,蔡元培在他的《大战与哲学》[19]演说词里称:"我国旧哲学中,与尼氏相类的,止有《列子》的《杨朱》篇,但并非杨氏

'为我'的本意。"（笔者在《中国伦理学史》中曾辨过的）[20]这些"尼采"的形象已经变得温和了许多。大概与李石岑同一时期发表长文介绍尼采的还有一位署名"雁冰"的，在《学生杂志》1920年第7卷发表题目为《尼采的学说》的文章。这"雁冰"便是茅盾（沈德鸿），当时他主持《小说月报》"小说新潮"栏目的编务工作。就是在这篇较详细介绍尼采的文章里，却多半以批评的眼光看待尼采，说尼采的"奴隶的道德"是文化的障碍；"战争是比和平好""强者求到超人，须得牺牲愚者弱者"等，这"便大错特错了"！在"结论"中，雁冰说："我们看！这样的痛骂德谟克拉西过重平等（指启蒙主义讲的民主、平等——引者），实在错了；然而他们求进化，求光明的精神，却可佩服。总而言之，我们无论对于那种学说，该有公平的眼光去看他；而且更要明白，这不过是一种学说，一种工具，帮助我们改良生活，求得真理的。所以介绍尽管介绍，却不可当他们是神圣不可动的；我们尽管挑了些合用的来用，把不合用的丢了，甚至于忘却，也不妨。因为学说本来是工具，不合用的工具，当然是薪材的坯子了。"[21]这很有一点中国式杜威的胡适腔调了！可见，当时尼采学说在中国就有不同的理解，不同的"版本"。

　　但是，有几个学者能像李石岑这样把尼采思想这把利剑直插酿成国民劣根性的文化心脏呢？紧紧地抓住对人性情意的颂扬，这情意颂扬的背后是对"欲"的正当性的肯定，这便是对宋明理学"以理灭欲"的一种反对！甚至，在肯定尼采从"大地"而不是从"天国"找答案的哲学理路中，李石岑还提到了尼采可能受到马克思唯物史观的影响[22]，这是何等锐利的眼光！我们知道，马克思的唯物史观奠基于辩证唯物论，而辩证唯物论作为世界观和方法论是改造黑格尔、费尔巴哈而来的。青年马克思对黑格尔的改造恰恰就是从对"天国"

的批判转入对"尘世"（地）的批判——即资本主义社会的生产关系及其经济规律的讨论。由此可知，李石岑和当时介绍尼采的其他学者的最大不同在于他注重的是尼采反传统、颠覆旧价值观的一方面，认为这才是新文化运动应该借鉴的东西。

四 《善恶的彼岸》的核心以"战即是善"反对中国传统的"奴隶的道德"

尼采的道德观是伟大道德与奴隶道德的非此即彼。他崇尚伟大道德，斥责奴隶道德。他观察到德文在表示英文"bad"（坏、恶）时有两个词：一个是贵族指称下里巴人的词 Schlecht；另一个是下里巴人称呼贵族的 böse。前者义为"普通""平常""粗俗""卑微"，后者义为"不易靠近""不合常情""喜怒无常""残暴"等。而德文 gut（好、善）也有贵族和下里巴人不同的理解，贵族视这个词为"坚强""勇敢""剽悍""尚武""神圣"，下里巴人则视为"亲近""平和""无害""仁慈"等。这就自然体现于两种不同的价值取向。尼采主张贵族的道德取向，反对下里巴人（奴隶）的取向。他以权力意志来发挥超人的伟大道德，就是积极肯定自我，满足本能，向外扩张，显示战斗性。故而他主张"战即是善"。适者生存靠的是"力量"，这力量就是美德，屈服、软弱便是恶行。李石岑总结尼采这种弱肉强食的道德观时，说道："超人一面对他人冷酷，一面也对自己冷酷。超人是以痛苦为伟大的根源的。超人不知所谓牺牲，只知出以最大努力之抗战。超人是把永远轮回做对象，想用战斗的手段把它挽转过来。所以超人的哲学即是战的哲学，超人的道德即是战的道德。"[23]

李石岑再拿尼采的观点来批评中国人的道德思想，认为中国自古以来受宗法社会、封建制度及专制政体三者流毒影响至深，这三条绳索把中国人紧紧地捆住，使中国人失去了活力，失去了个人的战斗自主性，失去做主人的意志。于是，李石岑从三个方面对中国人的道德观进行了抨击。一是脱不了家族观念，这就造成中国人只有家族本位，无个人本位，甚至人类本位也没有。二是脱不了"对待"的意义，即"孝"道。君使臣以礼，臣事君以忠；父爱子以慈，子事父以孝。这种"对待"是单方面的，"只是奴隶的道德"。三是专制体制由宗法社会而生，这种宗法社会重男统，重家法，遂引出由男统家法放大的专制政体。所以，李石岑的结论是："可知中国人的道德思想，只有以自私自利为标准的道德，而无以人类人格为标准的道德，只有促进奴隶思想的道德，而无增进自主精神的道德。"[24]

由此可知，李石岑把尼采反传统的价值移植到中国，对中国传统价值的攻击不能不说是竭尽全力的，但是，今天我们回顾"五四"新文化运动中反传统价值的许多理论、观点，不免有些矫枉过正，西方传统价值观与中华民族固有文化结合的转换有一个"相融"和"不相融"的问题。换言之，没有注意到西方文化有"奥林匹克"（竞争）的传统；而中国文化是"和"的文化。简单地把西方文化土壤生成的尼采的价值观移植到中国来，不加批判地接受显然是不妥当的。就连美国著名哲学史家威尔·杜兰特在他的《哲学的故事》里谈到尼采这种权力意志扩张的伟大道德时也发出质疑："对权力和动乱的这种无节制的强调，肯定是一个狂热而动荡的时代发出的回声。那种据说是人皆有之的'强力意志'几乎没有在印度人的沉寂、中国人的恬静和中世纪农民自给自足的刻板习俗中表现出来。强力固然是我们一部分人崇拜的偶像，但我们大多数人更渴望安定与和平。"[25]

五 以"与者"替代"受者"反对中国人"心灵麻木的慰安"

叔本华将审美看作意志的暂时失去，在那一瞬间，时间、空间、充足理由律都不起作用，审美主体和客体融合无间。这种"解脱"到了尼采那里被视作悲观的表现。尼采主张"悲剧式的乐观精神"，这是把阿波罗（日神）静观梦幻的美只认作狄奥尼索斯（酒神）"酣醉欢悦达于极度时风调稍缓之一态度而已"[26]。阿波罗的"酣醉欢悦"产生和刺激视觉与想象力，而成就绘画、雕刻、史诗；而狄奥尼索斯的"酣醉欢悦"则不仅是视觉和想象力，还在听觉与运动能力上激发产生歌舞、音乐和戏剧。这两者在李石岑对尼采的解读中，是有生命强弱之别的。换言之，酒神的冲动是根本的，它体现了生命的自我创造、自我表现的本质。从此种观点出发，李石岑认为真正的艺术即便是对于鉴赏者也要有刺激生命的创造力和表现力。更不用说艺术的创造者本身就是和生活相统一的，生活的源泉在于表现艺术，知识和道德不足以使生活圆满。所以，李石岑指出：尼采对他那个时代的审美多从鉴赏者出发（即"受者"）极为不满，鼓吹"美学不可不从'与者'（即创作者）方面出发"[27]。

李石岑进一步拿尼采这种反传统的美学观鞭挞中国传统文人"幻影的追逐"和"心灵麻木的慰安"，事实上，李石岑指责的就是中国文人虚构的镜花水月般的田园生活的理想境界。李石岑不客气地说："中国人的艺术思想，只注重'受者'方面，只注重'回忆''感旧''幻影的追逐''心灵麻木的慰安'一类的风调，这非用尼采的艺术思想去救济，非从'与者'方面的艺术去挽回，是不能使中国人的内生活强烈化深刻化的。"[28]

应该说，李石岑对中国传统审美观的缺陷诊断还是击中要害的。

一定意义上说，马克思主义的实践美学所反对的恰恰就是旧哲学静观而不注重行动的观点。虽然李石岑还没有达到马克思的深度，但毕竟是将传统病态的、雾里看花的审美虚幻观的"遮羞布"撕成了碎片。这是中国人审美观改造的一大进步，功不可没。

注释：

[1] 原载 1933 年 12 月上海《中华时报》第二卷第一期，题目为"二十二年来之中国哲学思潮"，转引自忻剑飞、方松华编《中国现代哲学原著选》，复旦大学出版社 1989 年版，第 389—390 页。

[2] [3] 李石岑：《超人哲学浅说》，商务印书馆 1931 年版，第 1 页；第 2 页。

[4] 李石岑说："新浪漫派最伟大的思想家，便是尼采。他把个人主义、主意主义、主观主义都发展达于最高度，以宣传超人之福音。"（李石岑：《超人哲学浅说》，商务印书馆 1931 年版，第 13 页）

[5] [6] [7] [8] [9] [10] 李石岑：《超人哲学浅说》，商务印书馆 1931 年版，第 2—3 页；第 3 页；第 3 页；第 40 页；第 41 页；第 41—42 页。

[11] [12] [13] 同上书，第 42 页。

[14] [15] 同上书，第 43 页。

[16] [17] [18] 同上书，第 54—44 页；第 59—60 页；第 60 页。

[19] 这是蔡元培在北大法科大礼堂"国际研究"第三次演讲会的演讲题目，内容刊载于《北京大学日刊》与《新青年》第 5 卷第 5 号（1918 年 10 月）及《东方杂志》第 16 卷第 1 号（1919 年 1 月）。

[20] [21] 转引自郜元宝编《尼采在中国》，上海三联书店 2001 年版，第 61 页；第 103 页。

[22] 李石岑的原话是："尼采所受先辈的影响，上面已有论及。但除叔本华、瓦格纳之外，尚受斯迪纳（Max Stimer，1806—1856）的个人主义、司汤达（Stendhal，1783—1842）的《红与黑》（Le Rouge et le Noir）、孔德（Comte）的实证论、达尔文的自然淘汰论、马克思的唯物史观、居约（Guyau）的生命主义的影响。"（转引自郜元宝编《尼采在中国》，上海三联书店 2001 年版，第 152 页）

[23][24] 李石岑：《超人哲学浅说》，商务印书馆 1931 年版，第 74 页；第 79 页。

[25]［美］威尔·杜兰特：《探索的思想（下）》，朱安、武国强、周兴亚等译，文化艺术出版社 1991 年版，第 446 页。

[26][27][28] 李石岑：《超人哲学浅说》，商务印书馆 1931 年版，第 82 页；第 84 页；第 87 页。

华严境界：宗白华艺术"意境"
说的人生论美学意向

李瑞明*

摘　要：宗白华在路标性的《中国艺术意境之诞生》一文中建构的艺术意境理论，是其美学的核心观念。细读文本，可以发现文中潜含着一个从"意境"到"境界"转化与升进的脉络，且把"境界"称为"华严境界"。这个境界，不但是艺术创造的极致，也是人生修养的高标，在深层的意蕴上，即艺术即人生，是艺术与人生合一的人生论美学观的具体体现。

关键词：宗白华；艺术意境；华严境界；人生论美学

宗白华的《中国艺术意境之诞生》一文前后有两稿，先是在1943年《时事文艺》创刊号上发表，后经增订与修改，以同名发表于1944年《哲学评论》第8卷第5期。既有研究或从美学或从哲学或从概念辨析等方面对其美学意蕴做了不同的解说。本文尝试从华严

＊ 作者单位：浙江理工大学中国美学与艺术理论研究中心。

哲学"法界观"的逻辑架构与理路，分析其艺术意境论所包含的人生论美学意向，表明宗白华的意境理论，隐含了一条从"意境"到"境界"的转化与升进的脉络，而其意向性指向在于揭示通过艺术实践所达到的人生价值的阶位与目标。这个阶位与目标，宗白华称之为"华严境界"。

"华严境界"一词及其含义，一本宗白华所说：

> 空寂中生气流行，鸢飞鱼跃，是中国人艺术心灵与宇宙意象"两镜相入"互摄互映的华严境界。[1]

"空寂"一词，非佛教概念。宗白华说中国人对"道"的体验，是"'于空寂处见流行，于流行处见空寂'，唯道集虚，体用不二，这构成中国人的生命情调和艺术意境的实相"[2]。依此语意，"空寂"即"虚实相生"，代指意境。"鸢飞鱼跃"出自《诗·大雅·旱麓》："鸢飞戾天，鱼跃于渊。"孔颖达疏："其上则鸢鸟得飞至于天以游翔，其下则鱼皆跳跃于渊中而喜乐，是道被飞潜，万物得所，化之明察故也。"意指天地之间的万物各得其所，生机活泼。"两镜相入"出自王夫之对李白《春思》诗的评点："字字欲飞，不以情，不以景。《华严》有'两镜相入'义，唯供奉不离不堕。"[3]依此，"两镜"是"情、景"的借喻，"相入"则意味着情与景这一对分析性因素在具体实践中的互摄互映。

通过词语疏释，可知宗白华对"华严境界"的界说含有三义：一是世界是包罗万象、生生不息的；二是艺术心灵是生生不息的，对世界的领悟可以达到很高（"鸢飞戾天"）、很深（"鱼跃于渊"）的境地；三是艺术心灵与宇宙意象、情与景互摄互融，即体即用，其妙用也是生生不息的。因此，这是对文章起笔所说的"世界是无穷尽的，生命是无穷尽的，艺术的境界也是无穷尽的"的综合性概括。而统领世界、生命、艺术境界的"生气流行"，源于《易经》的"生生不息"观念，在根本上是一种价值判断，代表着刚健、创造、韵律与和谐。因此，宗白华的"华严境界"一词，就不但是对意境的结构与形成的诠释，更是在指陈一种人生态度与价值观念。

而"两镜相入"的使用，暗含着对华严哲学思维的借用。依华严哲学，文殊代表智慧，普贤代表实践，而其理论思维在本体（理）和现象（事）的关系上，推演出"四法界观"：事法界、理法界、理事无碍法界、事事无碍法界。[4]其中"理事无碍法界"偏于阐释，事理相对，理由事显，事揽理成，而"事事无碍法界"重在实践，以理统事，一多相即，成相安并立的大千世界。这个理论架构，不但是华严哲学的认识论和实践论，也是人生论，意在如何觉悟人生以及觉悟过程中所达到的位阶。宗白华对艺术意境及其"华严境界"的诠释，暗合这个理论思维，意境论包含前三法界的层次，尤其是"理法界"与"理事无碍法界"的分析性特征，而"华严境界"相当于"事事无碍法界"的实践意蕴。

一 理法界：艺术意境是"道"的自觉显现

华严哲学的"理法界"，是立本，目的是明理，对本体实相要进行形上之理的总体性说明。宗白华通过对艺术意境构成的形上诠释，表明其所含的"理"，亦即艺术意境是"道"的价值显现。

宗白华对艺术意境的诠释，有一个明确的认定，即艺术意境来源于人的心灵，创生于人与自然照面互动之后：

> 艺术家以心灵映射万象，代山川而立言，他所表现的是主观

的生命情调与客观的自然景象交融互渗，成就一个鸢飞鱼跃，活泼玲珑，渊然而深的灵境；这灵境就是构成艺术之所以为艺术的"意境"。[5]

宗白华对"艺术意境"的解说，与对"华严境界"的界定在内容上十分接近，不同的是"艺术意境"偏重在美学意义上。在宗白华的诠释里，这个艺术意境就是情景交融的整体呈现。宗白华的这个观点，其实是对中国传统诗学观念"情景交融"的进一步诠释。宗白华以"生命情调"来解释"情"，而"景"则外显为"万象""山川""自然景象"，二者在心灵映射、含摄后所达到的是"灵境"即"意境"。如此，这个艺术意境，是主体心灵与外在物象的圆成。

在做了这样的设定后，宗白华进一步分析客观景物在艺术意境的作用与意义。他说："艺术意境的创构，是使客观景物作我主观情思的象征。"这个客观景物，不是一个固定的物象轮廓，而是大自然的全幅生动的山川草木，云烟明晦，这是因为主观的情思是无穷的，要由全幅生动的大自然来象征。在这一表述中，情与景是有主次之别的，同时客观景物如山水等外在物象要成为抒写情思的媒介，其客观自在性，须转为自为性，才能做到"山川大地是宇宙诗心的影现"，这突出了艺术主体的创造性作用。因此，"艺术家禀赋的诗心，映射着天地的诗心"，天地宇宙与诗人画家，统合在创化灵动的"诗心"之中。

这个"诗心"即"道"。宗白华对"道"与"艺"有一段精辟的解说：

中国哲学是就"生命本身"体悟"道"的节奏。"道"具象于生活、礼乐制度。道尤表象于"艺"。灿烂的"艺"赋予

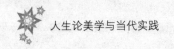

"道"以形象和生命，"道"给予"艺"以深度和灵魂。[6]

"道"即"生命"，是生活、礼乐制度的构成性原理。宗白华认为，道器不离，体用不二，即用显体，这是中国传统哲学的核心精神。这一思维落实在艺术上，就是艺术本身不是最后目的，艺术的目的在于化"艺"为生命意义的象征，以启发并彰显生命本身的深度和灵魂。

"道"即"生命"，生命之道有两个元素，一是充实，二是空灵。充实是生活经验的充实和情感的丰富，更重要的是赋情独深；空灵是美学上的"静照"，更是一种淡泊的精神状态，其目的是在距离化、间隔化中养成美感。两者互相配合以创生意境。宗白华说：

> 中国艺术意境的创成，既须得屈原的缠绵悱恻，又须得庄子的超旷空灵。缠绵悱恻，才能一往情深，深入万物的核心，所谓"得其环中"。超旷空灵，才能如镜中花，水中月，羚羊挂角，无迹可寻，所谓"超以象外"。[7]

充实与空灵构成艺术意境的两元，这两元都指向艺术主体的修养。宗白华说，"这种微妙境界的实现，端赖艺术家平素的精神涵养，天机的培植，在活泼泼的心灵飞跃而又凝神寂照的体验中"，既能热情深入宇宙的动象，又能宁静涵映世界的广大精微，完成"心境"中"空灵动荡而又深沉幽渺"的艺术境界。

这种"心境"以及艺术境界，具有价值自觉意义的内涵。高友工对美感经验中的"人化"与"物化"所含有的价值意义的解说，可以反衬宗白华艺术意境的价值内涵：

> 客观现象最后可能完全与自我价值融为一体。我们可以视之

为外物"人化"，或"主观化"，以与自我人格交流，表现深入的情感。也可以视为自我人格体现于外在现象中，这则是一种"物化"，或"客观化"。但二者都做到一种"价值"与"现象"合一的中文中所谓"境界"。[8]

"境界"不但是"情景交融"的完成阶段，同时代表着一种价值的自觉。这个价值自觉，宗白华有透彻地认知与诠释：

在一个艺术表现里情和景交融互渗，因而发掘出最深的情，一层比一层更深的情，同时也透入了最深的景，一层比一层更晶莹的景；景中全是情，情具象而为景，因而涌现了一个独特的宇宙，崭新的意象，为人类增加了丰富的想象，替世界开辟了新境。[9]

一层比一层更深的情与景的发掘与融合，是艺术主体价值自觉不断深化的结果，在其最高程度，最深的情与最深的景达到最高的结合而不可分。而由此所开拓的新境，不仅是艺术的极致，也意味着人生修养的深化与人生新境的开辟。因此，可以说，宗白华所说的"华严境界"在由艺术而人生的实践中体现了"技进于道"的本体论意义。

这一本体论意义，宗白华援引庄子寓言"庖丁解牛"来加以解释：

"道"的生命和"艺"的生命，游刃于虚，莫不中音，合于桑林之舞，乃中经首之会。音乐的节奏是它们的本体。所以儒家哲学也说："大乐与天地同和，大礼与天地同节。"《易》云："天地絪蕴，万物化醇。"这生生的节奏是中国艺术境界的最后源泉。石涛题画云："天地氤氲秀结，四时朝暮垂垂，透过鸿蒙之

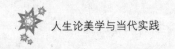

理，堪留百代之奇。"艺术家要在作品里把握到天地境界![10]

宗白华认为"庖丁解牛"的启示是关于"节奏"的，是落实在音乐中的。而音乐的节奏就是生生的节奏，就是天地境界，体会、把握这个节奏，就是体会道的节奏与内容。这表示节奏是艺术的本体，是中国艺术境界的最后源泉。体会、把握并实践这个节奏，就是与天地万物同一律动，从容不迫而感到内部有意义有价值。这种内外合一的实践，就是礼乐精神的表现。而礼乐的特征是"大乐与天地同和，大礼与天地同节"，"和"与"节"的观念在实践上就具体表现为"比兴"精神。

二 理事无碍法界：艺术实践中的相通性在于"比兴"

一个观念只有在具体事物上得到落实，其内容才是充实的。但森罗万象的事物又是有差别的，呈现不同的面相。宗白华对不同艺术形式的特点有精确的观察。值得注意的是，宗白华的观察不是察其差别相，而是察其共相、观其会通。

1934 年，宗白华在《论中西画法的渊源与基础》中，以中西对比的框架，解说了中国绘画的境界根基于中国民族的基本哲学所形成的"气韵生动"，从而中国绘画与音乐、舞蹈相通，与自然万象相通，更与人生实践相通。这一观点在其 1936 年的《中西画法所表现的空间意识》一文中进一步拓展并深化了：中国绘画的空间意识基于中国书法艺术的空间表现力，"中国字若写得好，用笔得法，就成功一个有生命有空间立体味的艺术品"[11]。

而且，这个艺术品是指向人生意义的。1938 年宗白华在《〈中国书学史·绪论（续）〉编辑后语》中说：

中国书法有"方笔"与"圆笔"之分。圆笔所表现的是雍容和厚，气象浑穆，一种肯定人生，爱抚世界的乐观态度，谐和融洽的心灵。方笔是以严峻的直线折角代替柔和抚摩物体之圆曲线。它的精神是抽象地超脱现实，或严肃地统治现实（汉代分书）。龙门造像的书体皆雄峻伟茂，是方笔之极轨。这是代表佛教全盛时代教义里的超越精神和宗教的权威力量。[12]

"圆笔"与"方笔"是书法中两种不同的运笔方法，其各自不同的笔法及形式，传达出不同的意味，表征着相应的人生态度与精神境界。

基于这样的观察，宗白华在《中国艺术意境之诞生》中做了更精确的总结：

艺术意境之表现于作品，就是要透过秩序的网幕，使鸿蒙之理闪闪发光。这秩序的网幕是由各个艺术家的意匠组织线、点、光、色、形体、声音或文字成为有机谐和的艺术形式，以表出意境。

艺术家要能拿特创的"秩序的网幕"来把住那真理的闪光。音乐和建筑的秩序结构，尤能直接地启示宇宙真体的内部和谐与节奏，所以一切艺术趋向音乐的状态、建筑的意匠。

然而，尤其是"舞"，这最高度的韵律、节奏、秩序、理性，同时是最高度的生命、旋动、力、热情，它不仅是一切艺术表现的究竟状态，且是宇宙创化过程的象征。[13]

艺术意境的创构不仅是具体艺术形式的追求，这些形式因应着不同的表现对象有不同的表现形式，这是"事法界"的差别相。若透过不同的形式差别观其精神意蕴上的会通，艺术意境在究极的意义上是

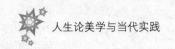

对"道"的发现与表征。艺术表征宇宙创化的过程，因而艺术就是体道的过程。这是不同质的艺术的共通性。

通过艺术体道以见实相，是一切艺术创造的追求，这来源于一个更深的根源。

宗白华引用王夫之的一段话加以说明：

> 唯此窅窅摇摇之中，有一切真情在内，可兴、可观、可群、可怨，是以有取于诗。然因此而诗则又往往缘景、缘事、缘以往、缘未来，终年苦吟，而不能自道。以追光蹑影之笔，写通天尽人之怀，是诗家正法眼藏。[14]

王夫之的这段话，是其对阮籍《咏怀二十首》第十四首的评语，[15] 在内容上实际上就是对"比兴"意义与精神的举例式解说。"兴观群怨"的社会性与政教性作用在"窅窅摇摇"的状态中发动真情，并贯通景事、以往未来，呈当下性的整体精神体验。宗白华引用王夫之的话来说明这种精神体验："两间之固有者，自然之华，因流动生变而成绮丽，心目之所及，文情赴之，貌其本荣，如所存而显之，即以华奕照耀，动人无际矣！"[16]"动人无际"是艺术表现兴动人心的效果。因而"以追光蹑影之笔，写通天尽人之怀"，则是把目的性的主体意志所形成的道德经验与审美经验化合为一，这正是"比兴"感发志意的意义所在。

由《诗经》概括出来的"比兴"，代表着一种成熟的文化心灵与情感，其中贯注了中国文化传统的世界认知与智慧。宗白华对"比兴"有一个深湛的解说：

> "兴"是"兴起""发端"。由于生活里或自然里的一个形象能触动我们的情感和思想，引导我们走进一个新的境界，艺术的

境界。这个新的形象落到我们的意识里，就像石落水中，激起了思想和情感的波澜，发展、扩充出去，从联想到联想，以致联系到我们的整个生活，这形象的意义愈来愈丰富，成了表达普遍意义的典型。

它不再是客观事物的平面的、机械的再现，而是创造性的想象，艺术性的概括，这里面有思想，有评判，有世界观。[17]

在宗白华的解说中，"比兴"不但是艺术创作论，更是世界观，是传统中国认知世界，沟通物我与情景、身心与言意的生活知识、理解框架和价值系统。"比兴"把艺术创造与现实人生沟通起来，焕发一种新精神。宗白华以王夫之"以追光蹑影之笔，写通天尽人之怀"的话作为中国艺术的最后理想和最高成就，亦即表明"比兴"就是中国艺术意境的终极根据，而这个终极根据是指向并建构现实人生的。

三　事事无碍法界：美典的意义指向"直取性情真"

在华严哲学中，形上之理的透彻，进而理事的涵容互摄，再到现实实践中的"事事无碍"，是一步步地深入与超越。在"事事无碍法界"的实践中，所行所为虽有差别，但无一不是称理而行，从心所欲而不逾矩，而且"适我无非新"，呈"华严境界"。

在宗白华的诠释中，"华严境界"具有高度、深度、阔度的特征。高度指立意高，深度指体验深，阔度指胸怀广，这三方面的合一所形成的艺术意境折射的即是一种既高远又踏实的人生观。仔细体味宗白华所引用的如倪云林、常建、张孝祥与自己的诗词事例，文辞、意境俱美，而所呈现的人生阶位分别阐释了"华严境界"的高度、深度与阔度，因而从不同层面成为完美表达内心世界的艺术

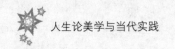

典型。

在所举证的事例中，宗白华特别引述倪云林的咏兰绝句："兰生幽谷中，倒影还自照。无人作妍媚，春风发微笑。"认为这首诗最能表现出"华严境界"的特点。1931 年，方东美在《生命情调与美感》一文中也引用此诗，他的解释可以和宗白华的观点作参照：

> 宇宙，心之鉴也；生命，情之府也。鉴能照映，府贵藏收，托心身于宇宙，寓美感于人生，猗欤盛哉。……宇宙之清幽自然，生命之空灵芳洁，意境之玄秘神奇，情绪之圆融纯朴，都为此诗字字道破，了无余蕴。生命凭恃宇宙，宇宙衣被人生，宇宙定位而心灵得养，心灵缘虑而宇宙谐和，智慧之积所以称宇宙之名理也，意绪之流所以畅人生之美感也，斯二者均造极诣，则人我之烦惑狂乱可止，而悦心妍虑矣。[18]

在方东美偏于哲学性的解释里，倪云林的咏兰诗所呈现的境界，是宇宙、生命、意境与情绪的完美统一，更明显的是，这个境界中的构成要素，无不保持自性，——并立而不相混同，但又无不互摄互融，共显一理。而宗白华则是从读者接受的角度认为，在对此诗不断地吟咏领悟中，可以体会到艺术境界的超越性效果，不但使心灵和宇宙净化，更能使心灵和宇宙深化，在不断的净化与深化之中使人在超脱的胸襟里体味到宇宙的深境。

宗白华的诗词举证，偏重于具体的不可多见的文本，这些文本以其独一性成为美的典型。然而在中国艺术传统中，艺术文本所显示的境界，在根本的意义上是人的主体精神与人格实践的外显，因而美典不仅是具体的文本，而且是一个具体的精神主体与人格特质。在宗白华的论述里，在艺术文本与主体意识两方面同时具备境界的高度、深度与阔度的典范是杜甫。

他先引刘熙载的评论“吐弃到人所不能吐弃为高，含茹到人所不能含茹为大，曲折到人所不能曲折为深”来概括杜甫主体精神与诗歌文本的美典特征；后引用叶梦得对“禅家三种语”的解释“涵盖乾坤是大，随波逐浪是深，截断众流是高”，来说明杜甫的精神境界与艺术成就。宗白华更进一步揭明杜甫具有如此境界的终极根源在于“直取性情真”的人生态度与价值自觉。“直取性情真”是艺术境界的根源，不但表明艺术境界的发源植根于人格特质与实践，而且人格特质决定了艺术境界的深浅有无，并且在人格实践中所感受到的经验层次上的美感里，有艺术主体对某种真理的体验。正是在这个脉络里，宗白华认为杜甫的艺术境界，是在具体的生活世界里，在精进不已的日常人格实践中保持并“植根于一个活跃的、至动而有韵律的心灵”，掘发人性的深度，把握到了宇宙人生的某种普遍性真理。

因此，宗白华对“华严境界”的举例性解说，在艺术文本与人格主体方面所标举的“美典”，不但说明该境界所达到的美学意义与人格阶位，更表明这些“美典”所昭示的是一种刚健有为的人生方向。

四 从意境到境界：艺术意境的人生论美学意向

宗白华《中国艺术意境之诞生》一文写作于抗战时期，文章开篇前言就说：

现代的中国站在历史的转折点。新的局面必将展开。然而我们对旧文化的检讨，以同情的了解给予新的评价，也更重要。就中国艺术方面——这中国文化史上最中心最有世界贡献的一方面——研寻其意境的特构，以窥探中国心灵的幽情壮采，也是民族文化底自省工作。[19]

这表明宗白华研究中国艺术意境时特有而切实的现实感，因而"民族文化底自省"的现实动力是一种不能自已的感时忧国的忧患情怀。正是这种情怀，促使宗白华要通过中国艺术意境特构的研寻，掘发国族的文化心灵，表彰积极的人生观念，以鼓舞民气，并展望未来。

在这样的愿景里，宗白华所建构的艺术意境理论，是对中国文艺传统"情景交融"观念的再发现与再诠释。在他的诠释里，艺术意境的三个层次"从直观感相的摹写，活跃生命的传达"，到"最高灵境的启示"，是"一个境界层深的创构"。宗白华对这个层深的境界，区分了五种结构：功利境界、伦理境界、政治境界、学术境界与宗教境界，这是从人生的阶位与层级上的划分。而艺术境界介于学术境界与宗教境界之间："以宇宙人生的具体为对象，赏玩它的色相、秩序、节奏、和谐，借以窥见自我的最深心灵的反映；化实景而为虚境，创形象以为象征，使人类最高的心灵具体化、肉身化，这就是'艺术境界'。艺术境界主于美。"[20]宗白华的这一认识，呼应了其1943年在《论文艺的空灵与充实》中对艺术是把哲学与宗教关联起来的枢纽的见解："哲学求真，道德或宗教求善，介乎二者之间表达我们情绪中的深境和实现人格的谐和的是'美'。"[21]艺术的此一特殊性，在宗白华的诠释里，在于从哲学中获得对宇宙人生的洞见，从道德或宗教中获得善的理念，而文艺的技术表现性即美，则把二者统合起来，建构成以人生实践为核心的一个圆满自足的和谐世界。因而艺术具有能执行"人生批评"和"人生启示"的任务，亦即艺术有伦理选择与实践的价值倾向。而且宗白华进一步着重指出美的境界的实现，"端赖艺术家平素的精神涵养，天机的培植，在活泼泼的心灵飞跃而又凝神寂照的体验中突然地成就"[22]。"平素的精神涵养"与"天机的培植"就是"直取性情真"的人格实践。

综合这些解释，可发现宗白华对艺术意境的解说在语意脉络上有一个从意境到境界的转化。仔细体味这个隐而不显的转化意味，可以明确宗白华在《中国艺术意境之诞生》这篇路标性的文章中，对中国艺术意境的建构具有两层结构与意义：一层是美学论，一层是人生论。这两个层次，在宗白华的文章脉络中，就是在主体的人格实践中，在艺术创造里实现从意境到境界的升进。

意境是艺术美学理论，代表艺术的自觉，成就艺术世界；境界是人生理论，代表价值自觉，成就人格世界。从意境到境界的升进，就是在自觉的艺术创造里，窥见自我最深的心灵，进而成就人格、完善人生，艺术是人生美学实践的一个组成，一种表征。有理论自觉，更有价值自觉，两者的密合无间就是一种即体即用的人生论美学精神的创化。禅宗有言"高高山上立，深深海底行"，这种艺术创造与人生实践含摄圆成所呈现的阶位，既高远又踏实，既充实又空灵，是为美的"华严境界"。

注释：

[1][2][5][6][7][9][10][13][14][19][20][22]
宗白华：《中国艺术意境之诞生》，《宗白华全集》第2卷，安徽教育出版社1994年版，第372页；第370页；第358页；第367页；第

364 页；第 360 页；第 365 页；第 366 页；第 371 页；第 356—357 页；第 357—358 页；第 361 页。

[3] 王夫之：《唐诗评选》第 2 卷，上海古籍出版社 2011 年版，第 60 页。

[4] 劳思光先生对"四法界"的分梳：一是事法界，就现象的差别看；二是理法界，就现象所依之无差别的理（本体）看；三是理事无碍法界，理由事显，事揽理成，现象与本体不二；四是事事无碍法界，现象与本体不离，而且——现象彼此间，虽现差别，但在一理之中又彼此融摄，重重无尽以至不可思议。见《新编中国哲学史》第 2 卷，广西师范大学出版社 2005 年版，第 258—259 页。

[8] 高友工：《文学研究的美学问题》，《美典：中国文学研究论集》，生活·读书·新知三联书店 2008 年版，第 36 页。

[11] 宗白华：《中西画法所表现的空间意识》，《宗白华全集》第 2 卷，安徽教育出版社 1994 年版，第 144 页。

[12] 宗白华：《〈中国书学史绪论（续）〉编辑后语》，《宗白华全集》第 2 卷，安徽教育出版社 1994 年版，第 205 页。

[15] 王夫之：《古诗评选》第 4 卷，上海古籍出版社 2011 年版，第 161 页。案：阮籍的这首诗是："开秋兆凉气，蟋蟀鸣床帷。感物怀殷忧，悄悄令心悲。多言焉所告，繁辞将诉谁？微风吹罗袂，明月耀清辉。晨鸡鸣高树，命驾起旋归。"钟嵘《诗品》说《咏怀诗》"可以陶性灵，发幽思。言在耳目之内，情寄八荒之表"，其实说的就是比兴。

[16] 王夫之：《古诗评选》第 5 卷，上海古籍出版社 2011 年版，第 218 页。

[17] 宗白华：《中国美学史专题研究：〈诗经〉和中国古代诗学

简论（初稿）》，《宗白华全集》第 3 卷，安徽教育出版社 1994 年版，第 493 页。

[18] 黄克剑、钟小霖编：《方东美集》，群言出版社 1993 年版，第 355 页。

[21] 宗白华：《论文艺的空灵与充实》，《宗白华全集》第 2 卷，安徽教育出版社 1994 年版，第 344 页。

宗白华"动静"观的人生美学
意蕴与当代生活实践

陶优奕*

摘　要：宗白华以"动""静"来阐发"中国艺术精神"。他的动静观在生命本体层面、个人生存层面以及艺术意境三个层面展开，并且共同指向艺术审美人生的动态统一，由此揭示了它的人生美学意蕴。这种动静观以它辩证的视角、直指宇宙的理论高度，对当代生活实践具有独特的启示意义。

关键词：动静观；人生美学意蕴；当代生活；实践

宗白华的著述算不得宏富，1994 年出版的《宗白华全集》收录了的论文、诗作、译作、讲稿、信札及编辑手记等，共计二百余万字。值得注意的是，在涉及宗氏艺术美学思想的文论中，几乎每篇都会出现"动"这一字眼。从早期的"运动"到后来的"生动"，从早期的以"动"为主到后来的"动""静"相生，还有流衍出的各种

---

* 作者单位：浙江理工大学中国美学与艺术理论研究中心。

"流动""变动""动象""静观"等词语，以及他的节奏论等，都可看出动静是理解宗白华艺术美学思想的必要路径。宗白华通过动静将艺术与人生勾连，形成了具有宗白华特色的人生美学。

一

青年时期的宗白华十分向往西方式的狂飙突进精神。他认为东方的文化是静的，需要引入西方动的精神来"维持我们民族的存在，以新建我们文化的基础"[1]。那个时候的宗白华还是以一种动静二分的视角来看待文化问题，所以这些观点难免有它的片面之处。而在1932年之后，宗白华的研究视线从文化转向了艺术与审美，他的动静观也发展成了一种静中见动、动静不二的辩证观点。仔细分析宗白华的动静观，我们会发现它有三个层面的基本内涵。

首先，在生命本体层面，宗白华认为动是物质世界的根本状态，也就是"宇宙的真相"。在《看了罗丹雕刻以后》一文中宗白华说："我们知道'自然'是无时无处不在'动'中的。物即是动，动即是物，不能分离。这种'动象'，积微成著，瞬息变化，不可捉摸。能捉摸者，已非是动；非是动者，即非自然。照像片于物象转变之中，摄取一角，强动象以为静象，已非物之真相了。况且动者是生命之表示，精神的作用；描写动者，即是表现生命，描写精神。自然万象无不在'活动'中，即是无不在'精神'中，无不在'生命'中。"[2]这种观点肯定运动的客观本质，发散为宇宙是动的、自然生命是动的、社会组织是动的、生活的作用也是动的。动成为世界现象最基本的存在状态，而静就不再是动的终止，而是作为动的一种形式展开。宗白华在评论歌德诗作《海上的寂静》时说："这是歌德所写意境最静寂的一首诗。但在这天空海阔晴波无际的境界里绝不真是死，不是真寂灭。他是大自然创造生命里'一刹那倾静的假相'。一切宇宙万象里有秩序，有轨道，所以也启示着我们静的假相。"[3]在这诗意的分析中我们会发现，虽然宗白华在根本上强调动的客观存在，但绝不是因此就看轻静的意义。之所以在动之外还要有静，乃是因为生命能够体合宇宙万象的秩序而获得相对的静，所以静也是生命的一种内在形式。这是从宏观的生命整体的层面来解析的。

其次，从微观的个人生存层面来说，虽然人类的生命是无限的，但个人的生命是有限的，对人类生命的感触与抒发，是基于个人的生存体验的。动静作为一种朴素的感觉，是个人与自然生命互动的结果。这种互动可以是思辨式的，但在更多时候却是以感觉情绪为主的体验式的。在体验之中，我们积累着自己的情感，塑造着自己的理智。就像宗白华对歌德诗歌的理解一样："以一整个的心灵体验这整个的世界，所以他的每一首小诗都荡漾在一种浩瀚流动的气氛中，像宋元画中的山水。"[4]首先我们得"以一整个的心灵"去体验这个世界，然后才能把个人的生存经验反馈出来。世界的动静是客观的，但同时也需要个体生命去把握，即只有通过个体的生存体验，动静才能在人世间落下脚跟。而随着人类实践的加深，人们的动静之感也在积累中变得更加敏锐深刻，动静从一种朴素的感觉升腾为一种节奏感，节奏感化理性于感性之中，在潜移默化之间强化着人们的抽象思维和感官能力。当人们面对这个无限流动的自然世界而迸发出个体生命的留恋之情时，艺术就成为一种本能的必须，因为生命和对生命的感受其实是一体的。宗白华说过："心灵必须表现于形式之中，而形式必须是心灵的节奏，就同大宇宙的秩序定律与生命之流动演进不相违背，而同为一体一样。"[5]生命能够契合宇宙秩序，同时艺术也能契合人们的心灵节奏，艺术在某种程度上成为宇宙生命节奏的化身，所以好的艺术必能"成一音乐的和谐"。

再次，在艺术意境层面，宗白华在《介绍两本关于中国画学的书并论中国的绘画》一文中说："中国绘画里所表现的最深心灵究竟是什么？答曰，它既不是以世界为有限的圆满的现实而崇拜模仿，也不是向一无尽的世界作无尽的追求，烦闷苦恼，彷徨不安。它所表现的精神是一种'深沉静默地与这无限的自然，无限的太空浑然融化，体合为一'。它所启示的境界是静的，因为顺着自然法则运行的宇宙是虽动而静的，与自然精神合一的人生也是虽动而静的。它所描写的对象，山川、人物、花鸟、虫鱼，都充满着生命的动——气韵生动。但因为自然是顺法则的（老、庄所谓道），画家是默契自然的，所以画幅中潜存着一层深深的静寂。就是尺幅里的花鸟、虫鱼，也都像是沉落遗忘于宇宙悠渺的太空中，意境旷邈幽深。"[6]宗白华在这里通过诗化的语言表达了他对中国艺术特质的探索，"最深的心灵"其实就是中国艺术精神，"它所启示的境界是静的"因为艺术所传达出来的意境是创作者整个心灵与自然生命体合的结果，自然生命是"虽动而静"的，"与自然精神合一的人生也是虽动而静的"，意境作为心灵的表现，自然能传递出一种静气。这种静是有前提的，只有顺应了自然生命的节奏，静气才能在一呼一吸间流畅；否则只能于各种不同频率的运动中感受到生命的杂乱、茫然、无秩序。所以这静不是"死静"，而是"静中有动"，这个动不是机械式的运动，而是"生生而有条理"的生命节奏。确实，结合我们的审美经验来谈，当我们欣赏高超的艺术作品时，除了能感到自我情感的充溢之外，还能感觉到一种时空停止的微妙，这一刻外界时间的流走并不打扰你，你仿佛置身于其中而触摸到了宇宙生命的脉动。所以中国的艺术意境实为一种幽深、深远的广大意境：因为深、远、广而发散出一种静气；因为深、远、

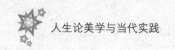

广而涵盖万千意味悠扬。

二

宗白华讲动静，不是用科学的方法——冷静的眼光、实验的手段去分析的——所以艺术意境到底是动的还是静的或者到底是几分动几分静都不是重要的问题。重要的是借由动静从而引发人们对宇宙人生的深刻共鸣；体味、反思艺术中的人生以及人生中的艺术。在宗白华那里，动静不是一对先验的概念，让人们于象征中做无限的追寻，他是强调用动静来串联宇宙—人生—艺术之间的关系。

一方面，从人生出发，宗白华积极倡导动的人生观。宗白华说："我自己自幼的人生观和自然观是相信创造的活力是我们生命的根源，也是自然的内在真实。"[7]对"创造""活力"的重视可以看出宗白华所持的是一种积极主动参与的人生观。他认为"人类最高的幸福在于时时创造更高的新人格"[8]，人应该顺应时代的变化，时刻保持高度的责任感，发展自我从而致力于社会人生："我们人类生活最初的责任，就是发展我们小己的人格。……我们的天赋本能是应当发展的，是应当进化的，不是守陈不变的。我们做人的责任，就是发展我们健全的人格，再创造向上的新人格，永进不息，向着'超人'的境界做去。"[9]所以宗白华主"动"的人生观蕴含有很强烈的"为人生"的目的，"具有温暖的人间情怀和深厚的人生情韵"[10]。但宗白华并没有将这种人生观限定在功利化的实际人生之中，而是主张人生与艺术审美的统一，通过艺术来"推察人生生活"，用艺术化的眼光来美化生活："总之，就是把我们的生活，当作一个艺术品似的创造。这种'艺术式的人生'，也同一个艺术品一样，是个很有价值、有意义的人生。"[11]把人生当作一件艺术品去创造，用艺术的眼光来平衡世俗人生中事功的态度，从而避免社会中出现极端的功利化倾向。但宗白华的艺术人生观也指用艺术来麻痹自我，从主观上消弭社会问题。王德胜和李雷共著的文章《中国现代"人生艺术化"理论探析》中指出："'人生艺术化'主张并非逃避现实、退守于象牙之塔而与世隔绝，对社会苍生疾苦不闻不问，而是试图以超然的美学视野来重塑现实世界，提升个体、群体乃至人类的生存品质，美化国人之心灵，继而实现晋人式理想生存境界。"[12]艺术看似"无所谓而无"，但却能在潜移默化之中涵养人们的情感，塑造人们的人格。人格的发展有助于人类生存品质的提升，从长远来看，艺术发挥着无可替代的功效。宗白华动静观中主动的一面正好契合了这一点。

另一方面，从艺术出发，宗白华又强调"静故能深"。首先，"静照"是一切艺术及审美的起点，有了"静照"才有"艺术心灵的诞生"，才能"静观万象，万象如在镜中，光明莹洁，而各得其所，呈现着它们各自的充实的、内在的、自由的生命，所谓万物静观皆自得。这自得的、自由的各个生命在静默里吐露光辉"。"静照"的能力是不容易习得的，需要"心的陶冶，心的修养和锻炼"而后才有发现美、创造美的可能。宗白华将"静照"的能力和个人人格情感的陶养联系在一起，将艺术落实于人生。其次，静境能够通融真善美。在《凤凰山读画记》中宗白华评论斯伯的画为"静"和"柔"："静故能深，柔故能和。画中静境最不易到。静不是死亡，反而倒是甚深微妙的潜隐的无数的动，在艺术家超脱广大的心襟里显呈了动中有和谐有韵律，因此虽动却显得极静。这静里，不但潜隐着飞动，更是表示着意境的幽深。唯有深心人才能刊落纷华、直造深境幽境。陶渊明、王摩诘、孟浩然、韦苏州这些第一流大诗人的诗，都是能写出这最深的静境的。不能体味这个静境，可以说就不能深入中国古代艺术的堂奥！"[13]宗白华将静境视为深入中国古代艺术堂奥的必经之路，并且将"静"与"艺术家超脱广大的心襟"联系起来：艺术家在以心灵观照静物的形、色、线、体时，"无意地获得物里面潜隐的真、善、美"从而能够启示宇宙自然的和谐与韵律。前面说过，艺术家是以一整个心灵去体味自然生命，在"静照"之时主体排除了日常事功的态度，转而以一种"无所为而为"的审美情怀沉浸于过程之中，这时候自然本真的状态显现，融合了主体全部的生命感受，善也在其中了。

在宗白华眼里，美从来不是艺术的最终目的，真、善、美的和谐共融才是中国人所追求的"大艺术"。宗白华认为艺术的美与宇宙的真、人格的善都圆成于艺术意境："艺术至少是三种主要'价值'的结合体：形式的价值。就主观的感受而言即'美的价值'。抽象的价值。就客观言为'真的价值'，就主观感受言，为'生命的价值'（生命意趣之丰富与扩大）。启示的价值。启示宇宙人生之意义之最深的意义与境界，就主观感受言，为'心灵的价值'，心灵深度的感动，有异于生命的刺激。"[14]艺术看似主于"美"，但却能在直观的体验下，觉察宇宙生命的节奏运动，这片刻当下既是一种"真"，又是一种"善"，因为借由艺术，人们在感悟自然之道时，也达成了对自身生命自满自足的肯定，艺术的最高价值便在于启示宇宙与人生的最深意义。他还说过很多类似的话："艺术固然美，但不止于美"；"心物和谐底成于'美'，而'善'在其中"；"形式之最后与最深的作用么就是它不只是化实相为空灵，引人精神飞越，超入美境。而尤在它能进一步引入'由美入真'，深入生命节奏的核心。"[15]艺术以形式传递生命节奏，在真、善、美的张力贯通之间，艺术、审美与人生和谐统一。

<h2 style="text-align:center">三</h2>

宗白华的动静观以它辩证的视角，超拔宇宙的理论高度对当代生活实践具有重要的启示意义。

首先，宗白华的动静观是一种辩证发展的观点。它既不一味地肯定动也不绝对地偏向静，而是于动中见静，认为静中有动，动静不二。这种辩证观饱含宗白华长期以来的思辨和反省，因为只有这样，我们才不会囿于某一种视线，只看到事物的一面，而失却了对整体的照应。就像青年时期的宗白华以动静来区分东西方文化，并且致力于将"动"的精神注入"静"的文化中，后期，在他的著述中就再也看不到类似的表述了。相反宗白华肯定东方文化中的气韵生动，也将艺术意境的特征归纳为幽深的静境。动静的区别是相对的，能在动中看到静，静中看到动，其实也就是运用了一种可转化的视角。这种视角对于当代生活实践具有重要的启示意义。试想我们生活中产生的烦闷，其实很大一部分是由于我们太过执拗，只看到事物的一面而执着之，却没有转换视角、换位思考。其实对于一个事件，我们可以有不同的观察、应对方法，用艺术化的眼光来看，就是主动以一种冷静的、超功利的眼光来看。很多时候，我们遇到让自己愤慨或者懊丧的事件，如果只是一股热血而失去艺术化的眼光，我们就很容易做出一些冲动或者极端的举动。就像人们的童年，总是趋于情感本能去解决事情，这种时候人的眼光里往往只能看到自己，而不能转换眼光，看到对方的需要乃至事件的本质。而艺术化的眼光，能让人在与事件拉开一段距离后，以适当的情感应对事件。艺术化人，就是在情感中锻炼人的理性，从而达到感性与理性的调和，使人不至于太过理性而变得机械化也不至于太过感性而变得情绪化。

其次，宗白华的动静观从宇宙的高度解释艺术人生问题，为缺乏信仰的当代中国开启了一条以宇宙代替人格神的路径。中国人对宇宙的认识一般局限于学校的专业教育，在学校之外，人们忙于日常生活，无暇关心宇宙等哲学性的话题。尤其是在消费文化的指引下，人们的生活节奏越来越快，很多问题都被打上"虚无"的旗号而快速消解。也就是说，在当代，人们不停地切换于碎片化的时间段中，失去了对根本性问题深入探索的愿望和能力。也许当代人看似随性，但实际上这种随性却缺乏底气。因为我们的生活被物质占据了很大一部分，精神生活实为匮乏，所有人都在争抢步伐，想要赶上城市建设的速度。动得久了，当代人也不得不发出一些"慢下来""回归初心"之类的口号，其实这都是一种对静的向往。

宗白华说："生命的境界广大，包括经济、政治、社会、宗教、科学、哲学。这一切都能反映在文艺里。……它的根基却深深地植在时代的技术阶段和社会政治的意识上面，它要有土腥气，要有时代的血肉，纵然它的头伸进精神的光明的高超的天空，指示着生命的真谛，宇宙的奥境。文艺境界的广大，和人生同其广大；它的深邃，和人生同其深邃，这是多么丰富、充实！孟子曰：'充实之谓美。'这话当作如是观。"[16]艺术与人生一样广大，同样能包含生命的无限境界，它下能扎根于物质基础，上能通达宇宙生命。通过艺术，人们可以于无形之间体认宇宙生命。当然这种体认方式区别于专业的课堂教育，也许我们不能通过艺术认知宇宙的具体信息，但我们可以从艺术中感悟宇宙的威严，这就是当代人的敬畏感。

对宇宙天地的敬畏之情可以代替人格神从而解决当代人信仰缺失的问题。因为中国文化是一种"乐感"文化，就像梁漱溟所总结的"以意欲自为调和折中""中国人遇到问题不去要求解决，改造局面，就在这种境地上求自己的满足"[17]。所以这其实是一种很重视实际的文化，它"决定了中国的文化理想寄托在自己生存的'人间世'，而不情愿到虚无缥缈的宗教世界去飘荡"[18]。但这种文化也有它的负面影响，即我们太过注重情感体验，从而轻视了对理性的把握以及鞭笞、自我刻苦求索的耐性，这使得中国人在精神上缺乏一种超拔的力度。而艺术可以化理性于感性之中，通过艺术建立起来的形式感讲究具体的对称、均衡、比例、韵律、节奏等，高超的艺术形式可以直指宇宙，既深刻又广大。宗白华将这种直指宇宙的形式感解释为"无形无色的虚空，而这虚空却是万物的源泉，万动的根本，生生不已的创造力。老、庄名之为'道'、为'自然'、为'虚无'，儒家名之为'天'。万象皆从空虚中来，向空虚中去"[19]，其实周易的"阴阳"乃至后世石涛说的"一画"都是这个意思。宇宙合规律的运转所以产生了"静而与阴同德，动而与阳同波"的生命感受，否则只是杂乱无章的盲动感。艺术最终最深的目的就是去找到这合规律的最高最大的形式感，然后于这形式感之中培养人们对自然宇宙天地的敬畏之情。对当代人来说，有点敬畏，非常重要。只有心存敬畏，才能进行良好自律，才知道原则和底线，否则就会趋向于极端的盲动。古人说："畏则不敢肆而德以成，无畏则从其所欲而及于祸。"心有敬畏，行才有所止，心存敬畏，才能动静相宜。

注释：

[1][2]《宗白华全集》第 1 卷，安徽教育出版社 2008 年版，第 321 页；第 312 页。

[3][4][5][6]《宗白华全集》第 2 卷，安徽教育出版社 2008 年版，第 23 页；第 18 页；第 54 页；第 44 页。

〔7〕〔8〕〔9〕《宗白华全集》第1卷，安徽教育出版社2008年版，第309页；第99页；第98页。

〔10〕金雅、聂振斌主编：《人生论美学与中华美学传统》，中国言实出版社2015年版，第6页。

〔11〕《宗白华全集》第1卷，安徽教育出版社2008年版，第179页。

〔12〕王德胜、李雷：《中国现代"人生艺术化"理论探析》，《哲学研究》2009年第2期。

〔13〕〔14〕〔15〕〔16〕《宗白华全集》第2卷，安徽教育出版社2008年版，第377页；第69页；第71页；第344页。

〔17〕梁漱溟：《东西文化及其哲学》，商务印书馆2009年版，第53—54页。

〔18〕金雅、聂振斌主编：《人生论美学与中华美学传统》，中国言实出版社2015年版，第26页。

〔19〕《宗白华全集》第2卷，安徽教育出版社2008年版，第45页。

宗白华的"同情"说与当代生活实践

李明慧*

摘　要：宗白华通过"同情"把人和自然联系起来，从艺术审美上理解"同情"，落脚在社会人生的艺术化实践上。人们在"同情"的潜移默化中培养了完美的人格、丰富的情感和深厚的心灵，也促进了社会、生活向艺术化方向发展。

关键词：同情；审美观照；民族精神；艺术生活

一　"同情"的审美意蕴

早在 1917 年 6 月，宗白华在表述叔本华的人生观及伦理学说时，就表现出了对"同情"的思考："同情之感，为道德之根源。具此感者，视他人之痛苦如在己身。无限之同情，悲悯一切众生，为道德极则。"在"同情"中的个体可以泯灭私欲，消除自身与宇宙的对立，从而实现人类和谐共处的道德境界。可见，宗白华最初表述的"同

* 作者单位：浙江理工大学中国美学与艺术理论研究中心。

情"带有浓厚的伦理意味，这基于当时传统道德被破坏，国家文化理念丧失，国人灵魂空虚烦闷的社会背景。于是，以什么样的人生观为导向、国民建构什么样的精神生活成为宗白华美学的出发点。从中国传统精神来看，孔子的"仁心"，孟子的"四端之心"都是人们道德精神的主体和普遍关爱生命的"同情之心"，由"同情"心涵养的世界图景就是审美化的道德境界。在不断深刻的现实人生体验中，宗白华伦理的"同情"发展为美学精神的"同情"，始终贯穿在他的艺术人生理想的追求中。

宗白华在《艺术生活——艺术生活与同情》一文中写道："诸君！艺术的生活就是同情的生活呀！无限的同情对于自然，无限的同情对于人生，无限的同情对于星天云月，鸟语泉鸣，无限的同情对于死生离合，喜笑悲啼。这就是艺术感觉的发生，这也是艺术创造的目的！"（1921年1月发表于《少年中国》第2卷第7期）宗白华认为，"同情"是艺术人生的姿态，是艺术生活的审美方式和本质，用"同情"之心去观照社会人生、观照宇宙万物，便获得了审美愉悦，产生了艺术。艺术化的人生依赖于一颗能够发现美的心灵，在宗白华这里就是"同情"，它不同于我们日常生活中的悲伤怜悯，而是一种审美态度和审美深度。从本质上说，宗白华审美的"同情"在于审美主体以整个心灵去深刻感受和理解审美对象的生命精神，从而回归于自己的内心深处，抚爱万物、同其节奏，使人与物（或人与人）之间的情感贯通。

"同情"是艺术情感的发生源泉和艺术创造的目的，艺术的本质就是同情。在宗白华的艺术世界里，"艺术是精神的生命贯注到物质界中，使无生命的表现生命，无精神的表现精神……艺术是自然的重现，是提高的自然""自然始终是一切美的源泉，是一切艺术的范本""惟有艺术才能真实表现自然""自然中也有生命，有精神，有情绪感觉意志……"所以，当我们怀着一颗同情之心与自然万物进行灵魂生命的交流时，人与自然就在共通的生命情感中打破隔阂，交相会通，融为一体。人在对自然的深刻审美观照中解放着自我，在审美对象中生动着自我，体验着同一。这一点在宗白华的诗歌和他的诗性人格中尤为强烈，《流云小诗》充溢着他内心对艺术、对人生、对自然、对宇宙的深情和体悟，蕴含着生命的情绪，也正是自然陶冶了他飘逸的诗性人格，丰富了他的心灵世界。在"同情"的大美情怀中获得不可言说的无穷无尽的美，自己的心灵也在"同情"之美的感染下深厚和净化。

事实上，宗白华的"同情"根植于中国传统文化精神上的"天人合一""物我交融""虚静"，蕴含着老庄的"道"，在中国艺术精神中有最深的体现。中国艺术是心灵化的艺术，是对宇宙与人生的生命节奏的整体审美观照。中国山水画中的自然万物都是有生命和灵性的，不仅艺术家在创作中"深沉静默地与这无限的自然、无限的太空浑然融化，体合为一"与宇宙的灵气相往来，欣赏者也在一幅幅"气韵生动"富有同情的空灵画面中体验自然万物的生命意趣，达到妙悟神思的心灵世界。此时，审美对象浸润到我们的内心中来，我们沉潜的人格也从美的深处外化出来，人格的力量就在积极主动的美感交流中彰显、丰富。

宗白华把人与自然在生命韵律上的"同情"之美推广于社会，落脚于人生实践。宗白华认为人类社会进化、发展的"原动力"是"同情"，"同情"又对社会的和谐发展有着积极意义，其关键就在于人们在思想、情感、利益上有一致的节奏和追求。而艺术是最能融人类情绪感觉一致的有效方式，它以"同情"之美化育人心，使人们在艺术潜移默化地陶冶中，同感于同一种生命节奏，在社会的大范围中放下一己之私，解放小我，"入于社会大我之圈"，为他人、民族、国家、整个世界的悲喜所感染，于是人们的人格境界在深挚的博爱中得到提升，人与人的关系、社会生活也就变得和谐起来。宗白华先生饱含对人生的深切同情，把自己的人生追求与国家的文化建设和民族复兴紧密联系在一起，这是他"人生艺术化"的理想，也是"同情"艺术人生观的精神涵养，体现了强烈的人生价值和人文关怀，是一种博爱的人生境界。宗白华深受西方先进文化的影响，但他思想理论的立足点始终根植于中华民族的传统文化精神。在宗白华身上充分体现了"五四"一代知识分子强烈的文化建国理想和"天下兴亡、匹夫有责"的社会责任感，也体现了中国现代美学对文化传统中文艺学术关注现实人生的情怀的延续。

艺术的人生就是深切同情造化的人生，心灵的一体同仁消融了心与心之间的隔阂壁垒，抚慰了幽暗的心灵，以一种博爱之情关爱黑暗的世界和机械自利的人生。"以一种拈花微笑的态度同情一切；以一种超越的笑，了解的笑，含泪的笑，惘然的笑，包容一切超脱一切，使灰色黯淡的人生也罩上一层柔和的金光。"艺术是人类情感的自然表达，这种"同情一切"的人生就是艺术化的人生，它是每一个渴望追求内心宁静与回归自然的人追求的一种境界。宗白华真正实现了人生的回归，无论是他的理论思想还是人生实践，我们都可以深刻地从中感受到他对生命之美的感悟。"同情"之心是人生艺术化的灵魂，"艺术世界的中心是同情，同情的发生出于空想，同情的结局入于创造。于是，所谓艺术生活者，就是现实生活以外一个空想的同情的创造生活而已"，宗白华这种"同情"的审美理想或理想的自我蕴含着浓烈的乌托邦色彩，在现实中只能无限地去接近这样浪漫的美好理想。但正是这种现实与理想的差距，引领着我们建构"同情"精神的审美化理想社会和创造艺术化人生的方向，我们的情感、人格、心灵、境界也正是在深刻的艺术化人生实践中得到丰富和提高。

二 "同情"对当代生活实践的现实意义

宗白华的"同情"既是对中华传统文化精神的继承，也是对现代文化建设的反思，他借助审美的力量，以情感的维度——"同情"来感化人们，唤醒国民的民族意识，建设新的生活，从而推动整个社会的进步。这种"同情"的人文关怀对现今社会的和谐发展同样有着积极的作用，平民百姓小我的家庭主义、个人观念很强，对时事政治、社会问题关注度不够。所以，对国民"同情"力的培养是迫切的，它使人们在感受社会整体力量的同时，增强人们的国家、民族意识，提高社会责任感和凝聚力。有利于培养人们博大的心胸和高尚的道德情操，使一己之私变得微不足道，减少了生活烦恼，人生也因无私的心境而诗化、艺术化。

近年来，随着城市文明的发展，国民文化素养的提高，越来越多的中国文化记忆和传统民族精神被"唤醒"，传统文化所蕴含的与人类文明生活相通的思想和理念，又开始得到发掘和重建。2013 年习近平主席在中央城镇化工作会议上就说过，"望得见山，看得见水，记得住乡愁"，指示城镇建设要体现尊重自然、顺应自然、天人合一的理念。习近平主席在云南洱海边探望村民时再度提及"乡愁"，他说："这里环境整洁，又保持着古朴的形态，这样的庭院比西式洋房好，记得住乡愁。"其实，"乡愁"的含义有诸多层面，有对乡音、故土不可磨灭的记忆，有对守护中国山水的期待，也有对传承中国文化、向世界展现"新国风"的信念。这种文化现象的出现就是"同情"在当今社会中的突出表现，共同的中华民族记忆和精神品格催化了国人的情感，中国传统民族文化的价值在历史和现实间构建的文化记忆中得到人们的集体认同。在这种"同情"力的感化下，我们每个人都可以成为民族精神和文化记忆的传承人，从而推动整个国家的发展。

"同情"之美不仅着眼于当代社会的文化现象，在消费时代的日常生活审美化的大环境中，对个人审美品位的提升、消费兴趣的塑造也有重要的启示意义。审美的生活是智慧的，"进步的文艺作品不但能给人以审美的享受使之精神愉悦，而且能够提高人们的认识，振奋人们的精神，陶冶情操，净化心灵，激发人们追求真善美的热情，推动人类社会的进步"。然而，在我们周围存在着一些媚俗和商业气息的"美"，人们被物欲牵引、人心浮躁，单纯追求"世俗化""平民化""娱乐化"等消费现象而忽视了审美价值的社会意义。我们迫切需要"同情"的审美（人性之美和人文关怀），重新激活中国传统美学的人文精神，从而渗透到大众文化的制作与消费过程中以引领消费时代的审美价值，重塑文艺的价值功能，最终使大众成为"生活之美"的最大受益者。

艺术与生活相互映衬，在审美的"同情"中焕然一新。尤其是观看悲剧、欣赏音乐这两种艺术形式，最能感染人们的情绪，产生情感共鸣，在生命情绪的触动、震撼中净化人们的心灵。危难中的人们，情感表现尤为突出，人情充满了观赏趣味。在毁灭性的灾难来临之际，更显人性的光辉，使观赏者不由地进入情境、生出敬畏之情。悲剧使人崇高、精神升华，经过眼泪的洗礼，会觉得人生境界有了提升，灵魂干净了许多，原来生活是那么美好。平淡的生活一旦进入艺术，人们就会有一个新的视角去感受生活，人们在艺术欣赏中脱掉功利实用的外衣，摆脱理性逻辑的思维，以一颗审美的"同情"之心体会到不曾留意的韵味，在艺术的感染下直视自己的灵魂，回归心灵深处。

当今社会商业化的流行使音乐为取悦大众的听觉，嘈杂地占据了人们的耳朵，而高雅的交响乐、古典音乐，似乎是普通民众难以接触的。现今也有一些艺术家和社会机构以低价格或免费的方式向普通市民普及交响乐，著名指挥家曹鹏就是其中之一，他认为要让普通民众听得懂，需要站在他们的角度来理解音乐，在这样的角度下审视，即使高雅如交响乐，也能融入生活的气息。所以，如何让艺术作品更好地贴近人们的现实生活，使更多的人在艺术中实现情感、精神的共鸣，这是艺术家在新时代应该具备的"同情"之心，这样，艺术家将不再孤独，高雅艺术也不再孤芳自赏、不再只是小群体的专属，而是以纯粹的生活姿态进入大众的视野，在人们的理解关怀下与众人温暖共融。

我们以"同情"的审美观照自己的情感、灵魂，观照这个变迁的社会和短暂的人生，"同情"是人们理想生活中最有灵性的一部分，当我们主动与他人、与世界、与自然、与道德法则进行情感生命沟通时，我们就收获了艺术化的人生。艺术是对美和生命的总结与概括，艺术和生命密不可分，人们在热爱生命的同时也应该敬畏和热爱艺术，从最平易的生活中伸展感知艺术的触角，在艺术中寻求情感的释放和心灵的宁静。艺术生活当然不是要求人们执着于所谓的高雅艺术，我们需要的是审美主体能以充沛丰富的情感在种种的生活对象中感受"美"，这也是培养审美"同情"力的意义之一。艺术给予我们一个打开自我、放空自我的机会，而艺术生活的关键是我们以何种心态去对待审美、表达情感。当我们以"同情"的审美态度随时接纳审美情感的产生和沟通时，我们才是一个真正生活着的人，一个审美的人，生活才能是艺术化、诗意化的。我们并不倡导一种"为艺术而艺术"、远离日常生活的艺术表达方式，只追求唯美会有损艺术与生活的完整性，所以审美的生活应是"为人生而艺术"的，中国传统的文化艺术精神和人生论美学一直都秉持这样的理念，散发着独特的人性光辉。

注释：

[1] 金雅主编：《中国现代美学名家文丛·宗白华卷》，浙江大学出版社2009年版。

[2] 胡继华：《中国文化精神的审美维度·宗白华美学思想简论》，北京大学出版社2009年版，第190—217页。

[3] 杨培明主编：《审美八讲：情感洋溢的日常生活》，北京师范大学出版社2014年版。

[4] 陈旸：《消费时代的审美价值论——在大众文化与日常生活审美化语境中重塑文艺的价值功能》，《内蒙古师范大学学报》（哲学社会科学版）2006年第5期。

（《消费导刊》2017年第7期刊发）

"赤子之心"与朱光潜人生论
美学思想的实践意义

胡　海[*]

摘　要：朱光潜在《谈美》中建构起人生论美学体系，其宗旨是人生艺术化，既以艺术提升人生境界、追求精神圆满，也以艺术改造人心、进而改造社会。朱光潜人生论美学与其文艺心理学相辅相成，在区分审美、认知、实用的前提下，又以兼具政论、美论和人生论内涵的"赤子之心"沟通三者。"赤子之心"是超功利的心境。保持赤子之心，直觉万事万物之美，推己及人和移情于物，有助于更新功利主义价值观，培育爱心和美德；怀有赤子之心的艺术家创造理想境界，引领和推动人们改造现实；贯穿游戏精神的艺术创造和欣赏又能够帮助人们找回失落的赤子之心，中和唯利是图和急功近利思想，以及由此而生的比较心、争斗心，找回爱心和宽恕之心，实现美与德的良性互动。

关键词：赤子之心；人生论美学；物我同一；推己及人；游戏

---

* 作者单位：河北大学文学院；浙江理工大学中国美学与艺术理论研究中心。

朱光潜的《谈美》一书由 15 篇有着内在关联的专题文章组成，以人生艺术化及以艺术改造人心、进而改造社会为宗旨，融合西方美学理论与中国传统人生论，构成了中国特色的人生论美学，不仅将偏于感性经验的传统人生论、艺术论提升到综合探讨的理论高度，而且带有鲜明的实践意图，如他在该书序言中说：

> 谈美！这话太突如其来了！在这个危急存亡的年头，我还有心肝来"谈风月"吗？是的，我现在谈美，正因为时机实在是太紧迫了。朋友，你知道，我是一个旧时代的人，流落在这纷纭扰攘的新时代里面，虽然也出过一番力来领略新时代的思想和情趣，仍然不免抱有许多旧时代的信仰。我坚信中国社会闹得如此之糟，不完全是制度的问题，是大半由于人心太坏。我坚信情感比理智重要，要洗刷人心，并非几句道德家言所可了事，一定要从"怡情养性"做起，一定要于饱食暖衣、高官厚禄等之外，别有较高尚、较纯洁的企求。要求人心净化，先要求人生美化。[1]

王国维早就表述过以审美对抗功利主义的意思。朱光潜则将其当作一个主题，更多联系现实，因而实践性更强。他认为情感比思想道德重要，人心净化先要人生美化，不仅将人生艺术化当作目标，亦当作从根本上改造人心、改造国民性的手段。

朱光潜人生论美学还有一个特色是重视心理研究。《谈美》是他在完成《文艺心理学》之后写的一个"普及版"，先于后者出版。心理支配行为，他论及直觉、移情、联想、想象、灵感等审美心理要素，不只是为了说明艺术创造与欣赏的特征，更是为了说明审美为何具有净化人心、移风易俗的功能，为何能够影响人们的心态，改变人们的价值观，从而改造社会。

朱光潜将"赤子之心"作为人心净化的出发点和归依。"赤子"本义是指身体赤红的初生婴儿,"赤子之心"喻指没有任何思想、感情、意欲先入为主的心境。《老子》中用"婴儿"喻指无欲无争、平和自然的心态。朱光潜所引《孟子·离娄下》中"大人者不失其赤子之心"一句,要结合儒家思想总体来理解:赤子自然而然地移情于他人,成人为利来往;大人即君子,君子不失赤子之心,重义轻利,推爱及人,亦乐山乐水;失落赤子之心的成人唯利是图,争权夺利,失去爱心,也失去审美的眼睛和感受美的心灵。明代李贽所谓童心相当于赤子之心,兼有以上诸多内涵。朱光潜引这句话,是希望人们不失赤子之心。只有保持赤子之心,才能够具有游戏精神,直觉把握世界,产生美感和情感;才能够无差别地推己及人、推己及物,对自然和社会充满爱心,对他人宽容谦让;才能够超越功利,充分展开艺术想象,放飞灵感,自由创造;才能够在艺术创造与欣赏中形成超功利的思维习惯,自觉自动地中和唯利是图和急功近利的意欲,及由此而生的比较、争斗心,在更高层面回归赤子之心。

由此可见,从"赤子之心"切入,可以把握朱光潜人生论美学的要旨,并充分认识其实践意义。

一 物我同一的赤子心境与价值观更新

《谈美》前六篇是美感及艺术鉴赏论,首先区分了实用态度、科学态度和审美态度,指出美感与实用活动无关,而快感则起于实际要求的满足;进而指出美感经验是直觉的而不是反省的;美感非联想,联想带有思考,美感起于直觉;人通过移情作用将外物人情化。克罗齐认为审美即直觉,不涉及认知理性和实用理性。朱光潜的人生论美学基于这一原理,通过分析"我们对于一棵古松的三种态度",简明

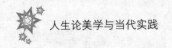

而生动地区分了审美直觉、认知理性和实用理性，并进一步分析了观松者的心理活动，揭示了审美活动不同于实践活动、认识活动的心理特征。他说：

> 姑先说欣赏自然美。比如我在观赏一棵古松，我的心境是什么样状态呢？我的注意力完全集中在古松本身的形象上，我的意识之中除了古松的意象之外，一无所有。在这个时候，我的实用的意志和科学的思考都完全失其作用，我没有心思去分别我是我而古松是古松。古松的形象引起高风亮节的类似联想，我心中便隐约觉到高风亮节所常伴着的情感。因为我忘记古松和我是两件事，我就于无意之中把这种高风亮节的气概移置到古松上面去，仿佛古松原来就有这种性格。同时我又不知不觉地受古松的这种性格影响，自己也振作起来，模仿它那一副苍老劲拔的姿态。所以古松俨然变成一个人，人也俨然变成一棵古松。真正的美感经验都是如此，都要达到物我同一的境界，在物我同一的境界中，移情作用最容易发生，因为我们根本就不分辨所生的情感到底是属于我还是属于物的。[2]

观松者的意识为古松形象所占有，认知理性——它是什么树、实用理性——它有什么用，在人的脑海几乎没有存在的空间。这是纯然的直觉状态，与婴儿初见世间事物一般。接下来发生了"类似联想"，"高风亮节"的意识浮现于脑海，产生情感反应，这时已经不再是"赤子之心"直觉外物的最初状态了，但还属于直觉而非理性思维状态。所谓"类似联想"，不是凭借概念、遵循逻辑的关联思考，而是心理学的"投射效应"，也就是维柯《新科学》中所谓"以己度物"：原始人不能区分自我和他人、外物，所以会认为一切自然物都有人的意识和行为，比如觉得砍树树会疼；会将一切与父母年龄相近的人称为爸、妈，将同龄人视为兄弟姐妹。这不是一种理性思维，而是"诗性智慧"。类似联想包括：以心中形象去把握对象的外形，因为外形相似而转移情感于对象；直接将情感投射于对象；对象已经人情化，心中情感合乎对象所寄载的人情，因而心物呼应。朱光潜说，观松者移情于古松，忘记了自我和古松的区别，投射人格特征于古松，又受古松的这种精神特征影响，仿佛自己成为松，松成为自己，这属于类似联想的第三种情况。因为类似联想和移情过程间并无理性介入，所以还属于审美直觉阶段，只是不像赤子直觉世界之初那么单纯而已。完全与认知理性、实用理性隔离的审美直觉是没有的，朱光潜所谓赤子之心，是一个不断趋近但不可能抵达的理想境界。他以这种理想境界为标杆，从理论上区分真、善、美，昭示审美和艺术的特性、特殊意义与价值，尤其是沿着王国维的理路，用审美来矫正积重难返的功利主义价值观。

审美主体直觉把握对象而进入物我同一境界，是历代文人推崇和向往的审美境界。直觉而非理性的审美境界对于人生有什么实际意义呢？这要结合心理与行为的关系来看。人生的烦恼，虽然归根结底是源自客观境况，但直接发自心灵。价值观念和心境不同的人，面对同样的处境，会有不同的情绪反应，有不同的思想与行为。人们行为的最大障碍，直接来自纷繁复杂的思想观念或多难选择的意愿，或各种考量与顾虑。人有种种欲望，就有患得患失之心，这种心理常常成为行为的负担，导致事与愿违的结果。物我同一的境界，或忘物忘我的境界，是人在审美直觉中放空心灵，"澡雪精神"，进入虚静状态，平息纷繁意念，消除患得患失之心，人的情绪安宁，创造力和行动力就能够自如释放。人是情绪动物，外物引起的情绪与思虑，有时很难通过思考分析去排解。而当人登上高山，远眺广阔平原或无边大海，头脑中翻腾的杂念一扫而光，可以跳出来看问题，不再当局者迷；或者，因为在审美直觉中释放了情绪，没有了压力而增加了动力，让人在回到现实后更加振作，发挥潜能。

以《谈美》的写作时代看，当时中国内忧外患，这是必须直面的现实。怀有赤子之心的人，如果能够感受到祖国大好河山之美，产生对祖国的热爱，也就能够保持生活理想与热情，摒弃各种私心杂念，团结一心，共同度过艰难岁月。如果继续唯利是图，唯权是争，以获得更大的生存与安全保障，及时行乐，不利于国，终将害己。所以，朱光潜净化人心的直接目标，就着落于心态和价值观的更新。朱光潜认为："在利害关系方面，人最不容易调协，人人都把自己放在首位，欺诈、凌虐、劫夺种种罪孽都种根于此。""在创造或是欣赏艺术时，人都是从有利害关系的实用世界搬家到绝无利害关系的理想世界里去。""伟大的事业都出于宏远的眼界和豁达的胸襟。如果这两层都不讲究，社会上多一个讲政治经济的人，便是多一个借党忙官的人；这种人愈多，社会愈趋于腐浊。"[3] 钻研科技与学问、参与社会实践事物、美的欣赏与创造是人生三大活动，三者各有其价值。如果价值观单一，大家都热衷于名利，只看重权力和经济利益，就会带来社会发展的不平衡，权力集中，科技与学问凋敝，制约经济发展，进而导致利益竞争加剧，为了争利而又加剧权力竞争。审美具有双重作用，一是满足人们的精神需求，二是改变利益至上的单一价值观，中和人们的争权夺利之心。这样，浮躁、暴戾的心态也得以改观。朱光潜之前，李石岑在《美育之原理》中已经将审美的双重作用说得很清楚："美育包括德智体三育，占有三育的领域，但又不失自己的领域。"[4] 指的就是美育除了体现审美作用，还能够潜移默化地影响人的思想观念，从根本上促成人们对道德的自觉依从，及对知识、学问的热爱。这是与梁启超的小说新民、王国维的美学新民、蔡元培的美育新民一脉相承的。

审美对价值观的影响，不是直接改变一个人的思想，不是用新的置换旧的那么简单，而是改变人的思维惯性。审美是一种无利害的直觉状态，当主体直觉对象时，已有观念被清零。一个审美过程结束，原有观念可能会回来，但是，反复多次，那种物我同一和两忘的境界在主体心灵中烙下了安定、愉悦和满足的记忆痕迹，原有观念就不容易再恢复其空间。这也是"赤子之心"或道家所言素朴之心恢复的过程。

严格来说，审美对于观念和心态的作用，于青少年比较大，于社会上的成人比较小。美育比思想教育的效果好，主要是就学校教育而言。社会人就如朱光潜所说的那样，从一己之利害考虑问题，不大容易受思想教育的影响。怀有赤子之心的人，更加容易在美育过程中形成达观开放的思维、崇高理想和社会使命感，以及健全的道德情操。审美对于社会人来说，则同时还要发扬恢复其赤子之心的功能。

所以说，赤子之心是一个审美过程的起点，也是其终点和最高点，是美育的手段，也是其目的。

二　无分别的审美与发乎自然的道德

朱光潜的人生论美学以改造人心与社会为目的，由美学问题延伸到心态调节、价值观念转换、道德修养等与人生实践相关的问题上。由于当时西方美学和心理学还处于译介阶段，诸多艰深、繁复的理论内容需要整理以完成本土化表述，所以朱光潜的一些论述还不是那么清晰，没有充分展开。他认为审美是有助于德育的，也揭示了审美心理活动中道德意识的作用，但没有进一步阐明二者的互动关系。凝结了儒家修身立德主题和道家修心审美旨趣的"赤子之心"，虽然在《谈美》第九篇才出现，却是美学与人生论的桥梁，是解析审美与道德关系、把握全书主旨的关键。

孟子相信人性本善，就赤子之心而言，自然会推己及人。人投射情感于他人，进入"我他合一"的境界，就会"快乐着他的快乐，痛苦着他的痛苦"。这和审美移情是同样的心理过程。不同的是，孟子所谓推己及人是就伦理活动而言；庄子"推己及物"则属于审美活动：以赤子之心直观万物，领略人生之趣和自然之美；超越概念和逻辑，用无限的物来反观人生，超越物欲和世俗观念，回归或保持赤子之心。在审美活动中调节心态、更新价值观，进而培育道德，这是朱光潜人生论美学的基本思路，赤子之心贯穿这一思路的始终。

朱光潜在分析移情的心理活动时，将情感与道德统一起来，这种"道德感情"或根源于道德意识的美感，符合现实要求，但不具有普遍性，容易被误读。我们先予以解读。

朱光潜说："古松的形象引起高风亮节的类似联想，我心中便隐约觉到高风亮节所常伴着的情感。"高风亮节是一种道德判断，人们崇敬、喜爱具有高风亮节的人，并以不惧风霜、傲然挺立的古松为这种道德的象征，而崇敬、喜爱之情特附着于古松形象。如果观松者了解古松的道德象征意义，也崇尚高风亮节，那么古松形象就会激发其崇敬、喜爱的情感。他移情于对象，也从对象身上发现了自己的道德意识及伴随的情感，于是实现了物我同一。

道德意识与实用意志有关，道德是将人们关于善和不利、愿与不愿的要求转化为观念和规则，影响或支配人们的行为。基于实践意志的理性首先是对事物于人是否有用的判断，进一步是对某人于他人、社会、国家是否有利的判断。朱光潜为何要用高风亮节来说明情感与道德的关系呢？就其出处看，是现实对传统道德的呼唤。袁枚《随园诗话》第八卷中说："然司空图高风亮节，唐季忠臣。"朱温（朱全忠）叛唐自立，召司空图为礼部尚书，司空图不应；后来唐哀帝被弑，司空图绝食而死。而朱温、洪承畴之类叛臣，为一己之生死得失，不顾国家民族危亡。由此可见高风亮节——忠诚和气节多么重要。于是，这个积淀了道德内涵的词升华为崇尚高风亮节的情感，再移情于各种道德象征物。在民族危机深重的 1932 年，爱国是普遍推崇的精神，高风亮节伴生的情感也普遍存在于国民心中，所以人们很容易对具有这种精神的人，以及象征这类品德的自然物产生美好的情感。高风亮节的道德意识对象化于古松，古松合乎人们的现实要求和道德观念，令人欣赏、喜悦，这种情感附着于古松，成为一种情感与形象联结的记忆，能够被古松的形象唤起。朱光潜说审美过程中的道德意识是"类似联想"的产物，是直觉生成的情感，不是依据道德准则进行理性判断的结果。但是，毕竟这种道德意识是事先存在于脑海，观松者才会有这种联想及情感，这种移情有着道德意识的深层根源。

为什么说朱光潜的"道德感情"不具有普遍性呢？假如某位观松者并不认同忠诚和气节，就不会对高风亮节者产生敬爱之情感，不会对古松产生审美的态度，移情于古松乃至物我同一；也不会在欣赏古松的同时强化高风亮节的意识。联系着道德观念的情感与发乎赤子之心的美感是有区别的。既然不同的道德意识联系着不同的情感，那么，道德观念不同的人看松的美感就会有差异。道德意识是否强烈，与人的经历有关。陈毅饱经风霜，看到过很多穿越风霜的人，所以他看到的松及由此生发的感想是："大雪压青松，青松挺且直。要知松高洁，待到雪化时。"没有类似经历和见闻的人，则可能领会不到甚至不了解高风亮节的蕴含，也不会由观松或读咏松诗而产生"高风亮节"的道德意识，不会对松产生特别的情感和美感。

道德观念不同带来的不是审美的差异性，而是审美的狭隘性。伴随伦理意识的情感反应是狭隘的，甚至可能影响人的正常审美。具有赤子之心的人，可能喜爱所有动物、花草树木、山川河流。如果自然物被赋予各种道德的象征意义，那么有人就会偏爱梅兰竹菊，栽于盆中，画于纸上，而忽略野草、禾苗、油菜花之美；喜欢名山大川，而不能像陶渊明那样欣赏家乡田园之美："榆柳荫后檐，桃李罗堂前。""种豆南山下，草盛豆苗稀。""披草共往来，但道桑麻长。"

古松的例子似乎表明美德生美感。如果情感和美感是绑定在正确的思想道德上，那么三观不正的人就会缺失审美态度，更谈不上在审美中提升道德境界。比如说一部很能感化人心的作品，有的人根本就不爱看，那感化人心又从何谈起。事实上，每个人都在一定程度上具有赤子之心，在审美过程中并无某种道德观念先入为主，而是出于本能地投射自我于万事万物，移情于一切令人感官愉悦、精神满足的实用和不实用对象。这种无差别的移情，使人不会过于热衷追名逐利。不想争权夺利的人无患得患失心，能按规则竞争而不会不择手段，尽本分而不会有贪欲，无畏惧也不纠结。这种人往往能够欣赏自然美，热爱祖国大好河山而有保家卫国的勇气、强国富民的理想；也能够欣赏艺术美乃至人之美。这样的美德，是由赤子之心自然而然地生发的，远非说教可以养成。审美培育美德就是这个道理。

当然，如果某种道德观念是比较普遍的共识，那么这种道德理性伴生的审美意识就不算狭隘。如爱国之心和江山之美就普遍为公民激赏。又如孔子周游列国推行礼乐，屡遭挫折，归乡之后仍然坚持传道授业，这种"岁寒，然后知松柏之后凋"的人格也为中华民族普遍推崇。如果某种道德不被普遍认同，那就另当别论了。如陶渊明不为五斗米折腰，有人认为这是名士风度，是高风亮节，但王维则质疑他"一惭之不忍，而致终身惭乎？"

审美有助于培育美德，但美和善并非一体，朱光潜这么讲，意在强调审美的实践意义，我们不能表面地理解。朱光潜还说过："不但善与美是一体，真与美也并没有隔阂。"并在《谈美》的最后一篇中指出了审美活动与认识活动的联系：学者带着趣味与热情追求知识和真理，满足求知欲，因此科学活动也有艺术活动的成分。这也是强调审美的实践意义。王国维曾经指出，中国历代文人学士总想做官，价值观单一，不能追求纯粹的学问和纯粹的美。朱光潜阐述科学活动的审美性，正是希望有更多的人热爱科学，在科学活动中找到价值实现的快乐与满足。如同马克思说劳动是人的第一需要，不是强调不劳动就没饭吃，而是说，不劳动，人就不能实现自己的价值，就会精神空虚。真与美是在"人"这一目标下具有一体性，并非混淆二者的区别。

道德理性导致美感的局限性，反过来，狭隘审美意识支配下的创作，也可能导致人的思维固化，道德观念极端化、狭隘化。历代诗人将"高风亮节"诉诸梅、兰、竹、菊、松、柏等，反复歌咏，强化了人们的清高、气节、风度意识，这在爱国精神层面是有积极作用的，在个人事业和日常生活层面则未必。陆游的《卜算子·咏梅》，沉湎于自己的失意，看不到国家的需要，一味抱怨不受重用，并自我标榜"无意苦争春"的气节。这首词的文辞和"梅"的形象固然美，其孤独、彷徨、凄苦、激愤、无奈的情感固然动人，但思想境界是比较低的。作家在描写人和物时，如果带着狭隘观念左右的情感倾向，就会变得矫情乃至自欺欺人。在这类作品潜移默化的影响下，有的人可能将竞争、追求功名富贵当成可耻的事情，既怀有理想，又不想直面现实，既想入世又想遁世，陷入纠结之中。在今天，有的人奋力进取，有的人则觉得争当先进、争做好事是动机不纯，努力工作可能被视为争利，做好事可能被嘲笑为投机。文学作品反复歌咏的气节压抑了人的自然感情，读者也可能变得矫揉造作。

如果心如赤子，人们就不会深受这种于事无补而作茧自缚的纠结心理的困扰。

成人很难控制观念介入，只有婴儿才不会产生观念。所以，赤子之心指的就是没有观念介入的审美境界。这是一种理想境界，不是说初生婴儿的直觉才是真正的美感，而是说，人要努力排除杂念干扰，像赤子那样单凭感官而不凭思考去直觉把握对象，只有情感反应而不会有理性判断与分别。儒家讲推己及人、推己及物，道家讲齐物，佛家努力追求消除"分别心"，这都是在呼唤赤子之心。

那么，成人是不是就不能以赤子之心去自然而然地看世界呢？不是的。审美时，理性是可以不活跃乃至暂时休眠的。这需要人的自我克制和自我调节，克制成人世界的名利心，调节自己因得失而不安定的心绪。那么如何克服潜意识中的利害、优劣判断呢？这需要"澡雪精神"。让心归零，恍惚回到了赤子之心。至于那种普遍性的道德理性判断，则是不必非要避免的。

朱光潜说真正的美感经验是要达到物我同一的境界，在此境界中，人根本就不分辨所生的情感到底是属于我还是属于物的，移情作用最容易发生。随着人类的成长，渐渐地，理性认识使得人对与己相近的人和物保留移情。当人的理性不活跃时，那种内心深处的推己及物思维会发生作用。如宋代诗人林逋以梅为妻以鹤为子；《秋翁遇仙记》里秋翁爱花如命；有的小孩子将娃娃和宠物与人同等对待。佛家"泛爱众生"观念，就是基于这种原始的推己及人、推己及物情感。

在现实生活中，移情必然是有界限的，不同的人有不同的界限。在审美中理性不活跃，移情无障碍。审美心境的自由，让人和世界万物发生情感关系，这种情感投射会成为一种习惯，于是会有广泛的同情心，会有对自然的真正热爱。审美能够让人在不同程度上焕发或者恢复赤子之心，赤子之心进一步保障人向他人和万物移情。有了人情，有了爱，就有"恕"——宽容，就少了争斗，很多道德难题就不会存在。这才是朱光潜从美育到美德的基本思路。

三 游戏精神与赤子之心的回归

《谈美》之第 7 至 14 篇是艺术创造论，首先指出美是艺术化的自然或自然的艺术化，心物结合创造出美，艺术美不是模仿自然美得来的；进而指出艺术是发乎赤子之心而带有社会性、需要表达技巧并产生作品的游戏；并讨论了想象、情感、格律、模仿、天才与灵感等与艺术创作有关的问题。第 9 篇引孟子"大人者不失其赤子之心"为标题，以"艺术与游戏"为副标题，是创作论的核心，也是全书的核心，提出了一个以艺术创造和欣赏恢复赤子之心的课题。

朱光潜认为游戏是艺术的雏形。他以骑马游戏为例，指出游戏和艺术有以下的类似点。一是既是模仿也是创造。骑过马或见过骑马的小孩子带着骑马的意图，凭着骑马的情形记忆，将大人当马，或者将笤帚当马，模仿这一情形；还可能在心里想象各种骑"马"的情形，去实施或者画出来，所以说这种模仿包含了创造。二是将幻象当成真实。成人将人和物的界线分得很清楚，把想象的和实在的分得很清楚。儿童在游戏中将物视同自己，以为它们也有生命。三是都有移情作用。只是儿童物我不分、天然与对象同一，成人则不一定都会移情于物，不一定完全进入物我同一境界。四是都是在现实世界之外另造一个理想世界来安慰情感，弥补现实缺陷。总之，儿童的想象力没有受到经验和理智的束缚，所以能够自由想象和创造，他们就是艺术家；而艺术家则都是保持童心的，是"大人者不失其赤子之心"。朱光潜也指出了游戏与艺术的不同。一是艺术都带有社会性，而游戏却不带社会性。儿童在游戏时不在意外界评价。二是游戏没有社会性，不求表达，不必有作品；而艺术则必有作品。并且珍惜自己的作品，希望赢得更多共鸣。三是游戏不刻意关注乃至研究表达技巧，艺术家则重视技巧。由此可知，艺术的特征是模仿与创造、想象与虚构、移情、现实补偿与心灵慰藉、社会性表达、读者期待或接受期待、有特定技巧。

朱光潜认为儿童具有游戏精神，能够充分发挥想象与联想，爆发灵感，具有童心者也是如此，能够进行艺术创造，或在欣赏中再创造。所以，艺术创造，包括欣赏，都离不开赤子之心。需要注意的是，朱光潜崇尚的是赤子之心，而非赤子，他所言赤子，主要指具有赤子之心或童心的成人。

朱光潜肯定艺术包括模仿，更强调艺术能够创造现实。艺术创造论的理念在西方源远流长，和我国文论强调艺术反映现实（能动地模仿）的观点有些不同。锡德尼说诗为人类创造一个黄金世界，意思是说，诗人按照理想去创造一种"现实"，人们根据这种理想去努力，从而将其变成现实。比如有人希望生活在一片花海当中，于是根据他家的周边环境写了一首这样的诗，或画了一幅这样的画，全家人都觉得很美，于是一起在房前屋后种满了各种花，这就是将艺术变成现实。王尔德说生活模仿艺术也是这个意思。写实、反映现实主要是呈现现在的和过去的生活，满足从艺术中看到自身及所处境况的心理，以及认识生活和历史。艺术创造与写实的相同之处是，也要遵从认知理性和实践理性，要合乎生活逻辑，合乎情理，乃至在一定程度上合乎社会历史发展规律，不能凭空设想，胡编乱造。可以任意虚构、尽情想象的是奇幻小说、神魔小说，尽管作者也可能在这类小说中有所寄寓，但它们主要还是游戏文字，是供小孩或保有童心的人看的。而创造现实，则完全是成人的才能，这些成人也是保有童心的。

艺术创造现实，需要有超越现实的想象力。然而一个人的观念、思维是有惯性的，很难超出。按弗洛伊德的分析，一个人在创造时，本我会受到自我的制约。成人的"自我"很强大，会制约人的想象力。儿童可以凭心愿、凭情感而不凭理性去浮想联翩，不考虑事实与现实要求去胡思乱想，不会受到脑海中不时泛起的概念干扰，不会习惯性地要去做判断和推理。比如《这里的黎明静悄悄》中，有个女战士是孤儿，她希望有一个妈妈，然后就按心愿想象出一个妈妈，给别人讲述她想象的场景，也是希望的温暖画面，任何她希望的，都可以在其讲述中实现，并由于别人相信，造成一种暗示——"这都是真的"，最后自己也信以为真。过于理性的人，则会因为这种幻想感到难堪、羞耻、伤心。对于这个孤儿来说，如果天天因为没有母亲而缺憾，不如坚信有这么一个母亲存在，坚信的人是幸福的，不能坚信的人反倒是虚无的。这就是想象与虚构的意义，也是文学对人的意义。有赤子之心的人能够用想象来填补现实的不足，而且这种想象会导引他循着想象去寻找。比如这个女孩子

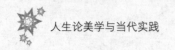

找到一个老妈妈，认定她就是自己的母亲，那就是心愿和幻想创造了一个美好的现实。人在阅读文学作品时，也可能进入情境，忘却现实，理性思维停滞，不仅仅是移情，而且是作为人物去创造出自己的情节。

一个人长大成人，就不可能回到婴幼儿时期。他会有很多杂念，干扰其正常思维和行为。当人在思考一个问题时，意识常常不集中于一点。比如一位导师想了解研究生的论文进度，就问他写得怎么样了，学生可能认为老师是嫌他进度慢，是催他，不直接回答进度，而是先找一堆理由来解释他为什么慢，或者支支吾吾说"还没写多少"。严格的学术训练能够让人养成专心致志的心理习惯。但在日常生活的方方面面，包括在审美活动中，人们的思维常常是发散的、任意流动的。北京大学西语系孙凤成老师在给研究生和助教进修班讲授"西方文化与艺术"课程时提到，她在法国时，和外国同事去看现代画展，里面有印象派画作，她不知道画的是什么，就问同事。同事反问："你们中国人怎么总是喜欢问画的是什么呢？欣赏就好了。"欣赏画，主要是凭借直觉，形成自己的感知，这种感知是重要的。同时，人有求知欲和好奇心，如果能知道画的是什么，这种心理就得到了满足，但这不是美感。人们在欣赏自然美时，看到一片花海，这是一种美感；如果注意力在于想搞明白这是一片油菜花还是一片罂粟花，美感就会打折扣；如果判断是罂粟花，就可能会想到，国家负责监察的飞机能不能拍到？自己走近了会不会像《绿野仙踪》里的多萝茜、小狗、狮子一样晕倒？如果判断是油菜花，就可能会想到，农民可以榨好多油，今年的菜籽油会便宜些，可以多吃香香的菜籽油。

心理是受习惯驱使的。如果一个人经常欣赏大自然，领略到自然万物的美，就会越来越容易进入忘情境界、忘物忘我的境界，并且会形成条件反射，只要是游玩，就专注于欣赏，不想那么多。艺术欣赏也是这样。如果一个人看电影，总是在想这是假的，那就进入不了这个情境，并且也可能不是那么爱看电影的。不爱看或看得少的人容易这样想，经常看的人形成了心理习惯，很容易进入情境。所以说，艺术欣赏可以帮人找回赤子之心。

《谈美》最后一篇回归全书总旨——人生的艺术化，指出人生即是广义的艺术，实用与美在最高层面是相通的，"至高的善"也是一种美，最高的伦理活动还是一种艺术活动；"无所为而为的玩索"是唯一的自由活动，是最高理想。人生艺术化，就是"慢慢走，欣赏啊"。也就是说，功利主义，尤其是急功近利，是人心不自由的根本，是阻碍人生艺术化的世俗状况。而"赤子之心"是自由创造的空间，也是自然人化、人生艺术化的空间。

"赤子之心"是一个沟通传统儒道人生论和艺术论的重要概念；"游戏"作为无功利而自由的活动，是艺术起源的直接动因，也是艺术的初级形式，还被视为艺术本质所在，因此成为西方美学和艺术论中的关键词。朱光潜将这两个词关联起来，也是将中国传统人生论与西方美学在艺术问题上关联起来。这不是他人为地将二者结合起来，而是看到二者都能够揭示人生真谛和艺术奥秘，以及人生与艺术的关联。故赤子之心对于文学、人生和社会的意义，是朱光潜人生论美学的特色所在。

在内忧外患的1932年的中国，这种启蒙性质的学术研究似乎不合时宜，但是从今天来看，革命成功、制度完善、科技昌明和经济进步不能解决一切社会问题，物质主义和急功近利导致人心浮躁，社会还不够和谐，人们的整体道德水平和精神境界还有待提高，个人幸福感也不算很高。因此，以赤子之心为核心把握朱光潜的人生论美学思想，在自然人情化、人生艺术化过程中培育健全的价值观、美好的心态与德行，仍是一个很有现实意义的课题。

注释：

[1] [2] [3]《朱光潜文集》第 2 卷，安徽教育出版社 1987 年版，第 5—6 页；第 22—23 页；第 6 页。

朱光潜"情趣"说的人生论美学 内涵及其当代美育实践启示

郑玉明*　刘广新**

摘　要:朱光潜的美学思想以"情趣"为核心范畴，认为美和艺术是情趣的意象化。他从艺术美出发，主张审美艺术人生和真善美的统一。他一方面强调艺术情趣源于人生活动，一方面关注人生实践的情趣化艺术化，这就使"情趣"说升华成了重要的人生论美学命题。朱光潜的"情趣"说及情趣教育观，对今天的美育实践具有重要的思想启示。

关键词:"情趣"说；人生论美学；启示

"情趣"是朱光潜美学思想的核心内容。努力把审美、艺术和人生统一起来，坚持真、善、美的融合统一，以实现"人生艺术化""艺术人生化"，是朱光潜"情趣"美学思想的重要内容。他既要求艺术以情趣的意象化所形成的美的境界为中心来创构作品，又要求作

---

* 作者单位：浙江理工大学中国美学与艺术理论研究中心；浙江工业大学人文学院。
** 作者单位：浙江理工大学中国美学与艺术理论研究中心。

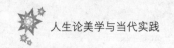

为人生主体的人的艺术情趣的丰富，以追求和实现人生的艺术化情趣化。这就使"情趣"说完全成为人生论美学的一个重要命题，可以将之概括为情趣人生论美学观。[1]它与人生论美学主张真善美贯通、关注审美艺术人生统一的大美观完全一致，[2]在当今市场经济和高科技社会中具有重要的实践意义，值得进一步深入探讨。

一　朱光潜的"情趣"说和艺术的人生化

"情趣"是朱光潜情趣人生论美学的核心内容，它与"趣味"的内涵几乎相同，主要指审美活动中特定的情感取向。以情趣为中心，他认为美是意象——美产生于人的情趣与物的表象契合统一而形成的形象。人的审美情趣随着心境和环境等的不同，就会产生变化。因此，审美情趣并不是固定不变的，当事物的表象与人的情趣契合统一起来后，美就被不断地创造出来。朱光潜的这一美学观非常重视审美主体在审美活动中的创造性作用。以之为出发点，他通过主张艺术的人生化和人生的艺术化，论证真善美的统一，形成了自己的"情趣"说。

人生的艺术化、情趣化是人生实践的本质规定，下文会有特别的论述。这里主要谈谈艺术的人生化。艺术美的研究是朱光潜美学研究的中心。以"美是意象"为理论基点，他强调艺术创造就是艺术境界的创造，认为其核心就是"情趣的意象化"。"每个诗的境界都必有'情趣'和'意象'两个要素。'情趣'简称为'情'，'意象'即是'景'。"[3]非常明显，朱光潜是通过借鉴中国传统艺术理论中的意境说，根据意境的"情景融合统一"这一特征来阐发自己对于"情趣的意象化"这一见解的。朱光潜认为，情趣和意象相互依存，两者无法独立存在。只有借助意象的表现，情趣才有了呈现的媒介；只有经过情趣的选择和浸润，意象才成为拥有内在灵魂的形象。情趣的意象化就是艺术境界的创造，艺术境界就是艺术作品构成的核心，这是朱光潜对于艺术美的核心观点。

情趣的意象化或者说艺术境界的创造作为艺术美研究的核心内容，它主要包括艺术家的主体创作心境、客体艺术境界和两者之间的契合统一关系三个构成要素。朱光潜借鉴西方近现代美学，特别是克罗齐"艺术直觉"说的观点对之进行了详细的说明。"纯粹的诗的心境是凝神注视，纯粹的诗的心所观境是孤立绝缘。心与其所观境如鱼戏水，忻合无间。"[4]在"凝神注视"的审美直觉中，艺术境界形成一个独立自足的意象，其中的心理机制是情趣与意象之间的"移情作用"或者"内摹仿作用"，这就是朱光潜对于"情趣意象化"活动的基本观点。

另外，朱光潜所说的"情趣意象化"中还有语言表现的层面。朱光潜不同意把情感思想与语言的关系理解成实质和形式的关系；而是认为情感思想与语言是统一的心理活动的不同侧面，它们之间是平行一致的关系。"思想情感与语言是一个完整连贯的心理反应中的三方面。心里想，口里说；心里感动，口里说；都是平行一致。我们天天发语言，不是天天在翻译。我们发语言，因为我们运用思想，发生情感，是一件极自然的事，并无须经过从甲阶段转到乙阶段的麻烦。"[5]朱光潜甚至认为情感思想实际上比语言的范围要大，主张它们之间准确说来是全体与部分的关系。"凡语言都必伴有情感或思想（我们说'或'因为诗的语言和哲学科学的语言多有所侧重），但是情感思想之一部分有不伴着语言的可能。"[6]以这一看法为思想基础，朱光潜认为"情趣意象化"的过程同时伴随着艺术语言的表现活动。"每个艺术家都要用他的特殊媒介去想象，诗人在酝酿诗思时，就要把情趣意象和语言打成一片，正犹如画家在酝酿画稿时，就要把情趣意象和形色打成一片。这就是说，'表现'（即直觉）和'传达'并非先后悬隔漠不相关的两个阶段；'表现'中已含有一部分'传达'，因为它已经使用'传达'所用的媒介。"[7]这样，"情趣意象化"与艺术语言表达实际上就构成了一个心理活动的整体，两者只是这一整体的不同侧面。

朱光潜借鉴西方近现代美学对艺术情趣美的相关改造，其中值得关注的主要有以下两个方面。一方面，朱光潜强调情趣意象化或者说艺术境界创造的灵感性特征。在他看来，艺术家通过"凝神注视"的"直觉"活动之所以能够把情趣和意象统一在一起是完全偶然的，也就是说两者的统一并没有必然性。由此，朱光潜把艺术境界的创造活动与灵感活动直接等同起来。"诗的境界的突现都起于灵感。灵感亦并无若何神秘，它就是直觉，就是'想象'（imagination，原谓意象的形成），也就是禅家所谓'悟'。"[8]灵感的发生具有一定的神秘性，朱光潜借鉴西方审美心理学中的移情说和内摹仿说，认为其内在机制或者是"以人情衡物理"的移情，或者是"以物理移人情"的内摹仿，这就把情趣意象化的内在机制清楚地揭示了出来。总之，通过突出审美直觉的灵感性，朱光潜把情趣意象化活动作为情感创造活动在一定程度上所具有的非理性特征进行了强调。

另一方面，朱光潜突破了西方由康德美学所明确下来的形式主义美学传统，强调了情趣意象化活动的情趣创造性。在康德美学中，非功利性的审美情感是由审美对象的形式所引发的。审美主体在面对审美对象时，试图通过自由的想象来把握其形式，而想象在这种自由的无目的的活动中却偶然契合了认识或者伦理概念目的，这就是康德所谓的审美活动"无目的的合目的性"的超验原则。康德在从"量"

的角度剖析审美鉴赏判断的特征时反复强调"判断先于情感",这就是说审美对象的形式所引发的自由想象的"无目的的合目的"活动是审美情感形成的根本原因。对此,朱光潜明确反驳说:"美不仅在物,亦不仅在心,它在心与物的关系上面;但这种关系并不如康德和一般人所想象的,在物为刺激,在心为感受;它是心借物的形象来表现情趣。"[9]也就是说,朱光潜认为审美活动不是由审美对象的形式所决定的;恰好相反,是审美情趣意象化时的创造性表现主导着审美活动的展开。审美"直觉"偶然间灵光闪现所发现的意象恰好能够表现审美情趣,这种"情趣意象化"创造了美的艺术境界。

概而言之,朱光潜融合西方近现代审美心理学的观点,对艺术情趣美的创造奥秘进行了科学而深入的分析。艺术创作是情趣的意象化,朱光潜围绕这一核心观点深入揭示了艺术境界创造的机制。但这并不是朱光潜关于艺术美的观点的全部,"艺术的人生化"才是朱光潜更为重要的关于艺术美的主张。

首先,在朱光潜看来,艺术境界的创造虽然是由审美情趣所主导的,但审美情趣却不是艺术创造的最初起点。"严格地说,离开人生便无所谓艺术,艺术是情趣的表现,而情趣的根源就在人生。"[10]艺术家情趣的形成与发展变化,都是其人生实践影响作用的结果。因此,联系人生实践来认识艺术、审美,是朱光潜情趣说对于艺术美更为重要的看法。

其次,朱光潜多次强调艺术是人生世相的返照,认为艺术与人生世相是"不即不离"的关系。"像一般艺术一样,诗是人生世相的返照。……诗与实际的人生世相之关系,妙处惟在不即不离。惟其'不离',所以有真实感;惟其'不即',所以新鲜有趣。"[11]朱光潜以19世纪瑞士美学家布洛的"心理距离"说为理论依据,在艺术与人生的

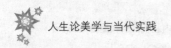

辩证统一关系中认识艺术美的创作和欣赏，这也是朱光潜"情趣"说对于艺术美的重要观点。

其中，朱光潜强调人格真诚与艺术创作的本质关联，值得认真研究。朱光潜一直主张人的审美情趣与其天性相关。"文艺趣味的偏向在大体上先天已被决定。"[12] 而且他坚持认为，文艺创作在根本上是人的深情至性的表现。因此，"至诚尽性"这一中国儒家思想中非常重要的理论主张，经过朱光潜的重新思考，构成了他理解艺术家的审美创造的核心理据。

在朱光潜看来，艺术家只有通过最高的"真诚"，把自己的天性最自然、最本真地保持好，进而形成自己的审美情趣并进行情趣的意象化，才能创造出艺术美。"'修辞立其诚'是文章的要诀，一首诗或是一篇美文一定是至性深情的流露，存于中然后形于外，不容丝毫假借。"[13] 艺术是至性深情的流露。朱光潜强调，艺术家应当真诚地从自己的天性出发，努力形成自己的个性，陶养自己的审美情趣。虽然人的个性并不等于其天性，但朱光潜深受中国古典哲学思想，特别是儒家思想的影响，坚持认为从天性出发的真诚就是人形成个性的根本出发点。

客观地说，人的个性是在先天禀赋与后天生活经验共同作用下形成的。人的先天禀赋与后天的家庭出身、教育背景以及生活阅历共同塑造了个人相对稳定的不同于他人的人格特征。但我国古代儒家思想的内圣之学，强调天地自然规律与人性的统一性，认为人的理想人格是由人真诚地从天性出发，通过努力回归人性与天地自然规律的完美统一而形成的。朱光潜受儒家思想的影响，也强调人"反身而诚"以形成自己的个性人格，进而塑造自己的审美情趣。朱光潜认为，人的独特个性是美的创造和欣赏的出发点，人的情趣个性深刻决定着其与意象的统一，即艺术美的创造。"物的意蕴深浅与人的性分情趣深浅成正比例，深人所见于物者亦深，浅人所见于物者亦浅。"[14]由此，朱光潜形成了自己以"至诚尽性"为深层理据的有关艺术情趣美的观点。

再次，朱光潜的艺术情趣观也体现了人生论美学所主张的真善美贯通的思想。他强调艺术与人生的"不即不离"，已经体现出要求"真与美"统一的主张。朱光潜指出，在艺术与人生的"不离"中，艺术才能给人以真实感；而又因为艺术与人生的"不即"，才保证了艺术的新鲜有趣。这就清楚地指明了"真与美"的统一。关于艺术的"美善统一"比较复杂，朱光潜在《文艺心理学》中曾用大量篇幅详细深入地剖析这一问题。概括地说，朱光潜认为艺术家的创作活动作为"无所为而为"的自由活动，"不仅是一种善，而且是'最高的善'了"[15]。而就对读者的影响来说，他认为真正优秀的艺术作品是没有道德目的而有客观的道德影响的。"凡是第一流艺术作品大半都没有道德目的而有道德影响，荷马史诗、希腊悲剧以及中国第一流的抒情诗都可以为证。它们或是安慰情感，或是启发性灵，或是洗涤胸襟，或是表现对于人生的深广的观照。一个人在真正欣赏过它们以后，与在未读它们以前，思想气质不能是完全一样的。"[16]因此，朱光潜也是艺术的真、善、美合一论者。

二 朱光潜"情趣"说的人生论美学内涵

人生论美学是中国当代美学研究者以中国传统美学精神为基础提炼发展而来的美学理论主张，它将审美艺术人生统一起来，倡导真、善、美贯通的大美观。[17]人生论美学一方面提倡审美、艺术、人生的本质关联，另一方面要求对人生境界的艺术化、审美化提升；并且倡

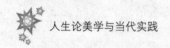

导以真、善、美贯通的大美来建构人生的理想境界。在梁启超、宗白华、朱光潜等中国现代美学家的思想学说中，人生论美学思想已经孕萌和初显，其不同于西方经典美学的内涵和特点，彰显出越来越强烈的社会实践意义。

朱光潜的"情趣说"在根本上追求人生的情趣化，主张从人生整体来审视审美、艺术、人生的融合统一关系，力证"真善美"的终极统一，与其"人生艺术化"探索紧密联系，突出体现了其美学思想的人生论内涵。因为在朱光潜看来，"艺术是情趣的活动，艺术的生活也就是情趣丰富的生活""情趣愈丰富，生活也愈美满，所谓人生的艺术化就是人生的情趣化"[18]。概括地说，以对艺术美的认识为基础，朱光潜的情趣说倡导人生情趣化，揭示了人生艺术化的现实路径。他说："抓住某一时刻的新鲜景象与兴趣而给以永恒的表现，这是文艺。一个对于文艺有修养的人不会感觉到世界的干枯或人生的苦闷。他自己有表现的能力固然很好，纵然不能，他也有一双慧眼看世界，整个世界的动态便成为他的诗，他的图画，他的戏剧，让他的性情在其中'怡养'。到了这种境界，人生便经过了艺术化，而身历其境的人，在我想，可以算得一个有'道'之士。"[19]朱光潜认为富有纯正艺术趣味的人，即使他不具有艺术创作才华，也能够达到人生情趣化的境界，始终对人生保持浓厚的艺术化审美兴趣。如此一来，朱光潜就以"情趣的意象化"这一美学本质论为理论基础，使"人生艺术化"增加了可实践性，标志着"人生艺术化"理论的成熟。正如金雅所说："朱光潜的'人生艺术化'理论，以情趣人生为核心，既受到梁启超趣味人生精神的影响，也吸纳了中西美学尤其是西方现代美学的滋养。从情趣出发，朱光潜也有自己的发展和特点，对'人生艺术化'理论的成型、演化和中国现代美学思想的发展产生了重要的影响。"[20]

关于朱光潜"情趣"说的人生论美学内涵，我们首先应该注意的是：朱光潜主张人生的情趣化，此处的人生并不是指狭义的实际人生，而是指由谋生、认知和审美等统一起来所构成的整体人生。所谓狭义的实际人生是指人们通常所理解的，主要由谋生活动所构成的日常生活。实际人生的日常功利性决定了情趣与之无关；而在整体人生中，则可以因为艺术活动在整体人生中所具有的重要性而使整体人生实现情趣化。朱光潜就是从人生的整体、全体来把握人生的情趣化的。"人生是多方面而却相互和谐的整体，把它分析开来看，我们说某部分是实用的活动，某部分是科学的活动，某部分是美感的活动，为正名析理起见，原应有此分别；但是我们不要忘记，完满的人生见于这三种活动的平均发展，它们虽是可分别的而却不是互相冲突的。'实际人生'比整个人生的意义较为窄狭。……我们把实际生活看作整个人生之中的一片段，所以在肯定艺术与实际人生的距离时，并非肯定艺术与整个人生的隔阂。严格地说，离开人生便无所谓艺术，因为艺术是情趣的表现，而情趣的根源就在人生；反之，离开艺术也便无所谓人生，因为凡是创造和欣赏都是艺术的活动，无创造、无欣赏的人生是一个自相矛盾的名词。"[21] 从人生的整体来看，从情趣出发的艺术活动是其必不可少的重要构成部分，人生活动本身也离不开艺术性的创造和欣赏；反过来看，艺术情趣又源自人生整体，即人在艺术上的情趣、爱好又源自生活中自己从个性出发与景物不断的交感共鸣。由此，人生的情趣化是人生整体活动的必然取向。

对大部分普通人来说，谋生活动可以说是日常生活的主要内容。在朱光潜看来，日常谋生活动的功利化决定了它在根本上是与艺术、审美无缘的，因此他的情趣人生论美学思想绝对不能从日常生活层面上理解。局限于日常生活层面，强调家庭环境的美化，要求生活用具的雅致精良，追求服饰妆扮的美丽漂亮，甚至是追求生活方式的情调等，这些都属于经验性的生活美学内容。生活美学在本质上主张享乐，推崇形式美，这与人生论美学追求人生境界的审美化提升是有根本性区别的。在我国古典美学思想和西方的唯美主义思潮中，生活美学的精致思考都不罕见。但这些与朱光潜的情趣人生论美学并不相同，且不说朱光潜的情趣人生论美学所主张的情趣人生源于人生主体洞察生命本质后，从生命的健康活力出发所倡导的人生实践的情趣盎然；仅就朱光潜提倡情趣人生论美学的目标、动机来看，他的情趣人生论美学所关注的也是"以出世的精神做入世的事业"，绝不是单纯地追求生活的精致化、享受化。

朱光潜从整体人生来理解艺术、审美与人生的统一性。这是因为认识世界、欣赏艺术等超越谋生活动的人生内容在整体人生的构成中占有非常重要的地位。"正如山的高度不是由山谷的高度而是由最高峰的高度所表示的那样。同样，我们描绘生活的富有意义，用的是它的高峰而不是它的深谷。"[22]因此，人生整体的性质是由超越谋生层次的科学认识、艺术实践等人生活动决定的，而不是相反；艺术、审美活动与人生活动的关系首先也应该从人生整体来认识。

特别是，人生离不开艺术。这主要是指人生整体中不能只有谋生活动，而没有艺术、审美情趣的位置。艺术活动在根本上就是创造活动、欣赏活动，缺少了创造和欣赏的人生，是无法想象的。因为人生如果没有创造，那就只能是被动地、机械单调地重复每天的日常生活内容，譬如机器的活动、动物的本能生存。人的日常谋生活动如果没有了创造和发展，人还有什么资格被称作人呢？同样，没有了欣赏活动,那么人就不会去讲求人生表现的完美与精致。只要能够活着、活得舒服,什么都可以去做,没有底线、没有理想,其人生境界是可以想象的。另外,完美的人生需要艺术表现来激发、活跃生机。正如朱光潜所说:"健全的人生理想是人性的多方面的谐和的发展,没有残废也没有臃肿。譬如草木,在风调雨顺的环境之下,它的一般生机总是欣欣向荣,长得枝条茂畅,花叶扶疏。情感思想便是人的生机,生来就需要宣泄生长,发芽开花。有情感思想而不能表现,生机便遭窒塞残损,好比一株发育不完全而呈病态的花草。文艺是情感思想的表现,也就是生机的发展,所以要完全实现人生,离开文艺绝不成。"[23] 求真、向善和尚美是人性和谐发展不可或缺的三个重要方面,缺少了艺术则根本谈不上人性的和谐发展。

总之,朱光潜的情趣人生论美学从人生活动的整体来理解艺术与人生的统一性,既深刻揭示了"艺术的人生化"性质,又指明了整体人生活动追求人生境界提升,努力于人生情趣化的本质规定性。这对我们全面理解艺术、审美与人生的统一关系具有重要的启示意义。与此同时,朱光潜所力倡的情趣人生又含蕴着真、善、美贯通的大美追求,很值得关注。他认为,情趣人生作为"无所为而为"的自由人生,既是人生主体人格的至诚至真表现,同时也是至善的活动,这就实现了人生真善美相贯通的大美境界。之所以能够如此,是因为人们在以审美的态度严肃地要求自己在人生活动中真诚地展现自己的人格本性时,就达到了情趣人生以自我实现为最终追求的真正自由境界。在这种情趣人生的自由生命活动中,无论是求真,还是向善,它们都与美统一了起来,正如朱光潜所说的"不但善与美是一体,真与美也并没有隔阂"[24]。

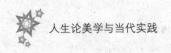

三 朱光潜"情趣"说的美育实践启示

情趣教育是"情趣"说的实践指向，也是其人生论美学思想的重要特色。情趣教育的实践价值，事关以情趣为中心的理想人生境界能否实现。朱光潜非常重视这一问题。

朱光潜认为："趣味是对于生命的彻悟和留恋，生命时时刻刻都在进展和创化，趣味也就要时时刻刻在进展和创化。"[25]生命的健康活力，决定了趣味时刻在进展、创化的根本规定性；从生命的本质来理解艺术情趣、审美情趣，也使朱光潜的情趣人生论美学思想超越了一般的"生活美学"观点，变得深刻而富有理论启示意义。针对情趣的新鲜、创化本性，他提出情趣教育的任务就是要引导情趣教育对象的艺术情趣从偏狭走向纯正、从陈腐僵化走向新鲜，其中通过增强学问修养以培养纯正的艺术情趣在朱光潜看来是最为关键的。所谓情趣的纯正是指趣味广泛，对不同流派、思潮的作品都能给予客观的价值评判，没有情趣偏见。朱光潜的观点是，人因为资禀性情、身世经历和传统习尚的影响，自然会有文艺情趣上的不同嗜好，而且培养人纯正文艺情趣的过程也是从偏嗜某类艺术价值开始的。不过，努力拓展自己的情趣范围，以求对不同类型艺术作品的艺术价值都能客观地评判，是人培养自己的艺术情趣时应该追求的目标。

在朱光潜看来，接受文学教育、提升学问修养是培养纯正文学情趣的根本路径："我们应该做的功夫是根据固有的资禀性情而加以磨砺陶冶，扩充身世经历而加以细心的体验，接收多方的传统习尚而求截长取短，融会贯通。这三层功夫就是普通所谓学问修养。纯恃天赋的趣味不足为凭，纯恃环境影响造成的趣味也不足为凭，纯正的可凭的趣味必定是学问修养的结果。"[26]我们通常认为，情感教育应该以情感的陶冶为主要途径，朱光潜在强调"怡情养性"之外，把"学问修养"看作核心，这是引人注意的。特别是关于磨砺陶冶先天性情和学习接受各方传统习尚，他明确指出，"你玩索的作品愈多，种类愈复杂，风格愈纷歧，你的比较资料愈丰富，透视愈正确，你的鉴别力（这就是趣味）也就愈可靠"[27]。更多地玩索作品以提升学问修养，这里的学问修养指的究竟是什么样的学问修养呢？很自然地，朱光潜所说的学问修养主要是关于艺术技巧的学问修养。正如他在谈到读诗时所说的，"读诗就要从此种看来虽似容易而实在不容易做出的地方下功夫，就要学会了解此种地方的佳妙。对于这种佳妙的了解和爱好就是所谓'趣味'"[28]。"所谓了解此种地方的佳妙"指的就是关注艺术家在艺术表现上能够"道别人不能道"的艺术创造性所在。因此，朱光潜所要求的学问修养主要指的也是对艺术技巧的关注。在这里，求知与审美是统一的。

朱光潜的情趣教育思想不仅对我们当下美育活动的开展有启发意义，而且对人生论美学所主张的人们努力追求的"人生审美化"也有积极影响。概括地说，朱光潜的情趣教育思想首先能够启发我们重视艺术美育，关注对艺术情趣的培养。就美育实践来说，自然美育和社会生活美育固然有其不可忽视的重要意义，但它们都远不如艺术美育的价值突出，因为艺术美比自然美和社会美更为集中地体现了人类的审美情趣。

朱光潜把艺术美育看作美育的本体，特别强调艺术美育中的情感教育、情趣教育。他认为，人们对艺术的兴趣爱好是从偏嗜某一类作品开始的，然后在不断地艺术欣赏和创作练习中，其审美情趣最终被引导至趣味纯正。首先，他的这一情趣教育思想，以纯正情趣的培养为目标，清楚地指明了艺术美育的客观规律，也为艺术美育实践指明了具体的教育内容：我们在开展艺术美育时，必须特别重视艺术作品的选择问题——即应该选择合适的艺术作品以更好地引导艺术欣赏者审美情趣的养成。施教者应该客观、准确地区分艺术价值的高低，有序选择合适的艺术作品使受教育者在形成、发展艺术情趣时，能够培养起纯正的艺术情趣。另外，艺术美育中要特别关注对艺术技巧相关知识的教育。艺术作品的艺术性突出表现在相关艺术技巧的创新和创造性运用上，艺术美育着眼于此，有助于艺术欣赏者审美情趣的有效培养和陶冶。

其次，朱光潜的情趣教育思想把对情趣人生的实现作为美育实践的终极目标，这启发我们在艺术美育实践中应该具有超越单纯的艺术领域，努力关注人生整体的宽广视野。积极引导美育对象实现对真善美相统一的大美人生境界的追求，也应该成为我们当今美育实践的重要目标。他的情趣人生理想在根本上是一种自由人生境界。这启示我们在美育实践中也要努力引导人们在日常生活中超越仅仅满足于更好地谋生的庸俗状态，积极拓展丰富的生活情趣以展现出生命本有的健康活力，进而谋求艺术与人生的统一、真善美融合的人生境界的实现。

再次，朱光潜的情趣教育思想中实际上包含着努力陶冶美育对象审美人格的目标，这启示我们应该关注美育对人格陶养的重要作用。情趣在根本上反映着审美主体的个性，因而以培养纯正审美趣味为直接目标的情趣教育必然影响对个性人格的培养。情趣教育的方法中虽然主要是相关艺术知识、美学知识的教育，但这些知识教育是实践性的，它在根本上还是指向了"怡情养性"。因此，所谓纯正的审美趣味实际上还是一种健康、客观的情感好恶取向。而鉴于情感活动在人的整体心理活动中的突出重要性——它处于认识和意志之间，对人的认识活动和意志活动都有相应的影响。这就决定了，在人的个性人格的陶冶、培养过程中，情感活动发挥着特别突出的重要作用。由此，情趣教育的"怡情养性"在培养人健康、客观的情感好恶取向中，也能够直接作用于人的健康和谐人格的陶养。

总之，在当今社会工具理性大行其道的背景下，物质生活丰富充盈而精神生活贫乏已经成为制约许多人生活质量提升的重要问题。满足于金钱富足，而人性尊严意识薄弱，是人文修养的缺失所造成的。朱光潜所主张的情趣教育重视艺术美育，关注人的人生境界的提升，致力于人的人格陶冶，具有特别突出的人文意义，对当今美育实践的创新发展仍具有重要的理论启示意义。

注释：

[1] 参见金雅《人生艺术化与当代生活》第二章，商务印书馆2013年版。

[2] [17] 参见金雅《人生论美学传统与中国美学的学理创新》，《社会科学战线》2015年第2期。

[3] [4] [5] [6] [7] [8] [11] [14] [25] [28]《朱光潜全集》第3卷，安徽教育出版社1987年版，第54页；第49页；第93页；第93页；第95页；第52页；第52页；第55页；第352页；第351页。

[9] [15] [16]《朱光潜全集》第1卷，安徽教育出版社1987年版，第346—347页；第324页；第319页。

[10] [13] [18] [21] [24]《朱光潜全集》第2卷，安徽教育出版社1987年版，第91页；第91—92页；第96页；第90—91页；第96页。

[12] [19] [23] [26] [27]《朱光潜全集》第 4 卷，安徽教育出版社 1988 年版，第 173 页；第 163 页；第 160—161 页；第 175 页；第 176 页。

[20] 金雅：《人生艺术化与当代生活》，商务印书馆 2013 年版，第 54 页。

[22] 童庆炳主编：《现代心理美学》，中国社会科学出版社 1993 年版，第 124 页。

[本文为浙江省高校重大人文攻关规划重点项目"中国现代人生论美学的民族资源与学理传统研究"（2013GH013）成果。《学术界》2017 年第 9 期刊发]

论朱光潜人生论美育思想中的成长关注

肖　泳*

摘　要：人生论美学思想是朱光潜美育思想的底色，这一思想底色贯穿其一生的著述。朱光潜始终在人生论美学的框架之内发展他的审美教育思想。他认为艺术是为人生而存在，它以求美为鹄的，可助人跳出世俗利害关系的束缚；针对青少年的成长，朱光潜认为可以通过文艺教育而培养"不偏"的"纯正趣味"，从而知书达理，以获得更美好的人生。

关键词：成长；生活；兴趣；文艺；学习

朱光潜先生在中国现代美学和文学领域，是一位积极的开拓者和重要的奠基人。他的美学思想丰富而复杂，既出于个人爱好和早年的学习继承了中国古典文化的传统，又随着青年时期留学欧洲的勤奋好学和远大的文化抱负，吸取了西方思想丰富的养分；回国后，随着社会政治的变革，他的美学思想又发生了变化，有了前后期之分。朱光

---

* 作者单位：浙江理工大学史量才新闻与传播学院。

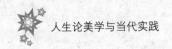

潜先生一生笔耕不辍，著述颇丰，思想随同境遇、阅历的变化而探索和发展，国内学界对他思想不同面向的研究都非常丰富，在现代美学思想诸家中，朱光潜研究可说一直保持着不衰的势头。本文拟从教育角度入手，探讨朱光潜美育思想中对成长的关注。

一 朱光潜人生论美育思想的主要内涵

朱光潜先生毕生从事教育，有学者认为"朱光潜的美学理论在很大程度上是一种美育理论"[1]。检视朱光潜先生的学术生涯，从职业角度来说，他于香港大学毕业后的第一个职业是中学教师，1933年留学归国直到新中国成立后，他一直在大学任教。教书育人，著书立说是朱光潜一生的主要活动，这是可以从教育角度继续朱光潜研究的必要性。

朱光潜先生的美育思想内涵并不是单纯的艺术教育或者强调学问修养的道德教育，其与众不同的是对于今天的中国教育特别具有启示意义，他的教育思想始终是在人生论美学的框架之内展开的审美教育。《慢慢走，欣赏啊》通常被认为是朱光潜先生人生论美学思想总领纲目的文章，但如果没有对朱先生其后的系列文章进行配套阅读，单就这篇文章而言，其人生论美学观点在其中阐述得并不透彻，不少地方甚至会引起歧义。比如，"人生艺术化""一篇生命史就是一种作品""知道生活的人就是艺术家，他的生活就是艺术作品"等，极易让人产生简单结论：像艺术家一样生活，把人生过成自己的艺术作品。在一般人看来，这是富有浪漫色彩的图画。实际上，朱光潜先生拿艺术与人生作比较说明的逻辑并非这样浅显。要了解朱光潜的美学思想中艺术与人生的关系，首先得清楚朱先生的思想图景里艺术呈现怎样的面貌。综观朱光潜《谈美》等一系列著述，我们发现其基本的艺术观是这样的。

第一，艺术是审美的，审美是远离实用，跳出利害关系的束缚的。就处处讲求实用，利害得失无处不在的实际人生而言，艺术世界往往在实际人生之外，艺术自有其特殊的形式以与实际人生划开界限，保持距离。

第二，艺术是严肃的。艺术的目的与人生的目的不同，艺术最低与最高的追求都是美，为了这一目的，艺术家总是殚精竭虑，去粗取精，专心一意按照美的规律务求实现美的目标。有一丝的偷懒、马虎与不诚实，都将偏离美。艺术的严肃性，某种程度上与科学求真的精神相通。唯其如此，朱光潜说，艺术的生活就是本色的生活。

第三，艺术是冷静客观的。艺术的学习及创造，并不是纵情任性的情感泛滥，因为，艺术情感是经过了反省和沉淀，是客观化的情感。最易引起争论的艺术的审美趣味问题，往往以为趣味是主观的。但朱光潜坚持认为艺术的审美趣味可以通过修养达到"不偏"的"纯正趣味"。这样的趣味恰恰是去主观而近于客观。

第四，艺术是为人生的。艺术有其特殊性，不与实际人生混同，但人生却是艺术的源泉，艺术是人生的慰藉。这一观点集中体现于朱先生不同的文章对"情趣"的解释，尤其在《慢慢走，欣赏啊》一文中，直言"离开人生便无所谓艺术，因为艺术是情趣的表现，而情趣的根源就在人生；反之，离开艺术便也无所谓人生，因为凡是创造和欣赏都是艺术的活动，无创造、无欣赏的人生是一个自相矛盾的名词"。

艺术最终仍然落脚在人生上，艺术是为人生的艺术，人生如果没有艺术，或者说没有美，那样的人生是无趣而无望的。然而，从艺术去审美，从艺术领悟美，又非人人生而有之，它是需要不断学习和领悟的。在这个意义上，朱光潜先生提出了美育的重要意义。然而，审美教育在朱光潜先生的美学思想中并不是孤立进行的活动，而是始终与成长相伴的经验获得过程，它伴随人的一生；教育需要严格的学术训练，但并不是全部，教育的另外一部分来自生活经验、来自情感的自我教育。因此，人生论美学思想是朱光潜先生美育思想的底色，这一思想底色贯穿朱先生一生的著述。

二 "成长"与生活

本文所使用的"成长"一词，是借用德国"成长小说"传统的"成长"含义，主要指青少年通过自己直接的经验和教育的间接经验获得关于自我和世界的知识，从而融入社会，成为其有机成员的过程。这里的"成长"涉及三个关键方面：直接经验、教育、个人与社会的关系。

朱光潜因《给青年的十二封信》而成为受青年欢迎的作家，此书一版再版非常畅销。有人认为之所以畅销，是因为谈论的话题贴近年轻人，语气亲切。朱光潜在时隔十年后，再次提笔以书信形式写的文章《谈学文艺的甘苦》中曾自陈："我从前常给诸位写信时，自己还是一个青年，说话很自在，因为我知道诸位把我当作一个伙伴看待。"[2]贴近年轻人是有道理的，除了自己是年轻人之外，朱光潜关心的问题与众不同，甚至在我们的文化传统中都少有被关注，这就是"成长"。

在十二封信里，朱光潜不是老气横秋地指点年轻人该怎样刻苦做学问，反而在《谈选课与升学》这样切近现实的文章中说："我常时想，做学问，做事业，在人生中都只能算是第二桩事。人生第一桩事是生活。我所谓'生活'是'享受'，是'领略'，是'培养生机'。

假若为学问为事业而忘却生活，那种学问事业在人生中便失其真正意义与价值。因此，我们不应该把自己看作社会的机械。一味迎合社会需要而不顾自己兴趣的人，就没有明白这个简单的道理。"[3]这一段话至少涵盖了前文所言"成长"的两个方面——直接经验、个人与社会的关系。

生活相较于学问而言，所给予年轻人的正是直接经验，而学问则是间接的经验。直接经验是成长所必需的养分。当中学毕业的年轻人，为前程与职业焦虑，在选校和选科问题上难于抉择时，朱光潜却淡定地说，生活放在第一位，兴趣放在第一位。这种观点在《谈读书》里也曾出现，他说："读书好比探险，也不能全靠别人指导，你自己也须得费些功夫去搜求。我从来没有听见有人按照别人替他定的'青年必读书十种'或'世界名著百种'读下去，便成就一个学者。别人只能介绍，抉择还要靠你自己。"[4]不盲从和听信他人的二手经验，而是由自己来抉择，从抉择中获得直接经验。他认为，从直接经验中领悟和享受那种经验的获得感，培养活的生机，对于年轻人的成长来说才是最重要的。

兴趣的重要，则涉及如何调节个人兴趣与社会需要的问题。当时在年轻气盛的朱光潜看来，年轻人应该按自己的兴趣成长，而非按社会的需要失了自我的生机，成为大机械中的小机械。机械，是纯粹理智活动的产物，具有席勒意义上的理性与感性分裂、碎片化，却如钟表一般按既成设定运行。在十二封信的《谈情与理》一文中，朱光潜尖锐地反驳主张纯任理智支配生活的观点，"如果纯任理智，则美术对于生活无意义，因为离开情感，音乐只是空气的震动，图画只是涂着颜色的纸，文学只是联串起来的字。如果纯任理智，则宗教对于生活无意义，因为离开情感，自然没有神奇，而冥感灵通全是迷信。如果纯任理智，则爱对于人生也无意义，因为离开情感，男女的结合只是为着生殖"[5]。情感的经验不同于理智的经验之处在于，它是感性的直接经验。因此有学者指出，朱光潜的教育思想"总是围绕着从情感出发的人生修养问题"[6]。那么如果按着这种"情感"为先的逻辑，当自我情感与社会需要发生冲突时，自我情感应当不屈从于社会的机械需要。但是，著名的《悼夏孟刚》一文，在"我"与"世"之间则出现了另一种辩证关系。

朱光潜在立达学园时期所青睐的学生夏孟刚因抑郁而自杀。朱光潜没有对自杀做道德抨击，而只是深为理解地说，"悲观之极，总不出乎绝世绝我两路。自杀是绝世而兼绝我。但是自杀以外，绝非别无他路可走，最普通的是绝世而不绝我，这条路有两分支"[7]。什么叫绝世而不绝我？"所谓'绝我'，其精神类自杀，把涉及我的一切忧苦欢乐的观念一刀斩断。所谓'不绝世'，其目的在改造，在革命，在把现在的世界换过面孔，使罪恶苦痛，无自而生"[8]。"持这个态度最显明的要算释迦牟尼，他一生都是'以出世的精神，做入世的事业'"[9]。当我们说成长的目标最终落脚在个人与社会如何达到和谐共存、共图发展时，朱光潜认为个人可以超脱于世事纷争之外，但并不意味着做不问世事的隐士，他同时可以为使世界成为理想的世界而不遗余力地投入其中。

三 "成长"中的文艺教育

然而，仅就个人来说，做到超脱出世、坚持个人意志却很难。朱光潜深深了解当时青年人的状况——"摆脱不开"。在《谈摆脱》中谈了身边朋友的例子，不能目标专一地做好自己有兴趣的事情，提不起，放不下，白白在不情愿却又没决心舍弃的事情中耗费生命。另一

篇《谈十字街头》，回响着尼采《成为你自己》的余音。从象牙塔走
向熙攘街头的年轻人，面对守旧的习俗和浮浅顽劣的风气，如何能不
随波逐流？这仍然涉及个人意志与社会现实的冲突。文末是一段激情
澎湃的文字："朋友，你我正不必因此颓丧！假如我们底力量够，冲
突结果，也许是战胜。让我们相信世间达真理之路只有自由思想，让
我们时时记着十字街头浮浅虚伪的传说和时尚都是真理路上的障碍，
让我们本着少年的勇气把一切市场偶像打得粉碎！"[10] 但同时又冷静
地说："打破偶像，也并非卤莽叫嚣所可了事。卤莽叫嚣还是十字街
头的特色，是浮浅卑劣的表征。我们要能于叫嚣扰攘中以冷静态度，
灼见世弊，以深沉思考规划方略，以坚强意志，征服障碍。"[11] 朱光
潜从来不是运动的盲目鼓动家，他的人生态度是主张"看戏"式的冷
静与超然。他看到，个人意志与社会现实的冲突，也有人为个人做一
番争取的，但多数时候是现实征服了意志，往悲观愁闷的路上走去。
在《无言之美》中，他指出堕落、自杀、遁入空门等都不是解决意志
和现实冲突最好的方法。那么，最好的方法是什么？朱光潜指出了美
育之路。

美育中的文艺教育于人生具有怎样的价值，是朱光潜早期思想中
一直孜孜以求清晰解释的思想问题，他对悲剧的极大兴趣，应该说多
少包含了他自己苦闷的成长经验。尼采的《悲剧的诞生》对他来说，
就是直觉的艺术意象对苦闷的生命经验的征服史。酒神冲动是生命的
苦痛经验，日神阿波罗则作为这一苦痛经验的意象，照出生命苦痛的
自我形象。因而，"悲剧是希腊人'由形象得解脱'的一条路径"[12]。
他还借用英国批评家理查兹的观点加强自己关于艺术"无所为而为"
"没有其他东西比文艺能帮助我们建设更完善的道德的基础""离开艺
术也便无所谓人生"的见解[13]。但是，对于青年来说，学习文艺需

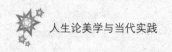

辩证对待。

在《我与文学》和《谈学文艺的甘苦》两篇文章中，就学习的严肃性来说，他以自己的成长经历说明作为学问来研究的文学，并不是哼哼诗看看小说那么容易，"文艺像历史哲学两种学问一样，有如金字塔，要铺下一个很宽广笨重的基础，才可以逐渐砌成一个尖顶出来"[14]。怎样下苦功夫学习文学，朱光潜在不同文章里也阐述过自己的观点，其中培养"纯正的趣味"是他所竭力肯定的。然而，"纯正趣味"的培养却无捷径可走，只有博览群书、刻苦学习。这是一条学术训练的教育之路。

就文艺与现实的关系来说，朱光潜有着非常冷静清醒的认识。第一，文艺既能帮助年轻人排解苦闷，又可能传染苦闷；第二，文艺的世界与现实的世界不同，在文艺的世界待久了可能就走在了一条窄窄的文艺之路上，与非文艺的现实格格不入；第三，文艺修养真正深厚的大诗人大作家其实并不存在与现实的隔阂，他们实际上在文艺的训练中养成如科学家般客观冷静的观世方法。"我所懂得的最高的严肃只有在超世观世时才经验到，我如果有时颓废，也是因为偶然间失去超世观世的胸襟而斤斤计较自己的利害得失。我不敢说它对于旁人怎样，这种超世观世的态度对于我却是一种救星。它帮助我忘去许多痛苦，容耐许多人所不能容耐的人和事，并且给过我许多生命力，使我勤勤恳恳地做人。"[15]这番自述恰切地回应了朱光潜一直引为座右铭的那番话"以出世的精神，做入世的事业"是否可能，他是以自己的成长经验关注着青年人的成长。所以，文艺教育并非如大众想象的那样是一条轻松、儒雅的浪漫之路，一个经过严格文艺教育而成长起来的有着"纯正趣味"的人，绝不是会哼几句诗的浮浅的"文艺青年"，而是一个借由文艺教育的阶梯成长，懂得如何处理个人与现实关系的成熟的、富有人生智慧的人。

注释:

[1] 杜卫:《朱光潜论美育》,《美育学刊》2010 年第 1 期。

[2] 朱光潜:《我与文学及其他》,安徽教育出版社 2006 年版,第 4 页。

[3] [4] [5] 朱光潜:《给青年的十二封信 外一种:谈美》,岳麓书社 2010 年版,第 26—27 页;第 5 页;第 37 页。

[6] 杜卫:《朱光潜论美育》,《美育学刊》2010 年第 1 期。

[7] [8] [9] [10] [11] 朱光潜:《给青年的十二封信 外一种:谈美》,岳麓书社 2010 年版,第 65—66 页;第 20 页。

[12] 朱光潜:《诗论》,广西师范大学出版社 2004 年版,第 45 页。

[13] 朱光潜:《文艺心理学》,复旦大学出版社 2006 年版,第 102 页。

[14] [15] 朱光潜:《我与文学及其他》,安徽教育出版社 2006 年版,第 3 页;第 9 页。

丰子恺的"真率"人生论美学
思想与当代艺术实践

李 梅*

摘 要："万物一体""童稚之心""有情化"等审美范畴，构成
了丰子恺"真率"人生论美学思想的重要方面，凸显了他一贯坚守的
"艺术化的人生"和"人生的艺术化"的审美理想。丰子恺的"真
率"人生论美学思想对于当代艺术实践活动涵养"美好的心性"、培
育"趣味"、葆有"美的眼光"等，具有重要的启益。

关键词：真率；人生论美学；当代艺术实践

丰子恺将"万物一体"视为最伟大的世界观和最高的艺术论，并
以此为人生信条。他的创美审美的世界，是在艺术、美、人生的广阔
视野中展开的。丰子恺强调"童稚之心"和"有情化"的眼光是培
育"艺术心"的重要路径，一定是源于内心仁爱之情的自然流露，于
人生、艺术中，便是"美的心境"的涵养。他把具有大人格者称为真

* 作者单位：浙江理工大学中国美学与艺术理论研究中心。

正的艺术家，提醒世人应以"绝缘"和"无利害"的观看方式步入审美的灵境，用"心眼"感知，用"心笔"绘之，潜心守护"真率"与"趣味"。真率之趣味，是丰子恺美学思想的核心标识。倡导通过涵养真率的艺术之心和艺术态度，来建构真率的艺术精神和审美精神，并由此通向美的艺术和艺术化的人生，使丰子恺的美学思想拥有了自己独特的内涵和旨趣，也成为中国现代人生论美学精神的重要组成部分，对当代艺术实践具有重要的启益。

一 "真率"与灵秀美好的"心性"

丰子恺先生作为中国现代美学和艺术史上具有代表意义的大师之一，面对 20 世纪中国思想文化动荡变幻的激进思潮和社会状况，他呈现了率性入世、率情为文、率意作画的真率风貌。

丰子恺出生于风景秀丽的江南水乡——富足幽谧的石门湾小镇。这里良田肥美，水网交错，是京杭大运河上的漕运要塞，每日往来的商人、官员、手艺人络绎不绝，他曾不惜笔墨如实地描述这里的自然风光和风土人情：

> 由夏到冬，由冬到夏，渐渐地推移，使人不知不觉。中产以上的人，每人有六套衣服：夏衣、单衣、夹衣、絮袄（木棉的）、小棉袄（薄丝棉）、大棉袄（厚丝棉）。六套衣服逐渐递换，不知不觉之间寒来暑去，循环成岁……
>
> 故自然之美，最为丰富；诗趣画意，俯首即是……我们郊外的大平原中没有一块荒地，全是作物。稻麦之外，四时蔬果不绝，风味各殊……往年我在上海功德林，冬天吃新蚕豆，一时故乡清明赛会、扫墓、踏青、种树之景，以及绸衫、小帽、酒旗、

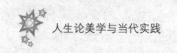

戏鼓之状，憬然在目，恍如身入其境。[1]

丰子恺以细腻丰富的笔触，平和静谧的心境，用情至深地记录下石门湾的一草一木，风俗人事，字里行间透着祥和而宁静的气息。谁能想到，这是1937年石门湾被日军空袭后，丰子恺携家人被迫逃亡途中对故乡的回忆。逃难的路途是漫长而艰辛的，生养之地被毁是悲伤的，然而，丰子恺对家乡的爱却是依旧如故的。一个挚爱故土的人，必定有着爱生活惜人情的宽广之心，蕴含着仁爱、平和与包容的心境。丰子恺恰是这类人。天性温润率真的他，钟爱记忆中美好的家园，眷顾童年无数美好的瞬间，珍视生养之地的乐土。少年时即外出求学的他，还时常怀念着甜美而无虑的儿童时光，成年后的他始终在勤奋地书写着童年的丰富记忆，如《梦痕》《忆儿时》《端阳记忆》《过年》《私塾生活》《我的母亲》等都取材于儿时记忆。

西方心理学家指出，童年的记忆对于人生的影响是巨大的，特别是艺术家的创作倾向。这一点在丰子恺的艺术创作和人生轨迹上是有深刻体现的。作为家里唯一幸存的男丁，父母对他宠爱备至，众多姐妹对他溺爱纵容，六岁时便进入正规的私塾学习，《三字经》《千家诗》等传统著作，成为丰子恺最初接受教育的启蒙读物，特别是附有木版画的图册本，开启了他对色彩和绘画的最初兴致。乃至后来从父亲那里偷偷取出的《芥子园画谱》卷二《人物谱》，都成为丰子恺童年临摹学习绘画的范本，童年率性而为的临摹乐趣，潜移默化地影响着他一生的艺术创作风格，使其始终以童心、率情入画。

叶圣陶先生说："子恺兄的散文的风格跟他的漫画十分相似，或者竟可以说是同一的事物，只是表现的方式不同罢了，散文利用语言文字，漫画利用线条色彩。"[2]叶先生的评价是贴切而中肯的。综观丰子恺先生的散文和画作，始终流淌着"至真至善至美"的真率心境。

坦诚率真作为他一生信奉的艺术追求和审美理想，在其人生之旅中，也伴其一路，终其一生。

丰子恺真率人生论的审美主张贯通于他艺术创作的整个生涯。遵从自身的心性和偏好，崇尚原始、素朴的审美趣味，加之对生命的敬畏与对德性的推崇，成就了他独特的艺术气质。在充满"矛盾和斗争"的20世纪中国现代艺术史上，丰子恺的散文和漫画看似不大合群，比起同时代的犀利文风和讽谏画风，少了份锐气和苛刻，多了份真率。这源于他随性自然、博爱同情的心性。这一天性成就了他洒脱大气的处世方式，并坚持以"真善美"贯通的艺术眼光"观照"世间万物，坚守着艺术的抽离和宗教的修行。他以仁爱宽广的心胸包容人世的沧桑悲痛，始终以"艺术化的人生"和"人生的艺术化"实践着内心深处那份"至真至美"的真率之美。

二 "万物一体"与"真善美"

丰子恺是一个偏感性的艺术家，这一感性的情怀使他的审美世界异常丰富而独特。自然界的花草树木、世俗社会的人事习俗乃至整个宇宙，都是他审美的对象和艺术创造的源泉。他曾说："宇宙是一大艺术，人何以只鉴赏书画的小艺术，而不知鉴赏宇宙的大艺术呢?"[3]将宇宙作为大艺术，作为审美欣赏的对象，体现了丰子恺一贯主张的大艺术观和宽广的审美心境。大美观和大艺术观，是中国现代美学和艺术思想的重要特征。中国现代美学"并不倡导艺术局限于作品本身的技能优劣与作家自身的悲喜忧乐，而是希望从艺术、从美通向人生，通向生命与生活"[4]。丰子恺正是其中的重要一位。

我们阅读丰子恺的散文，欣赏他的漫画，便很容易发现在他的书画世界里蕴藏着丰富的自然物象和生活小天地，宇宙事物和人事生活在他的眼中都可以相互转化，融入艺术的天地，其中的"趣味"让他乐此不疲。在他早期苦学绘画的经验中，有着这样的记述："我小时在写生世界中，把人不当作人看，而当作静物或景物看。似觉这世间只有我一个是人。除了我一人之外，眼前森罗万象一切都是供我研究的写生模型。我把我的先生、长辈、我的朋友，看作与花瓶、茶壶、罐头同类的东西。"[5] 由此可见，丰子恺少年求学的记忆是深刻的，学习绘画的态度是积极而投入的，以致他观看事物的眼光亦变得特殊起来。从他翔实的叙述中，我们看到的是，在他写生的艺术空间里，隐含着"万物一体"的审美方式。何谓"万物一体"的思想？丰子恺有过解释，他称："'万物一体'是中国文化思想的大特色，也是世界上任何一国所不及的最高的精神文明。古圣人说：'各正性命。'又曰'亲亲而仁民，仁民而爱物'，可见中国人的胸襟特别广大，中国人的仁德特别丰厚。所以中国人特别爱好自然。"[6] 可见，中华传统文化中"仁民爱物"的德尚深嵌在他宽厚深广的内心深处，源于先贤的"天人合一"的宇宙生命意识，滋养着丰子恺探究艺术的心田。"自然"在他的笔下既是广袤的生命之源，亦是无拘无束的心灵漫步之所，更是自由自在的一种生活姿态。于是，在他写生的世界，梦境频生，体验多变，正如他自己所回忆的那样："写生世界犹似梦境，梦中杀人也无罪。况且，我曾把书架上的花瓶、茶壶、罐头等静物恭敬地当作人看。"[7] "万物一体"的审美观照方式，改变了人、物决然分离的对立状态，主张把物看作具有生命性的独立自主的存在物，这是将观者的同情心及于被造物所致，是"仁者为本"思想的自然流露。

丰子恺将"万物一体"视为最伟大的世界观和最高的艺术论，并将此奉为人生信条。这一极具博爱和同情之心的观看世界的方式，游走于他审美、艺术、人生的多个视域，透过如此有情的眼光，丰子恺的人生世界渐趋丰富多彩起来。为此，他热衷于赞美儿童的天真无邪，他说："因为儿童大都是最富于同情的，且其同情不但及于人类，又自然地及于猫犬、花草、鸟蝶、鱼虫、玩具等一切事物，他们认真地对猫犬说话，认真地和花接吻，认真地和人像［玩偶，娃娃（doll）］玩耍，其心比艺术家的心真切而自然得多！"[8]在他看来，儿童的世界正是"万物一体"的世界，是最真切友爱的世界，温情而美好，遗憾的是，成年后，这样的美好渐渐逝去，唯有在艺术的天地里予以追忆和回味。所以，童年的记忆成为他散文创作题材的一个重要来源，如孩童时迷恋的泥塑模型成为他早期创作漫画《最初的朋友》的素材，它描绘的是一个小男孩和几只玩偶玩耍的情景，构图欢快而亲切。此外，身边儿童率性天真的玩趣，真切美好的性情，彻底真切的言行举动，都成为他笔下妙趣横生的画面，寓意轻快而温暖。如他的《脚踏车》《开箱子》《快活的劳动》《你给我削瓜，我给你打扇》《锣鼓响》《爸爸回来了》等漫画作品，都描绘了儿童世界的童真和快乐。

因"至真"而友善，因"至善"而美好。儿童的天性和美好的心性与丰子恺的一生从未分离。他对孩童生活的回忆和身边儿童的赞赏都是因为喜好和眷恋，儿童世界的广大和天真的生活令他企慕和艳羡。遭遇了中年虚空与寂寥的心境，他感叹："我看见世间的大人都为生活的琐屑事件所迷着，都忘记人生的根本；只有孩子们保住天真，独具慧眼，其言行多是欣赏者。"[9]丰子恺的笔触是温润的，也是深刻的，在他的散文中，你能触到浙西人的细腻，亦能嗅到讽谏批判的气息。因为时代的变革，社会的动乱，人事的变幻，生活的无奈，年岁的更迭，心性的跌宕，一切的一切都历经"变化"。

改变、催促、忙碌，都促成了他文风情感的转变和波动，但是他却很少摆出咄咄逼人的腔调，比起刻板的说教，他更愿以细腻的文字和风趣的画面引人深虑。这正印证了他所坚守的"真、善、美"统一的审美人生观。看惯了成人世界的虚伪和卑怯，使他越发期盼圆满人格的出现。他曾说"圆满的人格好比一个鼎，'真、善、美'好比鼎的三足。缺了一足，鼎就站不住……'真'、'善'为'美'的基础。美是'真'、'善'的完成……真善生美，美生艺术。故艺术必具足真善美，而真善必须受美的调节"[10]。艺术于他犹如生活，正如他的生活从未远离艺术一样。丰子恺将毕生的精神追求和审美理想都倾注在其似随性却真率的艺术长廊里，并将"真善美"的种子撒播在艺术和生活的园地里。

三 "童稚之心"与"同情之心"

丰子恺的一生历经多重社会冲突和矛盾斗争。作为一介文弱书生，他和家人的生活并不能完全处于可"自由"掌控的范围，与同时代的其他文人艺术家相比，他始终担负着家庭生活的重担，师范专业毕业后辗转多处的从教，多少是出于缓解家庭负担的无奈之举。然而，在感知绘画知识的匮乏和对自身艺术趣味追求的不满足后，他依然在经济拮据的状况下，决意去日本游学，以丰富绘画专业知识，充实执意探求自身艺术精神的心房。在多方帮助和支持下，丰子恺离开正经历着政治骚乱和工商业抗议的大都市上海，前往日本大正时期的东京寻觅能带给他绘画艺术延续和推进的专业技法的灵感源泉。

这样的探寻和求索同样是伴有迷惘和失落、欣喜和发现的过程。几个月的"苦学经历"和"游学见闻"丰富了他求知若渴的兴致，但是，其间出现的自信危机和出路无着的苦闷也极大地困扰着他，直到遇到日本大正时期著名插画家竹久梦二的《梦二画集·春之卷》，丰子恺紧收的心绪才得到了极大的释放。在这一册画集里，竹久梦二独特而娴熟的水墨画法以及画中蕴含的诗趣和画题征服了丰子恺。他在《绘画与文学》中写下："回想过去的所见的绘画，给我印象最深而使我不能忘怀的，是一种小小的毛笔画。记得二十余岁的时候，我在东京的旧书摊上碰到一册《梦二画集·春之卷》。随手拿起来，从尾至首倒翻过去，看见里面都是寥寥数笔的毛笔 sketch（速写）。"[11]丰子恺在这篇文章里真切地回忆了他初见竹久梦二画集时的欣喜和感动，并如数家珍地介绍了画册里给他留下印象较深的一些画作。他介绍了《同级生》《回可爱的家》《爸爸的中饭》《战争与花》等作品，言语中流露着喜悦的发现和深情的感动。对于画面的描述是如此地清晰，对其画风和画题的喜好溢于言表，他认真地写道："题为《classmate》（同级生）的画里描绘了一个贵妇人模样的年轻女人和一个背着婴孩、蓬头垢面的妇人在街头匆匆打招呼的场景，这是多年前的同学的短暂相聚。"[12]对着画面出神的他感叹："亲近地，平等地做过长年的'同级友'，但出校而各自嫁人之后，就因了社会上的所谓贫富贵贱的阶级，而变成像这幅画里所示的不平等与疏远了！人类的命运，尤其是女人的命运，真是可悲哀的！人类社会的组织，真是可诅咒的！这寥寥数笔的一幅小画，不仅以造形的美感动我的眼，又以诗的意味感动我的心。"[13]类似的同情和感动同样出现在欣赏竹久梦二《回可爱的家》《爸爸的中饭》《战争与花》等画作中，他称画面所流露的真实凄凉的环境与温暖自然的人间真情相映照，启人深思，引人入胜。

简单的线条、丰满的意趣和深刻的画题，这一特别的绘画艺术风格深刻地影响了丰子恺用心耕种的艺术园地，浓郁的诗趣和源于普通人之深情的日常生活画面，定格在了丰子恺一生的漫画艺术上。这一艺术风格的形成，源于日本画家竹久梦二的影响是不言而喻的。只是，当我们细细品读丰子恺的散文，认真欣赏他的漫画时，我们看到的又是一位独立而特殊的艺术家的自我表达。在他所创作的富有生活趣味的画作里，他笔墨下的日常生活，往往充满着儿童世界的天真和童趣，是一种相对纯粹的美，这显然是受到丰子恺先生率真天性的影响。

有学习借鉴也有自我发挥创造，有创新开拓亦有汲取传统。艺术创作的根脉唯有植根于民族文化的土壤中、赤诚真切的心性人格中，才会成就令人敬重的格调。这些品性，在丰子恺的为文和作画的艺术化人生中自然显露着。"童稚之心"和"同情之心"是丰子恺始终坚守的品性人格的重要方面。天真无邪的儿童世界，恬静而美好，源于传统文化的"仁者之心"宽厚而深广，犹如儿童世界自然纯粹的"同情之心"，是最能及于世间一切有情和无情之物的"心眼"。丰子恺深情自然的审美方式，让他幸运地遇上并接受了竹久梦二的画风，并感动于其画作中蕴含的"深情"。可贵的是他在具有异域色彩的绘画风格中，融入了自身一贯所看重的真率美的人生论美学主张，形成了自己朴实自然、真率风趣的艺术风格。

对"童稚之心"的守护与对"同情之心"的呼吁，展现了丰子恺对儿童的赞美。他称："儿童的同情心及于人类及自然一切事物……其心比艺术家的心真切而自然的多！他们往往能注意大人所不能注意的事，发见大人所不能发现的点。所以儿童的本质是艺术的。"[14]因为感动于儿童能在日常生活中发现丰富的"趣味"，赞叹儿童与生俱来的同情心，感伤成人世界的麻木虚假，这让他越发憧憬儿童的生活，并热衷于描写儿童生活相。如此一来，他的世界也常伴有

"童稚之心"和"同情之心",因了这份可爱的心境,周围的一切在他的眼中都具有了全新的形象,这样的视角让他能于瞬间抓住感同身受的画面,并随性地诉诸画笔。在丰子恺一生的艺术实践里,他始终是用"心眼"感知,用"心笔"绘之,潜心守护着孩童的率真和趣味,对"童心"和"趣味"的坚守成为他实践理想人生境界的象征。

四 "绝缘"与"有情化"

在丰子恺看来,"绝缘"与"有情化"是主体在审美活动中发现和接近美的体验的关键路径,也是艺术的最高境地。他说:"所谓'绝缘',就是对一种事物的时候,解除事物在世间的一切关系、因果,而孤零地观看。使其事物之对于外物,像不良导体的玻璃之对于电流,断绝关系,所以名为绝缘。"[15] 丰子恺借用"绝缘说"要强调的是审美活动中的"无功利""无利害"的观看方式,他借用佛家的"缘"字,用"绝缘说"清晰地表露了审美活动中需要剔除功利利害关系,以直面事物的自身姿态,发现美之所在。

他在论艺术与美的文章中,时常用"换一种方式""培养艺术的心""心广而眼自明净"等言辞,这些言说方式与"绝缘说"的主张一致,都是努力探求自然社会之美。事实上,生于风光秀美的水乡小镇,加之杭州求学时对西湖美景的沉醉,特别是在老师李叔同的指导下,接受正规的绘画技法训练,坚持刻苦写生后,丰子恺对自然美有了更深切的体悟,对自然的挚爱是他获得丰富审美体验的源泉,而"艺术的心"正是在畅游自然之境中所得的灵感,这一具有超现实性的心灵感怀,往往是其艺术书写的基石,丰子恺称之为"美的眼光"和"艺术的心境"。

这一主张贯穿于他"真率"人生论美学思想的始终。丰子恺在他的散文中反复强调，无论是普通人还是艺术家，一旦有了这"美的眼光"和"艺术的心境"，便能进入"造型美""情感美""艺术美"的鉴赏之域了。他在《颜面》一文中，讨论了自己对自然界一切生物、无生物表情的辨识，并告诉读者加以艺术的眼光训练，便能从任何物象上轻易读到颜面的表情变化，认为具有"艺术眼光"的人，其眼中的自然界物象，也一定是充满活力和生命力的。他写道："艺术家要在自然界中看出生命，要在一草一木中发现自己，故必推广其同情心，普及于一切自然，有情化一切自然。"[16]在丰子恺看来，"绝缘说"与"有情化"的审美理论的结合是培养"艺术的心"的重要途径，与他主张的"艺术是心灵的事业，而不完全是技巧的工夫"相印证。

丰子恺的"绝缘说"是在中西文化碰撞和交流中诞生的，与西方美学的审美"无利害"（disinterestedness）说类似，都主张审美的无概念、无功用。他在《从梅花说到美》一文中，由"美是什么"的话题谈起，对西方古代、近代美学家论美的问题做了分析比较。从古希腊的苏格拉底、柏拉图到亚里士多德的美学说，到近代鲍姆加登、温克尔曼的真、善、美合一与分离说，再到美的"客观说""主观说"以及二者融合说，在综合评判的基础上，他认同康德的"无关心说"（disinterestedness）。基于康德的"情感判断"说，他称："无关心，就是说美的创作或鉴赏的时候不可想起物的实用的方面，描盆景时不可专想吃苹果，看展览会时不可专想买画，而用欣赏与感叹的态度，把自己的心没入在对象中。"[17]他还进一步谈道："感到美的时候，我们的心情如何？极简要地说来，即须舍弃理智的念头而仅用感情来迎受。美是要用感情来感到的。"[18]可见，相较于"西方形而上"的思辨美学，丰子恺更倾向于把对"美"的阐释变得可知可感一些，所以，我们在他关于美的论述中，看到了描盆栽、看展览时的普通生活中的审美感知与体验,为此,他推崇"心广则眼自明净"的审美方式,看重"用心感受和体验"这一真切而具体的感知生活、感知美的方式。

感悟式地体验美、欣赏美的方式,是中国传统文化"学人"完善理想人格和实现审美人生的一个重要方式。如中国古代的"感物""心斋""坐忘""神与物游"说,正是这一审美方式的传达。从小习读儒家传统经典,受到传统文化浸染,加之少年时期国文老师夏丏尊、美术老师李叔同的影响,丰子恺的文化心田里流淌着中国传统文化的血液,尽管处在20世纪中国文化思潮涌动的时期,他骨子里所尊崇的"仁德"却一直都在。当他看到了中国传统水墨画在传情达意方面的随性自适的优势后,之前抵触和排斥中国传统绘画缺乏写实性的情绪便淡去很多,最终他以"古诗入画"、以"水墨新绘"的承继创新,发挥了中国传统水墨画的韵味,形成了恬淡自然的审美风格。

所有的体验和感知,都离不开"心"的投入和"情感"的体察,所谓的"绝缘"也正是为了排除干扰,乃"用情用心"地真诚"观照"宇宙万象。"中西融通"和"古今承创",丰子恺在多重文化思潮中,为自身的审美理想找到了恰当的表达路径,即以"绝缘"和"有情化"的观看方式走进审美的灵境,并以"有情化"的"心眼"构筑了他真率人生的审美之维。

五　当代启示

丰子恺的"真率"人生论美学思想内涵丰富而深刻,他以"有情之眼"观看世界的方式,以虔诚之心感受和体悟宇宙人生的审美感知力,以及始终以"童心"和"趣味"入画为文的艺术实践,对于平

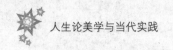

复当下世人浮躁的心绪，缓释被包裹于急促忙乱的社会情境中的艺术实践活动，具有重要的启益。

其一，孕育涵养"美好的心性"。丰子恺始终以"心眼"观看自然、社会、人生和艺术的方式，以及他以"赤心"入世，以"诚心"待人处事的态度，乃至他畅游自然之境及人生世态所习得的丰富的审美体验与生命感悟，滋养和成就了其自然美好的心性，这于当今世人审美理想的培养和引导方面，具有可资借鉴的理论价值。在当下社会环境中，随着物质文明的急速推进，本该与之同期并进的精神文明却稍显缓慢，如此一来，人们在享受物质文明巨变所带来的舒适便捷的生活方式时，也时常被带入快餐式的生活旋涡中难以自拔，物质生活的充溢与精神世界的茫然、徘徊形成了鲜明的对照。如何在快速旋转的生活轨道中找到精神欢愉的路径，成为当今世人极为关注的话题。所以，如何保持自然纯净的心性，"用情至深"地感知宇宙人生世相，在纷繁忙乱的自然之境和人生世态中找寻美好迸发的瞬间，以期盼生命体验的感发抑或艺术灵感的凸显，显得尤为重要。丰子恺以"有情之眼"感知自然、感知生活与美的方式，以及他常以"赤心"与"诚心"入世的真率人生态度，为我们缓释精神世界乏味茫然的状态提供了调解的方向，即始终保持美好的心境，以"同情之心"体悟人世沧桑与瞬息万变的世事，怀揣对生命对德性的敬畏之心，养护"心性"之源，咏赞"艺术"之灵。

其二，守护培育"童心"与"趣味"。丰子恺一生坚守的旨趣，便是蕴藉于自然美好的心性，用心呵护童年多彩的记忆，对童心及儿童率真世界一如既往地关爱与眷顾，融入其艺术创作之中，便是以"童心"和"趣味"入画为文的艺术实践活动，这同时也构成了他实践人生境界的重要方向。源于对"童心"的至纯之境与赤诚之态的看重，加之对艺术活动中"趣味"之美的求索，丰子恺将对"真、善、美"的追求植入审美、艺术、人生诸多方面，并始终带着真诚和风趣之心介入艺术活动中。丰子恺对"童心"与"趣味"的提倡，也是20世纪中国现代文艺发展史上重要的艺术理论主张，于当下艺术实践极具启发意义。首先，它预示了艺术活动中对"真、善、美"孜孜不倦的追求；其次，它为缓解急功近利的功利主义的技艺风尚，提出了本该坚守的艺术德性；再次，它有力地推进了艺术创作和欣赏过程中人们审美诉求的实现，并以率性洒脱的童趣之举平复其间出现的焦灼心态，直至遇见本真的自我。

其三，葆有"美的眼光"和"艺术的心境"。丰子恺徜徉于丰富多彩的艺术世界，得益于他所具有的察觉美的眼光与祥和宁静的心绪，他将语言和笔墨作为情感传达的方式，尽情表露世间的温情与美好，以及忧郁与苦楚，但他总能将不快与悲痛转化为艺术之美的灵光，拂去忧伤的面纱，转而以有情之眸"观照"人世百态。正如他极力将"绝缘"与"有情化"的眼光视为培植"艺术心"的关键，他所称赞的"万物一体"与"有情之眼"是其内心仁爱之情的自然流露。艺术活动是人类集中探寻美的方式的重要路径，于是学习艺术潜修艺术，通过艺术实践人生境界，将审美、人生、艺术相连，以开启人生艺术之旅，是丰子恺带给世人的深刻思考方式。

总之，丰子恺的"真率"人生论美学思想孕育于其善良美好的心性之中，丰富成熟于他对"真、善、美"的孜孜不倦追求和艺术实践的过程，他始终将艺术创作和欣赏的态度运用于人生活动中，实践着"艺术化的人生"和"人生艺术化"的审美理想，为当今艺术实践提供了诸多启益。

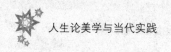

注释：

[1] 丰子恺：《辞缘缘堂》，《丰子恺文集》第6卷，浙江文艺出版社、浙江教育出版社1990年版，第121页。

[2] 叶圣陶：《序·丰子恺文集》第1卷，浙江文艺出版社、浙江教育出版社1990年版，第2页。

[3] 丰子恺：《艺术三昧》，《丰子恺文集》第5卷，浙江文艺出版社、浙江教育出版社1990年版，第153页。

[4] 金雅、聂振斌：《中国现代美学的精神传统》，《安徽大学学报》2009年第6期。

[5] [7] 丰子恺：《写生世界》（下），《丰子恺文集》第2卷，浙江文艺出版社、浙江教育出版社1990年版，第601页；第601页。

[6] 丰子恺：《桂林艺术讲话之一》，《丰子恺文集》第4卷，浙江文艺出版社、浙江教育出版社1990年版，第14—15页。

[8] [14] 丰子恺：《美与同情》，《丰子恺文集》第2卷，浙江文艺出版社、浙江教育出版社1990年版，第583—584页；第583页。

[9] 丰子恺：《谈自己的画》，《丰子恺文集》第5卷，浙江文艺出版社、浙江教育出版社1990年版，第468页。

[10] 丰子恺：《艺术与艺术家》，《丰子恺文集》第4卷，浙江文艺出版社、浙江教育出版社1990年版，第401页。

[11] [12] [13] 丰子恺：《绘画与文学》，《丰子恺文集》第2卷，浙江文艺出版社、浙江教育出版社1990年版，第486页；第487页；第487页。

[15] 丰子恺：《关于儿童教育》，《丰子恺文集》第2卷，浙江文艺出版社、浙江教育出版社1990年版，第250页。

[16] 丰子恺：《颜面》，《丰子恺文集》第5卷，浙江文艺出版

社、浙江教育出版社1990年版，第111页。

[17] [18] 丰子恺：《从梅花说到美》，《丰子恺文集》第2卷，浙江文艺出版社、浙江教育出版社1990年版，第564页。

[本文为浙江省高校重大人文攻关规划重点项目"中国现代人生论美学的民族资源与学理传统研究"（2013GH013）成果。《学术界》2017年第9期刊发，第二作者为金雅]

丰子恺漫画的人生审美观照

白艳霞*

摘　要：丰子恺的漫画创作是他人生论哲学和美学思想在艺术实践中的运用。作为一名佛教居士，一名艺术家，他的漫画是佛家普度众生的悲悯情怀与日本画家竹久梦二的现代文人画风的唯美融合。他提出并运用以"艺术的心"绘画之"三昧"、以文为画与以诗为境、以童心绝缘俗尘的美学原则，在漫画中创造了一个高贵的、常新的、超现实的艺术世界，帮助那些在滚滚红尘中受煎熬的生灵"解脱烦恼""出入于清净界"，为具有艺术修养的欣赏者创造了一个幸福、仁爱而和平的审美世界。

关键词：丰子恺；漫画；人生论美学；美育

丰子恺的漫画明显受日本明治末期和大正时期著名插画家竹久梦二（1884—1934）的影响。梦二"画简洁的表现法，坚劲流利的笔致，变化而又稳妥的构图，以及立意新奇、笔画秀雅的文字。"[1]

---

* 作者单位：浙江理工大学中国美学与艺术理论研究中心。

令他痴迷并仿效之。丰子恺从 1925 年开始在上海《文学周报》上发表漫画，主编郑振铎为之冠以"子恺漫画"的题头，自此，我国绘画史上，便出现了一个独立的新画种：抒情漫画。

丰子恺的漫画体现了他的人生论美学与艺术教育思想，根据丰先生《艺术与人生》一文中的观点："凡艺术（不良，有害的东西当然不列在内），可说皆是有实的，皆是为人生的。"根据艺术对人生的关系，丰先生把"应用"艺术和"纯正"艺术确定为"'直接有用的艺术'与'间接有用的艺术'"[2]。因此，画家提倡过"艺术的人生"，创"人生的艺术"作品。艺术味与人生味，"最好两者调和适可，不要偏重一方"[3]。丰先生在自己的漫画创作生涯中践行了上述理论主张。

一 以"艺术的心"绘画之"三昧"

丰子恺认为艺术家要有一颗"艺术的心"，"艺术完全是心灵的事业，不是技巧的工夫。"[4]用这样的心灵去观察外在世界，"外师造化，中得心源"，有所感悟，才能立意，受得深刻的创作灵感，赋予画作"三昧"，在丰富多样的风景、建筑、人物布局中取得抒情的意境，生活之"趣味"。

首先，谈谈"艺术的心"及其在画家创作实践中的运用。丰子恺的漫画发于灵感，出自笔端。他认为，艺术的动人之处，不仅要有高超的画技，必需怀有一颗"艺术的心"，"凡艺术是技术，但仅乎技术，不是艺术"。[5]丰先生的漫画，无不显示出画家的赤子情怀。如《儿童不知春，问草何故绿》中学生向老师提问的画面、《蚂蚁搬家》中儿童充满爱心地拿小凳保护蚂蚁搬家的队伍等，都在日常琐细小事中，通过心灵的加工，变成笔下不凡的画面。

"艺术的心"包含了两个方面的意义，第一，这是一颗纯洁宁静的心，是老子的"涤除玄鉴"、庄子的"心斋""坐忘"、宗炳的"澄怀味象/观道"、郭熙的"林泉之心"、金圣叹的"澄怀格物"等命题内涵的现代延伸，是关于审美心胸（老子、庄子、郭熙）、审美主体与客体之间关系（宗炳、金圣叹）的理论。说的是只有心境空明，才能深入观察事物的本质。第二，"艺术的心"还包含严羽的"兴趣"说和袁枚的"性灵"说一层含义："即物起兴"，即画家由所见物之"兴趣"激发，在本真的性情中产生了创作"灵感"。

总之，"艺术的心"永远不变，作品就被注入了"常新"的艺术魅力。以完备健全的"艺术的心"观照自然与社会，才能由表及里，"超以象外，得其圜中"，创作出千古不朽的"常新"作品。

其次，"艺术三昧"与丰子恺漫画的艺术语言。所谓"艺术三昧"，即绘画中的人物、动物、植物、建筑等的位置经营"要统一，又要多样；要规则，又要不规则；要不规则的规则，规则的不规则；要一中有多，多中有一。这是艺术的三昧境！"[6]也就是美学上的"多样统一"。一幅画中无论有几个形体与块面，都要在浑整统一中呈现美。

丰子恺的画作，通过观察人物的姿态、情境，运用想象即可补充画中人物的表情。丰先生作品除题材上的差别给人以新鲜感外，另一个主要原因便是构图的丰富多变。在传统中国绘画中，构图目的在于取势，有势才能达意，生成意境。

丰子恺漫画中构图与布势，真实自然，恰到好处，观者甚至不会注意它们的分布与排列，直接沉醉于画面的情景与氛围中。如《柳下相逢握手手》《两小无嫌猜》《此亦人子也》等作品，人物、树木、山水或建筑等，无论位置、疏密，还是空间处理都恰到好处。用高大的树木或建筑、月亮增加画面的"高远"感，远山延伸了画面的"平远"空间。白色的背景则为观者留下想象的空间。画中的每一笔都包含了体、面的结构关系。

总之，丰子恺先生以"艺术的心""艺术的态度""艺术的精神"创造"艺术的情味"，从而实现他绘画的美学理想。他的漫画色彩和谐、章法比例严谨有序，一个个独立自足的诗情画意形象，都饶有趣味，令人赏心悦目，陶醉流连。

二　以文为画与以诗为境

绘画是一门运用线条、色彩和形体等艺术语言，通过构图、造型，以及设色等艺术手法，在二维空间塑造静态视觉形象的艺术。根据艺术作品论的分层理论，绘画语言为第一个层次，内容和意境为第二个层次。丰子恺用漫画语言讲故事，抒情怀，画面流露出浓厚的文学气息，渗透诗的意味。

在内容上，丰子恺漫画的特点是"以文为画"。丰先生漫画用简练的笔法和深浅、浓淡适中的色彩、多样的结构造设出一幅幅具有情节性、戏剧性的画面。这些作品就是丰先生说的"文学的绘画"，一种除了"求形式的美之外，又兼重题材的意义与思想，则涉及文学的领域"[7]的绘画。在绘画中羼入文学的意味，也是绘画大众化的一种便捷途径。

丰子恺关注现实，题材较为广泛，画作绘尽众生百态，因此。有寓意深刻和含有讽刺意味的、传递人间至情的、表现童稚天真的、反映日常生活情趣的等，这些作品用漫画形象代替文字，每个画面都是一个故事或一个寓言。丰先生深厚的文学功底和艺术修养，使他的漫画富含哲理却又情趣盎然，具有恒久的艺术魅力。

在意境上，丰子恺的一些漫画饱含诗情画意。中国画的意境，"就是画家通过描绘景物表达思想感情所形成的艺术境界。……绘画是否具有意境，是作品成功与否的重要因素。"[8]如果说内容上的文学性表现为叙事性和戏剧性，那么，诗意情境则是丰子恺漫画文学的抒情性表现。

画家的很多作品以古代山水诗句或富有诗性的语句为题而作。如：《杨柳岸晓风残月》《临水种桃知有意》《落红不是无情物》等，都以诗句为主而画为宾，这些作品以情绘景，人与景、情与境不可分割。丰子恺"把风景当作人物看，即'艺术的有情化（personification）'。就是把感情移入于万象中，视山川草木为自己的同类，于是万物皆有生命，皆有情感了。"[9]正因如此，俞平伯赞其漫画"一片片的落英都含蓄着人间的情怀"[10]；朱自清评其画作是"一首首带核的小诗"[11]。在情景交融中，丰先生的漫画升华为意境美。

丰子恺是一位抒情漫画家，他遵循文人画或墨戏，特别是诗画结合的传统，创作了表面平淡，但却是最艺术的一个新画种：笔简意深，妙趣横生，情味悠长。丰先生的画蕴含文学意味，但没有流于讽刺说理的庸俗而失去美感与灵性，他的作品在多样的章法与寓深刻于平凡的内容上高度融合统一，生成和谐、隽永的意境。

三 永葆童心以绝缘俗尘

丰子恺漫画中一个显著的特点是许多作品都以儿童为中心叙事、抒情、增趣。儿童是他漫画永远的主角。表现童心的纯真，不仅是丰子恺漫画的美学追求，更是他实现艺术教育目的的重要手段。他的"绝缘"论与康德的审美无功利说是相通的。

深谙世情的丰先生，发现成人无法挣脱利害关系的因果链，并左右了我们辨识事物的本质；理性随着年龄增长，人性也越来越不健全。因此，丰先生认为，我们应该"绝缘"，只有在绝缘的时候，我们"所看见的是孤独的、纯粹的事物的本体的'相'"。[12]继而发现善，感受美，实现人性的健全与人格的提升。而"人类对于美的教养若不提高向上，绝不能得完全的人格"。[13]

如何实现"绝缘"呢？丰子恺教给我们的方法"就是教人学做小孩子。学做小孩子，就是培养小孩子的这点'童心'"。丰先生创作的旨归就是用漫画唤醒我们的童心，教给我们绝缘的方法："造出一个享乐的世界来，在那里可得到 refreshment（精神爽快，神清气爽），以恢复我们的元气，认识我们的生命，而这态度，就是小孩子的态度。"[14]丰子恺创造了一个漫画的享乐世界——充满童趣的审美世界。他把儿童/人当作风景，就是"艺术的绝缘（isolation）。就是摒除一切传统习惯，而用全新的直觉的眼光来观看世间，便不分这是人，这是山，这是水，即所谓物我无间，一视同仁的境界了"。可见，他所描述的"儿童风景"是尘网中人通达美育目标的一种"艺术绝缘"方式。用丰先生的话说："图画科之主旨，原是要使学生赏识自然与艺术之美，应用其美以改善生活方式，感化其美而陶冶高尚的精神（主目的）。"[15]显然，丰先生非常注重教育功能，他理论中的"人的教育""美的教育""情的教育"，都是通过具有"艺术的心""艺术的情味""艺术的态度""艺术的精神"等涵养的艺术家的创作与欣赏实现的。这些概念和观点，"既是审美教育和艺术教育的题中之义，也构成了人生论美学的重要内涵和独特品格"[16]。丰子恺的漫画是他人生论美学与艺术实践水乳交融的成果，突出体现了"为人生"的美学观。同时，也实践了蔡元培先生倡导的"以美育代宗教"思想。

总之，丰子恺以独具一格的漫画为手段，不遗余力地实践着自己的人生论美学思想。他的画人物与风景并重，无论"艺术的有情化（personification）"，还是"艺术的绝缘（isolation）"，都达到了艺术的最高境地。他画中的人物与风景充分体现了他一贯追求的艺术生命精神，应和了"人的生命活动与艺术的生命精神"[17]的人生论美学表征。

注释：

[1] [2] [4] [5] [6] [7] [12] [14] [15] 余连祥：《丰子恺》，浙江大学出版社 2011 年版，第 200 页；第 69 页；第 71 页；第 12 页；第 14 页；第 202 页；第 27 页；第 29 页；第 129 页。

[3] [11]《丰子恺漫画作品欣赏》360 个人图书馆：（2015－05－03）http：//www.360doc.com/content/15/0503/07/7255173_467586763.shtml.

[8] 陈聿东：《国画艺术》，山西教育出版社 2008 年版，第 28 页。

[9]《丰子恺自述：我这一生》，中国青年出版社 2015 年版，第 129 页。

[10]《丰子恺：一片片的落英，都含蓄着人间的情味》，新浪博客：（2014－08－17）http：//blog.sina.cn/dpool/blog/s/blog_4a9f510b0102uzmv.html.

[13] 丰子恺：《艺术趣味》，海豚出版社 2015 年版，第 34 页。

[16] 金雅：《人生论美学传统与中国美学的学理创新》，《社会科学战线》2015 年第 2 期。

［17］聂振斌：《人生论美学释义》，《湖州师范学院学报》2015
年第5期。

［本文为浙江省哲学社会科学规划课题"20世纪中国艺术理论
的现代性发展研究"（课题编号：18NDJC239YB）的阶段性成果之
一；浙江理工大学引进人员科研启动基金项目"中国美育的当代转
型研究"（13122187－Y）成果之一。《艺术与设计》2017年第11
期下半月版刊发］

丰子恺艺术教育思想与人生论美学

卜凌冰[*]

摘　要：丰子恺是中国现代艺术教育的先行者和建设者之一。在他看来，艺术教育是美的教育、情的教育，是"很重大很广泛的一种人的教育"[1]，其宗旨是播种"艺术的心"。丰子恺的艺术教育思想建立在他长期丰富的艺术教育实践基础上，并始终以人作为自己的终极关怀目标，以期通过艺术的陶冶，实现人生的美化。他的艺术教育理念在中国现代艺术教育领域独树一帜，其中蕴含着深刻的人文关怀和人生论美学价值，十分值得我们探讨。

关键词：丰子恺；艺术教育；艺术心；人生论美学

一

丰子恺所谓的艺术教育与广义的美育含义大略相同。"美育"是一种培养人们发现美、体验美、创造美的综合的审美教育。"美育"

---

* 作者单位：浙江理工大学中国美学与艺术理论研究中心。

一词最早由德国古典美学家席勒在 1773 年以书信体写成的《审美教育书简》一书中提出，19 世纪末 20 世纪初，"美育"一词经一批留学归来的美学家引入中国，蔡元培更是提出了著名的"以美育代宗教"的思想。丰子恺十分看重艺术教育对人生的意义，他曾说："艺术教育的原理是因为艺术是人生不可少的安慰，又是比社会大问题的真和科学知识的真更加完全的真，直接了解事物的真相，养成开豁胸襟的力量，确是社会极重要的事件。"[2]

（一）艺术教育的宗旨——培养"艺术的心"

在《新艺术》一文中，丰子恺反对把艺术区分为新艺术和旧艺术，新旧之说仅仅指表面的外在形式，但是"艺术的心"是不变的，因此艺术可以说是"常新的"。那些只拘泥于艺术的技巧和表面，而不注重其内在精神实质的人不具备"艺术的心"。丰子恺称这种创作空有华丽的外表的艺术的人为心灵不健全的人。因此丰子恺建议青年："欲研究艺术，必先培养其'艺术的心'。"[3]

"艺术的心"在艺术创作领域指的就是"灵感"。他说："在艺术创作上，灵感为主，而表现为从。"[4]如果在创作时全无任何灵感而盲目描画写作，那么便与工匠无异，不能称为艺术。丰子恺进一步提出"艺术完全是心灵的事业，不是技巧的工夫""凡艺术是技术；但仅乎技术，不是艺术"。[5]只有技术不能称为艺术，必须在技术的基础上加上"艺术的心"才能称为艺术。同时，丰子恺并不否定和忽视技术的重要性，只有"艺术的心"而没有技术也不能称之为艺术。但是将两者放在一起进行比较，尤其是在"人生"的意义上，"艺术的心"便远胜于技术了。丰子恺说："有艺术的心而没有艺术的人，虽然未尝描画吟诗，但其人必有芬芳悱恻之怀，光明磊落之心，而可为可

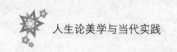

敬可爱之人。"[6]因此艺术教育的实施，"宜先开拓胸境，培植这艺术的心"[7]。

（二）艺术教育的原则——"人格为先，技术为次"

丰子恺认为，艺术教育是"人生的很重大而又很广泛的一种教育，不是局部的小知识小技能的教授"[8]。一方面，艺术科有"大艺术科"与"小艺术科"之分。丰子恺把单纯教授学生知识和技巧的图画、音乐等学科称之为"小艺术科"，把作用于人生的"全般的艺术教育"称之为"大艺术科"。"全般的艺术教育"指的就是美的教育、情的教育，是教学生如何以艺术的态度去审视人生，从平凡的生活中发现不平凡的美。另一方面，艺术教育的培养有"艺匠"与"艺术家"之别。前者只注重培养艺术的技巧，后者注重"艺术心"和"艺术精神"的培育。在《艺术与艺术家》一文中，丰子恺讲道："艺术以人格为先，技术为次。"[9]他进一步提出判断"真艺术家"的标准即是否拥有"艺术心"。

丰子恺主张在学习"小艺术科"的基础上，尤其加强对"大艺术科"的教育和培养，注重培育拥有"艺术心"和"艺术精神"的"真艺术家"，正所谓"心为主，技为从"。在丰子恺看来，艺术教育的主要目的应该是"涵养美感""陶冶身心"和"养成人格"。比起机械的教授学生艺术的知识和技巧，艺术教育更重要的任务是要教会学生对人生和世界的看法和理解，从而树立正确的人生观和世界观，这也是教育的根本目的。所以艺术教育，要将"大艺术科"融入"小艺术科"的教学中。如果说"小艺术科"是形，那"大艺术科"便是"神"，只有形神兼备、以形写神才能培育出真正的"艺术家"，而不是只掌握技术技巧的"艺匠"，真正实现艺术教育的目的。

（三）艺术教育的范围——从"曲高和寡"到"曲高和众"

丰子恺的艺术教育对象不仅有学校的学生，还有广大社会民众。丰子恺提倡艺术要时刻关注现实，面向大众，围绕人生，通过艺术的熏陶，提高大众的审美趣味和审美修养。"艺术教育，就是教人以这艺术的生活的。"[10]丰子恺认为艺术不是高高在上的，主张艺术平民化和大众化，因此艺术教育要普及于社会大众，从"曲高和寡"走向"曲高和众"。丰子恺说道："有生即有情，有情即有艺术。故艺术非专科，乃人人所本能；艺术无专家，人人皆生知也。"[11]艺术并不是少数艺术家的"象牙塔"，神圣不可侵犯，艺术就在每个人的生活中，与人们的生活息息相关；艺术也没有所谓的专家，艺术本来就是人们生活的反映，人生来就是艺术家。这个说法打破了以往艺术"曲高和寡"的观念，将艺术带入人们的日常生活中。丰子恺主张通过改良工艺品和培养业余艺术爱好者的方式，让艺术走入人们的生活，实现艺术生活化和生活艺术化，促进社会艺术教育的传播和发展。同时发展雅俗共赏的民间艺术，提高民众的艺术鉴赏力。

二

丰子恺不仅是一位艺术教育思想家，而且是艺术教育的践行者，其大半生都奉献给了艺术教育工作。他早年主要致力于学校艺术教育的普及和研究，晚年把更多的精力放在了为民为人生的社会艺术教育中。

作为艺术教育的践行者和开拓者，他的艺术教育活动是从自己在学校任艺术教师开始的。1919 年，丰子恺自浙江省立第一师范学校毕业后，就与吴梦非、刘志平创办了上海专科师范学校，自己担任美术教师，同时在东亚体育学校、爱国女学、城东女学等学校兼职教授音乐和绘画等课程。同年，丰子恺与姜丹书、吴梦非、刘志平等人一起成立了中华美育会，出版了中国第一本艺术教育刊物——《美育》，丰子恺担任编辑之一并发表了三篇文章，分别是《画家之生命》《忠实之写生》和《艺术教育的原理》。从日本游学归来后，丰子恺继续任教于上海专科师范学校，同时在吴淞中国公学兼课。1922 年，经夏丏尊介绍去浙江上虞白马湖春晖中学担任图画和音乐老师，兼职在宁波第四中学、育德小学教课，课余经常与夏丏尊、朱自清、朱光潜等人交流，努力钻研文艺理论。1925 年，与友人创办上海立达中学，成立"立达学会"，丰子恺担任校务委员并教授西洋画，同年兼任上海艺术师范大学教师。1938 年，在广西省立桂林师范学校任教，教授国文和图画，并开始撰写《教师日记》，记录任教时的经验和心得。1939 年，应浙江大学诚意相邀，从桂林师范学校辞职，到浙江大学担任艺术讲师。1942 年，在重庆国立艺术专科学校任职。从中可以看出，丰子恺艺术教育经历丰富，从 1919 年毕业到 1943 年辞去教职结束教育生涯，期间除了因抗战或个人伤病有所间断，在各种学校任教达 15 年之久。

除了身体力行奋战在教育的第一线，丰子恺还撰写了大量关于艺术教育的书籍。艺术理论往往晦涩难懂，不适合普通大众阅读，丰子恺擅长用浅显易懂的故事和例子去谈论艺术理论和艺术教育，深入浅出，富有趣味，如《少年音乐和美术故事》《音乐入门》《艺术趣味》等艺术入门读物，还有他的漫画作品，表现手法通俗易懂，趣味横生，深受民间大众的喜爱。叶圣陶如是说："在三十年代，子恺兄为普及音乐及绘画等艺术知识写了不少文章，编了好几本书，使一代的知识青年，连我这个中年人在内，受到了这些方面的很好的启蒙教育。"[12]

三

当今社会，随着商品经济的发展和科学技术的进步，科技至上和实利主义越演越烈，人越来越依附于商品，人情越来越淡漠，人生缺少诗意。商品经济带来的实利主义和科学技术带来的理性主义冲击着人们的传统美学观念。金雅教授等近几年提出了人生论美学的概念，其基本精神是"审美艺术人生相统一、真善美相贯通"[13]。人生论美学的提出意味着美学向人生的回归，艺术对人生的升华，就像丰子恺所说的："倘能因艺术的修养，而得到了梦见这美丽的世界的眼，我们所见的世界，就处处美丽，我们的生活就处处滋润了。一茶一饭，我们都能尝到其真味；一草一木，我们都能领略其真趣；一举一动，我们都能感到其温暖的人生的情味。"[14]

人生论美学将艺术与人生相联系，有着很强的实践性，其在现实中的落脚点和归宿便是艺术教育。丰子恺的艺术教育思想十分重视对人的艺术精神的培育，希望通过对艺术精神的培育引领人的生命和生存，进而实现生活美化和人生艺术化。丰子恺的艺术教育思想渗透着丰富的人生论美学价值，十分值得我们挖掘和探讨。

丰子恺的艺术教育始终以人作为终极关怀的对象。丰子恺指出："在艺术中，我们可以暂时放下我们的一切压迫与担负，解除我们平日处世的苦心，而作真的自己的生活，认识自己的奔放的生命。"[15]人刚降生到这个世界的时候，会有很多不现实不可能做到的要求，要求月亮出来，要求花朵盛开，求而不得便会放声哭泣，随着孩子慢慢长大，碰了几次钉子之后渐渐懂得了很多事情不是随心所欲的，他们不再要求那些得不到的东西，开始压抑自己真实的情感和需求，丰子恺把这称为"人生的苦闷"。为什么艺术教育对于人生有这么重要的作用呢？丰子恺认为这是发泄"人生的苦闷"的重要途径。身处当时内忧外患、民不聊生的特定的社会环境下，丰子恺虽然也认为人生充满了苦闷，但他并没有悲观厌世，主张对人生秉持一种积极乐观的态度，以艺术来塑造人格、改造人生。在现实世界中，受外界条件的限制，很多事情是无奈的、苦闷的，但是在艺术世界中，可以超越现实世界的束缚，人们的思维和精神是广大而自由的。所以说"人生短，艺术长"。人生苦短，需要借助艺术来发泄这"人生的苦闷"，在艺术的世界中发现和欣赏人生的情味。科学知识和道德规范固然重要，但是如果没有艺术的陶冶和熏陶，这种人格是不完整不健全的，人生也会越来越狭隘。

丰子恺的艺术教育是一种美的教育，情的教育，是贯彻人生始终的"大教育"。在《艺术教育的原理》一文中，丰子恺指出："我看来中国一大部分的人，是科学所养成的机械的人；他们以为世间只有科学是阐明宇宙的真相的，艺术没有多大的用途，不过为科学的补助罢了，这一点是大误解。"[16]艺术并不是科学的辅助品，艺术于人的一生有其独特的作用。如果说科学是知的世界，那么艺术就是美的世界，它不像科学一样作用于人的求真层面，作用于人的知识和技术层面，它最重要的功能便是审美，引导人们净化心灵，发现美的世界。脱离了审美而一味地求真，人们便会变得机械和麻木，与机器无异，失去了慰安和享乐，失去了人之所以为人的根本，人便不能成为一个完整的人，那整个社会便会陷入一种消沉或迷蒙的局面。他在桂林师范学校任教时曾说："我教艺术科，主张不求直接效果，而注重间接效果。不求学生能作直接有用之画，但求涵养其爱美之心。"[17]教育要去除功利心，涵养艺术心，用艺术的心去看待生活，在艺术的世界中发现和欣赏人生的情味。"涵养爱美之心"其实就是培育艺术精神。丰子恺说道："体得了艺术的精神，而表现此精神于一切思想行为之中，这时候不需要艺术品，因为整个人生已变成艺术品了。"[18]从中可以看出，丰子恺的艺术教育始终围绕着艺术精神展开，希望借由艺术的熏陶提升人的生命境界。此外，他倡导的艺术教育的范围不仅仅局限于学校，还涉及社会生活，"及于日常生活一茶一饭、一草一木、一举一动"，是有关人生的大教育。

丰子恺艺术教育始终致力于艺术与人生的融合。一方面，丰子恺主张艺术要立足现实、关注生活，反映人生的根本问题，也就是艺术"人生化"。在《艺术与人生》一文中，丰子恺把现今的艺术归纳为绘画、雕塑、建筑、文学、舞蹈、电影等十二个门类，并一一分析了它们与人生的关系状态，最终得出结论："可知一切艺术，在人生都有用。"[19]"凡艺术（不良，有害的东西当然不列在内），可说皆是有实用的，皆是为人生的。"[20]无论是何种艺术形式，只要是艺术就是立足生活反映现实的，都是对人生"有用"的，丰子恺在应林语堂先生之约谈自己的漫画时曾说："我的画与我的生活相关联，要谈画必须谈生活，谈生活就是谈画。"[21]他习惯"把日常生活的感兴用'漫画'描写出来"[22]。另一方面，丰子恺强调人生需体得艺术的精神，以看待艺术的心去观照人生，也就是人生"艺术化"。丰子恺认为，只有体得了艺术的精神，将这种艺术的精神诉诸思想和行为，才能创造出"人生"这个大艺术品，人生才能得到美化和圆满。丰子恺主张以艺术的"眼"和艺术的"心"来看待世间万物，用艺术的精神和态度来处理人世间的苦闷与繁杂的事物，追求一种艺术化的人生道路。

纵观丰子恺的艺术教育思想，我们发展其艺术教育理念不仅重视对知识和技术的学习，更加重视对艺术精神的培养和人格的培育；艺术教育不是少数人的"专利"而应惠及广大人民群众；艺术教育是真、善、美相统一，知、情、意相融通的作用于人生的"大教育"……他的种种艺术教育理念超越了他所处的时代，具有深刻的人文关怀和人生论美学意蕴，对当今我们的艺术教育乃至生活实践有着重要的借鉴和启迪。

注释：

[1] 丰陈宝、丰一吟、丰元草编：《丰子恺文集》第2卷，浙江文艺出版社、浙江教育出版社1990年版，第227页。

[2][3][4][5][6][7] 金雅主编，余连祥选编：《中国现代美学名家文丛·丰子恺卷》，浙江大学出版社2009年版，第18页；第12页；第12页；第12页；第12页；第12页。

[8] 丰陈宝、丰一吟、丰元草编：《丰子恺文集》第2卷，浙江文艺出版社、浙江教育出版社1990年版，第225页。

[9] 丰子恺：《艺术与人生》，湖南文艺出版社2002年版，第225页。

[10][11][12] 丰陈宝、丰一吟、丰元草编：《丰子恺文集》第2卷，浙江文艺出版社、浙江教育出版社1990年版，第225页；第293页；第1页。

[13] 金雅、聂振斌：《论中国现代美学的人生论传统》，《安徽大学学报》2013年第5期。

[14][15][16] 金雅主编，余连祥选编：《中国现代美学名家文丛·丰子恺卷》，浙江大学出版社2009年版，第5页；第29页；第5页。

［17］丰陈宝、丰一吟、丰元草编：《丰子恺文集》第 7 卷，浙江文艺出版社、浙江教育出版社 1992 年版，第 41 页。

［18］丰陈宝、丰一吟、丰元草编：《丰子恺文集》第 4 卷，浙江文艺出版社、浙江教育出版社 1990 年版，第 123 页。

［19］丰子恺：《艺术与人生》，湖南文艺出版社 2002 年版，第 218 页。

［20］［21］［22］金雅主编，余连祥选编：《中国现代美学名家文丛·丰子恺卷》，浙江大学出版社 2009 年版，第 70 页；第 328 页；第 323 页。

论丰子恺"艺术心"的人生论
精神与时代意义

田 瑞*

摘 要：本文将通过对丰子恺美学思想理论中最重要的范畴——"艺术心"的内涵的探讨，浅析丰子恺美学思想中所蕴含的深刻人生论精神，探寻丰子恺美学思想的人生论精神在当今时代的重要意义。

关键词：艺术心；人生论美学；时代意义

丰子恺的美学思想从中国美学的人生论精神出发，在其相关艺术创作与艺术教育经验的累积与西方美学理论素养的基础上，诞生了极具个人特色的美学思想。而在其美学思想之中，最重要的便是"艺术心"这一理论范畴。经过半个多世纪的洗礼，丰子恺美学思想中的人生论精神依旧具有深刻的前瞻性和指导性，对当下美育、艺术、生活等方面都有着重要的理论指导和实践意义。

---

* 作者单位：浙江理工大学中国美学与艺术理论研究中心。

一

丰子恺的"艺术心"理论思想包含着"童心""同情""绝缘"三个向度。

丰子恺将"童心"理解为儿童的淳朴天真之心，是一种"不经世间的造作"所以"纯洁无瑕、天真烂漫的真心"[1]。丰子恺曾经表示他是一个坚定的"儿童崇拜者"，因此"在随笔中、漫画中，处处赞扬儿童"[2]。儿童不仅是丰子恺艺术创作中的重要素材来源，也是丰子恺在从事艺术教育时最为关注的群体。

丰子恺对儿童的崇拜体现了其贯彻美学思想中的人生视角。丰子恺在《漫画创作二十年》中曾说："我初尝世味，看见了所谓'社会'里的虚伪矜忿之状，觉得成人大都已失本性，只有儿童天真烂漫，人格完整，这才是真正的'人'。"[3]正是因为成人利欲熏心，使自己每日生活在苦恼之中，造成了自身内在的分裂，从而丧失了性格的完整性，难以发现美的存在；而儿童因怀着一颗赤诚的童心，没有被世事所污染，所以保持了人格的完满，天真烂漫，认为在生活中身边处处是美。

丰子恺向往儿童天真与简单的生活，也希望自己能拥有一颗童心。但丰子恺对童心的向往并不是消极逃避，不是"故意向未练的孩子们的空想界中找求荒唐的乌托邦，以为逃避现实之所"[4]。丰子恺认为"没有孩子们空想的欲望，世间一定不会有种种抵抗自然的建设"，正是这些人失掉了"童心"，所以才"屈服于现实，忘却人类的本性"[5]。由此，他所提倡的"艺术心"意图寻找一种合理的、完满的、美好的人生状态与人生境界，充满着对人生终极意义的叩问和思考。

　　丰子恺是在一个儿童的生活细节中顿悟了"同情"。丰子恺在其文章《美与同情》中记录了这样一个故事：有一个孩子进入丰子恺的房间，便开始整理东西，孩子认为丰子恺对物品的摆设让人"心情很不安适"，例如"挂表的面合复在桌子上，看它何等气闷！""茶杯躲在它母亲的背后，教它怎样吃奶奶？""鞋子一顺一倒，教它们怎样谈话？"[6]丰子恺从孩子的行为中悟到了一种"美的心境"，感受到了这种儿童所具有的广泛的同情。儿童因为拥有一颗天真烂漫的童心，他们的同情便不只是作用于有生命的生物，而是放大到了生活中的一切物品，"不但及于人类，又自然地及于猫犬、花草、鸟蝶、鱼虫、玩具等一切事物"[7]。丰子恺并未止步于此，他又将"同情心"上升到了儒家的"仁"，"（同情）不但是'恩及禽兽'而已，正是'万物一体'的大思想——最伟大的世界观"[8]。能够葆有"童心"的艺术家自然饱含"同情"，"艺术以仁为本，艺术家必为仁者"[9]，丰子恺"艺术心"中的同情不仅表现在护自己的心，更能"陶冶他人的心"，进而"美化人类的生活"。

　　拥有了这种以同情为基底的"艺术心"，人们才能从生活中美的事物里获得情感共鸣，不仅慰安自己的人生，实现艺术美—生活美—心灵美的层层递进，还将这种美播撒出去，构建出一个普遍向善、饱含同情的和谐社会。

　　丰子恺的"绝缘"源于康德的"审美无利害"的观点。康德（Immanuel Kant，1724—1804）是西方现代美学的重要奠基者，在其美学著作《判断力批判》（*Kritik der Urtheilskraft*）中，康德把"审美无利害性"看作"鉴赏判断的第一个契机"，因此他认为在生活中对美的事物进行鉴赏时，应该摒弃利害关系与相关思考，将内心的情感直接置于对应的对象状态，这种"无利害关系"的状态实际上就是丰子恺所认为的"绝缘"的审美状态。

在丰子恺看来，对于日常生活之美的观照分为两个向度，一种是注重使用价值、注重实用功利的日常视角，这种视角认为只要在人们日常生活中有实际用处的物品便是美的；而另一种则抛去了只关注实用性的功利视角，进入对物品本体之美探寻的审美视角。丰子恺认为前一种视角是充满羁绊的，看到的只是被无数张关系网遮蔽下的物品的不完整表象。"我们倘要认识事物的本身存在的真意义，就非撤去其对于世间的一切关系不可"[10]，后一种视角便剪掉了这些关系之网，通过"绝缘"方式体察事物的本真。在这种状态里，不仅"事物保住绝缘的状态，这人安住在这事物中"，同时"又可觉得对于这事物十分满足，便是美的享乐，因为这物与他物脱离关系，纯粹的映在吾人的心头，就生出美来"[11]。这种"绝缘"给了"艺术心"一种超越利害关系的模式，让人能够从生活与人生中发现美与诗意，进而在人生中完成一种更高层次的审美活动。

二

丰子恺渴望得到一种心灵的宁静、心灵之美，而获得这种心灵之美的途径就是对自身"艺术心"的培植，这也是其人生论美学精神的核心。丰子恺强调真、善、美三维的协同并进，从教育的角度来说，他认为"三面一齐发育，造成崇高的人格，就是完全的奏效。倘有一面偏废，就不是健全的教育"[12]。从前文对丰子恺"艺术心"这一范畴中的"童心""同情""绝缘"三个内涵的概述，我们可以看出三位一体聚合的"艺术心"正与"真善美张力贯通、审美艺术人生动态统一"的人生论美学思想一致。[13]

在回应社会上所谓"新艺术"的观点时，丰子恺指出："'艺术的心'永远不变,故艺术可以说是永远'常新的'。"[14]丰子恺以西方绘画为例,认为尽管西方绘画在各个时代拥有写实派、印象派、表现派等流派,但其绘画作品的灵感都来自自然,来自世界最广博的"真"。由此,丰子恺认为以表现形式划分新旧艺术是浅薄的,古今中外的优秀艺术作品都贯穿着求真的"艺术心"。"艺术的心"专注于艺术创作,是一种创作时来自真实自然的"灵感";将"艺术的心"置于人生的意义上,它便可被理解为"芬芳悱恻之怀,光明磊落之心",即一颗赤诚的真心。"有'艺术的心'而没有技术的人,虽然未尝描画吟诗,但仍为可爱之人。若反之,有技术而没有艺术的心,则其人不啻一架无情的机器。"[15]

因此,丰子恺一直强调艺术教育的宗旨是对于"艺术心"的培养,不只是培育"心为主,技为从"的艺术家,更是让人享用"艺术的生活","教人做人的态度,教人用像作画、看画的态度来对待世界"[16];"教人在日常生活中看出艺术的情味来"[17],用一颗赤诚的真心对待世界。所以丰子恺提倡用童心涵养艺术心。成人虽和儿童在同一个世界成长,但是成人之心因为受到了欲望功利的影响,不能够像儿童那样看到一个简单美好的世界,由此便生发出了众多苦恼。而我们的这种"艺术心"就像儿童所怀的童心一样,无所图无所求,超功利超利害,没有沾染世间的污秽,保持着人类最基本的"真"。

丰子恺作为皈依佛门的居士,他的"艺术心"与佛教思想中劝人向善的人生终极关怀是密不可分的。学界有人认为丰子恺美学思想的人生论精神深受儒道两家影响,"丰子恺企求人性的'真',这使他与道家的思想接近;但他从没有试图离群索居,超脱物外……(丰子恺选择)宗教——佛家的道路,劝善护生,修己戒杀,为了达到和保有人性中及世界上的'真'"[18]。

在《庄子·人间世》中，有"人皆知有用之用，却不知无用之用也"的论述。前文说过，对于审美活动要有一种无功利的视角，也就是说在具体功利和利害关系上是无用的。而艺术拥有的那种净化人心、美化人心、教化社会的作用，即一种"无用之用"的"大用"才是艺术的真正价值。在丰子恺看来，这种"大用"更多地从"善"的角度理解。实现这种至善的"大用"需要投入更多的情感。这种情感不单来自审美活动主体的自身情感经验，还来自对万事万物的普遍同情。

丰子恺的"同情"理论是"有情"与"同情"的合二为一。丰子恺将南齐画家谢赫的"气韵生动"与德国美学家立普斯（Theodor Lipps，1851—1914）的"移情说"相互结合，得到了一种"美的态度"——"在对象中发见生命的态度"，也就是"纯观照的态度"[19]，便是一种广泛的有情。丰子恺人生论美学的"同情心"概念丰富了西方现代美学盛行的"审美移情说"。正是由于认为人生中所见所闻万物皆有情，审美才打破了高墙，审美变成了"审人生"，人生就这样得到了美化。

"护生画"是丰子恺传递人生至善的一种重要方式。丰子恺的护生画脱胎于传统的民间佛教宣传画，丰子恺没有选择对相关佛教经典故事进行直接视觉化的表现，而是运用了更容易被大众接受的漫画化的手法，创造了其漫画作品中极具个人风格的一个部分——护生画。目前留存的丰子恺的《护生画集》共有六集，力求"艺术作方便，人道为宗趣"，通过"护生"实现"护心"，即培养人对普罗万物的仁爱之心和向善之心。

丰子恺认为真正的艺术都是为人生的，他极端排斥"为艺术的艺术"与"为人生的艺术"，渴望追寻"艺术的人生"与"人生的艺术"。在丰子恺看来，实现这种"艺术的人生"与"人生的艺术"的方法就是让众人拥有一颗"艺术心"。实际上到了这里，"艺术心"已经变成了一种更为广大的内涵，既包括纯净单纯的童心、真心、赤子之心，又拥有普度众生、心怀世界的同情心、宗教心。"艺术心"包含着对人生与世界至真至善的向往，而正是在对至真至善的探寻中，人们逐渐认识美、发现美，逐渐使自己的人生得到美化，求得人生的至美，并在这个过程中实现了真、善、美三者的统一，完成了对自身完满人格的淬炼，实现了"人生艺术化"和"艺术人生化"。

丰子恺说过："人生短，艺术长。"[20]在培养"艺术心"的过程中获得真、善、美的协调统一，用永恒的艺术滋养有限的人生，这不仅是丰子恺人生论美学观所追求的终极价值，更是与其同时期的中国近现代美学家的共同追求。正是他们这种"人生艺术化"与"艺术人生化"的探索，奠定了中国美学独树一帜的人生论特色。

三

在物质条件极其丰富的当下，人生意义的空心化愈发严重，如何找寻人生意义、如何更好地充实人们的内心世界成为当代人急于求解的问题。丰子恺作为中国现代美学的重要代表之一，其"艺术心"理论的人生论精神不仅拥有重要的理论价值，还因其勇于关注现实和人生而具有特殊的时代意义。

首先，"艺术心"对美育实践具有重要意义。

众所周知，丰子恺不仅是一位极具个人风格的艺术家，还是一位积极倡导与推动我国美育事业发展的教育工作者，丰富的实践教学经验让他对美育有了更为全面的认识，并逐渐形成了自己的美育理论。

在我国现行的教育模式中，学校的美育教育依然是实施美育最为重要的一个途径，然而在实际操作过程中还存在着一定的误读。不少学校完全按照艺术课程的教学大纲设置美育课程，将美育课程简单等同于艺术技法的教授，背离了美育原有的激励精神、温润心灵的作用。此外，我国在对美育的评价体系中也存在着一定的短板。2015年，教育部发布了《中小学生艺术素质测评指标体系（试行）》，从课程学习、校外活动、基本技能、艺术实践等领域对美育教育进行考察，但实际上基本考查内容还是以传统的艺术技法为主。

丰子恺的审美教育思想被其总结为"心为主，技为从"。丰子恺认为，在进行美育的过程中需要"艺术心"与艺术技法的共同作用。"心为主，技为从"包含着两个层次的内容。第一，丰子恺希望人们可以掌握一定的艺术创作技巧，他出版了大量艺术技法理论的启蒙著作，让大家可以从创作中体会到艺术与人生的交相呼应；第二，不是每一个掌握艺术创作技法的人都能成为真、善、美统一的、人格健全的、拥有"艺术化的人生"的人，能否拥有一颗"艺术心"、能否真正艺术地生活才是最为重要的因素。所以美育的终极目标就是希望人人能怀有一颗"艺术心"，不被现实利益所困扰，发现生活中的美好，让乏味的生活也能洋溢着美好的情趣。

其次，"艺术心"对艺术实践具有重要意义。

我们常常将优秀的艺术创作者冠以"德艺双馨"之名，大众不仅看重艺术创作者的艺术技法，更关注其是否拥有优秀的道德品质。强调"人品"与"诗品"的统一是中国古典美学思想的重要内涵。中国古典美学一直强调作品的审美价值与创作者的"志"息息相关，艺术作品的审美价值与创作者的道德修养密不可分。但近些年来，频频曝光的艺人与艺术家的劣迹却让人怀疑当下的市场化浪潮是否冲击着对艺术创作者"德艺双馨"的传统评价体系。

关于艺术创作者"德艺双馨"的观点，丰子恺也有过相关论述。他曾表示"大艺术家必是大人格者"[21]，"艺术家必须兼有技术和美德"。[22]丰子恺借用艺术作品"文"与"质"的统一来探讨"诗品"与"人品"。在他看来，不同于科技、法律等学科讲求的内外一致，艺术希望通过优美的形式传达美好的思想。艺术是技艺与美德统一的产物，"美德"就是"童心""同情"兼备的"艺术之心"；而"技艺"则是合乎艺术作品创作规律的艺术创作手法。所以丰子恺得出，艺术必须兼有精巧的形式和可贵的内容，而这就要求创作者——艺术家符合"德艺双馨"的标准。

2014 年，广电总局发布了《关于加强有关广播电视节目、影视剧和网络视听节目制作传播管理的通知》，明确提出对有违法行为的影视从业人员的相关作品严格管制，"封杀"劣迹艺人。文艺工作者作为公众人物，触犯法律的行为败坏了社会风气，损害了文艺工作者的形象，对劣迹艺人的封杀进一步净化了社会环境，更好地践行了艺术创作者"德艺双馨"的人生准则。

再次，"艺术心"对生活实践具有重要意义。

伴随着消费主义浪潮的推进，艺术品也成为消费主义的异化之物。各类艺术品拍卖会成为资本竞争的重要舞台，售价攀升的名家艺术作品已难以被普通大众鉴赏，成为束之高阁的奢侈品。此外，政治染指艺术的倾向也让艺术作品逐渐远离大众。

丰子恺始终认为艺术不应该脱离生活和人生而存在，他反对大众艺术被商业和政治侵犯。丰子恺"艺术心"的人生论精神拥有建立在现实关怀之上的"平民化"视角。他在论述文艺经典时提出了"众生心"的理论，他认为不朽的文艺即文艺经典"大都'富有客观性'，而'能代表众人言'"[23]。丰子恺曾表示，"有生即有情，有情即有艺术。故艺术非专科，乃人人所本能；艺术无专家，人人皆生知也。是则事事皆可成艺术，而人人皆得为艺术家也"[24]。从这里来看，丰子恺对待艺术的"平民化"视角实际是不分社会阶层和等级的。所以在这个前提下，艺术需要在"阳春白雪"和"下里巴人"间取得平衡，告别"曲高和寡"，实现"曲高和众"，做到雅俗共赏。因此，丰子恺对工艺品极为推崇，认为工艺品集美感与实用于一身，拥有很强的实用性，因此更容易走入寻常百姓的家庭中；而工艺品在拥有实用性的同时还是艺术作品，能够美化人们的日常生活，提高人们的审美能力。

当下各类公益性的艺术作品展出正是对丰子恺的艺术"曲高和众"观点的最好体现。正是这种"平民化"的视角才让艺术告别少数精英人群把玩的奢侈品定位，真正走向现实、走向人们的日常生活，温润人们的生活。

丰子恺以"艺术心"为核心的人生论美学精神是中国人生论美学的重要组成部分。丰子恺美学的人生论精神不仅着眼于塑造人的内心境界、涵养人的精神内涵，还关注现实，实现审美和人生的结合。丰子恺意欲探求人生的终极意义，渴望回归一种艺术化的生活方式，这种对人生和生命的更高层级追求，无疑对当今时代与社会具有重要的现实意义。

注释：

[1] 丰陈宝、丰一吟、丰元草编：《丰子恺文集》第1卷，浙江文艺出版社、浙江教育出版社1990年版，第77页。

[2] [3] [4] [5] [6] [7] [8] [9] [10] [11] [12] 金雅主编，余连祥选编：《中国现代美学名家文丛·丰子恺卷》，浙江大学出版社2011年版，第315页；第315页；第326页；第326页；第8

页；第 10 页；第 34 页；第 33 页；第 22 页；第 17 页；第 43 页。

[13] 金雅：《人生论美学传统与中国美学的学理创新》，《社会科学战线》2015 年第 2 期。

[14] [15] [16] [17] 金雅主编、余连祥选编：《中国现代美学名家文丛·丰子恺卷》，浙江大学出版社 2011 年版，第 11 页；第 12 页；第 29 页；第 44 页。

[18] 陈伟：《中国现代美学思想史纲》，上海人民出版社 1990 年版，第 293—294 页。

[19] [20] [21] [22] [23] 金雅主编、余连祥选编：《中国现代美学名家文丛·丰子恺卷》，浙江大学出版社 2011 年版，第 141 页；第 44 页；第 9 页；第 36—37 页；第 64 页。

[24] 丰陈宝、丰一吟、丰元草编：《丰子恺文集》第 4 卷，浙江文艺出版社、浙江教育出版社 1990 年版，第 13 页。

范寿康艺术人格论与当代人生美育实践

潘玲妮[*]

摘　要：在范寿康看来，艺术作为一个审美对象，不仅仅只是形式和内容的统一，而是被赋予人格的一种生命体。人格是"理想的自我"，是"永久流动的生命精神"。人格作为范氏艺术美学中一个重要概念，不仅是艺术美的本质所在，也是生命价值的体现形式。以人格为根基，范寿康表达了艺术、审美、生命三位一体的人生论美学思想。范氏艺术人格论对于当代人生美育实践的启示不仅在于养成审美胸襟，更在于从艺术审美体验中追求理想的自我，去欣赏并去创造美的生活、从而实现一种诗意化人生。

关键词：范寿康；艺术；人格；人生美育；启示

范寿康（1896—1983），字允臧，浙江上虞人，是教育家、哲学家，也是美学家。范氏早年涉猎艺术美学，有著作《美学概论》《艺术之本质》及论文《原美》《哲学及其根本问题》等。

＊　作者单位：浙江理工大学中国美学与艺术理论研究中心。

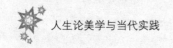

范氏是中国现代艺术理论的早期开拓者与建设者，其艺术美学思想融贯中西。在他的理念中，艺术是人格的肯定，是生命的表现。人格是范寿康艺术观的哲学根基与核心理论。通过人格，范寿康完成了艺术本体论建构，通向了美的价值论思考。人格是范寿康艺术理论的根本标志。范氏的艺术观融合了艺术、审美与人生。

一

在范寿康看来，一件艺术品不是某些特殊的材质，或是新颖的形式，而是隐藏在形式后的永久流动的生命和精神吸引着我们。"艺术之美的意义，乃是由艺术品的特性所规定之自我的生命。"[1]艺术的自我生命才是艺术的核心所在，艺术美的本质就在于它的生命表现。艺术形态各有不同，但如果对内容进行深层次的透视，不难发现，艺术之所以吸引人、感染人，是因为艺术作品本身就是一个属于充满生命姿态的独立世界。不论是建筑、绘画、电影、戏剧，还是摄影，无不关系着生命。在这些作品背后或者浓缩着人类遥远的过去，或者预示着人类灿烂的未来，或者显现着人类的命运与生命轨迹，或者激发着人的内在精神。从根本上说，艺术的世界必然是一个充满"自我生命"的独立而完全的世界。

艺术作为一个审美对象，不仅仅是形式和内容的统一，更是被赋予人格的一种生命体。艺术不是工艺品，它的美不在于其外在的具体形式。艺术的生产也不是为了被人们消耗、使用，而是为了满足人们更高层次的精神需求。可以说，人格是艺术美的本质所在。范氏一再强调，美是人格的肯定，丑是人格的否定。那么，人格的根柢究竟是什么？范寿康解释道："是人格内容之综合全体，是自我的本质，也就是理想的自我。我们如果把这一种本质的理想的自我叫作'人'，那末，在美上面被肯定的以及在丑上面被否定的，实在便是这个'人'。"[2]人格的根柢是理想的自我，是人的本质。而这"理想的自我"跨越时代，它存在于不同时空的每一个个体身上，它扎根于我们本性中对积极的、崇高的事物的追求。艺术中的美"在于由技巧与题材所表现的那种作品中永久流动的生命精神，只有这生命或精神乃是唯一之美的评价的对象"[3]。

人格是"理想的自我"，是"永久流动的生命精神"，它是艺术中"美的深"的根本所在。范氏认为人有小我、假我，这是人的动物属性。人也有大我、真我，这是人的精神属性。而人的大我、真我是人的本质（人格）所在。我们在生活中应该不断地去追求大我、真我。而艺术就是要表现人的这种内在人格精神。"我们把浮在生命表面上的喜怒哀乐先导引到人格的根柢，然后再把这一种喜怒哀乐看作从人格的奥底中涌现出来的东西而加以评价。"[4]人格也是美丑的根本区别所在。艺术作品因为我们的感情移入，而被赋予了生命。我们在聆听音乐或者是欣赏绘画作品的时候，我们适应对象的特质，在内心会感到"一种特定的生命波动，旋把这种生命的波动移入对象当中，这时候对象的生命，是我们自身生命的一部分，是自我的生命，人格的生命"[5]。此时，对象的生命与我们的人格欲求不得没有密切的关系，而这种关系在范寿康看来不是一致的就是矛盾的。如果是一致的话，那么在面对艺术作品的感情移入中，我们同时从自我的根柢感到一种内面的自由与活泼。这样我们的人格的生命就被提高，就被肯定。此时，我们不只是直观地思考着无条件存在着的对象，而且是完全陶醉在对象当中。排除一切其他关系的自我与生动的对象世界不是对立的关系，而是自我应着对象的要求自由自在地同营一种生命的流动。反之，如果是矛盾的，

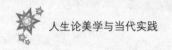

我们在作品中无法感到一种合于我们本性之生命的波动，我们的人格的生命是被压抑、被强迫、被否定的。

在范寿康这里，谈艺术就是谈生命，谈人格，也就是谈美。人格是对于人的生活和生命而言。艺术中所肯定的生命，人格就是人的大我、真我，艺术中所包含的既是自我的本质也是人类的生命本质。因而，在艺术中所展现的人格是融合了个体与人类整体的生命。陈望衡在分析范氏的美学思想中提到范氏所说的艺术美带有某种黑格尔哲学的意味。"个体成了类的存在物，类通过个体而存在。从美学来说，只有个体的生命活动与类的生命活动合一，个体成为类的象征或代表，这个个体才是美的。"[6] 艺术的生产不过是人类生命活动的一部分，但是它又不同于人类的其他生命活动，艺术的特殊性正是在于它展现了人类更高的人格追求。因而，艺术不仅仅是创作者所构建的不同于现实生活的另一个虚幻世界，更不是具有装饰作用的某种工具，艺术是充满人性的生命体。"这些中国现代美学家都不局限于艺术作品本身的技能优劣来讨论审美的问题，而是崇扬从作品通向人生，从艺术与审美通向生命与生活，把丰富的生命、广阔的生活、整体的人生作为审美实践的对象和目的，创造一种'大艺术'与'大艺术品'。"[7]

二

人格是"生命的底蕴"，是情感的核心。在范氏看来，感情有深有浅，深层次的感情就是人格的奥底。"我们不可不留意感情移入的二重性。我们移入对象的，第一是如喜怒哀乐一类的某一种生命的波动。……但是我们的感情移入，尚不止于这样，我们第二还把生命之一般的活动方式——人格——也一并移入。"[8] 艺术给予我们美的体验，是因为我们的感情移入。而在感情移入后，我们真正被吸引的是作品中的人格。"我们当观照美的对象时，我们常常感到对象很自然地引导我们到人格的深处。"[9]不论是生命还是艺术，其背后所蕴含的都是人格的追求。如果不能从人的本质（人格）上感受到艺术的生命力，那么艺术对于人来说，只是满足感官享受的材料或工具。在欣赏艺术作品时，我们所体验的不仅仅是作品给予我们的或喜悦或苦闷的情绪，更是体验由对象浸润到我们内心的根源——人格。在日常生活中，我们往往为种种利害好恶等念头所支配，因而无法贯彻到对象的人格根柢上。对象的人格，常似被云雾遮盖一样，不会明白地玲珑地浮现在我们眼前，只有我们经过美的观照，对象的人格的魅力才能呈现出来。

在范氏看来，人格既不是伦理学上的意思，也不是心理学上的概念，它接近于哲学上的一种概念，即生命的本质。人格是情感的奥底所在，也是生命的本质所在。中国传统的艺术美学理论中，艺术中的情感是和道德相关的，美与艺术仍然从属于伦理学的范畴。中国先秦的诗教和乐教都是以艺术为手段的人格教育。孔子就充分肯定艺术对人格的重要作用。"子谓'（韶）尽美矣，又尽善也。'"[10]正是因为韶乐既符合了形式美的要求，也符合了道德的要求，孔子才在韶乐中感受到了极大的审美享受。"在孔子看来，艺术必须符合道德要求，必须包含道德内容，才能引起美感。"[11]与范寿康同一时期的美学家吕澂（1896—1989），在其著作《美学概论》（1921年出版）一书中也提到感情、人格的概念，但吕澂始终没有摆脱中国传统人伦审美思想。他认为美的事物必须包含着善。"物象之美者，必其能表现性善者。"[12]他将美与善结合起来，让善成为美的灵魂，对于性善他解释道："吾人之活动能积极的构成人格者，谓其自体为善，今特名之曰性善。"[13]积极的构成人格是"道德的正当"。在他看来,善是人格,美仍然是服务于善。

范氏认为人格(仁)是大我、真我。因而,我们在艺术中所体验到的以人格为核心的情感已经不局限于怡情养性,更是内在地包含着"真"的一种价值追求。可以说,范氏所提倡的艺术情感中的人格理念是对中国传统艺术美学思维形态的大胆开拓。如前文所述,在中国传统的艺术美学理论中,美的情感就是善的情感。美是道德的附庸品,艺术是道德的教育手段。"在先秦典籍中,'美'与'善'两字在不少的情况下是同义词,也就是:美即善,善即美。"[14]范寿康没有否定艺术美对于人的道德方面的作用。艺术既然作用于人的感情,那必然逃不开人的道德层面,"各种艺术的活动——艺术创作的行动尤然——能引人达到'自我表现'及'自我活动'的境地,而在这种境地,伦理的弦线自然也加入于共同颤动之内的"[15]。范氏认为美与道德之间有着内在的联系,但是他也注意到了二者的根本区别。道德只是人格的一部分,它并不是人格的核心,也不是情感的核心所在。我们在艺术中所体验的情感既不是快的感情,也不是道德的感情,而是一种整体性的情感。在艺术美的观照中,我们将对象的生命完全地接纳到自己的生命世界,在与对象的融合当中,我们自身的生命本真性也全面敞开,此时,我们所体验到的美的情感是一种超越日常感情与道德感情的更为深刻的情感。在艺术美的情感体验中,自我是抛却了现实生活中的各种利害关系(包括伦理道德)而获得的一种精神的解脱与自由。而这解脱与自由是因为人压服了现实中的小我、假我,认识到大我、真我的一种精神价值。范氏所说的艺术中的深层次的人格吸引是一种融合真善美的情感。

三

范寿康的艺术美学思想虽是 20 世纪早期的成果，但它所秉持的艺术精神为我们今天的艺术实践和文化建设留下了对话的基础。尤其他对艺术活动中的人格问题的阐发，对于当下的人生美育实践，仍有很强的针对性和启发性。

正是艺术中人格的吸引，才让"美的陶冶"（美育）成为可能。"人类的理想普通可分为真善美三种。研究真的理想方面的法则之科学为论理学，研究善的理想方面的法则之科学为伦理学，而研究美的理想方面的法则之科学就为美学。"[16] 论理学主要是知识陶冶（教授），伦理学主要是意志陶冶（训育），而美学则主要是美的陶冶（美育）。教育的全目的是"将一个人从'是'的地位提高到'应该是'的地位"[17]。"是"的地位的人，就是现实的人，这是伦理学问题。而"应该是"的地位的人，就是理想的人，这是人生观，是哲学问题。教育的目的绝不应当只停留在伦理学问题上，而应指导学生成为理想的人，真正的人。那么，通往理想之人的道路上，美的陶冶（美育）是必不可少的。

范氏艺术人格论对于当下人生美育实践启示不仅在于养成审美胸襟，更在于从艺术与美中去追寻人的真我、大我。在范氏看来，人有二重性，一方面包含小我、假我，这是人格的动物本性。另一方面包含大我、真我，这是人的精神属性，是人的本质属性，是人的人格所在。我们应当去追寻人的真我、大我。人生美育是为了追求人的全面发展，这种全面发展是渗透进生活的一种精神体验。人生美育的根本目的是让人追求理想的自我（人格），从而实现一个有意义的人生。从艺术审美体验中追求理想的自我，去欣赏并去创造美的生活从而实现一种诗意化人生。自工业革命以来，科学技术的飞速发展虽然给人们带来了巨大的物质享受，但人们的精神并没有随之上升。个体人格的成长受到严峻的挑战。过去男耕女织的朴素而简单的生活方式已经不在，如今大多数人的生活状态是在巨大压力下的一种生存。人们整天忙忙碌碌，很少有空闲的时间，生活失去了诗意。因为生活的压力，很多人逃避现实，沉迷于虚假的网络世界。似乎美的生活离我们越来越遥远。但是环境的改变不代表我们就不需要艺术与美了，恰恰相反，在新时代的条件下，艺术与美在维持人类作为人类而存在这个至关紧要的问题上，将发挥越来越重要的作用。我们比以往任何时代都更需要艺术与美来渗透到我们的生活中。

在通往美的生活的路上，艺术与美是必不可少的。范寿康认为对于精神的生命有促进力的有宗教和艺术。宗教以强大的力量感化人格促进人间性的价值与完善，历史上的圣人、伟人就是这样。而艺术对生命自身的完善有强大的作用，它能让人产生"生的体验""生的感情""生的陶醉"。人在艺术的观照中，"含有统一的自我，而这自我，乃是一切个体的中心生命"[18]。在艺术审美中，我们把感性与理性、现实与理想、内在与外在统一起来。人在艺术中所体验的精神价值就是以其强大的人格唤起内心坚固的意志，完成自我生命的探索之路。如同黑格尔所说的，人在艺术中认识自己，思考自己，通过这种人类特有的自为的存在，人心才是自由的存在。此时，人有"一种想要变得越来越像人的本来样子，实现人的全部潜力的欲望"[19]。在艺术美的体验中，我们认识到生命真实的面貌。我们的心灵被美所解化，我们的情操被美所提高。美可以培养我们的生命感情，如爱、希望。"以美的精神来塑造人格，完成人的本体建构的作用。"[20]艺术对于自我生命的价值就在于，它唤醒了我们体内自我向上的因子。在艺术中，我们的意志得到扩张，得到提高。生活中每个自我都怀有某种希望或对生命的期待。而艺术是构成我们不断超越自我的精神内驱力，它明晰了我们前行的方向，给予我们奋斗的信心与勇气，不断鼓励我们超越现实的自己。而正是在艺术体验中被唤醒的这些力量，让我们的"人格生命被提高"，把我们的现实生活推向高处，使人生跃入新境界。

"在我们这个时代，对于人生而言，审美不是玩偶，而是责任；审美教育不是奢侈品，而是必需品。"[21]在审美教育中，我们的心灵得到净化，我们的人格生命得到提高。这种净化与提高也将反作用于我们的生活。逐渐地我们会用一种艺术的眼光看待生活。而这种艺术的眼光对待生活就是审美的眼光。"给予我们以艺术的印象，这件事即为美的精灵的本质。"[22]有了这颗审美的心，生活中才会处处有美。正如大雕塑家罗丹所说，这个世界并不缺少美，而是缺少发现美的眼睛。艺术中培养的审美之心，可以让我们发现更多的美。范寿康积极鼓励在家庭、在学校、在社会中鉴赏各种各样的美。这是美的魅力所在，它能赐予人们最宝贵的精神财富。更重要的是，在这宝贵的财富面前，人人都是平等的。不可能每个人都读过柏拉图，都学过乐器，但这无关紧要。人的一生，总是听过一些好听的乐曲，去过几个风景优美的地方，读过几本感人肺腑的小说，我们的审美体验是无处不在的。而正是在这些美感的体验中，可能是美妙的音乐、隽永的小说，又或是偶然的一片秋叶，让我们对生命有了觉悟，让我们变得越来越有人性，找到生命本真的意义，并为之而奋斗。

注释：

[1] [2] [3] [4] [5] 范寿康：《美学概论》，商务印书馆 1927 年版，第 16 页；第 80 页；第 23 页；第 81 页；第 78 页。

[6] 陈望衡：《20 世纪中国美学本体论问题》，武汉大学出版社 2007 年版，第 87 页。

[7] 金雅：《人生论美学的价值维度与实践向度》，《学术月刊》 2010 年第 4 期。

[8] [9] 范寿康：《美学概论》，商务印书馆 1927 年版，第 80—81 页；第 86 页。

[10] 杨伯峻：《论语译注》，中华书局 2006 年版，第 35 页。

[11] 叶朗：《中国美学史大纲》，上海人民出版社 2011 年版，第 46 页。

[12] [13] 吕澂：《美学概论》，商务印书馆 1923 年版，第 9 页。

[14] 彭吉象：《艺术学概论》，北京大学出版社 2012 年版，第 70 页。

[15] [17] 宋荣恩编：《范寿康教育文集》，浙江教育出版社 1989 年版，第 24 页；第 26 页。

[16] 范寿康：《美学概论》，商务印书馆 1927 年版，第 1 页。

[18] 范寿康：《美学概论》，商务印书馆 1927 年版，第 55 页。

[19] 黑格尔：《美学》第 1 卷，朱光潜译，商务印书馆 1979 年版，第 39 页。

[20] 王元骧：《美——让人快乐、幸福》，《学术月刊》2010 年第 4 期。

[21] 马建辉：《人生论美学与审美教育》，《社会科学战线》 2015 年第 2 期。

[22] 范寿康：《美学概论》，商务印书馆 1927 年版，第 131 页。

吕澂的审美人生观及其当代生活实践意义

余骏迪[*]

摘　要：本文将探讨吕澂对于审美人生的认识，以两个维度展开：从"美的态度"为起点联系鉴赏者与艺术品的关系，鉴赏者与艺术家的关系；"艺术社会"与一般社会的关系。推出"美的人生"的理念及其实践意义。最终探讨吕澂的审美人生观对于当代生活的价值。

关键词：吕澂；美的态度；最自然；美的人生

吕澂（1896—1989），原名吕渭，后改名吕澂，字秋逸，也作秋一，鹭子，江苏省丹阳县人，是佛学家，美学家。吕澂早年在上海美术专科学校任职期间，结合实际教学经验编撰多种美术专著，如《美学概论》《美学浅说》《现代美学思潮》等。

本文主要选择《美学浅说》中相关审美人生观的论据进行探讨。在吕澂看来要实现"美的人生"，首先应该明晰美感的发生过程，寻

---

* 作者单位：浙江理工大学中国美学与艺术理论研究中心。

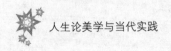

找艺术品与一般事物的共通点，然后才能谈美对人的意义，美对社会的意义，最后上升到"美的人生"。

一

吕澂关于"美的人生"的论述都是由"美的态度"展开的，"美的态度"是楔子，连接吕澂审美人生观的各个部分。"美的态度"就是起源，要从一般人生达到"美的人生"必然绕不开"美的态度"。

"美的态度"是一种鉴赏美的事物时产生的态度。"进一层说，艺术品所以和一般人造品不同，要加上那么一个名字的，固然为着他能表白特别的意义。"[1]因此，"美的态度"不是一般的态度，通过"美的态度"能看到艺术品中蕴含着的独特的东西，吕澂在文章中说"但感得那样表白，非在'美的态度'里不可。假使我用平常的态度去对艺术品时，只见的是种种物质凑合起来，和别种物品不必就有怎样的不同处"[2]。"美的态度"是非物质倾向的，欣赏艺术品需要抛弃"这个是什么？"的问题，与这个物体本身相关的特质都不能在"美的态度"里保留。吕澂在这里还提出了"静观"的概念——"我们常不期然地加上种种空洞的概念解释，又忘不了种种利害的打算，所辨白的当然就是模糊的影响"，人们对于事物一般的观照态度，在感受中受到利害关系的束缚，无法看清事实，更使物象的概念变得复杂模糊难以捉摸，"假使任着感受的自然趋势，一条边的用心下去，什么没相干的问题都丢开，那就到了'静观'的境界"[3]。"静观"的态度也就是无功利的态度，与这个物体利害相联系的特质都不能在"美的态度"里保留，只有达到了这样清晰观照的程度，在美的事物上才能看到"特别的意义"，产生美感——"由这里推去，人们'美的态度'一面是美感的,一面是静观的,合了两面才成一个全体"[4]。

吕澂在文章中认为鉴赏艺术品要用"美的态度"感受,而实际上感受到的是艺术家创作时的情感,"这必须有了'美的态度',有了和作家制作时相近的态度,才感得作家个个特殊的生命"[5]。吕澂认为用"美的态度"鉴赏艺术品,实际上获得的美感是艺术家当时创作作品时的感受,艺术品也成为沟通艺术家与鉴赏者情感的媒介。那么从狭义的角度可以说,一件物品如果用"美的态度"去感受,可以从中感受到作者创作这件物品时的情感,"由这上面才断定得他是艺术品"。只有在鉴赏者"美的态度"的作用下,艺术品中那特殊的、不同于一般事物的特质才能被感受,因此"美的态度"是鉴赏者的,是具有主观能动性的,"所以艺术品虽自有他的特质,仍是成立在鉴赏者'美的态度'里的"[6]。

"美的态度"是一种感知艺术品的态度,艺术品是一种生活中存在的具有一定特殊性的事物,那么如果鉴赏主体充分发挥主观能动性,将"美的态度"广泛地应用于生活,将艺术品的特殊性与一般事物的普遍性相联系,使"美的态度"升华为一种普遍应用于生活的人生态度。那么就要打通艺术品与一般事物的界限,寻找两者的共通点,如果一般事物被证明与艺术品一样具有被"美的态度"感知的条件,那么"美的态度"的发动就能广泛地应用于生活。吕澂在文章中指出"有些学者就说艺术品的鉴赏是种'追创作'。鉴赏者心里须依着作家那样创作,自己创作过一道,有了相似的印象,才感得原来创作的美"[7]。这段话指出观赏者之所以能感受到艺术品的美,是因为在应用"美的态度"感受艺术的时候同样产生了相似的创作情感,这就要求在观赏艺术品之前,观赏者本身已经有了一定的情感经验,以这种经验为基础才能与艺术品产生通感,才能感受艺术家创作时的相似感受。之后吕澂又指出"同样的道理，我们觉得人事，自然的美，也必在当时态度里已自创作一种印象。这些创作虽没有像艺术品那样具体，然同由着'美的态度'成立，就可一样的称作'艺术'"[8]。所以"印象"是一般事物能被"美的态度"感知的首要条件。在这里"印象"事实上就是先验经验，"美的态度"发生时，我们生活中曾经经验到的情感就被激发，反过来说，"印象"的积累，使我们对于生活中美的物象进行扩充，所以"美的态度"就能应用于一切能被先验经验感知的事物，感知范围的大小则由先验经验的积累程度决定，"如此推广艺术的范围便于'美的态度'里所构成的一切，好算是艺术的广义解释"[9]。

二

说到这里有一个问题，吕澂认为一般人欣赏艺术品，从艺术品中看到艺术家创作时的状态，"美的态度"体会的实际上是艺术品背后艺术家的感受。那么一般人与艺术家之间一定存在关于"美的态度"的不同表达，使得这种感受具有意义。

吕澂认为"我们平常借着艺术品也会引起'美的态度'，觉到一种美感；或对于自然现象也会这样，却都是暂时间便过去的事，和生活的关系就异常的浅薄。要是作家的自身，那就不然。他每一种创作，都不是偶然发生的事，和他前前后后的感受创作自有连贯的关系；所以他个人生活很受着'美的态度'的支配"[10]。吕澂首先指出不管是一般人还是艺术家都会发生"美的态度"，只是一般人的发动是偶然的，暂时的，"美的态度"是片面的，只有在鉴赏艺术品时才发生，并没有发生创造部分，最后一般人还是回到了普通的生活状态，"美的态度"对其生活的影响"就异常的浅薄"。再看艺术家的

"美的态度"，艺术家从对艺术品的构思、创作到完成，参与艺术品制作的整个过程，所以艺术家"美的态度"的发动是完整的，具备了从鉴赏到创造的过程，是有自主意识的而非偶然的。同时，创作的过程一定是"美的态度"正在发生的过程，因此对于一般人短暂的态度发动，艺术家"美的态度"发动时间一定更长。

区别于一般人，艺术家对于"美的态度"的应用体现在更深刻的层面上。吕澂指出"作家自己感到生命最自然展开的趋向，又最自然的表白出来，这无妨称作最自然的'生命表白'"[11]。这里吕澂指出了艺术家创作艺术背后具有更深的意义，而不是简单地为了娱乐，表达情感，这种意义应是艺术家"最自然的生命表白"。"原来在人们生活里随处有表白自己的事，一举，一动，一哭，一笑都可以表出他的生命意义来。但这不必都很自然，也许是因人哭笑，也许是但顾自己，不计别人。所以有些表白对于自己不必要；又有些自觉必要，在别人却不必要。我们的一哭一笑，绝不能使见得听得的都同声哭笑。"[12]这里吕澂认为人的表白都是有生命意义的，都或多或少能够感染他人，但这种表白有"自然""最自然"的区分，大多数的表白都是不具备普遍性的，不是最自然的，不能同时感染所有人，获得普遍的同情。"但尤其自然的是顺着生命普遍的性质去悲哭喜笑，便使凡有生命的，谁都不能不这样喜欢的笑，又谁都不能不这样苦痛的哭。"[13]所以"生命"在这里带着原初天性的属性，如同婴儿一样，不受世事拘束，做最原本的自己，"自然的生命表白"也就是放下外界给予自己的定位，摘下社会贴在身上的一切标签，不计利害，以纯真的那一面去表现自己的天性。"真正的作家便只表白得这样的哭笑，只表白得他个人特殊生命上所呈现的这样普遍意义。"[14]正是艺术家能从一般社会中跳出来，自然应用自己"美的态度",才意识到自己的原初天性是自由的,才能通过创作艺术品来表现人最原初的情感,才能勾起一般人对艺术自由境界的向往,其实质是勾起了人普遍对于生活自由的渴望,最后通过艺术品获得普遍的同情。所以艺术家"美的态度"体现的意义就是"最自然的生命表白"。

艺术对于人生的意味除艺术家对于"美的态度"的"最自然的生命表白"探索外,还可以从艺术与一般社会的关系进行探索。吕澂认为原始的艺术中"装饰"和"舞踊"最先出现,是因为有用,"装饰和舞踊何以会比较其余的先起来,这自因为原始社会实际很需要那些的缘故。装饰能做他人爱情的诱导,舞踊又是社交的方便,对于当时维持社会都觉得很有用"[15]。"有用"是无法产生"美的态度"的,"美的态度"是抛开物象的"静观",当一件事物让人觉得是有用的时候,往往无法感受到美。但是"装饰"和"舞踊"可以被认为是艺术,一定有其中的原因,"就因两种的创作依然有从艺术创作活动(最自然的生命表白)发动的地方。就当他们装饰的时候,舞蹈的时候,也自有一种快感,也许忘却了什么实用意味。他们那样的快感又自能得着广阔的同情"[16]。所以说"装饰"和"舞踊"在原始社会虽然动机是具有目的性的,但是在进行的过程中,人们忘记了那种目的性,达到了无目的的状态,也就是进入了"静观"的状态;进入了"美的态度",在这个时候"装饰"和"舞踊"就能被称为艺术。但总体上来说这种艺术虽然和社会有着密切的关系,但初始目的并不是为了表现"最自然的生命表白",而是为目的性而艺术的,"所以最初的艺术虽和社会有很大的关系,还不能说是本当的关系"[17]。

随着社会的发展,艺术最终摆脱了实用的方面,变得纯粹起来,

"到了康德用批判方法，更成为一种新组织。他以为事物的外面形式能使我们的种种认识能力很协和的活动着，有种恰合目的的意义，我们就会升起了没有欲望的快感，判断那些形式是'美'"[18]。但是同样的，原始艺术通过实用性与社会紧密联系，而现在艺术呈现出无目的的特点，艺术与社会的联系是否就不存在了。吕澂给出了否定的答案，"人们的生命绝没有个不喜自然，反肯勉强的。所以远在二十万年以前人们就已有了艺术，有了对于艺术发生的同情"[19]。也就是说，尽管原始艺术中实用性混杂，但是除却其中包含着的目的外，那能被"美的态度"感知的部分同样是原始人"自然的生命表白"，这种表白不是在艺术从实用性中独立出来后才发生的，受到人本身天性渴望自然回归本真的影响，"美的态度"在"装饰"和"舞踊"产生时就已经融在其中了。

　　艺术在生活与社会中的实用性被剔除以后，艺术与社会又是怎样的关系，吕澂提出了"艺术社会"的概念，"在作家和鉴赏者的精神上，依着纯粹同情构成互相交通的境界，自可说是一种社会。还有作家对于自然撤除了一切障碍，成了交通境界，也好说是种社会"[20]。所以"艺术社会"的构成，说到底就是"美的态度"的交流，就是"艺术最自然的生命表白"构成的境地。但是"一般社会"与"艺术社会"是处于冲突状态的，"一般社会和艺术社会性质上完全不调和。两种社会的不同，只在人们发动的态度上。艺术社会系由'美的态度'成立；一般社会呢，随处忘不了个利害计较"[21]。一般社会的现况压制了人个性的发展，人作为工具被安排在日常生活中，为了一定的目的或者欲望，时刻计较着利害关系，久而久之，生活的乐趣就会消失，真正的同情被虚伪做作的心思取代，那种人生来具有的纯洁天性最终将消耗殆尽。

三

既然"一般社会"是对人性的压抑，是对个性解放的压迫，实现"美的人生"就显得尤为重要了。同时"美的态度"衔接了欣赏者与艺术家的情感，引导欣赏者到达"艺术社会"，为"美的人生"的实现指明了方向。现在，"美的人生"就具备了如何实现，以及"具有意义"的条件。"那由'美的态度'创作艺术，开展艺术的社会，所实现的一种生活，现在也称他做'美的人生'。"[22]

但存在一个问题，虽然"美的人生"已经具备了理论的条件，但是怎样实行，因为一般人都依赖这样的社会生活，受到欲望的蒙蔽太久，不是那样容易产生实现"美的人生"的理想的，"美的人生"需要具体的实施手段。"第一，启迪一般人美的感受，发达创作的能力，使他们自觉'美的人生'的必要，能逐渐实现出来。平常所说的'美育'，便有这样的目的。第二，改革现代的产业组织，筑成'美的人生'的实现。"[23]这两点事实上从两个角度，两个人群提出了"美的人生"的实现途径。"美育"主要是针对学校教育的，是关于艺术的知识的直接积累，丰富先验经验；改革现代产业组织是希望从根本上转变一般社会对于劳动者的机械化压迫，使普通人重新感受到劳动的乐趣，使普遍的同情重新在社会上萌芽，这是针对社会人群的。

吕澂谈到的"美的人生"，实质上是真、善、美相协调的人生论美学观，"真、善、美张力贯通的美情观是人生论美学的理论核心"[24]。吕澂提出的"美的态度"关乎"美情"，"美的态度"是"美的人生"的核心。"美的态度"能将"一般社会"转换为"艺术社会"实现"美的人生"，"美的人生"就与真、善、美统一相关。

首先，"美的人生"以"美情"为基础，引导人向着"善"发展。这里的"善"就有着与现实相联系的意味，"中国古典美学主要探讨美善的关系问题"[25]，美学具有教育意味，教育关乎生活实际，中国古典美学关乎生活，由此发展而来的人生论美学观更是继承了中国古典美学的优点，通过"美情"引人向"善"。曾有新闻报道标题为"运动非个人小事 华媒吁宅男宅女走出家门'奔跑'"[26]，文章中倡导青年们应该走出家门去看世界，不是"宅"在家里沉迷于玩手机、电脑。当前社会中，虚拟信息技术日渐发达，科技发展的同时，也给了部分人群选择"宅"在家中，拒绝外出的生活方式。这群人通过网络与外界沟通，逐渐脱离了与现实生活的联系。这是一种不健康的生活状态，长期宅在一定空间内，人对外界的变化认识越少，对空间的依赖越大，人会失去与现实互动的主动性，可以说这个人失去了生命力。因此，吕澂"美的人生"要求的是先要到现实生活中去积累情感的经验，培养一种实践的、应与生活相联系的生活，生命情感饱满了，才能更好地用"美的态度"观照生活，像艺术家一样实现"最自然的生命表白"，最终达到"美的人生"。

其次，"美的人生"以"美情"为基础，引导人向着"真"发展。这里的"真"不仅是求真的精神，更是自我真心袒露，懂得"真"的意味的人一定牢记自己的"本心"。用吕澂的观点，"最自然的生命表白"是"美的人生"的性质，也是目的，就是要自我在被外界世俗所蒙蔽时表达自己最真实的情感，不受外界压迫，守住自己的"本心"，才能表白自我。"最自然的生命表白"除此之外实际上更蕴含着不能忘本的观念，守住"本心"也是记住自己是谁，不忘自己的根本。社会提倡这种守住"本心"的观念，不少报道中人物的核心精神是关于守住"本心"不忘本心。如近年《感动中国》人物评选的报道中，"林俊德入选感动中国人物　亲朋缅怀：不忘本，真淡泊——林俊德同志生前系我国爆炸力学与核试验工程领域著名专家、中国工程院院士、总装备部某试验训练基地研究员，2012 年 5 月 31 日病逝。他参与了我国全部核试验任务，为国防科技事业作出了卓越贡献"，文章中提到"一名成就卓越却平易近人的将军——作为孝子，只要能够从百忙中挤出时间，林俊德便回乡看望年迈的老母亲"；"一位日理万机却饮水思源的院士"——林俊德的语录中记录着："人生的旅途虽长，但关键的就那么几步，特别是年轻的时候。我想，如果我六年中学七年大学学不好，就不会有创造各种核试验测量系列仪器的成果。如果说，我后来有什么成就，今天能成为工程院院士，那么这颗种子是在永春一中、浙江大学、哈尔滨军事工程学院孕育的。"[27] 林俊德可谓名利双收的典型，但"不忘本，真淡薄"却是他一生最真实的写照。人的一生总是向着变化发展的，名誉是每个人都渴求的，沉浸在获得荣誉的喜悦的同时，不妨回顾一下那个"本源"，那个给你机遇培养你的地方或者那个人。获得成就是值得喜悦的，但更重要的是不能忘本，"最自然的生命表白"也就是记住了自己是谁。

再次，要想实现"美的人生"应该是自愿的、主动的。吕澂提出的从教育和改变现代产业组织两个途径是被动的，虽然这两个途径是必要的，要想实现普遍"美的人生"，人应该学会放下的态度。为什么一般人不容易从一般社会的压抑中走出来，而用"美的态度"游戏人生？因为美的境地要求我们学会主动放下，是种先破后立的勇气，人应该学会从更高的角度看自己，看社会。

注释:

[1][2]吕澂:《美学浅说》,山西人民出版社 2015 年版,第 37 页。

[3]同上书,第 26 页。

[4]同上书,第 27 页。

[5][6]同上书,第 37 页。

[7][8][9][10]同上书,第 38 页。

[11][12]同上书,第 39 页。

[13][14]同上书,第 40 页。

[15][16][17]同上书,第 41 页。

[18]同上书,第 6 页。

[19][20][21]同上书,第 42 页。

[22][23]同上书,第 43 页;第 44 页。

[24][25]金雅:《人生论美学传统与中国美学的学理创新》,《社会科学战线》2015 年第 2 期。

[26]柳聪:《运动非个人小事 华媒吁宅男宅女走出家门"奔跑"》,网易新闻:http://news.163.com/17/0417/11/CI7IPR9000018-AOQ.html,2017 年 4 月 17 日。

[27]蔡奇凡:《林俊德入选感动中国人物 亲朋缅怀:不忘本真淡泊》,《泉州晚报》2013 年 2 月 21 日。

(《大经贸》2017 年第 10 期刊发)

蒋勋的人生论美学观刍议

王 泉[*]

摘 要：作为一位美学家，蒋勋善于从历史、文学、艺术及日常生活中寻找美的踪迹，反思现代生活，提炼出人生真善美的统一。他认为美在自然的状态中，美在孤独的追求中，凸显了人生论美学的意蕴。蒋勋参悟人生真谛的美学思想贯穿了他对儒、道思想的现代体悟，触及人性的本质，引导着现代人找回自我生命的本来姿态与自由的精神。在全球化时代，面对五花八门的诱惑，保持内心的宁静，追求自在与自由的状态，不失为人生的佳境。

关键词：人生；自然；孤独；审美境界

台湾美学家、作家蒋勋在 40 多年的美学研究和文学创作中，从自我出发，从生命的本相出发，逐渐形成了自己的人生美学观。他在中西文化的沃土中寻找人生美学的基点，提出了美在自然、美在孤独等主张，突出了人向往自然的天性及渴求内心自由的个性。这使得其

---

* 作者单位：湖南城市学院人文学院。

美学主张能够让读者在品味生活中得到审美的满足，成为将生活与人生审美化的主体。

一　美在自然的状态

人之为人，首先是一个自然的生命个体，须满足其生活所需，拥有健康的体魄。蒋勋在《品味四讲》中从"食之美""衣之美""住之美"和"行之美"四个方面谈及自己对人生之美的沉思，让人感叹时代变迁中不变的审美境界。

"美应该是一种生命的从容，美应该是生命中的一种悠闲，美应该是生命的一种豁达。如果处在焦虑、不安全的状况，美大概很难存在。"[1]他强调美的自然之态，明显地受到道家的启发，体现出人生的智慧：在平凡中看取人生的价值，在自由的状态中去创造真正美的世界。在现实生活中，有的人急于创造辉煌，以显示自己的与众不同，结果往往事与愿违。因为人生之美在于遵循自然之道，水到渠成，讲究的也是循序渐进。他在接受《南方周末》记者采访时提出了一个重要的命题："美，不是急迫的。"[2]"急迫"是浮躁心态的表现，它往往会破坏人的身体机能，诱发其荒唐的言行。在谈到"吃"的时候，他强调品味和缓慢的用食节奏，他认为这是一种生活之美。诚然，这在一定程度上延续了周作人和林语堂的闲谈之风，在拉家常式的叙述中流露出对平淡生活的乐趣之向往，凸显了现代都市人渴望宁静的心理。物极必反，当物质充实到眼花缭乱的时候，就需要认清优劣；当一个人手忙脚乱时，他需要放松，在返璞归真中完成自我的重新定位。

现代化带来了物质生活的多元化，各种各样的食品进入人们的视野，但花样翻新对身体健康并非有利。蒋勋在快节奏的生活中寻找慢的节拍，以达到内心世界的平衡，他将日常的饮食行为理解为一种情感体验，就像谈恋爱，急不得。他谈及饮食美学，重在品味的过程，主张让食客自己动手去做，在料理食物的过程中得到美的涵养，不是简单地去"吃"而忘记了自然生命的转化过程，在感恩大自然的馈赠的同时，也使自我的生命感悟得到提升。他从中国几千年的饮食文化中领悟出美来自大自然的赐予，来自劳作中的情感付出以及食客对"谁知盘中餐，粒粒皆辛苦"的体会，建构起饮食的审美之维。饮食展现了人生世俗的一面，但在品味的过程中给予美情的渗透，它便成了诗人眼里的诗，音乐家心里的乐谱，这是艺术特有的化平常为崇高的魔力。

"享乐主义和虚无主义是一体的。追求生命的享乐，常常是因为本质上有一种虚无，像人在情感最哀伤的时候，会一直吃东西，因为这会变成另外一种满足。"[3]通过对享乐本质的揭示，蒋勋把"吃"的艺术与生命的本质联系在一起，构成了对日常生活的审美体验。这与梁启超建构"趣味"的生活之主张有异曲同工之妙。一个人要保持独立的人格精神需要追求生活中的乐趣，但不能沉溺于享乐。这样的体验完成了对人的生命本体的升华，它使人从劳动中解放出来，通过艺术思维对杂质的过滤，净化了自我的人生境界。

谈到衣着，蒋勋从它对人的身体的合适度出发，突出了穿衣、穿鞋的记忆之美。"记忆是一种美感。全新的东西就少掉了记忆的深情，没有深厚的感情在其中。"[4]这里实际上涉及人对物的适应过程，并由自然的身体与物的接触上升到服饰文化对人的性情的陶冶，凸显了生命的文化内涵。这从一个侧面提醒我们，不要任意抛弃自己用过的旧服饰，它见证了自我的审美体验。同时，抛弃旧物也意味着对自我情感的不尊重。每个个体都是相对独立的存在，谁也不愿意去捡别人丢弃的服饰。应该看到，许多人把自己认为无用的服饰丢弃在大自然，实际上是对环境的污染，也背弃了人性之善。

在传统手工业发达的年代，人们的服饰多为亲人或朋友亲手制作，凝聚着他们的心血。穿在身上，掂量的是情感的分量，不是用钱能够买到的。不同民族的服饰因地域文化的差异而显得风格迥异，往往会成为民族文化的载体。在蒋勋看来，这也是身体美学与服饰美的巧妙契合。台湾兰屿的达悟族人喜爱穿丁字裤，正好表现出海洋民族在海里劳作的特征。

衣着，代表文明和身份，往往成为一种无法替代的文化符号。在社会的变革中，服饰会发生些许变化，成为流行文化的审美表征，不变的却是人类对于美的向往。儿童喜欢幻想，青年向往豪放，老者显得沉静，都可以通过其衣着的式样和颜色体现出来。蒋勋在服饰中寻找的是一种正在被现代人遗忘的文化记忆，一种情感的积淀。这种文化保守主义姿态使得他能够从繁杂的现代生活中找到民族文化之根，让其美学观濡染了浓郁的乡愁。同时，蒋勋强调情感在衣着中的作用，其实是受到了梁启超、宗白华、朱光潜和丰子恺等主张的"人生艺术化"的影响，突出了一种审美理想："一方面希望借助对人的精神世界和人格理想的重塑来改造现实的人与现实的社会，另一方面又希望通过情感独立和精神自由的审美启蒙来解决中国乃至人类的某些根本性问题。"[5]

人类自诞生之日起，就在寻找安居之地。那么"住之美"该如何体现？蒋勋从陶渊明的诗句"众鸟欣有托，吾亦爱吾庐"中寻找"住"的真谛。他认为："房子并不等于家，房子只是一个硬件，必须有人去关心，去经营，去布置过，这才叫作家。"[6]这道出了住的本质不是奢求豪华，而是求得安心与顺心，家人对于生活的态度与情感几乎全部浓缩在一个不大的空间里，那是家的温馨散发出来的无穷魅力。鸟喜欢在大树的绿荫下筑巢，人则向往温暖的空间。不同的个体构成了一个个小的家，许多小的家聚集在一起，形成了不同的庞大的家。家在，就有居住的愿望；家不在，再美丽的住宅也是空落落的，因为少了人间的温情。他谈及居住品质时，希望"营造出一些美丽的人性空间"[7]。可见，他把人文氛围的建构放在居住的中心地位，并推崇小城镇和安徽民居的古朴之美，因为那里的人们经过近千年的居住，形成了相对稳固而独特的品质，成为一张张风格别致的文化名片。

关于"行"，蒋勋从城市的交通堵塞说起，从开车族的忙碌与焦躁不安中窥到"行"的策略。他从交通拥挤导致人行走的空间缩小之中看到了城市人的难堪，借此反思了台湾的都市化进程以及都市文明造成的困惑。他认为，行的速度直接影响到生命的质量，从而将其思考上升到生命哲学的高度。"我想人生就像马拉松赛跑，如果冲得很快，大概很快就完蛋了，根本跑不到终点。我们看到许多身边的朋友、社会知名的人士跑不到生命的终点，在他的生命很快结束的时刻，我们会有这么多的遗憾对他的哀悼和惋惜，觉得如果他们放慢了步调，其实可以创造出更多生命不同的意义跟丰富的价值。"[8]人的欲望是巨大的，但生命的能量是有限的，如何利用有限的能量去实现自我的价值，往往成为困扰现代人生活的难题。他从美感出发，探究行走的节奏，突出了面对外在的物质诱惑把持自我的重要性，直抵大众的心理困惑。在快与慢之间，凸显的是人的心态，只有心态平衡了，"行"才可能呈现出从容之态。可见，他把日常生活中的"行"放在生命诗学的层面进行考量，突出了它与人生须臾不可分离的关系，凸显了"慢"的艺术对于人生的价值：让人回归到生命之初的自由状态，摆脱物欲的束缚，提升生命的质量。

衣食住行反映出人类生活的基本状态，也是社会风俗的体现。蒋勋侃侃而谈，以自然物象的存在反观人类的各种活动，突破了器物的限制，追求平淡的生活之"道"，发现了美的规律：美在自然，让内心的修炼与大自然的节奏相契合，生活的美将在平静中呈现出来。这明显受到了庄子的"坐忘"与"心斋"之影响。"在庄子看来，整个宇宙是气，人也是禀气而生。人源于宇宙，和宇宙具有内在的同一性。人根据自己未受社会文化扭曲的本性就可以获得宇宙之道。"[9] 这样的书写还原了生活的常道，满足了读者的心理需求。在论及衣食住行方面的美时，蒋勋还继承了儒家的传统。从小受到善于讲故事的母亲的影响，蒋勋对于美的探讨，总是伴随着他关于儒家文化的思考。孔子主张"食不厌精，脍不厌细"（《论语·乡党第十》），虽然强调的是斋戒时的"洁"与"美"，但凸显的是人的礼仪与精神风貌。蒋勋从现代生活的实际出发，探讨的是人在忙碌的状态之下礼仪的丧失，这无疑是对儒家传统文化的现代体悟。

值得注意的是，蒋勋将美在自然的观念糅合到自己的文学创作之中，形成了其作品与天地共呼吸的品质。他在散文集《此时众生》中唯美地呈现出自然的气候与物候。在他的眼中，台湾五月的油桐花是那么的多姿多彩："桐花像雪，远远看去，一片山都白了。走进树林，桐花树有十几尺高。花开在树梢，仰着头看，巴掌大的绿色叶子衬着一丛白色花束。"[10] 叶少花多，开得灿烂，落英缤纷，多像人生的起起落落。作家以感伤之笔写出了对母亲的思念之情，并借《金刚经》里"无我相，无人相，无众生相，无寿者相"道出了不生不灭的佛理，追求一种自然的生生不息，以求真正意义上的"无我"境界，体现了"重生安死"的传统文化心理，与许地山的《梨花》有异曲同工之妙。《相思》借相思木若有若无的淡淡幽香，传达出缘分对于人生的要义。作家将它与如雪的白色桐花、招蜂引蝶的月桃及闪烁的萤火虫进行比较，凸显出它的安静与祥和。《栖霞》描写秋天里栖霞树的"盛旺与凋零"，升华出关于美的沉思："美使我们沉默，美使我们谦卑，美使我们生命同时存在着辛苦与甘甜，艰难与庄严。通过美，我们再一次诞生，也再一次死亡。"[11]由自然之美联想到人生追求的苦与乐，尽得美的真谛。

美在自然的状态，是自然界给予人类的启示，也是人生追求的一种境界。这是因为"人从自然中体会到宇宙的禅意，又以禅意去体味自然和人生，就达到了一种超越尘世和政治的逍遥心态，进入一种自然真趣之中。"[12]蒋勋从自然界万物的生生不息中不但看到自然的规律，而且构成了与现实人生的对应。人类在改造自然的过程中发现了美，也创造了美，却在生活中难以成为审美的主人，这是由于一些人在过多欲望的支配下，沉溺于权力与金钱的世界，对自然的情感发生了偏离。蒋勋以敏锐的眼光瞄准了当下人们的心理，凸显了他的以人生之真与善为导向的美学焦虑。回归自然，呼唤人性善的归位与人生美的境界提升，成为当今人类社会不可忽略的审美选择。

二　美在孤独的追求中

孤独是人存在于世间的一种本真状态，从脱离母体之日开始，就注定了其孤独的命运，这是生命个体面对茫茫宇宙产生的虚无感。古今中外的有志之士都在咀嚼孤独、享受孤独中成就了自己的理想。从科学家到文学家，无一例外。居里夫人以坚强的意志在实验室里品味孤独，发现了镭。里尔克笔下的"豹"不仅仅是自然界里的豹，而且是诗人特立独行品格的象征。加西亚·马尔克斯更是在品味"百年孤独"中展示了拉丁美洲的历史、传说与宗教信仰，开创了魔幻现实主义的先河。唐代大诗人李白对酒当歌，在桀骜不驯中成就了"诗仙"的传奇。当代诗人海子在行走西藏的旅途之中，面对西藏，他感到自己变成了"一块孤独的石头"，个体存在的虚无感昭示了他离群索居的自由主义理想。可见，孤独不是无情物，唯有智者懂得其真谛。

德国哲学家海德格尔在品味孤独中寻找着人类诗意栖居的方式，他在《存在与时间》中强调对存在的"意义"的追寻，"'意义'不是对事物的主观定义，而是事物作为存在的事物通过它可以得到理解。在此意义上，意义先于事物"[13]。那么，蒋勋是如何看待孤独的人生状况的？在《孤独六讲》中，他从现实生活中"害怕孤独"和"不容许别人孤独"的情景出发，提出了一个重要的命题"孤独是生命圆满的开始"[14]，这无疑呈现出存在主义的文化内涵。当孤独以生命的存在而存在，其意义也就产生了。它不以人的意志为转移，有人刻意去摆脱孤独，只能说明他太孤独。从孤独开始，一步步走向圆满，是人生的常态。蒋勋通过自己的个别作品受到读者冷落的现象，反思自我与孤独的况味："生命里第一个爱恋的对象应该是自己，写诗给自己，与自己对话，在一个空间里安静下来，聆听自己的心跳与呼吸，我相信，这个生命走出去时不会慌张。相反地，一个在外面如无头苍蝇乱闯的生命，最怕孤独。"[15]孤独的空间是让自我清醒的空间，是创造新的世界的空间。蒋勋由此及彼，推及"情欲孤独""语言孤独""革命孤独""暴力孤独""思维孤独"和"伦理孤独"，从一种种自我成长的经历中感悟人生的磕磕碰碰，给人亲切的体会，催人思考。

孤独感是伴随人一生的东西，从小时候对自己来自哪里的疑问到青年时期对人生伴侣的追寻，再到老年时面对死亡的恐惧，都与情欲脱不了干系。蒋勋从"竹林七贤"中嵇康的悲剧命运中反思了传统的儒家文化对情欲的压制，认同的是庄子与骷髅对话的虔诚。可见，他从死亡美学的角度道出了"情欲孤独"之美。"道家在追求'系统和谐'的审美理想时，总是试图回复到过去，以重新体验那些原有的甚至是已经被人遗忘的原始的自然和谐原有的美。"[16]向死而生，是对生命本质的思考，也是一种生态智慧，顺应了自然生命循环之规律。

谈到"语言孤独"时，他没有强调语言在人际交流与沟通中的重要性，而是突出了语言在接受过程中的不确定性与模糊性。这是语言的无奈，但却是文学语言的优势：形象大于思维与语言本身。在这样的情况下，作为语言创造者的孤独感凸显出来，其意义却得到了升华。"当语言具有不可沟通性的时候，也就是语言不再是以习惯的模式出现，不再如机关枪、炒豆子一样，而是一个声音，承载着不同的内容、不同的思想的时候，才是语言的本质。"[17]日常语言习惯上是一一对应的，但当一种语言被赋予了形象，那么它的美就会在接受者心中产生不同的反响。不同的文化背景决定了语言的创造者与接受者之间在认知与审美意图上的差异性，这样的孤独是语言的张力与思想者活力的融合，体现了语言创造者的审美理想与现实的落差。

从历史的尘埃中发现美的线索是美学家的使命，因为美的历程几乎与人类历史的发展同步，所以才有了不同的审美情趣在不同时代的流行。蒋勋从中国近现代的革命历史之中寻找革命者的孤独之美，洞悉了历史深处人的灵魂。谭嗣同的英勇就义，让他看到了革命者的典范意义。"我相信，谭嗣同内心里有一种空幻、一种虚无、一种无以名状的孤独，使其将佛学与革命纠结在一起。当他觉得生命是最大的空幻时，他会选择用生命去做一件最激情的事情，如同我在敦煌看到六朝佛教的壁画那些割肉喂鹰的故事，我想，那是非常激情的。"[18]

佛教的虚空意识不仅没有减弱革命者的斗志,反而增强了他们超越自我的力量。可见,在日常生活中的向佛之心支撑起他们的向善之举,他们以生命践行自己的人生理想,使得其孤独激发出人们沸腾的激情,这是一种壮美。生命的消逝是人生的悲剧,却因为革命而充满了崇高的美感。

暴力与人性恶密切相关,与美似乎沾不上边。蒋勋从西方的绘画、电影及戏剧入手谈及"暴力美学"的问题,反思了人在潜意识里的孤独。他又从司马迁的《史记·刺客列传》、施耐庵的《水浒传》和鲁迅的《狂人日记》中分析了无所不在的"暴力美学",反思了人们不愿意去多加讨论的心理。他把人们的这种有意回避看成负罪心理的压抑所致,这实际上是把生活中的美学现象与解剖国民性相结合,突出了在传统文化制约下中国国民中普遍存在的集体无意识心理:美与激烈的冲突无关,更多地体现在和谐的节奏中。这种以平和为美的心态是国民性格的直接显露。当然,蒋勋并没有对此进行过多的指责,只是从各种"暴力美学"现象中看到了一种后现代主义的美学原则,一种具有反叛色彩的孤独之美的某种发展态势。任何存在都事出有因,但并非所有的存在都能激发审美体验,"暴力美学"的存在在很大程度上会激发人原始的快感。当今社会上流行的许多网络游戏存在着"暴力美学",对人们的审美产生了负面影响,应该引起必要的重视。

谈到"思维孤独",蒋勋则从水只有在安静的状况下才能反映其他东西的形象之自然现象出发,表明了自己的观点:"孤独是一种沉寂,而孤独沉淀后的思维是清明。静坐或冥想有助于找回清明的心。"[19]面对外在世界的诱惑,人不可能无动于衷,但要准确地把握自我,保持清明的心是前提。淡定,是一种生活态度,与浮躁有着天壤之别。当人淡定的时候，其思维是清晰的，有助于看清自我与他人、社会的关系，形成自省意识。这是孤独美的存在方式，在日趋激烈的竞争中显得尤为可贵。因为当一个人不合群的时候，他会受到众人的白眼，他会显得更加孤独。但人生活方式的多样，思维的独立是保持人格独立的标志，人云亦云，只会让人丧失智慧，成为平庸者。蒋勋从《桃花源记》和《归去来兮辞》中看到了生命暂时出走的状态，一种放逐心灵"远离被奴役的状态"[20]。

从伦理学的角度看孤独，孤独是社会群体制造出来的一种状态。当一个人无法适应某一个群体的规则，他就会被排挤出去，成为一个孤立的个体。"孤独的同义词是出走，从群体、类别、规范里走出去，需要对自我很诚实，也需要非常大的勇气，才能走到群众外围，回到自身处境。"[21]蒋勋从儒家的伦理主张中看到了它对人性自由的束缚，突出了个体存在的美学意蕴。隐私是现代人经常接触的话题，但被偷窥的现象时有发生。尤其是在信息高度发达的今天，人几乎没有隐私可言。如何戒除偷窥别人隐私的毛病，回到自我存在的状态，保持对别人和自我的尊重，让每个人成为真正充满活力的个体？唯有独善其身。"回到自身"是设身处地，为他人着想，也为自己寻找人生的坦途。

总之，从自然现象到人的心理，从历史到现实，蒋勋发现的孤独美由外及内，沉潜着他对于人生百态的思索和理想诉求，打破了时空的阻隔。他对儒家文化的批判击中了其要害，凸显了现代人的心理需求。在他看来，"情欲孤独"是人类生命成长的一个必经阶段，每个人都会经历，且体现出不尽相同的意义。"语言孤独"是语言创造者思想的呈现，它给予了接受者发挥的自由。"革命孤独"是革命者激情喷发的标志，强调了一种极端状态下个人的意志力。"暴力孤独"

是后现代社会的一种文化表征，常伴随着人们的质疑与困惑。"思维孤独"是回到自身的一种理想状态，呈现出心灵的智慧。"伦理孤独"则是个体存在的必然，需打破传统的思维定式，把人从社会的约定俗成中解放出来。他试图告诉我们：回到孤独的状态是人的个性的正常显露，更是发现美的路径，孤独之美与人格的独立不可分离，这无疑继承了道家的美学思想。在庄子看来，逍遥是人生的自由状态。庄子认为"至人无己，神人无功，圣人无名"（《庄子·逍遥游》），指明了道家追求的一种理想的人生境界。这种逍遥自在只有在孤独的状态下才可能获得，因为在一个凡俗的群体之中，"至人""神人"和"圣人"毕竟是少数，他们可能不被世俗容纳与认可，但却保持着人生的快乐。可见，蒋勋认同的正是道家的逍遥之美。

不难看出，蒋勋把"孤独"置于历史与现实生活的土壤，试图培育人生的理想之花。孤独不是简单的离群索居，而是一种情感的自由状况，它存在于每个人成长的不同阶段。由情绪和行为上的冲动转化为一种把握世界的审美方式，一个人的孤独便渐渐转化成其自觉的精神象征。随着现代生活节奏的加快，追赶潮流成为人们的习惯，却忘记了人生进取中不可或缺的孤独品质。蒋勋敏锐地感受到这种缺憾，他力主人生的孤独之美，还原了人的生命本质，指出孤独是焕发生活色彩与活力的秘诀。

孤独也可由自己去建构。假设在一个偌大的游泳池里，只有一个人在游泳，那么他就可以把它想象成自己的天地。没有其他人的干扰，甚至忘记了现实的烦恼，他可以多游几百米甚至几千米，因为他已经把这方游泳池变成了自己创造的空间。他与水为伍，融入水的自然波动之中。即便他不是诗人，也会把这方游泳池当成天上的瑶池。作为一名游泳爱好者，他的性情得到了释放，他的泳姿与水的柔美相

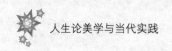

互映衬，这样的空间就是美的空间，它让自觉的个体成为超越自我的个体。可见，美存在于孤独的创造之中。人生无处不孤独，正是有了孤独的审美体验，才能积累向善的力量，抵达生命的本质，顿悟美的人生。

三　蒋勋的人生论美学观之意义及其缺失

整体而言，在蒋勋的美学思想里，那种参悟人生真谛的人生论思想随处可见，贯穿了他对儒、道思想的现代体悟。他从中国古代圣贤那里找到了祛除现代人生活中的烦恼之秘诀。淡泊名利，身处热闹而保持内心的宁静，世人皆醉，唯我独醒，都是人生的妙境。蒋勋透过生活中的种种现象看到人生的价值，提出了遵循自然之道去品味现代生活之见解。这既符合科学的养生之道，又将身心合一放在首位，突出了伟大灵魂对于人生的引领作用。同时，他以存在主义哲学考量人生的孤独，突出了人性的本真状态，凸显了道家逍遥美学的价值。这就使其人生美学与当代人的生活紧密联系起来，把道家的"自然无为"之美学变成了活生生的生命美学与人生大美。他告诉人们只有摆脱外在物质的羁绊，才能成为现代生活中自我的主宰，活出真实的人生。尽管在别人看来，这也许会把自己从社会中孤立出来，但适时的孤独正是无拘无束的自我解放的良方。

"由于'道'与自然的内在联系，使得道家在追求审美思想时即使涉及了社会生态系统的和谐，也仍然将其涂上了一层明显的自然色彩。"[22]蒋勋受到道家审美思想的影响，从原汁原味的生活现场中发现了追求人与物的和谐统一的重要性。从生活的常理到人生的审美，从传统的伦理到现代的反思，蒋勋在思辨中实现了对于人的自由本质之建构。从人性出发，探讨人的自由与独立人格精神，在生活的本相中发掘人性美，在回归传统中实现自我的超越，把握人生的价值，不失为现代社会的一种良策。

面对生活，我们要正视现实；面对自由，我们总喜欢埋怨自我受到的种种限制，那是因为我们的内心缺少对人生的审美把握。蒋勋以其广博的知识和深邃的思考告诉了我们人生的真实状况与审美理想。美存于自然的状态和孤独的追求之中的主张，张扬的是人性的自由与个体创造的精神，提升了人生的审美境界。在全球化时代，文化的多元化带给人们多样化的选择，这促使人们在社会的变动中寻找安身立命之道。对于中国人而言，优秀的传统文化越来越成为人生追求中不可或缺的资源，把握自我与他人、社会的关系，需要信守真、善、美的统一。人们渴望自由的本性不会因为现实的种种羁绊而改变，对人生美的追寻会激发个体的创造力。把美视作一种信仰，人生会变得多姿多彩。这便是蒋勋的人生论美学观给予我们的启示。

不可否认的是，蒋勋的人生论美学观濡染了较浓郁的现代市民气息，这也许与他生活的台湾都市环境密切相关。在台湾，高度发达的都市在制造人与人的紧张关系中衍生出十足的市民文化。城里人在享乐时通常会忘记追求人生的至美境界，蒋勋一方面及时看到了市民中普遍存在的日渐委顿的精神状况，发出了自己的吁求；另一方面，他的人生美学观有迎合时尚之弊端。如他对衣食住行的关注，引发了大众的阅读兴趣，在海峡两岸掀起"蒋勋热"的同时，也使其人生美学观有"鸡零狗碎"之嫌。由于过多地纠缠于日常生活之美，可能会拉开与人生审美的距离，有点偏离人生美学的方向，甚至导致其作品有了大众生活指南之嫌。人生有大美，它高于生活，是真、善、美的统一，人生论美学产生于民族审美与生活的实践，"其真、善、美张力贯通的美情观，既关注情感本身的美学意味，也关注情和知意的美学

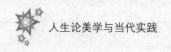

关联，由此改造了西方意义上只以情感自身为目的的粹情观。"[23] 真正的美学家会寻找更多超越世俗生活的艺术天地，而不至于成为文化市场的牺牲品。

四　结语

现代社会发达的技术，使人类能够便捷地获得生活所需。爱美的人不会因为生活的满足而放弃对人生美的追求。虽然技术革命也会带来美学的变化，但"'美'并不只是技术，'美'是历史中漫长的心灵传递。没有美，没有沉思，成就不了文明。"[24] "美"发自人类的情感需要，是由外而内的一种心灵寄托。美产生于人类对现实生活与鲜活生命的顿悟，与人生的关系密切，对"美"的观察与思考丰富并提升了人类的情感，造就了人类的文明。没有对美的追求，就不可能创造真正无愧于时代的文明，同时，美通过文明的传播浸润人的心灵，使人成为体验美、创造美和传播美的主体。所以，对美的领悟经历了从自发到自觉的过程，对美的自发性感知是人的天性使然，而对美的追求则是在获得必要的知识与素养后的自觉性生成，美的生成过程又催生了美的思想的产生。这是一个人生境界逐渐提升的过程，人在其中提升了自我，也在传播美的过程中影响到他人的思想与行动，从而或多或少地提升了社会的审美水平。

"美的物质（知识）＋美的精神（意志和情感）＝美的人生。"[25] 蒋勋的人生论美学观从历史出发，注重探讨日常生活中困扰现代人的人生问题，这使得他的美学主张更贴近大众、贴近实际。他主张衣食住行之美体现在自然的节奏中，希望解除外在世界的羁绊，求得内心的平衡。这是一种修行，也是一种美德，秉承了道家的"见素抱朴"思想，凸显了生活的常理。他对孤独之美的诠释一方面汲取了西方存在主义哲学的内涵；另一方面他把道家"不争"的思想发扬光大，求证了人性善与美的统一。整体而言，在蒋勋的人生论美学思想里，保持淳朴的人性是维持生活之美的核心，无论现代的节奏变化多快，只要回归清静的自然，保持人格的独立性，都会发现美的存在。追求"审美上的自由"[26]是蒋勋的梦想，他从内心出发，找到了这种自由。他告诉我们：美不在别处，就在自己的身边和日常生活的慢节奏里。在全球化时代，面对日新月异的气象和眼花缭乱的诱惑，固守人之初的善心，是通向人生佳境的审美选择。

注释：

[1] [4] [6] [7] [8] 蒋勋：《品味四讲》，广西师范大学出版社 2014 年版，第 20 页；第 105 页；第 57 页；第 195 页；第 250 页。

[2] 王寅、王小乔：《蒋勋：美不是急迫的》，《南方周末》2004 年 10 月 7 日。

[3] [20]《蒋勋说文学：从〈诗经〉到陶渊明》，中信出版社 2014 年版，第 129 页；第 205 页。

[5] 金雅：《中华美学民族精神与人生情怀》，中国社会科学出版社 2017 年版，第 115 页。

[9] [12] 张法：《中西美学与文化精神》，中国人民大学出版社 2010 年版，第 222 页；第 128 页。

[10] [11] 蒋勋：《此时众生》，上海文艺出版社 2013 年版，第 15 页；第 29 页。

[13] 张汝能：《〈存在与时间〉释义》，上海人民出版社 2014 年版，第 39 页。

[14] [15] [17] [18] [19] [21] 蒋勋：《孤独六讲》，长江文

艺出版社 2015 年版，第 59 页；第 59—60 页；第 109 页；第 148 页；第 244 页；第 268 页。

[16] [22] 陈炎、赵玉、李琳：《儒、释、道的生态智慧与艺术诉求》，人民文学出版社 2012 年版，第 136 页；第 135 页。

[23] 金雅：《人生论美学传统与中国美学的学理创新》，《社会科学战线》2015 年第 2 期。

[24] 蒋勋：《〈美的沉思〉序》，湖南美术出版社 2014 年版，第 1 页。

[25] 金雅、刘广新编选：《中国现代人生论美学文献汇编》，中国社会科学出版社 2017 年版，第 6 页。

[26] 席慕蓉：《推荐序：领路的人》，蒋勋《美的沉思》，湖南美术出版社 2014 年版。

[本文为湖南省教育厅科学研究重点项目"新世纪台湾文学的景观书写"（16A039）成果]

《文心雕龙》与中国文论成熟期
文学人生话语的建构

吴中胜[*]

摘　要：魏晋南北朝时期是中国文论的成熟期，以《文心雕龙》为代表的中国文论谈文学也是在谈人生，文论寄托了他们的人学观念、生存抉择和人生理想。刘勰认为，人是"五行之秀""天地之心"，做人就要做一个正直、内心强大的人。人生在世，生命短暂，君子处世要有所作为。纵然无缘政事，大丈夫通过"立德建言"，也可以建立坚如金石的不朽事业。刘勰的人生论思想，远绍先秦圣哲，近取魏晋玄学，建构起中国文论成熟期堪称典范的文学人生话语，为中国文人在仕途与德业相冲突时，找到了一条通向永恒价值的审美人生道路。

关键词：《文心雕龙》；文学人生；话语建构

---

* 作者单位：赣南师范大学文学院。

人生话语的建构早在先秦时期就有，但那时的人生话语归属甚广，或伦理，或哲学，或政治，或军事，没有专属文学的人生话语，到了魏晋南北朝才出现了比较纯粹的文学人生话语。魏晋南北朝时期是"人的自觉时代"[1]，也是中国文论的成熟时期。文学与人生，两个最富于激情的领域并臻高潮，自然生出许多思想的火花。这一时期，文学人生话语如雨后春笋般大量涌现。以刘勰的《文心雕龙》为代表的成熟期的中国文论论及人、生命、人生与文学等一系列问题，是文学人生话语的经典建构。

一　五行之秀，天地之心

刘勰谈"人生"，是从谈"人"开始的，谈"人"又是从谈天地万物开始的。他把"人"放在天地万物的宏大视野中来观照，在《文心雕龙》第一篇，刘勰说："惟人参之，性灵所钟，是谓三才；为五行之秀，实天地之心。"（《原道篇》）人为天地间万物之精灵，人的生命是宝贵的，所以要护养生命、爱惜生命。刘勰的人学思想，既是对中国传统人学思想的传扬，也是魏晋南北朝时期"人的觉醒"思潮在文论中的生动体现。

刘勰"五行之秀""天地之心"的思想是对中国传统文化人学思想的继承和弘扬。中国人对自身个体生命存在的认识有一个发展的过程。《庄子·齐物论》认为："天地与我并生，万物与我为一。"这是带有原始诗性的混沌思维。到后来，人慢慢从自然万物中分离出来，认识到自身生命的存在。中国文化进入轴心期后，理性得以充分发展。"人是世界的中心"的观点日益成为思想主流，如《尚书·泰誓上》："惟天地万物父母，惟人万物之灵。"正义曰："万物皆天地生之，故谓天地为父母也。……天地是万物之父母，言天地之意欲养万物也。人是万物之最灵,言其尤宜长养也。"[2]孔传曰:"天地所生,惟人为贵。"[3]《礼记·礼运篇》:"人者,其天地之德,阴阳之交,鬼神之食,五行之秀气也。"又曰:"人者,天地之心也,五行之端也,食味别声被色而生者也。"《说文》云:"人,天地之性最贵者也。"《汉书·刑法志》认为:"夫人肖天地之貌,怀五常之性,聪明精粹,有生之最灵者也。"[4]与刘勰同时的沈约撰《宋书·谢灵运传论》也说:"民禀天地之灵,含五常之德。"可见,天地万物人为贵的思想,是中国传统文化思想的基本理念。

刘勰"五行之秀""天地之心"的思想也是魏晋南北朝时期"人的觉醒"思潮的生动体现。在此之前,那些先知先觉的思想者,对于个体的生命价值有初步的确认和强烈的渴求。如先秦的屈原和西汉时的司马迁,就充分地肯定个体生命存在的价值。而到东汉末年的《古诗十九首》,喊出"人生天地间,忽如远行客。"(《青青陵上柏》)"人生寄一世,奄忽若飙尘。"(《今日良宴会》)"人生非金石,岂能长寿考?"(《回车驾言迈》)"人生忽如寄,寿无金石固。"(《驱车上东门》)"生年不满百,常怀千岁忧。"(《生年不满百》)已包含对生命短暂以及人生价值难以实现的深层忧患了。正如李泽厚早就指出的那样,"是对人生、生命、命运、生活的强烈的欲求和留恋""对自己生命、意义、命运的重新发现、思索、把握和追求"。[5]正是在这个意义上,魏晋南北朝时期被称为"人的觉醒的时代"。

这一时期,"人的觉醒"突出地体现在生命意识的增强上,既然生命如此珍贵又如此短暂,所以要倍加珍惜和养护,如何养身延寿成为当时许多人讨论的话题。嵇康撰《养生论》主张"形神俱养",所谓"君子知形恃神以立,神须形以存""修性以保神,安心以全身""形神相亲,表里俱济"[6]等(《全三国文》卷四十八)是魏晋玄学养生论思想的集中体现。葛洪企求长生不老，信奉神仙道教，主张用金丹、术数养身延命：“若夫仙人，以药物养身，以术数延命，使内疾不生，外患不入。”[7]（《抱朴子·论仙》）“夫金丹之为物，烧之愈久，变化愈妙。黄金入火，百炼不消，埋之，毕天不朽。服此二物，炼人身体，故能令人不老不死。”[8]（《抱朴子·金丹》）虽然荒诞不经，却反映出这一时期士人们深层次的生命忧患意识。

我们更感兴趣的是，这种人生意识和养生观念，还深入影响到这一时期的文论话语建构。曹丕《典论·论文》感慨“年寿有时而尽”“日月游于上，体貌衰于下”，就有明显的生命意识。刘勰就认为，文学会困神伤身：

> 凡童少鉴浅而志盛，长艾识坚而气衰，志盛者思锐以胜劳，气衰者虑密以伤神：斯实中人之常资，岁时之大较也。若夫器分有限，智用无涯，或惭凫企鹤，沥辞镌思，于是精气内销，有似尾闾之波；神志外伤，同乎牛山之木：怛惕之盛疾，亦可推矣。至如仲任置砚以综述，叔通怀笔以专业，既暄之以岁序，又煎之以日时；是以曹公惧为文之伤命，陆云叹用思之困神，非虚谈也。（《文心雕龙·养气篇》）[9]

颜之推《颜氏家训》也专门讨论“养生”问题：“夫养生者先须虑祸，全身保性，有此生然后养之，勿徒养其无生也。”[10]（《颜氏家训·养生》）养生话语进入家族训诫之中，可见此一观念影响之深广！颜之推在“养生”问题上的可贵之处在于，他认为，生命可贵要珍惜，但为了“行诚孝”“履仁义”死不足惜，不能苟且偷生：“夫生不可不惜，不可苟惜。涉险畏之途，干祸难之事，贪欲以伤生，谗慝而致死，此君子之所惜哉：行诚孝而见贼，履仁义而得罪，丧身以全

家，泯躯而济国，君子不咎也。"[11]（《颜氏家训·养生》）

正因为文学困神伤身，所以文学家要注意养性养神。当然，文学也有修身养性之功能，读书养生甚至成为中国古代普遍的人生话语。比如清代康熙年间名臣张英在《聪训斋语》中说：

> 古人读《文选》而悟养生之理，得力于两句，曰："石蕴玉而山辉，水含珠而川媚。"此真是至言。尝见兰蕙、芍药之蒂间，必有露珠一点，若此一点为蚁虫所食，则花萎矣。又见笋初出，当晓则必有露珠数颗在其末，日出则露复敛而归根，夕则复上。田间有诗云："夕看露颗上稍行"是也！若侵晓入园，笋上无露珠，则不成竹，遂取而食之。稻上亦有露，夕现而朝敛。人之元气，全在于此。故《文选》二语，不可不时时体察，得诀固不在多矣！[12]

张英的话点出文学的养生之理，《聪训斋语》是家训著作，当是作者的肺腑之言。

二　君子藏器，待时而动

刘勰说：

> 是以君子藏器，待时而动；发挥事业，固宜蓄素以弸中，散采以彪外，梗楠其质，豫章其干。摛文必在纬军国，负重必在任栋梁；穷则独善以垂文，达则奉时以骋绩。若此文人，应梓材之士矣。（《文心雕龙·程器篇》）

"君子藏器，待时而动。"出自《周易·系辞下》："君子藏器于身，待时而动。"疏曰："犹若君子藏善道于身，待可动之时而兴动。"

刘勰引用这句话意在阐明两层意思，一是君子要想治国平天下，必先修身；二是人生的机遇不是很多，要善于把握。

先说第一层面的意思，君子要修身。如果说，前一节"养身"讲的是个体生命，这里讲的修身则更多是指思想品德方面。孔子曰："有德者必有言，有言者不必有德。"（《论语·宪问》）"言德之辨"是中国文化的久远传统，到魏晋南北朝时期，曹丕、刘勰、颜之推等人都认识到了人品与文品相背离的现象。

曹丕《与吴质书》说："观古今文人，类不护细行，鲜能以名节自立。"[13]比较早地认识到文人人品的问题。同一时期的王粲也认识到这一现象，他撰《砚铭》："在世季末，华藻流淫。文不写行，书不尽心。"[14]王粲把这一现象归之于世道。比较全面地谈这个问题的是刘勰和颜之推。

刘勰认识到文人在人品方面多有不足，并且他列举的文人多与颜之推所论重合，为了行文方便，我们把两人的观点置于一处评述。刘勰认为，文人特别喜好"务华弃实"，这是很"可悲"的事，他说：

> 略观文士之疵：相如窃妻而受金，扬雄嗜酒而少算，敬通之不循廉隅，杜笃之请求无厌，班固谄窦以作威，马融党梁而黩货，文举傲诞以速诛，正平狂憨以致戮，仲宣轻脱以躁竞，孔璋偬恫以粗疏，丁仪贪婪以乞货，路粹餔啜而无耻，潘岳诡诪于愍怀，陆机倾仄于贾、郭，傅玄刚隘而詈台，孙楚狠愎而讼府：诸有此类，并文士之瑕累。（《文心雕龙·程器篇》）[15]

颜之推家教甚严，但也常常"心共口敌，性与情竞，夜觉晓非，今悔昨失"[16]（《颜氏家训·序致》）。从自己的切身经历推广开去，颜之推认为古今文人的品德多有瑕疵，他说：

然而自古文人，多陷轻薄；屈原露才扬己，显暴君过；宋玉体貌容冶，见遇俳优；东方曼倩，滑稽不雅；司马长卿，窃资无操；王褒过章《僮约》；扬雄德败《美新》；李陵降辱夷虏；刘歆反覆莽世；傅毅党附权门；班固盗窃父史；赵元叔抗竦过度；冯敬通浮华擯压；马季长佞媚获诮；蔡伯喈同恶受诛；吴质诋忤乡里；曹植悖慢犯法；杜笃乞假无厌；路粹隘狭已甚；陈琳实号粗疏；繁钦性无检格；刘桢屈强输作；王粲率躁见嫌；孔融、祢衡，诞傲致殒；杨修、丁廙，扇动取毙；阮籍无礼败俗；嵇康凌物凶终；傅玄忿斗免官；孙楚矜夸凌上；陆机犯顺履险；潘岳乾没取危；颜延年负气摧黜；谢灵运空疏乱纪；王元长凶贼自诒；谢玄晖侮慢见及。凡此诸人，皆其翘秀者，不能悉纪，大较如此。[17]（《颜氏家训·文章篇》）

到了六朝时期，文坛风气江河日下，有人甚至认为，立身与作文是毫不相关的两件事，萧纲就说："立身之道，与文章异；立身先须谨重，文章且须放荡。"[18]（《诫当阳公大心书》）士人更不注重自己的品行修养。

刘勰和颜之推说到很多文人的人品问题，我们当然不能一一细说，就以扬雄和潘岳为例来说明这一问题。

扬雄是西汉大文豪，著名的辞赋家，文才自不必说。这么有名的人，在人品节操上却有不端行为。颜之推说扬雄"德败《美新》"，据史传，"固又作《典引篇》，述叙汉德。以为相如《封禅》，靡而不典；扬雄《美新》，典而不实"（《后汉书·班固传》）。李贤注云："体虽典则，而其事虚伪，谓王莽事不实。"[19]《美新》指扬雄所撰《剧秦美新》，对王莽篡位所立新朝多有谄媚之辞，如"逮至大新受命，上帝还资，后土顾怀。玄符灵契，黄瑞涌出。滓浡汹涌，川流海淳。云动风偃，雾集雨散。诞弥八圻，上陈天庭。震声日景，炎光飞响，盈塞天渊之间"[20]云云，多有违心不实之辞。刘勰说扬雄"嗜酒而少算"，据史传，扬雄"家素贫，嗜酒"（《汉书·扬雄传》）。至于"少算"，当指撰写《剧秦美新》一事，扬雄认识不到新朝不得民心，且撰文大加赞美，在政治上是缺少谋算，在道德上则是品节不佳。

潘岳是西晋著名文人，钟嵘《诗品》列为一品诗人，与陆机并称"陆海潘江"，其文才自不必说。这么有才华的一位文人，在人品节操上却多有不足。颜之推说潘岳"乾没取危"，据史传，"岳性轻躁，趋世利，与石崇等诌事贾谧，每候其出，与崇辄望尘而拜。构愍怀之文，岳之辞也。谧二十四友，岳为其首。谧《晋书》限断，亦岳之辞也。其母数诮之曰：'尔当知足，而乾没不已乎？'而岳终不能改。既仕宦不达，乃作《闲居赋》"[21]（《晋书·潘岳传》）。原来潘岳是一个势利之徒。刘勰说潘岳"诡诔于愍怀"，事见《晋书·愍怀太子传》："贾后将废太子……使黄门侍郎潘岳作书草，若祷神之文，有如太子素意，因醉而书之……文曰：'陛下宜自了；不自了，吾当入了之。'……"[22]潘岳是贾氏政治阴谋的帮凶，虽出无奈，也足见其畏惧权贵的弱点。对于潘岳人品与文品的背离现象，金元时期的元好问评价说："心画心声总失真，文章宁复见为人。高情千古闲居赋，争信安仁拜路尘。"（《论诗绝句三十首》）潘岳的《闲居赋》很有名，入选《文选》，其中有云：

> 傲坟素之场圃，步先哲之高衢。虽吾颜之云厚，犹内愧于宁蘧。有道吾不仕，无道吾不愚。何巧智之不足，而拙艰之有余也。于是退而闲居于洛之涘，身齐逸民，名缀下士。陪京泝伊，面郊后市。浮梁黝以径度，灵台杰其高峙。窥天文之秘奥，究人事之终始。……人生安乐，孰知其它。退求己而自省，信用薄而

才劣。奉周任之格言，敢陈力而就列。几陋身之不保，尚奚拟于明哲。仰众妙而绝思，终优游以养拙。

此篇表露作者向往闲居生活，退避世事的千古高情。李善注云："《闲居赋》者，盖取于礼篇，不知世事，闲静居坐之意也。"[23]这是潘岳在文章中表露出的思想境界，是其"文品"。如仅从其文章来推断潘岳人品的话，我们一定会以为潘岳是一个超脱世俗名利、洁身自好的人。然而，如前引史书所载，实际生活中的潘岳，并不像其文章中所标榜的那样绝尘想而优游，而是一个趋利攀贵之人。可见，潘岳的文品与人品截然相反，文品极高而人品污下，是我们讨论人品和文品问题的极佳范例。与潘岳差不多同时代的陶渊明则从另一个角度证明了人品与文品的差异，也为后世文论津津乐道。我们知道，陶渊明是一位高士，为人不喜招摇炫耀，但他写过一篇《闲情赋》，丽辞冶态，一反其为人之本色。清代田雯说："渊明之赋《闲情》，柔姿丽语，大非高士本色。苏子瞻曰：'渊明作《闲情赋》，所谓国风好色而不淫，正使不及《周南》，与屈、宋所陈何异？'然亦曲为解嘲耳。孰谓挂冠高尚人，便无冶思艳态也。"[24]（《古欢堂集杂著》卷三）

魏晋南北朝文论对于文德的重视极大地影响了后世文论，后世文论提出"诗出于人""诗为心声""文如其人"等说法就是文德观的延续。比如清代无名氏说："靖节人与诗俱臻无上品，生非其诗，而乐有其道，与世浮沉，涅而不缁，自得之趣，一寓于诗。"（《静居绪言》）说陶渊明无上人品与其无上诗品关系密切。吴乔说："诗出于人。有子美之人，而后有子美之诗。子美于君亲、兄弟、朋友、黎民，无刻不关其念，置之圣门，必在闵损、有若间，出由、求之上。生于唐代，故以诗发其胸臆。有德者必有言，非如太白但欲于诗道中复古者也。余尝置杜诗于《六经》中，朝夕焚香致敬，不敢轻学。非子美之人，但学其诗，学得宛然，不过优孟衣冠而已。元微之极推重杜诗，而自不学杜，先得我心。知彼知己者，绝不妄动。"[25]（《围炉诗话》卷四）这是把杜甫其人其诗紧密联系的典型评议。又如牟愿相说："曹子建全幅精神在君臣上用，陶渊明全幅精神在朋友、田园上用，谢康乐全幅精神在山水上用，《子夜》《读曲》诸诗人全幅精神在儿女情艳上用。"[26]（《小澥草堂杂论诗》）总之，对于文德的重视，成为中国文论的优秀传统。

第二层面，人生的机遇不是很多，要善于把握。在刘勰之前，曹丕就说："夫然则古人贱尺璧而重寸阴，惧乎时之过已。"（《典论·论文》）他说的是人要珍惜时光。陆机从创作的角度说："如失机而后会，恒操末以续颠。""方天机之骏利，夫何纷而不理？"（《文赋》）创作灵感稍纵即逝，作家要及时把握。陆机《豪士赋》开篇："夫立德之基有常，而建功之路不一。何则？循心以为量者存乎我，因物以成务者系乎彼。存夫我者，隆杀止乎其域；系乎物者，丰约唯所遭遇。"（《文选》卷四十六）也就是说，立德的主动权在自己，立功要靠机遇，由诸多外在因素组成。到刘勰，更是特别重视"时"，在《文心雕龙》中提出"随时""趋时""因时""时运""时序""沿时""时势""贵时""待时""奉时"等概念，如："抑引随时，变通适会。"（《文心雕龙·征圣篇》）"趋时必果，乘机无怯。"（《文心雕龙·通变篇》）"必随时而适用。"（《文心雕龙·定势篇》）"变通以趋时""趋时无方。"（《文心雕龙·熔裁篇》）"情数运周，随时代用。"（《文心雕龙·章句篇》）"因时顺机，动不失正。"（《文心雕龙·总术篇》）"时运交移，质文代变。""文变染乎世情，兴废系乎时序。""质文沿时，崇替在选。"（《文心雕龙·时序篇》）"遇之于时势""古人所以贵乎时。"（《文心雕龙·才略篇》）"君子藏器，待时而动。""达则奉时以骋绩。"(《文心雕龙·程器篇》)等。这些"时"大致可以分为"时代"和"时机"两类。从"时代"来说,刘勰要求,无论做人、行事还是作文,都要跟上时代,与时代相呼应。从"时机"来说,刘勰要求,无论做人、行事还是作文,都要顺势而为、待时而动。

三 君子处世,树德建言

刘勰说:

> 夫宇宙绵邈,黎献纷杂,拔萃出类,智术而已。岁月飘忽,性灵不居,腾声飞实,制作而已。夫人肖貌天地,禀性五才,拟耳目于日月,方声气乎风雷,其超出万物,亦已灵矣。形同草木之脆,名逾金石之坚,是以君子处世,树德建言,岂好辩哉,不得已也!(《文心雕龙·序志篇》)

这段话有两个关键点:一是树德建言可以超越有限的生命;二是君子处世,不得已要展开种种辩论。刘勰认为,要想在芸芸众生之中出类拔萃,必须靠聪明才智。生命有限,智慧无边,所谓"生也有涯,无涯惟智"(《文心雕龙·序志篇》)语出《庄子·养生主》:"吾生也有涯,而知也无涯。"刘勰引用庄子的话,要表达的是,人生虽然短暂,但聪明才智可以使有限的生命达到永恒。古人有"三不朽"(立德、立功、立言)的说法,但"立功"要有机遇,并不是每一个人都有这样的机遇。这样,"立德""立言"就是大多数人的必然选择了。从优先选择的角度来说,刘勰志在建功立业,"安有丈夫学文,而不达于政事哉?""摛文必在纬军国,负重必在任栋梁"。如果时运不济,也要通过著书立说以独善其身:"穷则独善以垂文,达则奉时以骋绩。"(《文心雕龙·程器篇》）以刘勰为代表的成熟时期的文论家们，把中国传统的人学思想引入文论，把有限的生命融入无限的文学创作之中。

先说第一个关键点，树德建言可以超越有限的生命。继承先秦时期就有的"三不朽"思想，魏晋南北朝时期的文论特别关注文学的超越性。首开其端的是曹丕的《典论·论文》：

> 盖文章，经国之大业，不朽之盛事。年寿有时而尽，荣乐止乎其身，二者必至之常期，未若文章之无穷。是以古之作者，寄身于翰墨，见意于篇籍，不假良史之辞，不托飞驰之势，而声名自传于后。故西伯幽而演易，周旦显而制礼，不以隐约而弗务，不以康乐而加思。夫然则古人贱尺璧而重寸阴，惧乎时之过已。而人多不强力，贫贱则慑于饥寒，富贵则流于逸乐，遂营目前之务，而遗千载之功，日月游于上，体貌衰于下，忽然与万物迁化，斯志士大痛也。（《典论·论文》）

曹丕把文学提到经国安邦的高度来，这跟一般文人所说的性情之作还是有所区别的。他说的是"文章"而不是"文学"，范围不一样。刘勰说"文章之用"时说："五礼资之以成，六典因之致用，君臣所以炳焕，军国所以昭明。"（《文心雕龙·序志篇》）也是这一"文章"观念，其中"五礼""六典""君臣""军国"实即"经国之大业"。曹丕把生命的有限性和文章的无限价值放在一起对比，凸显文章超越时空的永恒价值，提示文人不要贪求"目前之务"，而要追求"千载之功"！曹丕的观点把此前适用范围相对宽泛的"三不朽"说专用于文学领域，建构起"文学自觉"时代标志性的文学人生话语。以此为标识，中国文论开启了文学人生的诗性言说。

到刘勰这里，更是多次提及文学人生话语，除前面所引（《文心雕龙·序志篇》）外，刘勰在讨论诸子的人生选择时就发了一通议论：

> 太上立德，其次立言。百姓之群居，苦纷杂而莫显；君子之处世，疾名德之不章。唯英才特达，则炳耀垂文，腾其姓氏，悬诸日月焉。（《文心雕龙·诸子篇》）

> 嗟夫，身与时舛，志共道申，标心于万古之上，而送怀于千载之下，金石靡矣，声其销乎！赞曰：丈夫处世，怀宝挺秀；辨雕万物，智周宇宙。立德何隐，含道必授。条流殊述，若有区囿。（《文心雕龙·诸子篇》）

如何在有限的生命历程中实现自己的人生价值呢？这是古往今来就困扰着人们的问题，也是决定诸子人生抉择的核心问题，所以杨慎说刘勰扣住了问题的关键："总论诸子，得其髓者，可见彦和洞达今古。"[27]刘永济说："舍人此篇，以入道见志四字皋牢诸子，可谓知要。盖诸子之学，上焉者入道，下焉者明志。"[28]刘勰所论，不止认识到文章是不朽之事，还把著述与作者的身世处境和人生志向联系起来。人生多舛，大丈夫要用自己的才华心怀万古千载，或立德或立言，或入道或见志，那么其声名将比金石还永垂不朽！刘勰所说，是基于诸子的人生经历以及司马迁、王充等人的总结评议之上的。

《颜氏家训》也讨论过相关问题，颜之推认为，文人不仅要"养生"，更要"养德"：

> 然而自古文人，多陷轻薄……每尝思之，原其所积，文章之体，标举兴会，发引性灵，使人矜伐，故忽于持操，果于进取。

今世文士，此患弥切，一事惬当，一句清巧，神厉九霄，志凌千载，自吟自赏，不觉更有傍人。加以砂砾所伤，惨于矛戟，讽刺之祸，速乎风尘，深宜防虑，以保元吉。[29]（《颜氏家训·文章》）

除了讲"立德"，《颜氏家训》也讲"立功"。不过颜之推讲"立功"，没有曹丕、刘勰那样"高大上"，他是从人生要"有业"谈起："人生在世，会当有业。农民则计量耕稼，商贾则讨论货贿，工巧则致精器用，伎艺则沉思法术，武夫则惯习弓马，文士则讲议经书。"[30]（《颜氏家训·勉学》）在颜之推看来，文士们所做的"讲议经书"也是百业之一种，相比《典论·论文》和《文心雕龙》，《颜氏家训》显得更加亲切平和，可能与其家规族训的性质有关。在"从业"的基础上，颜之推再谈建功立业："士君子之处世，贵能有益于物耳，不徒高谈虚论，左琴右书，以费人君禄位也。"颜之推认为，"国之用材"大体不过六类："一则朝廷之臣""二则文史之臣""三则军旅之臣""四则藩屏之臣""五则使命之臣""六则兴造之臣"，"人性有长短"，不必面面俱到，"能守一职，便无愧耳"。[31]（《颜氏家训·涉务》）涉及政治、文化、军事、外交、经济建设等领域，而"文史之臣"只是其中之一。

比刘勰稍后的萧绎著《金楼子》，其序曰：

窃念臧文仲既殁，其言立于世。曹子桓云："立德著书，可以不朽。"杜元凯言："德者非所企及，立言或可庶几。"故户牖悬刀笔，而有述作之志矣。常笑淮南假手，每蚩不韦之托人。由是年在志学，躬自搜纂，以为一家之言。

《金楼子》又专门设"立言"一节，大力阐发其著书不朽之论：

> 颜回希舜，所以早亡；贾谊好学，遂令速殒。扬雄作赋，有梦肠之谈；曹植为文，有反胃之论。生也有涯，智也无涯，以有涯之生，逐无涯之智，余将养性养神，获麟于《金楼》之制也。[32]（《金楼子·立言篇》）

可见，到魏晋南北朝时期，著书立说可以不朽，可以在短暂的生命中实现无限的人生价值，成为这一时期共同的文学人生话语。

第二个关键点是，君子处世，不得已要展开种种辩论。既然要著书立说，成一家之言，就要批驳不同意见。谦谦君子，遇人当礼让三分，原本是不好与人争辩，但为了建功立业，又不得不辩。在百家争鸣、群雄逐鹿的时代，诸子为了阐明自己的治世方略、更是为了实现自己的人生理想，抨击其他学派的思想，就要进行论辩。"岂好辩哉，不得已也！"出自孟子之言：

> 公都子曰："外人皆称夫子好辩，敢问何也？"孟子曰："予岂好辩哉？予不得已也。……世衰道微，邪说暴行有作，臣弑其君者有之，子弑其父者有之。……我亦欲正人心，息邪说，距诐行，放淫辞，以承三圣者；岂好辩哉？予不得已也。"（《孟子·滕文公下》）

孟子认为，孔子忧惧"世衰道微，邪说暴行有作"的世道而作《春秋》，这是为了挽救世道而作的辩解。自己所处的时代则是"孔子之道不著""仁义充塞"，各种歪理邪说满天下，只有抵制各种"邪说"才能挽救世道人心，所以自己要站出来为道义辩解。这是一个大丈夫有社会责任感的体现。与孟子类似，荀子也认为，凶险的小人大行其道，所以君子必须站出来辩解，以维护仁义：

君子必辩。凡人莫不好言其所善，而君子为甚焉。是以小人辩
、言险而君子辩言仁也。……有小人之辩者，有士君子之辩者，有圣
人之辩者：不先虑，不早谋，发之而当，成文而类，居错迁徙，应
变不穷，是圣人之辩者也。先虑之，早谋之，斯须之言而足听，文
而致实，博而党正，是士君子之辩者也。[33]（《荀子·非相》）

如果世道淳化而有序则辩无所用，而如今天下大乱、奸言四起，
则不得不辩了。胡适认为，荀子是"极不赞成'辩'的"，"辩说乃
是'不得已而为之'的事"[34]。与孟子、荀子相似，韩非子也认为：
"上之不明，因生辩也。"[35]（《韩非子·问辩》）这些人都认为，"辩"
是不得已而为之，是混乱的世道逼出来的。《汉书·艺文志》指出，
诸子"皆起于王道既微，诸侯力政，时君世主，好恶殊方，是以九家
之术蜂出并作，各引一端，崇其所善，以此驰说，取合诸侯"[36]。朴
素的唯物主义思想家王充也充分肯定孟子"不得已而辩"的精神，他
自己作《论衡》也是继承这一精神："孟子曰：'予岂好辩哉？予不
得已！'今吾不得已也。虚妄显于真，实诚乱于伪，世人不悟，是非
不定，紫朱杂厕，瓦玉集糅，以情言之，岂吾心所能忍哉！"[37]（《论
衡·对作》）

孔子说："天下有道，则礼乐征伐自天子出；天下无道，则礼乐
征伐自诸侯出。……天下有道，则庶人不议。"（《论语·季氏》）也
就是说，庶人多议，皆因天下无道。诸子本不想辩，但又不得不站出
来辩，一方面是世道所逼，另一方面也是有志难申，故借辩以申述其
志。这种不得已而辩的精神对后世文论影响很大。刘勰著《文心雕
龙》一方面是在为人生而辩，为的是实现自己传承儒家思想的人生理
想；另一方面，他也在为文心文理而辩，前代论文的著述虽然很多，
但"各照隅隙，鲜观衢路"，有的"密而不周"，有的"辩而无当"，

有的"华而疏略",有的"巧而碎乱",有的"精而少功",有的"浅而寡要。"[38]（《文心雕龙·序志篇》）这种文论局面，正如诸子面对的混乱世道一样，刘勰不得不站出来争辩。严羽著《沧浪诗话》是为"最上乘""正法眼""第一义"的诗学而辩，因为他所处的时代"野狐外道"使诗学偏离了正道，所以他要站出来辩解。"我评之非僭也，辩之非妄也。"[39]（《沧浪诗话·诗辩》）这是严羽对自己的思辨立场的自然。叶燮撰《原诗》是为诗学本根而辩，他所处的时代"是非淆而性情汩"[40]，（《原诗·内篇》）也就是诗学观念错乱，所以他要站出来辩解。吴讷《文章辨体》："昔孟子答公孙丑问好辩曰：'予岂好辩哉？予不得已也。'中间历叙古今治乱相夺之故，凡八节，所以深明圣人与己不能自已之意，终又曰岂好辩哉，予不得已也。……大抵辩须有不得已而辩之意，苟非有关世教，有益后学，虽工亦奚以为？"[41]也在重申自己是不得已而辩。

刘勰说："文果载心，余心有寄！"（《文心雕龙·序志篇》）魏晋南北朝时期正是中国文论的成熟期。以《文心雕龙》为代表的中国文论谈文学也是在谈人生，文论寄托了他们的人学观念、生存抉择和人生理想。他们在吸纳前人相关思想的基础之上，融入当下的文化信息，建构起了一套文学人生话语，为中国文人在仕途与功业相冲突时，找到一条通向永恒价值的审美人生道路，在中国文论史上有重要意义和深远影响。

注释：

[1]"人的自觉""文学自觉"等提法，是李泽厚在《美的历程》中提出来的，近年来有学者提出不同意见，本文沿用旧说。

[2][3]《十三经注疏》上册，上海古籍出版社1997年版，第

175 页；第 180 页。

[4] 班固撰，颜师古注：《汉书》第 4 册，中华书局 1962 年版，第 1079 页。

[5] 李泽厚：《美的历程》，中国社会科学出版社 1989 年版，第 84—86 页。

[6] 严可均辑：《全上古三代秦汉三国六朝文》第 2 册，中华书局 1958 年版，第 1324 页。

[7] [8] 王明撰：《抱朴子内篇校释》，中华书局 1985 年版，第 14 页；第 71 页。

[9] [15] 范文澜：《文心雕龙注》下册，人民文学出版社 1958 年版，第 646—647 页；第 718 页。

[10] [11] 王利器：《颜氏家训集解》，中华书局 1993 年版，第 361 页；第 362 页。

[12] 张英、张廷玉著，江小角、张玉莲点注：《父子宰相家训》，北京师范大学出版集团、安徽大学出版社 2015 年版，第 49 页。

[13] [14] [18] 郁沅、张高明编选：《魏晋南北朝文论选》，人民文学出版社 1996 年版，第 10 页；第 4 页；第 354 页。

[16] [17] 王利器：《颜氏家训集解》，中华书局 1993 年版，第 4 页；第 237—238 页。

[19] 范晔撰，李贤等注：《后汉书》第 5 册，中华书局 1965 年版，第 1375 页。

[20] 严可均辑：《全上古三代秦汉三国六朝文》第 1 册，中华书局 1958 年版，第 415—416 页。

[21] [22] 房玄龄等撰：《晋书》第 5 册，中华书局 1974 年版，第 1504 页；第 1459 页。

［23］萧统编，李善注：《文选》上册，中华书局 1977 年版，第 224—227 页。

［24］［25］［26］郭绍虞编：《清诗话续编》，上海古籍出版社 1983 年版，第 718 页；第 583 页；第 918 页。

［27］黄霖：《文心雕龙汇评》，上海古籍出版社 2005 年版，第 63 页。

［28］刘永济：《文心雕龙校释（附征引文录）》上册，中华书局 2007 年版，第 59 页。

［29］［30］［31］王利器：《颜氏家训集解》，中华书局 1993 年版，第 237—238 页；第 143 页；第 315 页。

［32］萧绎撰，许逸民校笺：《金楼子校笺》上册，中华书局 2011 年版，第 857 页。

［33］王先谦撰，沈啸寰、王星贤整理：《荀子集解》，中华书局 2012 年版，第 86—87 页。

［34］胡适：《中国哲学史大纲》，东方出版社 2012 年版，第 282 页。

［35］王先慎撰：《韩非子集解》，中华书局 2013 年版，第 390 页。

［36］班固撰，颜师古注：《汉书》第 6 册，中华书局 1962 年版，第 1746 页。

［37］黄晖：《论衡校释》第 4 册，中华书局 1990 年版，第 1179 页。

［38］范文澜：《文心雕龙注》下册，人民文学出版社 1958 年版，第 726 页。

［39］何文焕辑：《历代诗话》下册，人民文学出版社 1981 年版，第 686 页。

［40］叶燮著，霍松林校注：《原诗》，人民文学出版社 1979 年版，第 3—4 页。

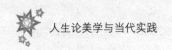

［41］吴讷撰：《文章辨体》，据北京大学图书馆藏明天顺八年刘
孜等刻本，今收入《续修四库全书》第 1602 册，上海古籍出版社
2002 年版，第 168 页。

［本文为教育部人文社会科学研究青年基金项目"子学与古代文
论的思辩性研究"（14YJC751008）；江西省高校哲学社会科学研究重
大课题攻关项目"江西完善优秀中华传统文化教育行动方案研究"
（ZDGG1405）成果］

康有为的人生美学及其艺术追求

祁志祥*

摘　要：康有为的美学思想大体由两部分构成，一部分是关于现实人生的美学，另一部分是关于诗歌书法的美学。前者集中体现在《大同书》中，后者集中体现在《人境庐诗序》《梁启超写南海先生诗集序》及 1889 年完稿、1891 年以后一再刻印发行的《广艺舟双楫》中。他的文艺美学观对自然人情美以及对雄强苍劲风格之美的崇尚，是其去苦求乐、世界大同的人生美学理想及其对现实的批判的逻辑延伸。

关键词：康有为；人生美学；艺术追求

康有为（1858—1927），字广厦，号长素，广东南海人。出身望族，世代为儒。年轻时受过儒学的严格训练。1879 初，入西樵山白云洞，专学佛教、道教经典。同年底，初游香港，目睹西方人治国有道，于是开始购读西学之书。1882 年赴京应试不第，归途经上海、

---

* 作者单位：上海政法学院国学所。

扬州、镇江、南京，大购西书而回，热衷于研究东西方政治制度及价值理念。从 1888 年至 1898 年不断上书光绪帝要求变法，1898 年 4 月 28 日获召见，"百日维新"由此开始。变法失败后流亡日本、加拿大、英国、印度及欧美诸国。于 1902 年在印度改定《大同书》，1908 年写成《〈人境庐诗草〉序》《南海先生诗集》。1911 年辛亥革命胜利后对中华民国持反对态度，鼓吹君主立宪。1917 年张勋复辟后赴京任弼德院副院长。张勋复辟失败后他作为祸首之一遭到通缉，逃入美国驻北京使馆接受庇护。翌年被美国大使护送离京返沪，续编《不忍》杂志，一直坚持反对民主共和的保皇态度。康有为一生的经历、思想和实践，均体现了古与今、新与旧、中与西的融合，这种融合呈现出时而相互统一，时而相互矛盾的复杂状况。这种现象同样存在于他的美学思想中。

康有为的美学思想大体由两部分构成，一部分是关于现实人生的美学，另一部分是关于诗歌书法的美学。前者集中体现在《大同书》中，后者集中体现在《〈人境庐诗草〉序》《南海先生诗集》及 1889 年完稿、1891 年以后一再刻印发行的《广艺舟双楫》中。他的文艺美学观对自然人情美以及雄强苍劲风格之美的崇尚，是其去苦求乐、世界大同的人生美学理想及其对现实的批判的逻辑延伸。

一 《大同书》："求乐免苦"的人生美学追求

《大同书》初稿完成于 1885 年，初名《人类公理》。1902 年康有为逃亡印度期间改定为《大同书》。1913 年《不忍》创刊，康有为任主编，《大同书》甲、乙两部刊载于《不忍》杂志。1919 年上海长兴书局出版单行本。1935 年，弟子钱定安收集《大同书》丙、丁、戊、己、庚、辛、壬、癸八部，合为十部，由中华书局出版。不难看出，

《大同书》在当时曾产生过广泛的社会影响。

《大同书》原是一部社会政治学著作。它将儒家的"仁政"理想、《礼记·礼运》的"大同"思想与资产阶级民主思想和欧洲空想社会主义糅合起来,将《春秋公羊传》的"三世"说与达尔文的"进化论"糅合起来,对当时社会的丑恶和人生的痛苦做了深刻的揭示和批判,描绘了"无邦国、无帝王、人人平等、天下为公"的社会蓝图。同时,在这种现实批判和理想描绘中,体现出康有为关于现实和人生的美学观。

美从主体来说是快乐的情感,从客体来说是能普遍引起快乐情感的事物。人性的根本,是"去苦求乐",易言之即爱美避丑。《大同书》说:"人生而有欲,天之性也。……生人之乐趣、人情之愿欲者何?口之欲美饮食也,居之欲美宫室也,身之欲美衣服也……"[1]"适宜者受之,不适宜者拒之。故夫人道只有宜不宜。不宜者,苦也;宜之又宜者,乐也……依人性之道,苦乐而已。"[2] 人类的一切活动,都源于"求乐免苦"的天性;整个人类发展的历史,就是一部"去苦求乐"的历史:"普天之下,有生之徒,皆以求乐免苦而已,无他道矣。其有迁其徒、假其道、曲折以赴、行苦而不厌者,亦以求乐而已。"[3]"当生民之初,以饥为苦,则求草木之实、鸟兽之肉以果腹焉,不得肉实则忧,得而食之、饱之、饮之则乐;以风雨雾露之犯肌体为苦,则披草树、织麻葛以蔽体焉,不得则忧,得而服之则乐;以虫蛇猛兽为苦,巢土窟以避之,不得则忧,得而居之则乐;以不得人欲为苦,则求妃匹、拥男女,不得则忧,得之则乐。后有智者踵事增华,食则为之烹饪、炮炙、调和则益乐,服则为之衣丝、加彩、五色、六章、衣裳、冠履则益乐,居则为之堂室、楼阁、园囿、亭沼、雕墙、画栋,杂以画鸟则益乐,欲则为之美男妙女、粉白黛绿、薰香

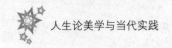

刮鬃、霓裳羽衣、清歌曼舞则益乐。益乐者，与人之神魂体魄尤适尤宜……日益思为求乐免苦之计，是为进化。"[4]人类的一切物质文明和精神文明都是在"智慧"指导下的创造活动，都不过是为了让"人之神魂体魄尤适尤宜"、得到更大的快乐享受而已，世界因此而变得越来越美化。

人性求乐避苦，这是先秦思想家，如管子、荀子早已揭示过的。而把"求乐免苦"视为人性的核心和人类生存实践活动的心理依据，则是康有为的独特发明。由此出发，他公开为人的"求乐"、爱美的天性张目，赋予它"善"的道德依据。《大同书》指出："故夫人道者，依人性以为道……为人谋者，去苦求乐而已，无他道矣。""立法创教，令人有乐而无苦，善之善者也；能令人乐多苦少，善而未尽善者也；令人苦多乐少，不善者也。""圣人者，因人情之所乐，顺人事之自然，乃为家法，以纲纪之，曰'父慈、子孝、兄友、弟敬、夫义、妇顺'，此说人道之至顺、人情之至愿矣，其术不过为人增益其乐而已。……圣人者，因人情所不能免，顺人事时势之自然，而为之立国土、部落、君臣、政治之法，其术不过为人免其苦而已。"[5]道德不过是为了人们"增益其乐"，法度不过是为了人们"免其苦"。一句话，"立法创教，令人有乐而无苦，善之善者也"；"令人苦多乐少，不善者也"。可见，满足功利与否的"善恶"必然引起情感的"乐苦"反应，与"美丑"是交叉的，人们"求乐"的审美追求获得了理直气壮的道德支撑。严复也曾指出："人道以苦乐为究竟。""乐者为善，苦者为恶。""人道所为，皆背苦而趋乐。必有所乐，始名为善。"[6]与康有为不谋而合。

那么，人类社会发展到康有为所处的时代，人们的情感生活状况是怎样的呢？康有为认为，自古以来直至当时的君主专制社会都属于"据乱世"，它是人类社会发展的第一个阶段。在这个初始阶段，人们苦多乐少。受佛教"苦谛"说的启发，加之现实的观察，康有为在《大同书》中对当时社会的丑恶和人生的痛苦做了相当丰富、深刻的揭示："吾既生乱世，目击苦道……人道之苦，无量数不可思议，因时因地苦恼变矣，粗举其易见之大者焉：（一）人生之苦七：一、投胎；二、夭折；三、废疾；四、蛮野；五、边地；六、奴婢；七、妇女。（二）天灾之苦八：一、水旱饥荒；二、蝗虫；三、火焚；四、水灾；五、火山（地震山崩附）；六、屋坏；七、船沉；八、疫疠。（三）人道之苦五：一、鳏寡；二、孤独；三、疾病无医；四、贫穷；五、卑贱。（四）人治之苦五：一、刑狱；二、苛税；三、兵役；四、有国；五、有家。（五）人情之苦八：一、愚蠢；二、仇怨；三、爱恋；四、牵累；五、劳苦；六、愿欲；七、压制；八、阶级。（六）人所尊尚之苦：一、富人；二、贵者；三、老寿；四、帝王；五、神圣仙佛。"[7]

所谓"投胎之苦"，是指出身不能选择以及生来贵贱贫富的不同带来的痛苦："一为王者之胎，长即为帝王矣。富有国土，贵极天帝，生杀任意，刑赏从心。呼吸动风雷，举动压山岳，一怒之战，百万骨枯，一喜之赏，普天欢动。不幸而为奴虏之胎，一出世即永为奴虏矣，修身执役而不得息，听人鞭挞而不敢报，虽有圣哲而不得仕，虽死节烈而不得赠位，虽为义仆而不厕人列，子子孙孙世袭为隶。""其投胎为巨富之子也，生而锦衣玉食，金银山积，僮指盈千，田园无极，姜妇杂沓，纵盈声色，管弦呕哑，不分旦夕，一掷百万，呼卢博激，挥金如土，富与国敌。如投胎为窭人乞丐之子也，生而短褐不完，半菽不得。终日行乞，饿委沟壑，烈风吹肤，被席带索。夜宿门廊，人所喝逐。垢污塞体，虮虱交啄，或遇大雪，僵倒村落。其有凶

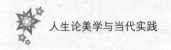

馑，人肉同削。熏鼠嚼叶，疾疹并作，疮疡遍体，手足断落，血液脓秽，腥气臭恶。号泣叩首，一钱喜跃，终日行乞而不得一食，饿死沟壑而不得一席。"[8]

所谓"夭折之苦"，指"天年中夭"时带来的"志事皆败，学术无成，功业夭枉，身名埋没，远志屈于短年，雄心埋于抔土"之悲。如果是中年夭折，则"念老父慈母罔极之恩，不能报养；顾寡妻幼子伶俜之苦，谁为哀怜？……老亲垂涕而来握其手，妻子号泣而环跪于床；父母吁嗟，痛苦敖之鬼不祀；妻子哀啼，恐沟壑之饿不远。或乃指某儿当鬻为奴婢，某子当送与僧尼，骨肉仳离，死后立散。当此时也，铁石心肝，为之肠断，况为人类，本自多情？"[9]

所谓"废疾之苦"，指瞎、聋、哑、跛等残疾之苦。"更有身被大疠，手足拳挛，肢体跰躃，面目赤肿；亲戚断绝，荒岛流连，窥井仰天，痛恻肺腑。或由传种之恶，或感疫疠之毒……此为废疾之最苦痛者矣。"[10]

"蛮野之苦"，指生于蛮荒之地的原始部落、少数民族之人原始生活的痛苦："腰围片布，头插羽翟，耳鼻凿孔，足胝若铁。赤身无衣，熏鼠以食。杂卧于地，朱豕同藉。日晒粪蒸，面黑如蜡。穴处巢栖，结绳为识，刳全木以为舟，取鱼虾以生食……是虽为人，去犬羊不远，性命朝夕不保。"[11]

"边地之苦"，指边远之地居民落后生活习俗的痛苦。

"奴婢之苦"，是古代专制社会特有的现象，康有为则以铺张的文学笔力加以渲染："同为民也，而以贫见鬻，或以弱被掳者，则男为奴，女为婢矣。""主人好恶，性气难识。终身执役，饥不得食，夜不得息。喜而赏之，残杯冷炙。执爨负薪，荷重惕息。跪而脱履，立而倚壁。洗衣刷地，捧盘执席。为洒为扫，或耕或织。小不如意、呵谴笞挞……"[12]

康有为还用同样的笔调详细描写了"水旱饥荒之苦""蝗虫之苦""火焚之苦""水灾之苦""火山之苦""地震山崩之苦""舟船覆沉之苦""汽车碰撞之苦""疫疬之苦""鳏寡之苦""孤独之苦""疾病无医之苦""贫穷之苦""贱者之苦""愚蠢之苦""仇怨之苦""爱恋之苦""牵累之苦""愿欲之苦"等。如果说这些自然之苦与人生之苦是普遍存在的,那么"刑狱之苦""苛税之苦""兵役之苦""阶级之苦""压制之苦"则是君主专制社会所特有的。不仅穷人、贱人、奴婢、短命者生活在痛苦中,即便人们所"尊尚"的"帝王""富人""神圣仙佛""老寿"者也有自己的痛苦。于是康有为又详细剖析了"富人之苦""贵者之苦""帝王之苦""老寿之苦""神圣仙佛之苦"。

如说"帝王之苦":"然一日万几,崇高益危,早期晏罢,业业兢兢,一夫所失,皆君之责……其有边烽边警,潢池弄兵,敌国外患之来,群盗满山之变,偶有失误,则淋铃夜雨,蜀道艰难,煤山海棠,望帝不返……或内宠乱政……或宦寺作孽……或兄弟争国……或父子起祸……若是之事,不可比数。至若丧乱之际,公主流离而为婢,王孙困苦而为奴,后妃掠为人妾者,不可胜道。故愤极之言曰:'愿生生世世不生帝王家。'岂不然哉!若列国竞争,互相擒虏,革命日出,党号无君,波斯王之头可为饮器,宋理宗之头可为溺器,宗室王主皆为奴虏……今以乱世之帝王其苦若此,岂若大同世之一民,其乐陶陶,不知忧患哉?"[13]

又如描述"富人之苦":"凡富者必有田畴,而田则有水旱之苦、加税之苦……是多田翁之大苦也。富者广置多店以收租,吾见羊城南门火灾,全街尽火。某富家尽失其业,合门大哭,是富而多店之大累也。富者必多营商业。某富人以商于柳州致大富……已而柳州大乱，则大忧其商业之倒也，大疾几死。某商以开锡矿于南洋致巨富。既而锡矿倒，则憔悴忧伤而死矣。又有开轮船业于南洋臻大富者，已而轮船二艘皆沉，家业几失，遂发狂疾者。凡此皆以富害其生者也。"[14]这些都是富人在财富遭受重大损失时的巨大痛苦。此外，即便财富没有遭受重大损失，为经营财富，富人必须"终日持筹，日以心斗，一处有失，蹙眉结心"，永无"超度"之日，更何况，有了财富，还要面临家庭中兄弟子孙的争斗。

再如"老寿之苦"："第一则死丧也。……老人所识所交，亦必垂老。皆将就木之年，日有落叶之叹。昨日某知识者死，今日某故旧者亡，明日遭某亲戚丧，后日报某至交逝。若家人愈多，死丧必愈甚，期月之中必有一、二人焉，非其子孙兄弟，即其妻妾女媳。棺柩日陈于堂，灵座日设于室，棺柩日就于墓，讣告日报于门。结识广则感慨多，恩爱深则割舍苦。骨肉分亡，肝肺若割，岁月迭去，老怀何堪？忍泪掩袂，痛恻心肠。或牵连而生疾，或辛苦而破家。话故事则物换星移，念旧人则风流云散，思骨肉则多化黄土，忆妻孥则多化虫沙。虽旷达之士，藉丝竹以陶写，临山水以排遣，然中怀之痛，岂能忘情？""其二则疾病也。老人精力已愈，筋骨已疲，脑髓日枯，土性盐质又弥满之，故耳目不聪明，手足不灵便，行步不捷疾，身体不强健……内外交迫，疾病易作，绵缀床缛，缠绵汤药……与死为邻，以病度日，亦何能免此也？""其三则困穷也。何也？以壮者易于食力就功，人乐用之，老者难于奋身营业，人畏用之也，则壮者得金多，而老者不若。且老者妻孥孙曾之人多，则分而累之愈多，则虽富亦贫。……若夫老疾已甚，困穷无依，一家视为陈人，弃诸委巷。牛豕溷厕杂沓其侧，虱垢败絮拥满其身。乞水不得，呼天无闻。虽迈百龄,亦何益也?"[15]

在康有为之前,佛教对人生的苦难作了反复强调和种种揭示,然而,佛教虽然强调"一切皆苦",人世间有"无量诸苦",但它具体描述的主要是"八苦"。康有为具体描述的人生痛苦则远远超过了"八苦"范围。他以大量历史和现实的典型事例以及犀利深刻、铺张扬厉的笔触,揭示了生活在君主专制的"据乱世"的人们的"无量诸苦",对现实世界的美作了彻底的否定,从而为他通过"变法"所要实现的君主立宪的"升平世"和人类社会最终的理想"太平世"鸣锣开道。

当时人们所处的社会是如此丑恶和痛苦,按照人类"求乐免苦"的天性,人类必然而且应该对这种社会加以改造。改造的根本途径,是从铲除造成社会痛苦的根源入手。这个根源是什么?撇开自然原因,人为的社会原因是"九界"。《大同书》云:

然一览生哀,总诸苦之根源,皆因九界而已。九界者何?

一曰国界,分疆土、部落也;

二曰级界,分贵贱、清浊也;

三曰种界,分黄、白、棕、黑也;

四曰形界,分男女也;

五曰家界,私父子、夫妇、兄弟之亲也;

六曰业界,私农、工、商之产也;

七曰乱界,有不平、不通、不同、不公之法也;

八曰类界,有人与鸟兽虫鱼之别也;

九曰苦界,以苦生苦,传种无穷无尽,不可思议。

吾救苦之道,即在破除九界而已:

第一曰去国界,合大地也;

第二曰去级界，平民族也；

第三曰去种界，同人类也；

第四曰去形界，保独立也；

第五曰去家界，为天民也；

第六曰去产界，公生业也；

第七曰去乱界，治太平也；

第八曰去类界，爱众生也；

第九曰去苦界，至极乐也。[16]

人类最终的社会理想是"太平世"、是"大同世界"。在这个世界中，"人人极乐，愿求皆获"，十全十美。康有为以天才的想象，描绘了大同世界中人们的"居处之乐""饮食之乐""衣服之乐""器用之乐""净香之乐""沐浴之乐""医视疾病之乐"。"大同之世，人人皆居于公所，不必建室。其工室外，则有大旅舍焉……其下室亦复珠玑金碧，光彩陆离，花草虫鱼，点缀幽雅；若其上室，则腾天驾空、吞云吸气，五色晶璃，云窗雾槛，贝阙珠宫，玉楼瑶殿，诡形殊式，不可形容；而行室、飞室、海舶、飞船四者为上矣。""大同之世，水有自行之舟，陆有自行之车……大小舟船皆电运，不假水火，一人司之，破浪千里，其疾捷亦有千百倍于今者。其铺设伟丽。其大舟上，并设林亭、鱼鸟、花木、歌舞、图书，备极娱乐。""大同之世，饮食日精，渐取精华而弃糟粕。当有新制，令食品皆作精汁，如药水焉。""太平世之浴池，纯用白石，皆略如人形，而广大数倍。滑泽可鉴，可盘曲坐卧。刻镂花草云物以喷水，冷热唯意。水皆有妙药制之，一浴而酣畅欢欣，如饮醇酒，垢腻立尽……其溷厕悉以机激水，淘荡秽气，花露喷香，薰香扑鼻。"[17]主体的"求乐"与外在的"竞美"是统一的。人们按照

"求乐"要求改造世界的结果，是使"公屋之如何而加精美伟丽，公园之如何而加新趣乐心，音乐院、美术馆、动植园、博物馆如何而加美妙博异……桥梁、道路、铁道、汽船在各度境内如何加其安乐华妙"[18]。于是，"大同之世"成为尽善尽美的人间天堂。

康有为对"大同"社会的描绘，包含着对人类社会发展趋势的天才预见，最早涉及随着人类社会发展"日常生活审美化"的现象，是社会理想与审美理想二位一体的集中展示。

二　雄肆唯情的艺术美学宗尚

求乐避苦、人性解放的人生美学追求在艺术美学中的直接反映，是对"情深肆恣""郁积深厚""激昂奔突"的诗美及"意态奇逸""点画峻厚""苍劲雄奇"的书法美的推尊。

康有为一生留下了大量的诗。1908 年，其弟子梁启超替他整理诗稿，手写影印出版。康有为写下了《南海先生诗集》，表现了与《大同书》一脉相承的崇尚自然人情的美学主张："诗者，言之有节文者耶！凡人情志郁于中，境遇交于外。境遇之交压也瑰异，则情志之郁积也深厚。情者阴也，境者阳也。情幽幽而相袭，境婷婷而相发。阴阳愈交迫，则愈变化而磅礴，又有礼俗文例以节奏之，故积极而发：泻如江河，舒如行云，奔如卷潮，怒如惊雷，咽如溜滩，折如引泉，飞如骤雨。其或因境而移情，乐喜不同，哀乐异时，则又玉磬铿铿、和管锵锵、铁笛裂裂、琴丝愔愔，皆自然而不可以已者哉。"[19] "情"由"境"生。"诗"是"情"之"自然而不可以已者"。尽管诗在表情时须按"礼俗文例"，兼顾语言的"节文"要求，但在自然抒发因境而生的不同情感这一审美追求上是坚定不移的，所谓"泻如江河，舒如行云，奔如卷潮，怒如惊雷，咽如溜滩，折如引泉，飞如骤雨"。

由于康有为一生"境遇"非常"瑰异",故其"情志之郁积"也就异常"深厚"。"志深厚而气雄直者,莽天地而独步,妙万物而为言",所以他创作的诗更多地呈现出"石破而天惊"的雄奇、遒劲的风格:"时或风雨怒号,金铁飞鸣……或万马战酣,旌旗飞蒸,或广殿排仗,冕旒严凝,或岩藤落叶,面壁老僧……或深山大河,巨海积沙,崇峰攒天,洪波叠岭,飞雪蔽地,潮海极目,烟岫郁攸,蜿蜒漫空,乾端坤倪,神怪暴发,人经物理,龙象蹴踏。斯其为情深而文明,气盛而化神者耶!"[20]同样的诗学趣味也表现在同一年为黄遵宪诗集所写的《〈人境庐诗草〉序》中。黄遵宪曾任日本公使,致力于日本维新及中外变法研究,为人卓荦不凡,与康有为可谓志同道合。他的诗作呈现出与康有为同样的情感追求和雄劲风格,因而深得康有为赞赏:"上感国变,中伤种族,下哀生民,博以寰球之游历,浩渺恣肆,感激豪宕,情深而意远,益动于自然,而华严随现矣。……公度之诗乎,亦如磊千丈松,郁郁青葱,荫岩竦壑,千岁不死,上荫白云,下听流泉,而为人所瞻仰徘徊者也。"[21]

康有为的艺术美学观,不仅表现在诗论方面,还表现在书法理论方面。清代中后期,包世臣著《艺舟双楫》,兼论书法和文学。康有为觉得意犹未尽,再著《广艺舟双楫》,不过成了专论书学的"单楫"。全书分6卷,27篇,继承阮元、包世臣等人崇尚北碑书法的美学趣味,总结了清代中后期的碑学思想,不仅成为中国书法史上由帖转碑的鲜明旗帜,而且成为晚清最重要、最系统的书法理论专著,影响了整整一代书风。从问世之日起,便受到社会各界的广泛欢迎。

东晋时期,出现了书圣王羲之婉转流美的书法。唐人竞相仿效临摹,如释怀仁集刻王羲之行书《圣教序》,欧阳询、虞世南、褚遂良临摹王羲之《兰亭序》，武则天时颁布的多以王氏为代表的晋人墨迹《万岁通天帖》。宋初，太宗命侍书学士王著编刻《淳化阁帖》分赐群臣，嗣后私人制帖之风大炽，一翻再翻，风靡天下。下迄元明，书界盛行的都是这种以王氏书法为典范的帖学书体。不过，由于刻印的帖书是以纸为媒介的，而"纸寿不过千年"，因而，"晋人之书流传曰'帖'，其真迹至明犹有存者"，"流及国朝（清朝），则不独六朝遗墨不可复睹，即唐人钩本，已等凤毛矣。故今日所传诸帖，无论何家，无论何帖，大抵宋、明人重钩屡翻之本，名虽羲、献，面目全非，精神尤不待论"，所以"宋、元、明人之为帖学宜也"[22]，今人再经由远离真迹的宋、明刻本临摹"晋人之书"及羲、献墨迹则断断不宜。与此形成鲜明对照的是，南北朝时期的碑书以碑石为媒介，易于保存古人书法的真迹。清代，伴随着考据的昌盛，大批金石碑刻于"嘉（庆）、道（光）以后新出土"，"迄于咸（丰）、同（治），碑学大播，三尺之童，十室之社，莫不口北碑，写魏体"，"俗尚"为之一变。正所谓"碑学之兴，乘帖学之坏，亦因金石之大盛也"。[23]于是，康有为提出"尊碑"："今日欲尊帖学，则翻之已坏，不得不尊碑；欲尚唐碑，则磨之已坏，不得不尊南、北朝碑。尊之者，非以其古也，笔画完好，精神流露，易于临摹，一也；可以考隶楷之变，二也；可以考后世之源流，三也；唐言结构，宋尚意态，六朝碑各体毕备，四也；笔法舒长刻入，雄奇角出，迎接不暇，实为唐、宋之所无有，五也。有是五者，不亦宜于尊乎！"[24]在康氏列举的"尊碑"的五个理由中，第一、第五两个理由更能体现他的美学追求。通过碑书"完好"的"笔画"把握其"流露"的真"精神"，并以碑书"舒长刻入、雄奇角出"的"笔法"弥补"唐、宋之所无有"，矫正帖学的"褊隘浅弱"之风，这种思想，在《宗第》篇中又得到了进一步的揭示："古今之中，唯南碑与魏为可宗。可宗为何？曰有十美：一曰魄力雄强，二曰气象浑穆，三曰笔法跳越，四曰点画峻厚，五曰意态奇逸，六曰精神飞动，七曰兴趣酣足，八曰骨法洞达，九曰结构天成，十曰血肉丰美。是十美者，唯魏碑、南碑有之……故曰魏碑、南碑可宗也。"在碑书中，由于"晋、宋禁碑""南碑所传绝少""周、齐短祚"，且"齐碑唯有瘦硬，隋碑唯有明爽"[25]，所以他更重魏碑。《备魏》篇说："北碑莫盛于魏，莫备于魏……故言碑者，必称魏也。"[26]

于是，康有为对书法的美学追求就与对诗歌的美学追求贯通起来：在内涵上，书法是"飞动"的"精神"，"奇逸"的"意态"，"酣足"的"兴趣"的自然流淌，正如诗歌是"郁积深厚"的"情志"的勃发一样，以与变法实践的内涵相沟通；在形式上，书法应当追求"魄力雄强""气象浑穆""点画峻厚""骨法洞达""笔法跳越"的风格美，正如诗歌以激昂奔突的美为旨归一样，从而为惊天动地的变法使命服务。

注释：

[1] [2] [3] [4] [5] [7] [8] [9] [10] [11] [12] [13] [14] [15] [16] [17] [18] 康有为：《大同书》，古籍出版社 1956 年版，第 41—42 页；第 5；第 6—7 页；第 293 页；第 5—6 页；第 8—10 页；第 10—11 页；第 13 页；第 14 页；第 14—15 页；第 16—17 页；第 50 页；第 46 页；第 48—49 页；第 51—53 页；第 294—300 页；第 271 页。

[6] 托马斯·赫胥黎：《天演论·新反》，严复译，译林出版社 2011 年版，第 57—58 页。

［19］［20］《梁启超手写〈南海先生诗集〉序》，《康有为全集》第九集，中国人民大学出版社 2007 年版，第 10 页；第 10 页。

［21］康有为：《〈人境庐诗草〉序》，《康有为全集》第八集，中国人民大学出版社 2007 年版，第 409 页。

［22］［23］［24］［25］［26］康有为撰，崔尔平注：《广艺舟双楫注》，上海书画出版社 1981 年版，第 34 页；第 38 页；第 42 页；第 172 页；第 134 页。

"那我们来朗读吧!": 人生论美学的美情传播与价值引领

——董卿《朗读者》的样本意义

廖卫民[*]

摘　要: 基于对人生论美学知识地图的考察分析, 可以发现, "人生论美学"的学术研究旨趣及其成果产出处于一个渐进式的增长过程当中, 本文在此基础上主要借助金雅教授的理论框架, 对董卿《朗读者》第一季12期节目样本进行了系统分析和梳理研究, 从美情论的理论视角探索《朗读者》人生论美学的价值后发现: 第一, 它所呈现的美确实都与真善贯通; 第二, 其创美与审美高度统一。此外, 本研究还对《朗读者》节目的挚、慧、大、趣四大美质特征进行了研究分析, 挚、趣为多, 慧、大略少, 四者融为一体。《朗读者》的仪式建构具有一种"众星拱月"的空间结构模式, 从而使得其传播具有聚焦之中心, 同时, 又能产生爆发式的广泛传播。最后, 在其传播当中, 蕴藏着非常清晰有力的价值引领, 因而具有面向全球提升当代中华文

---

* 作者单位: 东北财经大学新闻传播学院。

化之美情的样本意义和典范风度。

关键词：人生论美学；艺术传播；美情；美质；《朗读者》

一　引言

2017 年 2 月 18 日，由著名电视节目主持人董卿担当制作人的《朗读者》在中央电视台首次播出，开启了一道文化大餐风靡全国的过程。笔者当晚看到一些社会名流和企业家手捧纸本认真朗读的情形，并没有觉得他们脱俗不凡，然而，一两周之后，微信、微博等社交媒体上的好评相继而来，更有浙江大学师生冒雨排队前往朗读亭去读一些语句，才意识到这是一个正在发生的"现象级"的传播景观和文化盛事，需要学者们好好研究一番。于是，每一集笔者都安安静静坐在电视机前，带着一种学术研究的视角去看，逐渐品味出一些门道来。恰好，金雅教授主持的"人生论美学与当代实践"全国高层论坛召开在即，这就促使笔者从一个跳出传播学研究的角度来观照《朗读者》，从《朗读者》不仅仅作为一个电视节目，而是作为人生论美学精神及其美育传播实践样本的理论角度对其进行系统分析和学理阐释，或许会有一些新的理论收获和价值启示。

二　问题提出：作为人生论美学传播样本的《朗读者》何以风靡

《朗读者》在其官方网站上定位自己"是中央电视台推出的大型文化情感类节目"，并且"以个人成长、情感体验、背景故事与传世佳作相结合的方式，选用精美的文字，用最平实的情感读出文字背后的价值，节目旨在实现文化感染人，鼓舞人，教育人的传导作用，展现有血有肉的真实人物情感"[1]。因此，这样的基本定位决定了这档节目依然是主旋律、正能量的节目，它能在竞争激烈的电视收视市场及其后的新媒体传播平台上获得观众的青睐吗？事实证明，它不仅受到了各层次电视观众的欢迎，同时也在网络上得到了很高的赞赏和转发评论。

到 2017 年 5 月 6 日，在第一季最后一期即将播出之时，《北京晚报》报道称：《朗读者》播出三个月以来，在豆瓣网评分最高达 9.5 分，连续六周位列豆瓣综艺版块推荐位第一，截至 5 月 1 日，《朗读者》节目相关视频全网播放量超过 7.45 亿次。作为一档以声音和文字为主要内容的文化节目，《朗读者》在音频端的表现尤为突出，在"喜马拉雅 FM" APP 上位列经典必听总榜和最多订阅经典榜的第一位，音频收听达 3.3 亿次。节目广受欢迎还只是最基本的外在表现，在引发朗读热潮的同时，《朗读者》以声载道、以文传情的核心思想更是获得了高度肯定。作为衡量事件现象级程度的重要指标，《朗读者》在微信公众号上阅读量达 10 万 + 的"爆文"累计达 225 篇，这在"现象级"综艺节目中实属罕见。[2]

于是，笔者梳理了一下该节目的主题，从第一期的《遇见》开始，陆续出现的是《陪伴》《选择》《礼物》《第一次》《眼泪》《告别》《勇气》《家》《味道》《那一天》《青春》，全部都是关于人生的主题，都是关于人生境遇、生活体验和情感呈现，每期节目都有让人感动的人和人生故事。由此可见，《朗读者》完全可以作为一个人生论美学研究的样本，从而具有了一种典型意义，那么，我们探究的学术问题就应该是：为何《朗读者》如此让人着迷？它的内容呈现了怎样的人生论美学精神？它的核心价值和根本意义对于中华美学精神的建构何在？《朗读者》的广泛传播和价值建构能否产生更有影响力的中国文化传播的国际影响和全球价值？

三 理论框架：人生论美学研究数据与分析视角

(一) 基于中国知网数据的人生论美学学术概览

首先，对中国知网数据库进行跨库检索发现，全文当中论及"人生论美学"的文献，总计有294篇，其中期刊177篇，博士学位论文63篇，硕士学位论文26篇，报纸16篇，国内会议6篇（数据统计截至2017年5月）。1991年开始出现了两篇论文涉及"人生论美学"，均为皮朝纲所作，一篇关于禅学思想，[3]一篇是论"味"，[4]探讨的虽是中国古代美学，但已涉及人生论美学的命题与旨趣。第一篇在论文标题当中出现"人生论美学"的文献是1999发表的郑元者的《蒋孔阳人生论美学思想述评》，[5]该文对蒋先生的审美人生观的重要内涵进行集中论述。在学术史发展历程观察中，可以看出2004年、2008年以及2013—2016年是一个相对较高的发表期，其中金雅的多篇论文基于梁启超思想研究而开创了"人生论美学"的新视野和新天地。"人生论美学"的学术研究旨趣及其成果产出，近年来处于渐进式的增长过程当中。

294篇"人生论美学"文献中出现次数最多的关键词是"美学""实践美学""新实践美学""审美人类学""审美教育""趣味""实践""后实践美学""现代性""审美超越"等术语，而学术人物出现最多的是"梁启超""蒋孔阳""王国维""孟子""朱光潜""李泽厚""席勒"等。

笔者从294篇文献中又剔除了若干不大相关的文献，按照相关性排序确定前200篇论文，可以看出"人生论美学"在中国美学、中国传统美学、中国当代美学、中国现代美学的体系框架下，接近美学思想、美学意义、人生实践、审美化等核心概念。理论上较近的主要吸纳美学观、西方美学、马克思主义美学、德国古典美学、美学史、文艺理论等方面的理论资源；稍远的吸纳美育思想、美育理论、生命美学、审美人类学乃至人类学研究、儒家思想、人生论；再略远一点涉及政治美学、创造论美学、生态美学、后实践美学等，由此形成了非常丰富的学术研究空间与知识景观。其中，发表数量最多的学者主要有金雅、张玉能，二人都在 16 篇以上，还有若干学者发表论文也较为集中，如王元骧、吴时红、杜卫、郑元者、刘毅青、莫先武等人。

（二）人生论美学的理论分析视角

人生论美学发端于中国古典美学。当代学者中，蒋孔阳先生以卓越的学术人生展示了对人生论美学的价值内涵的诠释，[6] 他的人生论美学思想也成为后辈学者关注的重要学术资源。国内学者们普遍认同人生论美学的理论基石在中国，同时也吸收了西方文化的精华，正如金雅教授所言："扎根于中国哲学的人生情怀和中华文化的诗性情韵，吸纳了西方现代哲学与文化的情感理论、生命学说等。"[7] 张玉能则认为在发展马克思主义实践唯物论为基础的实践美学过程中，要有新的开掘，而这就是开拓审美人类学，其实就是与人生论美学的统一。[8]

就人生论美学的理论架构，金雅教授进行了系统总结，即其理论自觉奠基于王国维、梁启超等，丰富于朱光潜、宗白华等，构筑了以"境界—意境""趣味—情趣""情调—韵律""无我—化我"等为代表的核心范畴群，以"美术人"说、"大艺术"说、"出入"说、"看戏演戏"说、"生活—人生艺术化"说等为代表的重要命题群,聚焦为"大审美观""美情观"和"审美境界观"。[9]同时,她就"美情观"又发表了洋洋洒洒的专论,并借助康德构建的关于人的心理的知、情、意(即纯粹理性、实践理性、判断力)的三维理论框架,从而将美情放在中国传统文化的思想资源当中发现其核心美学精神,具体而言就是:第一,美与真善贯通;第二,创美与审美统一。并在此基础上发现人生论美学的美情观中的四大美质特征:挚、慧、大、趣。[10]

笔者通过对国内学者的梳理分析发现,他们的这些理论思想与逻辑分析框架完全可以运用到对《朗读者》这一典型样本的研究当中,特别是金雅教授的观点和理论视角可以作为一种思考维度和观照方法,从而能获得澄澈透亮的理性光辉的启迪。

四 案例分析:董卿《朗读者》12 期节目的全样本内容分析

(一)董卿《朗读者》第一季 12 期节目的基本概况

为了研究探讨"为何《朗读者》如此让人着迷?它的内容呈现了怎样的人生论美学精神?"等问题,有必要对《朗读者》第一季12 期节目的概况进行全局性的了解。首先,每期节目从晚上8 点开始播出,9 点半结束,大致时长一个半小时(还有前后广告时间);每期邀请到演播现场朗读的嘉宾大致从五位到十多位,团体朗诵时人数更多,出场嘉宾总计有 100 多位,最年长的有 90 多岁的学者,年龄最小的十几岁的孩子;作家、演员、艺术家、企业家、公益人士、社会精英等成为《朗读者》的常客;12 期总计朗读的篇目合计有 84 项,有的一项内包含不止一个内容;涉及的大主题有 12 个,包括《青春》《味道》《家》《勇气》《告别》《眼泪》……内容涵

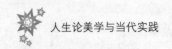

盖古今中外,诗词歌赋、小说、戏剧（京剧）、音乐剧、钢琴等艺术门类都有所展示。

（二）从美情论的视角看《朗读者》的人生论美学价值

借用金雅教授关于美情论[12]的理论,可以对《朗读者》第一季12期节目的内容样本进行一次系统梳理和研究分析。

第一,《朗读者》12期节目中所呈现的美,确实都与真善贯通。

例如,第1期节目（主题为《遇见》）中,第一个出场的现场朗读者濮存昕,他朗读的是老舍先生所写的《宗月大师》,在朗读之前,濮存昕说老舍这篇文章在"淡淡的平静的叙事下对帮助过自己的人有一种感恩的情怀"。董卿问他:"在你的一生当中,没有这个人就没有濮存昕,有这样的人吗?"濮存昕说:"我小的时候,曾经是一个残疾人,有一个荣国威大夫,为我做手术,让我站起来。"濮存昕简要地介绍了他小时候被叫作"濮瘸子"的经历,一直到做完手术后的欣悦心情和真实感受。这种真实的经历是能够打动人心的力量,老舍记述的故事具有一种真实的力量,而这种真实也给濮存昕以深刻的审美体验与心理感受,因此,濮存昕借助他的朗读,要把这种真实之美、真情之美用朗读之美加以呈现。同时,在董卿的温文尔雅、直击心灵的问话之中,濮存昕也坦诚地回顾了一生当中帮助过他的人:"我今天能够成为我自己,帮助我的,还有很多很多人,我父亲、那个给我盖戳的医生、蓝天野、林兆华等。"

从这种真实的叙述和回顾之中,董卿又非常自然地将他们的对话上升到一种善的境界,即能够将这种帮助传递下去;那一刻,在电视屏幕上,也随之出现了濮存昕参加公益事业的画面。董卿进而非常恰切地总结为两句话:"记住那些帮助过你的人,不要以为一切都是理

大家好 我是濮存昕

所应当；而在你有能力的时候，也记住尽可能地去帮助别人，不要以为事不关己。这是做人的一个道理。"进行到此时，节目又呈现出一种深刻的人性良善之美、人情互助之美。这种美的底色，就是中华民族做人道理的根本精神。在濮存昕要朗读之前，电视画面又切入中国作家协会副主席李敬泽先生对宗月大师身世掌故的简要评析，他说："刘寿棉先生（宗月大师）可以说是那个最初点燃了老舍先生心中那盏善的灯火的那个人。"笔者在看到这期节目的时候，也得到了一种美的艺术享受和精神洗礼，整个节目具有强烈的美的张力，其中美的呈现与张扬事实上构成了一种层层嵌套式的互文关系，在套叠无数的审美者和审美对象之间，中华之美情可谓一己贯通，美、真、善融为一体。

在《朗读者》的 12 期节目当中，具有如此真实之美的内容比比皆是。例如，第 1 期当中还有许渊冲谈自己年轻时的经历、第 3 期（主题为《选择》）当中麦家朗读一封给儿子的信，并分享自己与孩子的矛盾、自己与父亲冲突的经历，真实可信，直击人心，具有一种

那盏善的灯火的那个人

震撼力量。第6期（主题为《眼泪》）中，斯琴高娃深情诵读贾平凹的《写给母亲》，抑扬顿挫的语调中字字情真意切，让人不禁潸然，涕泪沾襟。

与此类真实有所区别的是另外一种真实，例如在第7期（主题为《告别》）的节目中，第一位出场的现场朗读者是姚晨，她朗读的是鲁迅先生的作品《阿长与〈山海经〉》，她要献给"我们生命中萍水相逢的人们！"这期节目是生活中最为普通且真实的一种常态，姚晨回顾了她漂泊北京最初岁月中遇到的那个"胖姑娘"和她的老板，还有她的保姆魏姐，她所读的文章也是鲁迅记述的保姆阿长。中国人民大学文学院院长孙郁在电视节目中介绍说："1926年，鲁迅在打捞自己记忆的时候，还原了一个长妈妈的形象，尤其是那本《山海经》，它的野性思维和那种奇异的想象，给鲁迅带来了巨大的启示，这本书的审美风格，成为他后来艺术创作的一个重要底色。"笔者认为这种普通人的真实所带来的审美体验，有的时候尽管不都是一种如家人般的亲切与熟悉，甚至是平庸、质朴，抑或突兀乃至奇异，但惟其真实，方显其美，甚而有些难能可贵，亿万普通人在人类记忆的长河当中留下其岁月之痕，而这也就是一种常态之美、常情之美，也包孕了常人之善、常伦之善。董卿在和姚晨对话当中总结为："当我们有一天回忆过往遇到的这些萍水相逢的人，如果我们想起来的是一份更多的单纯、友好和善良，那是我们的幸运。当然，冥冥当中这一切也在启示我们，告诉我们自己应该去做些什么。"这是符合中国传统人伦的基本思维。

综合以上所述，《朗读者》所呈现的无论是亲人之真情，还是常人之常情，其实皆为美情。它们之所以打动我们，关键在于这是一种真实的力量，它们无非是描画了人类生活之中最纯美朴素的亲情、人类日常交往当中的人情，无一不展示着人性之善及美与真善的融合统一，这也就具有了一种能够勾连世界、传播到全球的价值和审美意趣。[13]

第二，《朗读者》12期节目中所呈现的创美与审美具有高度的统一。

《朗读者》的创美与审美具有高度的统一，这几乎是一个不需更多论证的明显事实。从其内容所构成的系统结构的角度看，《朗读者》的创美与审美过程，其实是一个非常严密科学且能够交互通畅的圈层结构，这种结构既复杂多样，又简洁明了，正如人们所见到的演播大厅的现场。

不妨让我们先看看整个节目现场的空间结构及其构成要素。首先，整个节目是在一个非常宽阔高大的大型空间内展开，有两层的结构，类似大剧场，正中央是一个圆形的演播区域，是主持人和嘉宾面向观众对话交流的平台，观众席环绕四周（笔者将《朗读者》圆形大剧场概括为"众星拱月"空间结构模式），这是一个基本的观剧的空间，同时也是一个朗读者进行朗读表达的艺术创美空间，主持人也是对创美和审美进行主导掌控和价值引导的关键人物，从某种意义上就是整个节目的中心和灵魂，她将节目的主题加以呈现归纳，进行艺术节目的介绍，同时，也在后台与嘉宾进行对话访谈，将要表达的朗读主题和嘉宾故事加以勾画和精彩导引，然后，和嘉宾一起走出访谈室而步入前台，最后，主持人进入观众席，等到嘉宾朗读结束，又走上演播台，把整个表演推向前进。

朗读嘉宾是节目最为主要的艺术创作者，他们或朗读自己的作品或选择作品进行朗读，并且将个人的故事和体验，在访谈中加以呈现，或在朗读中蕴含于内，还有伴随的音乐、背景画面和书籍翻页的动画提示等，这些一起构成了整个艺术表达的内容。因此，从节目的内容结构和传播呈现方式及观众接受形式看，《朗读者》节目的现场就是一个创美与审美融合的空间建构，就是一个创美与审美交相互动的时间过程。

除这个圆形剧场空间之外，还有一个拓展到更大地域范围内的朗读亭，这是吸引观众参与的形态，自然也就是一种大众传播形态的创美与审美融合机制，这个朗读亭如同天上的"繁星"辉映着圆形剧场所呈现的一轮艺术的圆月，使得《朗读者》所创造的艺术境界变得非常宏大、丰满并具有星光闪耀的艺术光芒。因此，笔者认为，这种"众星拱月"的系统结构模式，不仅仅体现在圆形主剧场与众多朗读亭之间，也体现在剧场内的主持人与嘉宾的关系之间、朗读者与观众的关系之间。在这些关系之间有廊道相通，有开阔的空间加以融通，可读、可观、可行、可赋、可比、可兴，既简洁又富于变化，具有高度的统一，只有美静静地流动在整个空间。在节目开场和尾声，还有钢琴大师演奏或歌手深情独唱的环节，使得整个节目具有高度的综合艺术创造之美，看后真是一种高雅的艺术享受。

（三）对《朗读者》节目挚、慧、大、趣的美质特征分析

对《朗读者》节目所谓美情所体现的美质进行维度分析，运用传播学常用的内容分析法，可以将若干朗读内容进行一些编码分析，可以获得一些有价值的定量结果。限于篇幅，笔者在此仅做较为粗略的研判和解读。

第一，所谓挚。前文已经分析过的具备美情之真实的例子都可以归入挚的范畴。这一类内容是整个《朗读者》美质的主体，几乎每一次朗读都具备这一特质，前文已有所论，此处不再赘述。否则，就不足以动情，不足以悦众，也正如曹文轩在访谈中笑语，"就不会有如此优雅的主持人邀请他参加"。

第二，所谓慧。较为突出的例子或许并不多见。《朗读者》毕竟不是《最强大脑》，但是也有若干"朗读者"显示了智慧或智趣。笔者比较喜欢的还是《味道》主题下的若干例子，大致都要体现一种慧，才能烹制出美味。这里面有烹调的哲学，必然就有智慧。比如在准备 G20 峰会的菜品时，作为 G20 杭州峰会餐饮文化组组长的

胡忠英说了"三个70秒"和必须要注意85℃的温度要诀,他说:"70秒把36盘菜装好,70秒18个跑菜生把菜送到,70秒放到手上。保温箱里都是85℃,盘子里也是85℃,每个细节都考虑到,在国宴上没有差不多的说法。"他还讲述了他与师父的关系"又是师父,又是朋友(稍微停顿一下),又是岳父。"于是,大家都笑了。他还讲了他如何给女儿烧番茄炒蛋。味道,味就是酸甜苦辣,而道就是方法,要兼收并蓄博采众长。他朗读了古龙的散文《吃胆与口福》,就是要献给已故的师父兼岳父童水林。他读得非常有气势和力道,自然也颇有味道,留给人深刻的印象。这个片段,据笔者看来自然也是美情之智的绝佳体现。

第三,所谓大。《朗读者》中具备大境界、大情怀、大美之至的情况并不鲜见,例如在第1期(主题为《遇见》)的节目之中,对于许渊冲的访谈就有一种大的境界与情怀,他的学生和学者们合作朗诵的《诗经·小雅·采薇》、莎士比亚作品《如愿 人生七阶》、罗曼·罗兰的《约翰·克利斯朵夫》和毛泽东的《沁园春·雪》,总体

上呈现了中西方文化交流的大视野和大境界,从而具有一种美学上的大写意大手笔的美质特征。在第 4 期(主题为《礼物》)的节目中,单霁翔朗读《故宫 100》中的《至大无外》篇,也具有一种故宫文化所呈现的博大壮阔的美学特质,皇家庭院的层层相依、至大无外的景象,在其朗读的文章中也体现为中国的文化密码。

　　第四,所谓趣。前文所述蕴含了许多有趣的内容,趣味流淌在朗读的过程当中,例如,第 1 期柳传志朗读《写给儿子的信》,可以感受到他的风趣和爱,他敢于调侃自我;而类似的郑渊洁《父与子》当中也有丰富的童趣,他的文学品位是充满趣味的;麦家《给儿子的信》中也有一种趣味,那种趣味藏在不言之中。王蒙先生在接受董卿访谈关于告别的话题时,提到他搬到新疆后来了一对燕子,这个段落里面充满了趣味和欣悦之情,没有告别之苦,反而是生活之趣。这是王蒙先生所带来的某种美学特质,董卿倾听和交流的过程当中,不时微笑点头或开怀而笑,"我就听着分享它们(燕子)的快乐"。难道不是充满生命的乐趣吗?

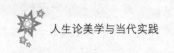

（四）《朗读者》仪式建构式的美情传播与价值引领

《朗读者》在"众星拱月"空间结构模式之下所进行的仪式建构与价值引领，是所谓中华精神气韵的美情在当今世界的传播影响。

首先，圆形大剧场之内，这就是一种典型的仪式传播形态。主持人是仪式的引导者和掌控者，董卿的开场导语和选题措辞都非常具有仪式感。节目在引导嘉宾出场的时候，也非常隆重，甚至嘉宾出来的时候，那两扇大门都是自动开启的，虽然那是实习生躲在门口推开的，但足以说明制作方对这种仪式感是精心打造的和用心维护的[14]，加上非常精致的舞美和声音效果、视觉效果的设计，整个节目就是在举行一场中国文化的仪式，通过电视直播的形态，在全国上下、全网上下、全球范围进行传播，这是当代中华文化的盛宴，通过央视这一国家级的传播平台进行传播，其中的内容都具有典型的中国文化烙印，足以代表国家的文化风貌和精神品质。著名的当代作家上场了，表演艺术家上场了，他们的参与使得这个圆形剧场的仪式感和代表性、象征意义和国家认同感更为浓烈，这里呈现了爱国主义的情怀，具备了传播正能量的积极价值。更为重要的是，这些仪式传播是洋溢着高雅艺术的中华美情。

其次，在大剧场之外，还有更为广阔的传播空间，互联网上的视频播出、社交媒体上的分享讨论，以及各种报纸、电台、杂志对《朗读者》相关内容的再次报道传播及话题的讨论，都无疑使得这一节目以爆发式的形态迅速引起关注，人们在朗读亭前排起了长队，在雨中耐心等待，只是为了读一篇简短的文字，这里面蕴含着巨大的传播热情。

再次，这种美情的传播，深藏着非常重要的价值引领的机制和作用。这种引领，体现在以下几方面：第一，至少设置了新的社会议题和审美对象，一些内容因传播而变得亲切，受众愿意接近；第二，全面呈现了一种人生论美学的审美趣味和示范标杆，在央视的平台之上，大家都心向往之，以此为荣耀，以此为自豪，以此为高洁；第三，在一个平台上集中呈现了中国的文化魅力和精神境界，从而具有一种跨文化全球传播的价值，我们在《朗读者》当中读出中国、读出世界。

五　结语："那我们来朗读吧！"彰显《朗读者》的样本意义

综合上述研究，本文事实上是基于对人生论美学知识的考察分析，发现"人生论美学"的学术研究旨趣及其成果产出处于渐进式的增长当中，对于国内学者的梳理分析得到一种澄澈透亮的理性光辉的启迪。本文在此基础上主要借助金雅教授的理论框架，对董卿《朗读者》第一季12期节目样本进行了系统分析和梳理研究，从美情论的理论视角探索《朗读者》人生论美学的价值，最终发现：第一，它所呈现的美确实都与真善贯通；第二，其创美与审美高度统一。此外，本文还对《朗读者》节目的挚、慧、大、趣四大美质特征进行了研究分析，挚、趣为多，慧、大略少，四者融于一体。《朗读者》的仪式建构采用"众星拱月"的空间结构模式，从而使得其传播具有焦点，同时，又能产生爆发式的广泛传播。最后，在其传播当中，蕴含着非常清晰有力的价值引领，因而具有面向全球提升当代中华文化之美情的样本意义和典范风度。"那我们来朗读吧！"央视开启的这扇朗读的大门，不仅能引领我们观照更为丰富的中国人的人生况味和中国人的日常生活美学，同时，也开启了中国优秀文化和精致的人生论美学对全球的美情传播与价值引领。

本文的不足之处是研究的时间较短，对内容未做更为精细的统计分析和深入辨析，对其不足和未来的发展没有进行细致讨论，这些都要留待以后加以探讨。

注释：

［1］《朗读者》在其官方网站的简要说明，央视网：http：//tv. cctv. com/lm/ldz/。

［2］《朗读者》最后一期"致青春"，《北京晚报》2017年第11期。

［3］皮朝纲：《圆悟克勤的禅学思想及其对中国美学的启示》，《四川师范大学学报》（社会科学版）1991年第5期。

［4］皮朝纲：《论"味"——中国古代饮食文化与中国古代美学的本质特征》，《西南民族学院学报》（哲学社会科学版）1991年第1期。

［5］郑元者：《蒋孔阳人生论美学思想述评》，《复旦学报》（社会科学版）1999年第4期。

［6］郑元者：《蒋孔阳：一位本身就是美学的美学家》，《社会科学报》2004年第1期。

［7］金雅：《人生论美学传统与中国美学的学理创新》，《社会科学战线》2015年第2期。

［8］张玉能：《审美人类学与人生论美学的统一》，《东方丛刊》2001年第17期。

［9］金雅：《人生论美学传统与中国美学的学理创新》，《社会科学战线》2015年第2期。

［10］金雅：《论美情》，《社会科学战线》2016年第12期。

［11］金雅：《论美情》，《社会科学战线》2016年第2期。

［12］这一点可以从曹文轩先生的朗读和访谈中加以解读。在第

7期（主题为《告别》）的节目中，董卿请到了著名的儿童文学作家曹文轩先生，曹文轩在他的作品《草房子》当中表现了中国儿童的人性之美和人情之美，曹文轩获得国际儿童读物联盟（IBBY）2016年度"国际安徒生奖"。他的作品产生了重要的国际影响力。

[13]《董卿请杭帮菜掌门人胡忠英去朗读　快报记者跟着进了录影棚》，《都市快报》2017年3月26日第5版。

从心所欲不逾矩

——人生艺术化与书法之境界

莫小不[*]

摘　要："从心所欲不逾矩"是孔子名言，已被人们从多视角、多途径做过积极地发掘。中国书法重视法度，既要在尚美中主动用心修炼，规范自己，求得技法精熟，又要能最终忘法而进入自由的创作状态，或变法创新，追求书法的最高境界；此外，中国现代美学倡导人生艺术化，要在艺术-审美境界中挣脱现实的功利的束缚而追求精神的自由和超越，使生活理想化、美化，达到优美高尚的人生境界。书法人在将书艺修炼和人生艺术化相统一的追求中，可达到技进乎道、人书俱美的最高境界。

关键词：从心所欲不逾矩；书法；人生艺术化；境界

中国传统学术、传统文化一直倾心人生观问题，富有浓重的人文关怀意蕴。中国现代美学更在融合中西的基础上，关注人生精神，提

---

* 作者单位：杭州师范大学美术学院；浙江理工大学中国美学与艺术理论研究中心。

出"人生艺术化"这一命题。它主张审美、艺术、人生相统一的大艺术精神与理想，倡导"远功利而入世的中国式艺术超越精神"，突出了民族文化的诗性传统。另外，中国传统艺术也特别看重人生、人品、人格。中国书法领域，很早就提出"书为心画""字如其人"等观点。但今日的人们却又对此有着许多困惑。

孔子有"从心所欲不逾矩"一说，已被人们从多视角、多途径做过积极地发掘。在人生论美学研究中，它被看作中华美学传统中有着诗性情怀的一种人生精神追求。在书法艺术领域，过去人们已将"从心所欲不逾矩"视为创作的极高境界，但仅就书法而论，并未将其同人生、人品、人格联系起来。本文借鉴传统书论和人生论美学的研究成果，将"从心所欲不逾矩"理念进一步用于学书进阶和书法最高境界之研究，并针对当代书法界出现的困惑，作一些思考，提出自己的粗浅看法。

一 关于"从心所欲不逾矩"

《论语·为政》："子曰：'吾十有五而志于学，三十而立，四十而不惑，五十而知天命，六十而耳顺，七十而从心所欲不逾矩。'"[1]在此，孔子自述了其修身之路。随着年龄的增长，认识与觉悟逐渐提高：十五岁至四十岁是学习领悟的阶段，为修境；五十至六十岁是安心立命、不受环境左右的阶段，乃悟境；七十岁之后是主体欲求与生存规则融为一体的阶段，达证境。今人对"从"的释义尚存争议，当作"纵"（放纵）还是"从"（随从、顺从）意来讲？对"矩"，也有不同的认识，或以为"矩"不仅仅是"法"，而应上升到"礼"的高度。

当代对"从心所欲不逾矩"的解读，胡江霞从哲学和价值的维度出发，视其为"一种人类追寻的价值规范与实践共识"。认为"以'从心所欲不逾矩'定义和规范人类的多种价值需求与价值实践，不仅可以超越不同文化背景下人类价值观念与价值行为的纷争，而且可以让每一个个体都能在这种规范中找到自我价值实践的内在尺度"[2]。

王琼在《从心所欲，不踰矩——中国知识分子的生存困境和人格选择》一文中，通过对"从心所欲，不踰矩"内涵的反思，考察了中国历代在儒家文化影响下的知识分子，在理想和现实发生冲突的时候，能够反求于内心，在积极地融入社会生活的同时，保持自身自由思考的独立性这样一种精神层面上的追求。[3]这是一种独特的思路。她认为这里的"矩"不是现实社会的法度，而是知识分子内心的原则；"从心所欲"，即最终能够享受思考的自由，在思想的世界里不受拘束。

自由思想、自由观，是人生（生存状态）探讨中的关键词。李宏勇认为："孔子的'自由'思想是孔子在主体意识觉醒基础上，通过不断'学''习''行''思'等活动，达到'为仁由己'乃至'从心所欲不逾矩'之境界。孔子并没有把'自由'预设为人生追求的目标，'自由'是他的一种生活方式，'自由'对孔子而言，是一个不断生成的过程。"[4]孔子在不断学习道德规范，逐渐加深对它们的认同度的过程中，其自由体验之层次也自然得以提高。

刘鹤丹认为，孔子"从心所欲，不逾矩"之"真谛是'从心之仁，不逾礼'，即自觉于规矩，这是真正的自由。孔子主张克己复礼，但绝不是牺牲内心去迎合不合理的社会规矩。孔子'从心所欲'所意味的自由，非随心所欲，而是自觉自愿行礼为仁、立德顺天，在此过程中'从心所欲，不逾矩'，真正地达到了礼与仁的合一，达到人与天的合一；在这种天人合一中，人实现真正的自由，即无论人做什么，都符合天地的根本原则——德"[5]。文章分析了"矩""常""礼""道""经"的关系，指出孔子不违背的不是泛泛的规矩，更不是不合理的社会规矩，而是"礼"。

二 人生艺术—审美境界之追求

"从心所欲不逾矩"，虽然在上述解读中也多与人生问题相关，但它更可以从一种富于精神追求的人生境界来理解。

宗白华主张建设"艺术的人生观。"他倡导要有艺术的人生态度，说："这就是积极地把我们人生的生活，当作一个高尚优美的艺术品似的创造，使他理想化，美化。""我们人生的目的是一个优美高尚的艺术品似的人生。"[6]朱光潜直接提出了"人生艺术化"的口号，他说："人生本来就是一种较为广义的艺术。每个人的生命史就是他自己的作品。"又说："在艺术范围之内，艺术家是最严肃不过的。""我们主张人生的艺术化，就是主张对于人生的严肃主义。""'无所为而为的玩索'是唯一的自由活动，所以成为最上的理想"[7]在他看来，艺术的人生是既严肃又自由的。

金雅、聂振斌比较深入、系统地关注和研究中国现代美学中的人生论美学，他们认为中国现代美学除了试图解决美学的学科与理论问题，更是"直面现实中人的生存及其意义问题"的。在《中国现代美学的精神传统》一文中，他们指出："从这些代表人物（梁启超、王国维、蔡元培、宗白华、朱光潜、丰子恺及鲁迅、邓以蛰、吕澂、方东美等重要的文艺家、美学家）来看，中国现代美学最为显著的标识是：它是关注现实、关怀生存的人生美学。"在论中华美学传统时，文章提及"孔子的'从心所欲，不逾矩'、庄子的'物我两忘'而

'道通为一'、禅宗的'佛是自性作，莫向身外求'等都是这种精神追求的体现。"什么精神呢？就是以内在的诗性情怀作为重要方面所构成的人生精神。它在"艺术—审美境界中挣脱现实物质的功利的束缚而追求精神的自由和超越"[8]。古人的这些说法，虽未提"人生艺术化"，却朦胧地蕴含着审美人生的理想。

对于什么是人生论美学，金雅提出"就是将审美与人生相统一，以美的情韵与精神来体味创化人生的境界。也就是在具体的生命活动与人生实践之中，追求、实现、享受生命与人生之美化。因此，人生论美学不仅仅是一种理论上的建构，它也必然是一种价值上的信仰和实践中的践履。它要解决的不仅是审美的学理问题，也是人生的状态与意义问题，追求的是生命的诗化和向美攀升"[9]。

白雪认为："'从心所欲而不逾矩'，即心无规范而自合于规范的状态。这是人生的最高境界，是人生的化境，这是孔子一生的所求，也是人类一生的所求。"[10]这里所说的人生化境，与艺术创作中不拘成法，心手两忘，无意于佳而佳的境界，是很相近的。

三 中国书法之欲求、规矩与境界

对中国书法修炼之进阶，自不同角度出发可得出四方面的观点。一是从不同字体的学习顺序而言，如王羲之曰："夫书先须引八分、章草入隶字中，发人意气，若直取俗字，则不能先发。"[11]赵构曰："士于书法必先学正书者，以八法皆备，不相附丽。至侧字亦可正读，不渝本体，盖隶之余风。若楷法既到，则肆笔行草，自然于二法臻极，焕手妙体，了无阙轶。"[12]梁巘曰："学书宜少年时将楷书写定。"又曰："学书须临唐碑，到极劲健时，然后归到晋人，则神韵中自俱骨气，否则一派圆软，便写成软弱字矣。"[13]历代书家多主张从篆隶入手，或从正楷入手；二是从练字的大小出发，卫铄曰："初学先大书，不得从小。"[14]蒋和曰："初学先宜大书，勿遽作小楷，从小楷入手者，以后作书皆无骨力，盖小楷之妙，笔笔要有意有力，一时岂能遽到，故宜先从径寸以外之字尽力送之，使笔笔皆有准绳，乃可以次收小。"[15]先大后小是为了训练笔力，成为共识，也即是规矩；三是从学书的具体过程分析，如康有为曰："学书有序，必先能执笔，固也。至于作书，先从结构入，画平竖直，先求体方，次讲相背、往来、伸缩之势。字妥帖矣，次讲分行、布白之章……通其疏密、远近之故。求之书法，得各家秘藏验方，知提顿、方圆之用。浸淫久之，习作熟之，骨血气肉精神皆备，然后成体。体既成，然后可言意态也。"[16]四是从整个的修炼功夫看，如倪苏门之三段论，曰："凡欲学书之人，功夫分作三段，初段要专一，次段要广大，三段要脱化，每段要三五年火候方足。……"[17]不遵循这样的次序，往往不能成就书艺。

书法讲书内功夫和书外功夫。书内功夫，围绕着规矩，可分为两个大的层面。一是习得法度的阶段，二是活用法度的阶段。

（一）循规蹈矩，始能入得法门

书法，是书写之"法"。《尔雅·释诂》曰："柯、宪、刑、范、辟、律、矩、则，法也。""法"的含义之一即"矩"。

初学书法，是学方法、技法，渐知法则、法度。包括身姿法、执笔法、运腕法、用笔法（发笔法、中段法、收笔法、提按法、转换法等）、字法（五体字构形）、基本笔画法（永字八法）、结构法、章法、各体技法、文房四宝选用和保存法、临摹法、创作法、鉴赏法等。圆笔方字，无规矩不成方圆。不仅学习是为了掌握法度，就是学

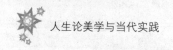

习本身，也是须按规矩来的。

学习书法为从规矩入，此时，尚法、求法、学法、习法，获得技能技巧。

王羲之被奉为书圣，其书法，唐太宗李世民称"尽善尽美"。但书圣是一步一个脚印自点画入，由生而熟的。他在《笔势论十二章·创临章第一》中曰："始书之时，不可尽其形势，一遍正手脚，二遍少得形势，三遍微微似本，四遍加其遒润，五遍兼加抽拔。如其生涩，不可便休，两行三行，创临唯须滑健，不得计其遍数也。"[18]上来就正手脚，即先合于规矩。若因技法生疏而不合规矩，就得不厌其烦、屡败屡战，直至成功。主张反复临摹、创作。孙过庭亦曰："心不厌精，手不忘熟。若运用尽于精熟，规矩谙于胸襟，自然容与徘徊，意先笔后，潇洒流落，翰逸神飞。"[19]

赵宧光曰："书法每云：学书先学篆隶，而后真草。又云：作字须略知篆势，能使落笔不庸。是故文字从轨矩准绳中来，不期古而古；不从此来，不期俗而俗。书法所称蜂腰鹤膝、头重末轻、左低右昂、中高两下者，皆俗态也，一皆篆法所不容。由篆造真，此态自远。"[20]我们知道，中国书法趋雅避俗，而雅又以古雅为上。第一步走好，之后的路才不会走岔，才能走得更远。一旦逾矩，便入俗态。

书法学习通过临摹来习得规矩，强调师古人，取法经典，继承传统。《尔雅·释诂》曰："典、彝、法、则、刑、范、矩、庸、恒、律、戛、职、秩，常也。"[21]可见"矩"还有"常"之意。传统，包括了恒常不变之理、之道。赵孟頫曰："盖结字因时相传，用笔千古不易。"书法便是将"用笔"作为要"矩"之一。相传钟繇曾因求笔法不得而捶胸吐血，为获取笔法而遣人盗墓，即是对成法苦苦渴求的一例。

临摹实际上就是减损任笔为体的"自由"，这是一个在技法和审美上先去掉自我也即"无我"，是一个自"无法"到"有法"的过程。人通过书法认识与实践，走向必然王国。多一分规矩，书迹就漂亮一分，这让人愉悦。所以初学书法时绝无离法、弃法、破法等逾矩之想，实在是难以得法，唯恐不得法。得法给学习者以成就感，让人快乐、兴奋。

这一阶段，无论是知识储备还是技法内化，学书者只能一点一点逐步进入规矩，步入法门。虽说美的艺术总是吸引人去模仿，但学习者在没有得到完备的规矩时；或虽得规矩却尚未达到心、手皆烂熟的程度，而放弃临摹，信手"创作"；或急于出帖，自成一体，便也很可能逾越规矩、法度。项穆称"自用为家者，庸僻之俗吏；任笔骤驰者，轻率而逾律"，即是这类弊病。因此，天赋不高，缺乏眼力、耐心却又自负、任性者，往往功亏一篑。

法、规矩是多少代书法人尚美探索的结晶，是书写获得美的迹化成果的法器。欲求与规矩统一，让学书这一实践过程饱含审美乐趣。

（二）心空笔脱，无意于佳而佳

书法法度，有总的根本法则和局部灵活多变的方法。从"专一"到"广大"，即专攻一家，认定一体，崇拜大书家，喜爱其书作，心无旁骛地学习钻研，在深入学一种方法的过程中，也将总法则领悟且忠实于它。奠定扎实的基础后，须得拓宽眼界，追根溯源，遍临百家，师法舍短，才能于精熟上再登圆熟之境界。故赵宧光言："不专攻一家，不能入作者阃奥；不泛滥诸帖，不能辨自己妍媸。"[22]其实在专一之前，当先有个博涉反约的前奏。梁𪩘云："学书宜先工楷，次作行草。学书如穷经，宜先博涉，然后反约。初宗一家，精深有

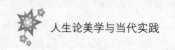

得，继采诸美，变动弗拘，乃为不掩性情，自辟门径。"[23] 先工楷次行草是字体学习的顺序，对书体却是要在多家中选学适合自己性情的一种。

没有花大量的时间、精力，既不能理解知识记忆，也不能内化动作记忆，即未达到精熟的境界。精熟自不容易，精熟之后，又有三个层面的发展。

一是守矩。光是在技法上下工夫，就是一个漫长的过程。项穆云："初学之士，先立大体，横直安置，对待布白，务求其均齐方正矣。然后定其筋骨，向背往还，开合连络，务求雄健贯通也。次又尊其威仪，疾徐进退，俯仰屈伸，务求端庄温雅也。然后审其神情，战蹙单叠，回带翻藏，机轴圆融，风度洒落，或字余而势尽，或笔断而意连，平顺而凛锋芒，健劲而融圭角，引申而触类，书之能事毕矣。然计其始终，非四十载不能成也。所以逸少之书，五十有二而称妙；宣尼之学，七十之后而从心。古今以来，莫非晚进。"[24] 既已得法，守矩用法是必要的一个环节。

但死守规矩，却是很要不得的。因为尚法，便刻意地循规蹈矩，不越雷池一步，误将一体一家甚至一帖看作书法的最高境界以至全部，将其具体方法当作书法总法则来守护和运用，便到不了更高的艺术境界。或一法精熟便看不起其余各体各家，更看不起继承他法之书家书作，老子天下第一；或认为精力有限，或懒于再花气力，不在艺术上拓展。于是小心翼翼，死守规矩，以不变应万变。这个层面上，书者内心就是要同所师书家书作酷似，也可以说是"从心所欲不逾矩"了，但其眼界不广，心志太低。技法虽高，但无自己的创造，再高也不过是如法炮制。近似工匠而被讥为匠人、匠气。因为守法不变，被讥为"泥古不化"之"奴书"。事实上，因为想要酷似名作，但一味模仿，在书写时多念及技法规范，其落笔、行笔中自然流畅的程度无法与大书家既有娴熟的技法，又在特定场合中饱含特有的真实情感（未必即是今日所谓"创作激情"）而即兴发挥相比，所以这个层面上的作品也是达不到书法最高境界的。

二是忘矩，即精熟、圆熟之矩已在心手之中，在书写时不刻意守矩，心无牵挂。从心而论，创作时"矩"已进入潜意识状态，种种法度信息不再被提取；从手而言，"矩"已成熟能生巧之惯性，信手而书，信笔而游，看似无法，巧拙相生而总法则恰在其中，小动作多有变异、突围。此时，心之所欲为何？写一篇文字，将心头之情感抒发、表达出来。不在乎字迹如何，不论是美是丑，是雅是俗，是工致是粗率。不想写好看，却无意中写到了无上妙境，从心所欲却又无求无欲，这才是书法之最高境界。

苏轼崇尚天真烂漫，说"书初无意于佳乃佳尔"[25]；米芾针对用笔，说作字须"锋势备至，都无刻意做作乃佳"[26]。都主张佳作是可遇不可求的，要在自然挥洒中遇上神来之笔。

这样的书迹，多为草稿书。王澍看到这一点，说："古人稿书最佳，以其意不在书，天机自动，往往多人神解，如右军兰亭，鲁公三稿，天真烂然，莫可名貌。"[27]

郝经强调高境界必以得法为技能前提，又以忘法为现场状态，说："必精穷天下之理，锻炼天下之笔，纷拂天下之变，客气妄虑，扑灭消弛，澹然无欲，翛然无为，心手相忘，纵意所如，不知书之为我，我之为书，悠然而化，然后技入于道。凡有所书，神妙不测，尽为自然造化，不复有笔墨，神在意存而已。则自高古闲暇，恣睢徜徉……"[28]忘了规矩，然后能纵意，能得自然造化之妙。

周星莲从作书的境况出发，分析了纸笔精良与否、人的状态闲适与否对创作之工拙的影响，以及必要时的人为创设之法，说："废纸败笔，随意挥洒，往往得心应手。一遇精纸佳笔，整襟危坐，公然作书，反不免思遏手蒙。所以然者，一则破空横行，孤行己意，不期工而自工也；一则刻意求工，局于成见，不期拙而自拙也。又若高会酬酢，对客挥毫，与闲窗自怡，兴到笔随，其乖合亦复迥别。欲除此弊，固在平时用功多写，或于临时酬应，多尽数纸，则腕愈熟，神愈闲，心空笔脱，指与物化矣。"[29]此处所谓心空，即心不知手，手不知心，心手相忘。而平时用功多写、多尽数纸、腕熟，正是笔韵超脱又不逾矩的保障。

刘小晴称："书法艺术的最高境界就是'心手相忘'的圆熟境界，也是一种从心所欲不逾矩的'自由王国'境界。"[30]当人熟谙法度并内化为一种下意识、动作意识后，从心所欲就可能于忘法的状态中我行我素而合于规矩之中。有人将书法比作"戴着镣铐跳舞"，果然如此，非得要戴着镣铐而不自知觉，方妙！

三是变法不逾矩，即不拘成法，自出新意。艺术贵在创造，创作一件作品是创造，在技法、风格上创新，独辟蹊径，是更难更大也更有价值的创造。突破规矩，我有我法。

如上所述，一般认为古人往往在忘矩的天然状态下写出最高境界的旷世佳作。但书法是一种徒手线条即兴表现的视觉图像，不同是绝对的，相同相似是相对的。自古书作的差异性便被认识和研究，也很早就有了书法风格的品鉴。在人们真正将书法视作艺术时，这种风格差异和优化就被作为一种主动追求受到重视。《周易·系辞下》云："穷则变，变则通，通则久。"一种风格，追求精美到了极点，就必须变化、发展。刘熙载云："东坡论吴道子画'出新意于法度之中，寄妙理于豪放之外。'推之于书，但尚法度与豪放，而无新意与妙理，末矣。"[31]虽然创变仍须守法，但新意比尚法度更为要紧。

书法须有法，但又讲"法无定法""非法，非非法"。执于法而不能自拔，可能成为书法发展、创造的桎梏。释亚栖分析道："凡书通则变。王变白云体，欧变右军体，柳变欧阳体，永禅师、褚遂良、颜真卿、李邕、虞世南等，并得书中法，后皆变其自体，以传后世，俱得垂名。若执法不变，纵能入石三分，亦被号为书奴，终非自立之体。是书家之大要。"[32]

书法要变法，又必合两条原则。一是要先熟规矩、熟技法。蒋和曾解读董其昌的生熟观说："董文敏云：'书须熟后生。'余谓熟字人人能解，所谓生者，熟后又临摹古帖也。熟后生则入化境，脱略行迹，则有一种超妙气象，若未经纯熟，漫拟高超，必蹶矣！"[33]二是可破局部之法而不逾越规律、原理。孙过庭曰："至若数画并施，其形各异；众点齐列，为体互乖。一点成一字之规，一字乃终篇之准。违而不犯，和而不同；留不常迟，遣不恒疾；带燥方润，将浓遂枯；泯规矩于方圆，遁钩绳之曲直；乍显乍晦，若行若藏；穷变态于毫端，合情调于纸上；无间心手，忘怀楷则；自可背羲献而无失，违钟张而尚工。譬夫绛树青琴，殊姿共艳；隋珠和璧，异质同妍。何必刻鹤图龙，竟惭真体；得鱼获兔，犹恡筌蹄。"[34]遵循局部与整体、违与和、留与遣等关系之规律，无规矩钩绳亦能令曲直方圆适度，就可以忘怀楷则，可以不拘泥甚至突破钟繇、张芝和二王之技法。悟得玄机，他法遂能转化、生成我法。崔瑗论草书势云："观其法象，俯仰有仪；方不中矩，圆不中规。抑左扬右，望之若欹。"作为现存最早的书论，描述了草书外在之形非正方正圆的特征，这对之前的铸刻之制、篆隶之法，是一大突破。从其生成之理由看，当是为了书写的快捷和书迹的生动。破字当头、立在其中。不只是书风上的进步，更是

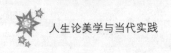

字体上的创造。草有草法，草书方能长存。有人仅将草书看作自由意志的艺术表达，欠妥。

四　技进乎道，人书俱老

所谓"书法人"，未必是专业书法家或职业书法家，而是所有将书法艺术追求视为人生重要目标并有一定的书艺涵养者。对书法人而言，其一生之实践，既重在书法活动，又思考自己全部的生活。从审美人生思路出发，书法人将自己的人生也做成高雅艺术品，才算是超越书法创作而达到更高境界。

"技进乎道"这个问题，最早由庄子提出，他以庖丁解牛为喻，将"养生"分为"技""道"两个阶段。他主张到一定的阶段，须忘却工具、技巧、营营等，"凝神静虑，以一片澄明的心态进入到悟道的境界中"[35]。后来，清代的魏源更直接说"技可进乎道，艺可通乎神"。中国书法，在日本被尊称为书道。卢辅圣认为："不论注重本体论色彩的道家观点，还是注重伦理学色彩的儒家观点，都视'道'为最高层次的列位，对之理解深刻并尊重特甚，作为书艺这一小技，是很难跻身其间的。"又说："技进乎道，是一种以法致道的方式，即通过图式或曰形式技巧的修炼而达到艺术境界；依仁游艺，是一种澄怀味道的方式，即通过趣味或曰审美观照的修炼而切入艺术真谛。"这里，他将道理解为艺术境界，但这个艺术，并未包含人的审美生存之意。他进而分析道："正因为如此，书品与人品的联盟乃至混同，几乎成了剪不断，理还乱的历史郁结。"[36]

审美人生论站在美学的高度，提出："综览人类历史上关注倡导审美与人生之关联的种种思想探索与实践践履，我们大体上可以把它们分为三类。第一类是把美主要理解为形式层面的东西，在人生实践中重视感官的享受。……第二类是把美主要理解为技巧性的东西，在人生实践中注重生存技巧、人际关系等的处理艺术。……第三类是把美主要理解为一种精神与情韵，在人生实践中注重审美人格和生命境界等的建构。"[37]根据这一理论，我们可以清楚地看到，与书法艺术类似，在人生实践中，本也有技巧、关系的处理艺术，也可以澄明的心态去悟道，创化出美丽、崇高的艺术人生境界。自第一类、第二类修炼至第三类，即是人生的由技入道精神升华进程。

重新审视"书如其人"的含义、"书品"与"人品"的关系。非要以一幅书法作品推断书者人品，或反之以人推测书，自然属牵强甚至庸俗之论；将人品简单地等同于政治态度、民族立场等，亦有片面、狭隘、武断之嫌。"书以人重"抑或"人以书重"与书法的社会意义、价值观等相关。人品，当是艺术家道德、素质、品味与人格精神的方方面面。在当代，至少精致的利己主义、沽名钓誉、弄虚作假等，是无缘审美人格和生命境界的。

"人书俱老"是唐代孙过庭的名句，通常解释为"书法艺术臻于老成阶段，那么人也进入了老年时期"，似乎多有感叹。看上下文，孙是论学书进阶，说："初谓未及，中则过之，后乃通会。通会之际，人书俱老。仲尼云：'五十知命，七十从心。'"[38]紧接"人书俱老"便是孔子自况的八字。联系上文分析，可知孙过庭所讲的"老"是品格，是境界。经过漫长的修炼，人至晚年，书品与人品相统一，书艺和人生均进入"从心所欲不逾矩"之最高境界，也都成了"艺术作品"。这也可以说是实现了典型的艺术与人生相统一的非凡人生理想。

在中国，书法与哲学、美学有着天然的联系。有人认为，中国书法能成为中国文化的诗意化哲学表达。宗白华说："中国音乐衰落，而书法却代替它成为一种表达最高意境与情操的民族艺术。三代以来每一个朝代有它的'书体',表达那时代的生命情调与文化精神。我们几乎可以从中国书法风格的变迁来划分中国艺术史的时期,像西洋艺术史依据建筑风格的变迁来划分一样。"[39]林语堂则说:"书法提供了中国人民以基本的美学。中国人民就是通过书法才学会线条与形体的基本概念的。因此如果不懂得中国书法及其艺术灵感,就无法谈论中国的艺术。""书法艺术给美学欣赏提供了一整套术语,我们可以把这些术语所代表的观念看作中华民族美学观的基础。"[40]现在我们看到,书法不仅为美学欣赏提供了术语,也为美学研究提供了许多可资利用的史实和观念。在中国的各种艺术中,书法是特别重视法度、传统,又特别推重天然、率意的;书法也是特别强调人品修为和多种文化素养的。今天,中国现代美学也为书法艺术境界的攀升提供了多方面的启迪。审美人生论向书法人提示,美,不只在艺术活动和艺术作品中,更在人格精神和生命境界中。应当以美的艺术来提升人格人生,追求远功利而入世的艺术超越精神。不论一个人的书艺达到何种程度,都可以创化美丽、精彩、崇高、趣味的非凡人生,将人生塑成尽可能完美的艺术品,同时也才有可能达到书法的更高境界。

注释:

[1]《论语·为政》。末句或作"从心所欲,不逾矩";逾,或写作踰。

[2] 胡江霞:《从心所欲不逾矩——一种人类追寻的价值规范与实践共识》,《中南民族大学学报》(人文社会科学版)2015年第5期。

[3] 王琼:《从心所欲,不踰矩——中国知识分子的生存困境和人格选择》,《牡丹江大学学报》2012年第9期。

[4] 李宏勇:《试论孔子的自由思想》,《中北大学学报》(社会

科学版）2011 年第 5 期。

[5] 刘鹤丹：《自觉于规矩——由"从心所欲，不逾矩"看孔子的自由观》，《孔子研究》2013 年第 5 期。

[6] 宗白华：《新人生观问题的我见》，转引自金雅主编《中国现代美学名家文丛·宗白华卷》，浙江大学出版社 2009 年版，第 11—12 页。

[7] 朱光潜：《"慢慢走，欣赏啊！"——人生的艺术化》，转引自金雅主编《中国现代美学名家文丛·朱光潜卷》，浙江大学出版社 2009 年版，第 3 页；第 5 页；第 7 页。

[8] 金雅、聂振斌：《中国现代美学的精神传统》，《安徽大学学报》（哲学社会科学版）2009 年第 6 期，第 31—33 页。

[9] 金雅：《人生论美学的价值维度与实践向度》，《学术月刊》2010 年第 4 期，第 102 页。

[10] 白雪：《从心所欲而不逾矩——孔子艺术人生论》，《牡丹江师范学院学报》（哲学社会科学版）2005 年第 1 期，第 33—34 页；第 38 页。

[11] 王羲之：《题卫夫人笔阵图后》，转引自《历代书法论文选》，上海书画出版社 1979 年版，第 27 页。

[12] 赵构：《翰墨志》，转引自《历代书法论文选》，上海书画出版社 1979 年版，第 369 页。

[13] 梁巘：《学书论》，转引自刘小晴《中国书学技法评注》，上海书画出版社 2002 年版，第 426 页。

[14] 卫铄：《笔阵图》，转引自《历代书法论文选》，上海书画出版社 1979 年版，第 22 页。

[15] 蒋和：《书法正宗》，转引自刘小晴《中国书学技法评注》，

上海书画出版社 2002 年版，第 427 页。

[16] 康有为：《广艺舟双楫》，转引自《历代书法论文选》，上海书画出版社 1979 年版，第 848—849 页。

[17] 倪苏门：《书法论》，转引自刘小晴《中国书学技法评注》，上海书画出版社 2002 年版，第 430 页。

[18] 王羲之：《笔势论十二章·创临章第一》，转引自《历代书法论文选》，上海书画出版社 1979 年版，第 30 页。

[19] [38] 孙过庭：《书谱》，转引自《历代书法论文选》，上海书画出版社 1979 年版，第 129 页。

[20] 赵宧光：《寒山帚谈》，转引自刘小晴《中国书学技法评注》，上海书画出版社 2002 年版，第 421 页。

[21] [22] [23]《尔雅·释诂》，转引自李学勤主编《十三经注疏·尔雅注疏》，北京大学出版社 1999 年版，第 15 页；第 468 页；第 425 页。

[24] 项穆：《书法雅言》，转引自《历代书法论文选》，上海书画出版社 1979 年版，第 534 页。

[25] 苏轼：《论书》，转引自《历代书法论文选》，上海书画出版社 1979 年版，第 314 页。

[26] 米芾：《海岳名言》，转引自《历代书法论文选》，上海书画出版社 1979 年版，第 362 页。

[27] 王澍：《论书剩语》，转引自刘小晴《中国书学技法评注》，上海书画出版社 2002 年版，第 246 页。

[28] 郝经：《移诸生论书法书》，引自《郝文忠公陵川文集》，山西人民出版社 2006 年版，第 339 页。

[29] 周星莲：《临池管见》，转引自《历代书法论文选》，上海

书画出版社 1979 年版，第 723 页。

[30] 刘小晴：《中国书学技法评注·前言》，《中国书学技法评注》，上海书画出版社 2002 年版，第 7 页。

[31] 刘熙载：《艺概》，转引自《历代书法论文选》，上海书画出版社 1979 年版，第 715 页。

[32] 释亚栖：《论书》，转引自《历代书法论文选》，上海书画出版社 1979 年版，第 297—298 页。

[33] 蒋和：《书法正宗》，转引自刘小晴《中国书学技法评注》，上海书画出版社 2002 年版，第 464 页。

[34] 梁𪩘：《学书论》，转引自刘小晴《中国书学技法评注》，上海书画出版社 2002 年版，第 130—131 页。

[35] 朱良志：《技进乎道》，《荣宝斋》2013 年第 8 期。

[36] 卢辅圣：《中国书学技法评注·序》，转引自刘小晴《中国书学技法评注》，上海书画出版社 2002 年版，第 1—2 页。

[37] 金雅：《人生论美学的价值维度与实践向度》，《学术月刊》2010 年第 4 期。

[39] 宗白华：《中国画法所表现的空间意识》，转引自金雅主编《中国现代美学名家文丛·宗白华卷》，浙江大学出版社 2009 年版，第 256 页。

[40] 林语堂：《中国人》，学林出版社 2007 年版，第 218 页。（原文收录于 1934 年出版的《吾国吾民》）

人生论美学与松竹体十三行新汉诗实践

黄永健[*]

摘　要：人生论美学紧贴中华美学"主情论"的思想文脉，升华了传统"德情论"的理路意向。松竹体十三行新汉诗的日常化写作和互动，包括它与文化创意产业的多声部合唱，都可视为中国当代人生论美学精神在互联网时代的实践操作，也是当代人生论美学目标艺术实现的重要手段。

关键词：人生论美学；美学实践；美情论；十三行新汉诗创作

松竹体十三行新汉诗与人生论美学精神的内在关系

作为当代中国美学新崛起的重要流派之一，人生论美学融通古今，和合中西，欲为中国当代本土美学理论大厦建基立脊，其"美情"范畴的创设[1]，起因于当下中国的社会需求和国家需求，同时回溯历史的河流，有返本开新的朴茂气象，"美情"立足于人生日常生

---

* 作者单位：深圳大学。

活，同时，"美情"又从"常情"中"炼情"提升，在"善情"与"粹情"之间，创化思维理路，从而促成了西方认识论美学与我国道德论美学的双道并轨和化合创生。既非"援西入中"，更非"援中入西"，而是在中国哲学体用不二的智慧观照之下，将西方始自柏拉图的所谓"绝对美""理念美"，转述为趣味、情趣、哲思，内化为人生"美情"的本质要素，要之，"美情论"发端在人生日常，升华为"真、善、美"三原质的和合圆相，"美情论"的起点是流转迁移的"常情""不定情"[2]，而"美情论"的鹄的在情的美感传达——通过炼情圆情沉淀艺术内容，而出之于妙合无间、美轮美奂的艺术形式。"美情论"以情会通人生，以美攀升"真善"之境，体现中华美学务实品性，同时在文化创新层面，采西入中，立足本土，试图别开坦途，实现中国当代美学的创造性转化。

松竹体十三行新汉诗产生于微信平台，从内容到形式皆具备汉诗的音乐性、齐整性和形象性诸特征，追根溯源，它来自生活现场，表现人生百般况味，虽则写作方式、发表方式变了，但是它的写作方式更灵活了，居家、旅游、车站、机场、地铁车厢甚至早起晚眠片刻闲暇，临屏触思感怀偶有灵感皆可以触屏成诗，朗朗成诵，所谓"才下眉头心头，倏已出击八荒"，此体可不用笔（毛笔、钢笔）书写，而用手指触屏成诗，古言心手相应，而不说心笔相应，以指代笔，心手相应，作品的现场感和及物性得到了空前的强化。松竹体诗雅俗兼容、易于上手，可以快速互动，其所表现之"情"直通人生现场。如网络第一首松竹体诗：

怎么写

愁死鬼

手执圬灯

伊人等谁

终南积雪后

人比清风美

古来聚少离多

常恨望穿秋水

知音一去几渺杳

暗香黄昏浮云堆

不如归

不如归

好梦君来伴蝶飞！

（黄永健《不如归》）

　　这首似诗非诗、似词非词的"诗"，表现作者的"常情"——常人之情，人之常情——对发小同学的挂念、担忧、怜悯、痛惜、内疚等复杂情感，甚至调侃、玩味，总之，这首看图速成的诗，不是用康德的审美静观所求得的，因为它是当事人在彼情彼景之下的真情实感而非只存在于理性之域的"粹美"，并以高度意象化语言和形象生动的"诗形"加以提炼超拔，来自人生现场的常人之情和人之常情，在这种趣味化、调侃化的网络互动之中，实现了审美的飞跃，即由"常情"蝶化为"美情"。

　　松竹体诗诞生以来，在数以千百计的网络作品中，其上乘者，往往都是能将内容与形式无缝黏合、音声天成、意境超脱的佳作，当然，诗有别趣别才，松竹体诗的"善美"二维往往需要学问和品性的积累，而其"真趣"之维，得自童心才情，所以，有时候畅晓如白话口语的作品，同样一超直入，形神兼备，获得读者的广泛点赞。

松竹体诗与"美情"

如何将"常情"转化为"美情"显然是人生论美学必须回答的问题，"常情"按西方分析心理学的看法大致相当前意识和潜意识的情绪或情感结构，尚未进入佛家唯识之情识境界，谓阿赖耶识者，阿赖耶识如如不动，圆转自照，自生自灭，非生非灭。老庄及孔子皆不轻视情之为物，是因为中华先贤早已觉察，人之"常情"实内藏天理，所谓天理人欲，人欲天理，而不似西哲向来蔑视"感性"和"常情"，美学创始人鲍姆嘉登宣称"感性学"乃人类低级认识论，在中国先哲看来，七情六欲貌似伧俗低下，其实不然，七情六欲后天地生，而先天性的与天地同构，因此，"常情"才有可能通过主体的审美洞察力，转化为"美情"，"常情"的深层结构是美妙的，"常情"的浅层结构可能昏暗无明，而通过主体的炼情节情创育生发，"常情"可望穿透浅层结构而蝶化为既"情"且"美"的表象结构——"美情"，具备形式（形象）的理式，同时天然地散发着、蕴含着人类的情性。

中国传统礼乐文化实际是人伦道德文化，"礼"约束欲望情感，"乐"复激活平和欲望情感，乐不止音乐，包含了文学、舞蹈、戏剧等一切艺术形式，诗歌为其中荦荦大者，《诗经》来自民间，所谓桑间濮上，"风、雅、颂"中"雅、颂"为庙堂艺术，已从日常生活中抽离而出，而其中的"风"——十五国风，抒发性情，雅俗共赏，若以"美情论"的观点加以打量，则"美情论"所提示的"挚、慧、大、趣"[3]四情尽在其中，真挚、理性、大关怀和趣味化，此乃《诗经》化情为美，贴近人生而又升华人生的美学密诀。要而言之，西方美学和诗学有从"理式到理式""为美而美"的思辨传统，发展至极则出现了瓦雷里等人的"纯诗",而中国"为人生"的哲学和艺术始终从人生和生活出发,叩击生死两端,过去是现在的映照,未来是现实的同构,道在其中,其乐悠悠,羊大为美,不是说以肥大为美,而是说集中了羊的优点者升华为普遍美,所以"美"这个字不离现实欲求而又超越现实,"美情"出自"常情",但是又从七情六欲中观审了自我,情趣化了自我,意象化了自我,使之趋向"真我"意境,刹那间,"常情"摆脱了负累,变为涵情、正情。

吴思敬认为当代汉诗不必固化形式,因为每个人的情感——"常情",千差万别,每一缕情感——当下情感,千差万别,因此,不能强求每个人每种情感来迁就某一种或某几种诗歌之形,自由乃第一要义,如当下的新诗和散文诗的存在状态,历史地看,这是人类诗歌演化史上的"殊相"——现代化过分压抑人性和人之常情,遂出现逆反的、惊悚的、歇斯底里的人类情感反弹,以反审美的反形式的"常情"大游行,来抗议社会对人之"常情"的异化,这是现代化给人类带来的悲哀。可是,一旦人类对这种外在的压迫产生了文化的反思和觉醒,必然会采取最大的主观努力来对峙外在压力给人类造成的精神困惑,如目前陆续提出的可持续发展观、和谐发展观、人类命运共同体观等,都是为了从根本上化解现代化和后现代化对人类造成的外在压迫,人类的情感结构与天地结构一样,本有其"真趣""真味"(梁启超),一旦人性的压抑被解除,人性的光辉、美善及真宰必然获得新的审美确认,而由"殊相"回归"共相",诗歌之"常情",由"千江之月"而辗转回环为"千古之月","常情"转化为"美情"之后,复以美形美体发明当下,内容与形式,情感与结构互为体用,从而实现诗歌传情达意的诗哲显现。

当年仓颉造字"天雨粟,鬼夜哭",松竹体诗在某种程度上,自然显现出汉民族的文化心理结构和汉字汉语的视听知觉表象，二者具有某种程度的同构对应性质，因此，网络上作者的第一首松竹体诗出现了"怎么写/愁死鬼"这样奇异的诗句，汉字以其音、形、义三者暗合客观对应物，松竹体诗也是以音、形、义三者暗合汉民族的情感结构，因此，如果说"美情论"的美学理念源自传统，又会通了西学，那么，松竹体诗的"整体美""回环美"和"音韵美"，就是中华"美情"在新的、手机写作条件下的天机绽放。

人生论美学尚真而不唯真唯美，以情统知意，其蕴真涵善立美的美情观，突出了人类情感的建构性及与其他心理机能的有机联系，昭示了人类情感提升的理想方向，既是扬弃种种贬斥感情的虚伪的封建伦理，又是抗拒种种现代主义后现代主义工具理性、实用理性、反理性、非理性的有力武器[4]。人生论美学的"人生"二字既指向生命和宇宙，又指向人类的现实生存境遇，指向日常生活的当下，指向柴米油盐酱醋茶，指向的既是审美的标准和艺术的尺度，也是生命的价值和生存的信仰，由此，它不仅对我们的审美趣味和艺术品趣产生积极的影响，也将对我们的生活实践和生命境界产生积极的领引[5]。因此，人生论美学既坐而论道，也起而践行，相互促成而密合无间。

松竹体诗坚持我国传统艺术论中的"情本体观"，以情驭真，以情含善，变情为诗，成松竹亭亭十三行，与西方十四行诗比肩而立，相互对话，隔洋唱和，而成彼呼此应之势。

松竹体诗作为新出诗体，主要依托互联网写作、传播、弘扬古诗懿范，融合新诗自由德性，可极典雅如诗词，可文白相间风流蕴藉，可脱口而出若打油顺口民谣竹枝词。三年多来网络成百上千作者的松竹体诗作品，证明纯粹的按韵合辙很难奏效，简单的打油顺口也很难奏效，成功的作品必出自作者的激情抵达，情发为第一，理至而诗成为第二，这本身已说明松竹体诗的创作心理机制是知情意合一的产物，松竹体诗创作遵情导情，以既不同于古典诗词又不同于现代分行新诗的"松竹之形"和"完形结构"将"常情""不定情"加以"美情"化并外显为具有浓郁民族风情的新汉诗，可以说松竹体诗源于日常情感，而成就于美情的进一步美形化。试以 2017 年立夏、网友钱仲炎发表的即兴松竹体诗为例：

> 春渐归
>
> 立夏到
>
> 春雨滋淫
>
> 月季正俏
>
> 三鲜始上市
>
> 五谷齐嫩娇
>
> 清流耸翠迎瑞
>
> 黄鹂白鹭鼓嘈
>
> 一年之季步高潮
>
> 九宇娇阳当头照
>
> 勿等老
>
> 惜今朝
>
> 来日总比今日好

2017 年 5 月 5 日立夏作

（钱仲炎《立夏》）

立夏也就是寻常日子，但是这位作者，从立夏的日常景物中，提炼诗情，化而为韵味趣味十足的十三行诗体，且语语如在目前，句句颇耐品味，立夏这个寻常日子里作者经历的较为欢快闲适的感受性经诗语诗体的凝形美化，忽而蝶化为一个超越寻常日月的"人间词话"。

松竹体诗与"美形"

美情之美内发于美情结构而外显于美形，古希腊客观论美学，以"数理结构""圆""椭圆"等为终级形式因，后来又有所谓"比例、平衡、色彩说""格式塔整体大于部分之和说"等，中国古代文论诗论所谓"起承转合""平仄协调""抑扬顿挫""对仗工整"等，也是从外在形式上对诗文的美学规定，中国哲学主张天人合一，主观与客观天人同构，宇宙间的合目的性结构与人类的情感结构一而二，二而一，今天已经分行书写并诉诸视知觉的汉语（汉字）诗歌，必须有形，自由诗分行书写，形式上自然与散文划清了文类界限，古代汉诗主要以"句数"（一句诗的字数）与总段数确立文类准则，如七律，以七言八句确立外在形体，西方标点及分行引进之后，七言八句加分行又成为今天的视知觉习惯，今天的自由分行新诗与散文的唯一区别只剩下分行，所以写出来的文句只要加上"分行"这个外形，就成了诗，并沿着西方的文化输入路线演化成为瘢败不类的"口水诗"，如近年出现的"梨花体""羊羔体""乌青体""咆哮体"等。

一百年来汉诗取得的成绩，主要表现在以现代表现手法抒发中国人的现代情感，如现代的荒诞、孤独、疏离感等，到了今天复又借鉴西方后现代主义的艺术手法来表现生活中的离散、穿越、拼贴感等，在理念的维度上追求"真"而宁可淡化或无视"善、美"二维，具体表现为泛形式主义甚至无形式，"五四"以来出现的现代诗中杰出之作尚能贴近情感之真，复能出之于"美、善"之形，如《再别康桥》《雨巷》等，近年出现的"梨花体""羊羔体""乌青体""咆哮体"等在理念的维度上追求"真",而在形式上宁可淡化或无视"善、美"二维,虽然博得了一时的"热评",却不可能获得持久的美学生命。

西方现代后现代艺术包括其诗歌艺术的反本体论取向,在某种程度上,可看作是人类情感在科技理性压迫之下出现的情感反弹、情感宣泄,其反美学反形式化理路在这样的世代是必然的,也是自为的,有它的目的性和"形式因",但是在一个拥有数千年诗歌美学传统的诗歌大国,移植这种带有原始野性思维的"泛形式主义诗歌",必然会遭遇强大且持久的文化阻力和打击,随着中国文化的重新崛起,作为中国新的文化的重要象征符号的汉诗必然要重申它的文化身份、心理结构和形式标志,就文化心理结构而言,汉文化中的对立统一阴阳转化生成结构、起承转合轮回演化结构以及整饬统一以简驭繁模式结构等,必然要重新伸张它的智慧魅力,诗歌外在形式亦必在遵循图画视觉美的前提之下,进行可能的创新和别造。松竹体诗的两两对出偶合、起承转合、长短回护特别是最后一行的高峰突出余响不尽,都是在遵循汉诗传统美情美形的前提下,所进行的情感结构和外形结构的创新和转化,因为现代中国人的情感结构已不同于前现代时期,其繁复化、细节化和张力化特征表现得尤为突出,松竹体诗以七段(相当七个音符)十三行以及多种变体打破古曲诗词的固定格式,对当代汉语习得者的情感结构进行了较为准确的审美呈现,这就是人生论美学中的美情诗化表达和形式凝定。

松竹体诗的形式是固定的、字数是固定的、押韵、平仄、对仗以及锤炼意象升华意境也有其基本的美学要求,全诗前面十二行两两对出,是中国传统阴阳对转哲学和诗歌对仗美学的本来面目,但是最后一句高峰突起，整合全诗意境并回应前文，就打破了两两对出的作诗规矩，在平衡中打破了平衡，从而抵达现代社会中人类情感的繁复混茫层次和非对称性结构，无论如何，它有形、有象、有根基，在手机屏幕上依次写出，如同长松披竹或高山飞瀑，如果多首松竹体诗接龙而下，又如游龙接云，矫捷自如，具有视觉上整体美和形象美等特征。因此相对于自由分行新诗，松竹体诗多出了形式美的优势。如果说当代中国艺术创新必须遵循"中国文化、中国精神、中国形象、中国表达"的实践理路，那么，松竹体诗就是在形象和表达两个方面取得了相当优势的当代汉诗新诗体。

总之，现实人生中的生活境遇及由其而激发出来的人的情感、情性是创意引擎，但是，如果没有暗合着宇宙结构和中华文化善美逻辑的诗形导引，则生活化的情感就会肆意泛流，欧美自由诗及当代中国的现代汉语自由诗的最大危机就在这里，吴思敬说每一个人的当下写成的一首自由诗，自成唯一形式自成宇宙，不无道理，但这只是追求审美之真，而罔顾善美，中国古诗词也追求真，所谓"不着一字，尽得风流"，无言之诗才是大诗，可是中国哲学和宗教并不蔑视善美，由此诗词曲赋说都导善立美，举凡诗词曲赋说皆在崇真崇道的前提下，回向人生伦常之善和言辞文章之美，不回避生活现实同时又美言之，曲言之，喻言之。

松竹体诗的诞生具有鲜明翔实的人生内容和生活故事，松竹体还有一个俗名——手枪诗，"手枪"二字取其形似，颇具现代感（手枪是现代兵器），其学名"松竹体"则从容雅化，无论"松竹"还是"手枪"，都是日常事物，而以十三行篇幅浓缩升华中国三千年主流诗体，松竹体诗浑身流淌着中华美学和诗学的血液，尤其是中华美学中注重形神合一、美善同构的思想得到了应有的凸显和强化。

　　松竹体诗来自生活，不回避生活，其中有情、有思、有味，在压韵、平仄、节奏和回环照应及整体观的诗体有效约束之下，写作者的"常情"化为诉诸形式的诗的"创构"。例如下面的作品：

　　　　微信撒

　　　　长话拉

　　　　爱注四海

　　　　情投一家

　　　　春望匆别路

　　　　校迎当年娃

　　　　热手喜慰愁容

　　　　快相乐赞泪花

　　　　姿影俊貌陪蓝天

　　　　甜言美语赏白发

　　　　老同学

　　　　新脸颊

　　　　久看痴问品香茶

　　　　捧杯祝酒敬师友

　　　　意深深

　　　　情悠悠

　　　　凝望慈脸爱太多

　　　　感叹闹桌趣不够

　　　　追忆喜添韵浓

　　　　畅想乐增淳厚

　　　　靓女露小饮

帅哥藏豪口

今朝欢聚

明天谢走

观潇洒

赏风流

（张治国《毕业四十周年大聚》）

人生美育论与松竹体诗的美育涵成

人生论美学倡导美学的人生践行和生命体验，与今日正在热议的对话、体验、互动等话语相与颉颃，而人生论美学的实践品性贯彻到底，不止乎个人的独善其身，更延伸至"兼济天下"，人生论美学"自觉觉他""自美美人"，是菩萨情怀，是沂上风度。由人生践行和生命体验进一步延伸，人生论美学走向对人的教育，也即是对于人的美的教育和情的教育，以艺术之心和情韵之美教育国民，陶养国人普遍的超脱的情感。按照梁启超的说法，人人成为"美术家"必无可能，但是通过"趣味教育"，人人可成为生活向上并能够享用艺术的"美术人"[6]。在一个艺术的国度，人人以情度理，以理约守，和平相处，美善共容，共守道德底线，艺术行不言之教，艺术就是没有教堂的宗教，宗教就是诗韵朗朗的艺术。

虽则梁蔡二家的美育观、艺育观有些"理想化"，但在今天并未过时，今日社会经济独大，金钱称雄，实用主义淹没了理想主义，加之大众文化的价值同化，使得人人自甘沦落尘俗，自陷于俗情、媚情、浅情、虚情以至于无情而不自知，生活在物质丰富的当下，经由对于"欲望至死"的反思之后，人类的心灵渴望美的提升，渴望真情、善情、美情的滋润。毕竟，生命不是过一把瘾就死，生命是花的

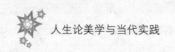

绽放期待果的圆实，人生也不是过山车，人生是格物致知，立己成人。

松竹体诗形式严整，有其基本的格律要求，但是并非高大上，不拒绝也无法拒绝"低门槛"，其创作特点——人人可抒，弘美击弊，相互酬唱，不亦乐乎。但是，我们也并不主张无边放任，搞泛形式主义和无政府主义，它有美情的内在提炼和诗韵的外在推敲双重要求。就美情的内在提炼而言，创作者须诚心正意真情而待，以传播正能量为第一要义，目标在情生智觉，由情转识；就诗韵诗格的外在推敲而言，须由辞达意，形象、意象与音韵、音声以至意境、境界和合浑成，雅不避俗，俗自雅化，有了这样的可感知不成文的写作规矩，有一些大家都认可的佳作范本，无论高手或初学都可以在临屏指写的时候，倚情而待，有章可循，有时披情入境，自由畅放，貌以大白话、顺口溜，却收获了意想不到的惊奇和美意。

网络上每逢节假日都有网民自发组织松竹体诗接龙，妇女节、端午节、中秋节、春节、元宵节、光棍节、母亲节、父亲节、重阳节都出现过同题接龙，有的数首，有的长达数十首。里约奥运会期间，有人倡议以松竹体诗接龙助阵中国运动员，于是每诞生一枚金牌，旋即有人接龙，场面火热，热闹非凡。笔者 2016 年发动以松竹体诗接龙写水浒一百零八英雄，以"武松打虎"起首，两个星期内写毕一百零八将，共得二百多首，网友迅即插图编为诗集，并于微信平台广为推送，以武松打虎比况当下"打虎灭蝇"。松竹体诗关注当下，这种诗体形式的寓意和网络接龙的互动体验性快乐，激发了网络作者的诗歌写作热情，其中高手连韵典雅流美固获激赏，即便是新手上路，有时也因情真意切不假思索，"脱手"而成佳作。

松竹体诗"坐而论道，起而践行"的实践品格，还表现在它的文创产品的开发之中，首先，松竹体诗通过网络连通世界，为企业、品牌和个人服务，传播文化正能量，励志导情，有益于社会，周阳生、刘祖荣、湘涵、刘永国、简敦亮、祝飞、徐杉、罗培永、朱哲、杨洛、王启成、周海燕、尼言等网络诗人创作了大量的松竹体诗，黄永健、周阳生、祝飞、徐杉、刘永国出版松竹体诗的个人专集或合集，网上网下酬唱接龙讨论交流不亦乐乎。其次，松竹体诗的知识产权IP，授权给各行各业进行"文化+"的产品开发，已生产或设计生产各类衍生产品，依托网络的传播效应，迅速与当代文化产业密切结合，在提倡日常生活审美化的当下，以积极主动的诗学姿态，融入生活，融入民间，激活诗情，让美重新回归，让生活从负累中升华，让生活更具趣味、趣韵和创造的力量。

因此，人人可以写、可以发、可以评论互动不断提高创作水平的松竹体诗，是当下人生美育的艺术途径之一，自由诗太自由，美情匮乏，古典格律诗词太传统，压抑新感性，松竹体诗创建三年多来，渐获同情之理解及创作上批评上的呼应。因此，松竹体诗或可为当代人生论美学探辟出一条美情化美育化的诗歌实践道路。

注释：

[1] 参见金雅《论美情》，《社会科学战线》2016 年第 12 期。"美情"的概念，由金雅第一个在该文中从学理上明确和系统阐发。

[2] 此处参照婆罗多牟尼《舞论》中及印度美学中有关"味""常情""不定情"的说法（http://blog.sina.com.cn/s/blog_40df931-a0102wmpz.html）。

[3] 金雅：《论美情》，《社会科学战线》2016 年第 12 期。

[4] [5] 金雅：《人生论美学传统与中国美学的学理创新》，《社

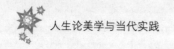

会科学战线》2015 年第 2 期。

[6] 梁启超:《美术与生活》,金雅主编:《中国现代美学名家文丛·梁启超卷》,中国文联出版社 2017 年版。

[本文为国家社科基金艺术学一般项目"艺术在中华文化复兴中的建构作用研究"(13BH061)、国家自然科学基金面上项目"艺术地理学与当代中国城乡发展的艺术干预"(41471124)、广东省研究生教育创新计划资助项目(项目编号:0000050701)成果。原载《名作欣赏》2017 年第 10 期]

人生论美学指引下的大学美育漫议

陈元贵*

摘　要：人生论美学以审美、艺术、人生相统一为重要理论诉求。从人生论美学的视角看待大学美育，其价值和定位在于对大学生现世人生的引领和提升。因此，无论是教材架构还是课堂教学方面，均应秉持"因材施教"的原则，紧扣时代脉搏，坚持话题导入，凸显人文关怀，注重对学生审美观和价值观的积极引导，同时要尽量避免为追求课堂教学效果而流于知识教学、将理性评价降格为低俗文化现象之简单罗列等弊病，从而帮助大学生实现最终美丽人生之终极目标。

关键词：人生论美学；大学美育；美丽人生

中国人生论美学源于古代的人生之学，也吸纳了西方美学与人论思想。人生论美学以审美、艺术、人生相统一为重要理论诉求。[1]其现实意义在于发挥美学的批判和引领现世人生的作用。[2]正因如此，

---

　* 作者单位：安徽师范大学文学院。

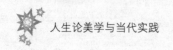

以人生论美学思想来指引大学生的审美教育，不仅契合于古人所云之"大学之道，在明明德，在亲民，在止于至善"（《大学》），而且也具有理论上的自洽性与实践上的指导价值。

而在当下这样一个价值观混乱的时代，我们认为，以人生论美学思想来指引"大学美育"教育，应着力把握好以下几个层面。

一 牢记"因材施教"

人生论美学彰显出对于个体价值和人生阅历之差异性的充分尊重，它在价值取向上和"因材施教"的古训高度一致。结合个人的教学经历，我们觉得这一信条仍然具有它的时代价值。近些年，伴随着高校入学率的逐年提高，在校学生的知识水平、学习兴趣和学习能力，似乎呈逐年下降的趋势。有不少高校教师对此感慨良多，总抱怨现在的学生越来越难教。但也有人能不断调整教学方案，从而积极适应因时代变革而带来的高等教育形势的变化。我们认为，"大学美育"也要紧跟时代。

笔者在高校执教美学和美育课程已有十几年，在校内校外讲授数十次。从2004年春季开始，笔者所在的学校开始面向全校开设"大学美育"选修课。在最初的教学过程中，我们使用的是一些知名学者编著的教材，但后来发现这些教材或者理论性太强，超出学生的接受能力；或者其中有些例证、观念与时代严重脱节，学生难以提起兴致。而在教学过程中，又对学生期待过高，在理论知识的讲解上花去了较多时间，这些均使得教学效果与我们的期望存有差距。

痛定思痛，我们认为：时代在变、学生在变，"大学美育"课程也要变。我们不仅要根据学生情况及时调整教学内容和教学难度，而且要积极解答这个时代人们在审美方面所产生的一些新的困惑。因此，我们决定在教法教材上大力改革。

既有的美学和美育教材，当然是我们教学内容的框架依据；美学界最新的研究成果，我们也积极引用。但在知识讲解的难易度上、案例的挑选与评析上，则根据听课对象的不同来灵活处理。课堂教学内容上要尽量常讲常新，力求每轮授课都有改进，要多想想现在的学生关注什么样的美学问题。经过这十来年的探索，终有《大学美育》[3]教材的问世。因为它是经过多年实践检验的成果，所以，我们觉得它在知识的难易度处理、内容的时效性、表述方式的趣味性和通俗性等方面，较为契合当代大学生的学习兴趣和接受能力。

二　坚持话题导入

人生论美学侧重美学研究与现实人生的勾连，其话语表达方式也体现为"润物细无声"式的自然随和，这一表达方式同样对大学美育具有启发意义。选修"大学美育"通识课程的，均为跨专业的学生。他们在知识储备、学习兴趣和学习动力上，可能均与教师的期待存在差距。在此情形下，授课教师如果不能在每堂课的开始就用一些生动鲜活的例子尽快抓住学生的注意力，后面的知识讲授就不大容易顺利衔接。笔者在每堂课的开头，均坚持以话题导入。这种方法甚至作为教材编排的固定"格式"。譬如，在讲授"人的美"这一问题时，我们引用的是这样的例子：2013 年 11 月，人民网报道了这样一则新闻：中国男子冯健以妻子太丑为由将其告上法庭申请离婚，更离奇的是他还打赢了官司，并获得 75 万元精神赔偿。冯健是在女儿出生后才对妻子的长相产生了质疑——女儿丑得不可思议。面对指控冯妻承认自己曾花费 60 多万元整容，冯健认为这是诈骗。面对这样的新闻，旁

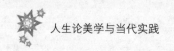

观者不禁哑然失笑，所谓的夫妻恩情、患难与共难道真的抵不过一张面孔吗？那中国人对于人的外表该有多重视？

事实上，近些年几乎泛滥成灾的选美热潮，不是正好反映了中国人对于外表的看重吗？但让人颇感纳闷的是，层层选拔而出的"美女"，却常常遭到围观者的非议……

客观地说，上述话题一旦抛出，就在很短时间内吊起了学生的胃口。一方面，这些事件刚刚过去不久，仍然带有一定的时效性；另一方面，过于重视外表也是我们这个时代的一大弊病，青年大学生诚然爱美，但各种选美活动所选出的"美女"为何又与我们的日常理解相去甚远呢？学生当然有兴趣聆听教师进一步的分析和评价。

正式上课之前的导入话题，既要与本堂课的教学目标、教学内容密切相关，同时也要注意它的思想内涵。因此，不能简单地以博人眼球或耸人听闻为第一要务，而是要更侧重它的思想性和经典性。艺术是什么？伟大的英国学者贡布里希在他享誉世界的巨著《艺术的故事》中，开篇就说："实际上没有艺术这种东西，只有艺术家而已。"确实，一代又一代的艺术家，以他们卓绝的才情和超人的智慧，不断拓展着艺术的疆界，也由此带来艺术观念的日新月异。而无数理论家的热烈讨论，又使这一问题变得更加扑朔迷离。在当前的电子媒介时代，要想回答艺术是什么，似乎更显艰难。

之所以采取这样的话题导入方式，而不是用一些语出惊人的"当代艺术"或"行为艺术"作为例证，一方面是因为艺术史本身所固有的深度和厚度，随便挑出某个不太合适的作品，可能会抹杀其他众多经典的光辉；另一方面，是觉得贡布里希的这番论说，非常精辟地道出了"艺术"这一问题本身的难度。因此，在这里我们并没有用非常具体的例证作为话题来导入。

三　紧扣时代脉搏

人生论美学并不是自说自话，其探讨的话题，很多来自现实生活并富有浓厚的时代气息。而我们所处的正是一个资讯过于发达的时代，当代大学生的兴奋点，也和以往有所不同。艺术史和美学史上的经典案例，固然具有穿透时空阻隔且历久弥新的魅力，但如果一味地重复这些例证，可能很难实现与受教者兴趣点的对接。因此，《大学美育》的教材编排和课堂教学，在例证的选择上要紧扣时代脉搏，并尝试解答学生的审美困惑。笔者编著的《大学美育》出版于2014年7月，其中不少例证来自当年年初。而在平时笔者也注重随时收集与课程相关的例证，以便每次授课时都能有最新的例子补充进去，这样才能显示出与时代的密切联系。

事实上，现代社会的发展也确实制造出一些新的美学命题，美育课程更应做出积极回应。譬如：2006年，南京"彭宇事件"及法院的不当判决，在此后数年一直是颇富争议的话题，直至今日，"老人跌倒扶不扶"仍然是一个让人陷入道德困境的话题。由此，传统的古道热肠、助人为乐的行为美的问题，在当代变得复杂化了。而2008年汶川地震中的"范跑跑"事件，又因为当事人一些不合时宜的言论，引发广泛的争议。但在这样一个价值观多元化的时代，批评他的人和理解、支持他的人居然旗鼓相当。由此，我们又该如何看待当代的人格美问题？以上这些问题，我们都在教材编排中及时吸纳进来，并在课堂教学中积极引导学生围绕这些话题展开讨论。虽然学生的讨论并不能得出最终答案，但无疑深化了他们对于行为美、人格美等命题的理解，并受到一定的教育。

在探讨优美与崇高这两大美学范畴时，我们又特地分析了丑与恐

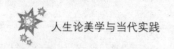

怖。显然，"审丑"早已成为某种"时代病"，恐怖艺术在青年大学生中也广有市场。在具体讲解时，我们都是以案例分析为切入点，由此涉及审丑与欣赏恐怖艺术时的心理感受，提倡积极健康的审美趣味。此举一方面体现出对于传统美学理论的适度延伸，另一方面也是紧扣时代脉搏的积极努力。

四　注重价值引导

人生论美学要着力体现对于现实人生的引领和提升作用。最近两年，围绕一些当代大众文化现象，不少学者表现出旗帜鲜明的批判精神。譬如：批评韩寒是"当代文坛的最大丑闻"，他所执导的《后会无期》是"猥琐烂片"[4]；批评《小时代》系列电影"拜金"；《小苹果》之类的"神曲"恶俗，等等。不可否认，部分学者的批评对于引导当代文艺创作朝着积极健康的方向发展，确实有着建设意义。虽然他们并不以"人生论美学"自居，但其价值观却与人生论美学高度契合。

"大学美育"的课堂教学，同样也要以人生论美学思想为指引，注重正确引导学生的审美趣味和价值观，并在具体教学活动中要注意适当的策略与方法。因为，当代青年对于偶像的崇拜，极端者甚至到了罔顾法律与道德底线的地步。远的不说，且说 2014 年 8 月，台湾艺人柯震东因吸毒而被警方拘捕，但粉丝们不仅很快原谅并力挺他，更离谱的是在某知名购物网站上售卖与柯震东同款的囚服，由此可见粉丝们的狂热已经失去了底线。

因此，在"大学美育"的课堂上涉及一些大众文化现象时，最好不要作价值预设或简单褒贬，而是通过对这些作品鞭辟入里的分析，引导学生逐渐认可教师的观点，最终做出合理的价值判断。譬如：这些年层出不穷的"神曲"《爱情买卖》《金箍棒》《小苹果》等，简单地批评它们低俗是没有意义的，更关键的，是要分析它们的文本内涵、审美趣味，更要探讨它们是如何凭借简单明快的节奏、嘻哈搞笑的风格迎合了人性中的低劣趣味，从而获得病毒式的传播效应。

五 彰显人文关怀

人生论美学向来将人文关怀置于学科发展的最高目标。因此，作为人文学科，"大学美育"不光要向学生传授知识，更应该陶冶他们的性情，促使他们去思考生命的价值、人格的尊严这些终极问题。在探讨悲剧审美范畴时，我们曾围绕"悲剧在当下"展开了较多的分析。一方面，从电影电视中"苦情戏"的模式化和当代文学中"底层写作"的无病呻吟，批评当代艺术家并非真正关注弱势群体的现实苦难；另一方面，以赵本山的《捐助》等作品为代表，居然将下层社会的悲剧翻转为精英阶层的喜剧，从而呈现出闹剧化的格局，而草根阶层对此也只能从现实的无奈转换到话语的自嘲，在网络上调侃自己的悲喜人生。

在和学生探讨"悲剧在当下"这一问题时，我们并非刻意要和主旋律相悖。但是，文艺作品和现实中的实际情况，又使我们觉得非常有必要将实情托出，促使他们去直面中国社会的实际，认真思考文艺作品的厚度与深度，而不是整天陶醉于某些肤浅甚至下流的大众文化产品之中，为追求短暂的即时的快乐而无法自拔，从而帮助他们树立正确的是非观和价值观，而学生终会做出自己的判断。

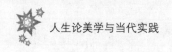

六 适度避免误区

人生的范围涵盖甚广，人生论美学并不是人生发展的百科全书。因此，"大学美育"通识课程在紧紧围绕学生做出紧跟时代步伐的调整之同时，也要适度避免一些误区。依笔者浅见，主要有以下几种情形。

（一）为追求课堂效果而忽视了知识讲解

授课过程中，教师如果过于重视课堂气氛之活跃、时刻想着如何抓住学生的注意力，由此，在教学内容上可能会淡化知识教学——因为对那些抽象的经典的美学理论感兴趣的学生不会太多——转而插科打诨，调侃一些滑稽乃至低俗的文化现象，这样的教学固然在课堂上会有一定的效果，但并不能带给学生真正的教益。因此，教师一定要妥善处理二者之间的关系。

事实上，传统的美学理论因为经历了历史的深厚沉淀，往往有着穿越时空的理论深度。譬如：对于喜剧为何引人发笑这一问题，霍布斯、康德和柏格森等人都贡献过他们的智慧。我们在教材中借用他们的理论来分析中国的民间故事乃至当代的电影和网络笑话，常能切中要害。由此可见，如果没有经典的美学理论作后盾，"大学美育"课程终究不会成为予人以智慧和启迪的课程。

（二）现象罗列绝不能取代理性评价

在讲解"电子信息时代的喜剧性：从'无厘头''恶搞'到'山寨'"这一章时，我们也用了很多例子。在最初的教学活动中，在举例方面花了很多时间，后来觉得此举有点喧宾夺主。因为我们的最终目的并不是要陪学生欣赏这些大众文化产品，否则类似的例子举不胜举。我们最终的目的是要分析、探讨这些例证，并能做出富有深度的评价，从而给学生以适当引导。因此，尽管我们在教材编排中采用的例子不少，但所挑选的例证都是经过深思熟虑的。在具体教学中，我们更注重对这些例证的分析、对它们之间共性的归纳，客观地评析何为高雅何为低俗，最终还是要落实到它们和作为美学范畴的喜剧性之间的关联，而不是博学生一笑草草了之。

（三）美学研究不等于文化研究

早在 20 世纪中叶，西方部分学者开始将研究重点转向大众文化，最有代表性的是西方马克思主义美学。八九十年代开始，国内也有不少学者对此亦步亦趋，更有学者积极倡导美学研究的文化转向。但时过境迁我们再深入思索，美的事物并不简单地等同于大众文化，否则将置自然界的美景于何地？置艺术史上那么多经典的艺术作品于何地？何况，大众文化产品的生命力能和那些艺术经典相提并论么?！同理，美学研究也不能简单地以转向大众文化了事。

所以，我们固然提倡在课堂上多引入一些电子信息时代的时尚案例，但我们却始终清楚美学研究与文化研究之间的差异，不仅特别关注这些案例的审美品性，而且在课堂讲授过程中着力把握好问题分析的侧重点，即：重视审美分析，适当提及社会学、文化学的阐释，但并不以后者取代前者。

（四）"大学美育"不等于"美学"

这两门课程虽然字面上差别不大，但教学内容应该各有侧重，教学目标上更要凸显差异。

"美学"更为侧重知识的系统性和完整性，即使是一些艰深的美学命题，但因为它们在美学史上的重要地位，授课过程中必然要重点讲解，譬如柏拉图、黑格尔等人对于美的本质的讨论，康德的崇高论，以及亚里士多德的悲剧论，在"美学"课程的教学中都是绕不过去的话题。而在"大学美育"中，则可适当淡化、简化上述较为高深的美学理论的讲解，或者用一些感性的例证来适度取代。

在教学目标上，"美学"更多的是让学生在系统了解美学知识的同时，培养他们分析、评价美的事物的能力。而"大学美育"更侧重通过赏析一些具体可感的美的事物，来陶冶他们的性情，促使他们的审美趣味朝着积极健康的方向发展。

最后我们要说的是：大学生的审美教育是一项系统的长期工程，它需要众多课程与社会实践一起形成合力。但"大学美育"作为其中的核心课程，应该在理论引导、价值评判方面起到良好的导向作用。

注释：

[1] 金雅、聂振斌：《论中国现代美学的人生论传统》，《安徽大学学报》（哲学社会科学版）2013 年第 5 期。

[2] 马建辉：《人生论美学与审美教育》，《社会科学战线》2015 年第 2 期。

[3] 陈元贵：《大学美育》，高等教育出版社 2014 年版。

[4] 肖鹰：《"天才韩寒"是当代文坛的最大丑闻——〈后会无期〉与韩寒现象》，《中国青年报》2014 年第 8 期。

人生论美学与当代音乐教育的民主精神

陈　芸*

摘　要： 人生论美学的理论研究对当代音乐教育产生了积极的影响，它强化了音乐教育中审美活动的实践品性以及对人类生存和生活方式的普遍关怀。本文以人生论美学原理为理论依据，揭示了传统音乐教育由于过度重视知识与技能传授而脱离了具体的音乐情境，忽略学生个体的创造、体验和分享，阻滞个体的创造力和想象力发展的种种弊端，进而提出以民主精神为音乐教育活动的出发点和推动力，建立人人参与、体验、创造、共享的音乐生活方式和审美实践是当前音乐教育的核心问题，也是音乐教育发展的美好愿景。

关键词： 人生论美学；音乐教育；民主精神；审美实践

当前，人生论美学的理论研究对当代音乐教育产生了积极的影响。关于其理论特征和精神标识，金雅教授说得好："其审美艺术人生动态统一的大审美观，大大拓展了审美的领地，不仅将艺术也将广

＊ 作者单位：浙江理工大学艺术与设计学院。

阔的人生纳入了审美的视阈，使得审美的问题不只是理论上的自娱自乐或单纯的艺术问题，也是关乎人、关乎生存、关乎生命、关乎生活的鲜活问题，从而有效提升了美学理论的思想品格和人文内涵，加深了审美对艺术和人生的深度融入，强化了审美活动的实践品性和生存关怀。"[1]这就将探讨人生的形而上的传统美学理论与形而下的现实生活紧密联系，并将抽象的美学理论具象化为活生生的现实人生，呈现鲜活玲珑的生命意象。她进一步指出："其关注生活、关切生存、关怀生命的突出品格，凸显了内在的美育指向和深沉的人文意向，必然使其走向具体的生命活动和现实的生活实践，走向审美教育与艺术教育。"[2]可见，以人的生命活动、生存状态和生活实践三个维度作为关注点的人生论美学原理和精神标识，正是成就一个自由、率真、丰富、圆融、完整的艺术人生，正是指引着当代美育和艺术教育的发展方向，正是当前音乐教育所要推进的美好愿景。那么，当代音乐教育中的核心问题是什么？笔者以为，建立人人参与、体验，彼此交流、分享的音乐生活方式和审美实践是当前音乐教育的核心问题。

一　以审美实践为核心的当代音乐教育

在音乐教育领域，创造性的审美实践活动成为当前音乐教育界十分关注的话题。一方面，这与我们所处的知识经济时代关于人才的培养模式的新要求息息相关。现当代教育赋予人才以新的社会含义和素质要求。"最重要的就是要重视人才的开拓精神和实践能力、进取精神和应变能力、创新精神和创造能力的培养。"[3]亦即注重培养不断解决问题的创新型人才。另一方面，当代音乐教育的专家和学者们纷纷提出了具有革新性的价值观和培养目标，如：美国音乐教育家贝内特·雷默（Bennett Reimer）在《音乐教育的哲学——推进愿景》中指出，"音乐体验才是我提出的这个哲学的核心价值，也是音乐学习的核心决定因素，我认为，音乐教育应该集中在这方面"[4]。这种音乐体验即"要求学生通过所有能够和音乐相交、理解和欣赏音乐的重要途径，积极投入到音乐中"[5]。也正是"一个人在参与到音乐当中时所体验的一切"[6]。可以说，音乐体验的终极目标就是对于个体生命的领悟和感怀。相较于贝内特·雷默所强调的"音乐体验"这一"知"的认知性层面，美国音乐教育哲学家戴维·埃里奥特（David J. Elliott）则更注重将"知"细化为具体音乐情境下的"行"的实践性层面，他认为，"教导学生如何音乐性地演奏和即兴创作融入了他们当前的和未来的音乐聆听能力"[7]，"音乐通过表演和即兴表演将学习者带入了音乐实践的心脏"[8]。如果说音乐体验注重对"知"的意义的探索、理解以及丰富情感的感知教育，那么，音乐表演则是产生"行"的成就和享受的实践教育。音乐体验拓展了音乐表演，音乐表演则深化了音乐体验。在音乐教育中，"知行统一"的审美实践活动促使当前世界音乐教育领域达成普遍共识，"国际音乐教育学会（ISME）认为：音乐教育能有效开发个体潜能，激发创造冲动，升华精神境界，提高生活质量；全世界音乐的丰富多样性给国际理解、合作与和平带来机遇"[9]。

显而易见，音乐教育重在审美实践。关于艺术审美实践的原理和意义，席勒曾在《美育书简》中提出他的基本观点，即美就是"活的形象"，它是凝聚着生命和情感的形式表征，是实现自由的必由之路。我国当代美学家蒋孔阳先生认为："人类的审美实践是作为审美主体的人在客观现实中的自由创造。"[10]如果说自由创造正是人之所以为人的最高目标，那么，人按照美的规律所进行的自由创造不正是音乐美育的培养目标么？然而，埃里奥特认为："传统的音乐课程总是按照音乐要素及其合成的活动的语言概念去组织教学。……尽管传统课程可能有一种表面的合理性，他们在本质上却是非艺术的和没有语境的。"[11]传统的音乐课程对于人才培养究竟缺乏何种语境呢？那就是"我们的传统音乐教育和音乐表演并没有为学生提供足够的'创造与众不同'的机会，特别是没有满足彼此分享和创造的需要"[12]。传统音乐教育由于过度重视传授知识的"合理性"而脱离了活泼生动的音乐情境，忽略了学生个体的创造、体验和分享，其固有的教学模式捆绑了个体的创造力和想象力，显露出"非艺术"甚或"反艺术"的种种弊端。这一反艺术的所谓"合理性"的教育现象同样发生在我国的音乐教育活动中，贝内特·雷默分别于1986年和1998年两次到访中国，观察中国音乐教育现状后得出如下结论："中国传统的学校音乐教学几乎完全重在培养一套狭隘的表演、听力和记谱技能。结果，教学方法主要靠死记硬背、练习、模仿、重复和按部就班的习惯养成。"[13]造成这种现象的深层原因是什么呢？王元骧教授指出："我们以往的教育观念深受唯智主义的影响，在培育人才方面往往偏重于知识教育而忽视审美教育，结果所造就的只是一种没有自由意志和独立人格的工具而不是整全的人。这就充分说明审美在培育整全人格上的地位和作用。"[14]传统音乐教学过度重视表演技巧以及音乐技能训练的"异化"操练，过度专注于音乐文本中的旋律、节奏、时值、音色的精确性，这种过度注重"技"的观念造成了音乐教育中的审美营养的大量流失，审美趣味的日益匮乏，音乐情境中的艺术性体验严重缺失。尤其是在音乐会乐队、合唱队、室内乐合奏等团队性的合作中，过于机械的表演技巧训练和刻板的排练形式导致学生的音乐审美感知力的钝化，导致音乐表演的创造力与协调合作能力的欠缺，导致个体丧失了对于音乐艺术美的精神享受。如此一来，严重阻滞了学生感受整体音乐的审美评判、分析与综合能力以及面对各种音乐情境所必备的应变能力的能动性发展。显然，以一味地追求技能为指挥棒，最终只会使学生陷入马尔库塞所说的"单面人"的危机，沦为丧失自由意志和完整人格僵化的工具。当然，团队成员之间的互助与合作更是无从谈起。因此，在音乐教育活动中，这种仅注重单纯的技巧训练而忽视审美功能的反艺术的教育现象令人感到悲哀与无奈。

那么，当代音乐教育如何避免落入传统技能集训的窠臼，转而贯彻平等、自由、开放的音乐教育理念？如何营造个体、社团或共同体之间彼此的尊重、互助、友爱、共享的教育氛围？如何发扬传统的音乐价值和审美原则并将其适用于当前新的社会生活和文化情境？一言以蔽之，如何确立以审美实践为核心的当代音乐教育理念？笔者以为，把握教育的民主精神是解决问题的关键所在，确立教育中的民主理想和民主精神应当成为研究当代音乐教育的新课题。当代音乐教育要呼唤并大力倡导民主精神，使民主精神照亮广大音乐教育的发展领域，并真正成为推动当代音乐教育大步前行的不竭动力，实现人人参与、人人创造、人人享有音乐生活方式的美好愿景。

二　音乐教育中的民主精神

（一）民主与共同体

何谓民主（democracy）？"民主即民治。……这个词源于希腊语，其词根为 demos，人民，kratein，治理。"[15]可见，民主亦即人民自治的制度。亚里士多德说得好："容许任何公民一律参加的就都属于平民性质。"[16]他所谓的"平民性质"可理解为民主制度。美国哲学家科恩（Carl Cohen）从民主的实质出发，阐明了民主的定义："民主是一种社会管理体制，在该体制中社会成员大体上能直接或间接地参与或可以参与影响全体成员的决策。"[17]他强调"参与是具有关键性的概念"[18]。社会成员参与的规模（深度与广度）以及参与的具体内容就是衡量民主的尺度。此外，他还指出，民主不只是着眼于民族国家，必须还适用于任何类型或大小的社会或社团（community）。科恩将民主与社会或团体组织联系起来的观点颇耐人寻味，这意味着民主并非局限于原有的国家民族的范畴和政治形态，而是某种共同生活的模式，某一个共同体或一个提供分享经验的可伸展的空间。对此，美国著名的哲学家、教育家杜威（Dewey）就有很好的阐述，"民主并不只是一种政治形态；主要乃是一种共同生活的模式，一种协同沟通的经验"[19]。杜威把民主落实到了教育体制的政策与管理，体现为一种共同生活的管理模式与经验分享。他所谓的"共同生活的模式"在教育实践中就体现为教学活动的具体情境或课堂情境。因此，自古以来，不论是亚里士多德所强调的"平民性质"还是科恩所阐述的"社会成员参与"，民主精神的突出特征都在某一种共同体生活中呈现出来。同样地，在教学活动中，参与及共享成为民主教育的核心因素。从当代音乐教育的语境来看，我们不仅要倡导"以审美为核心"的传统音乐教育理念，更需要秉持民主精神这把思想利器，不断地拓展和深化音乐教育理念，真正理解音乐作为社会生活共同体的一种经验模式对于人们的思想观念、社会生活、文化功能等诸方面所产生的深刻影响，充分认识到音乐是人人都可以参与、享有的社会生活和文化传播的重要组成部分。唯其如此，音乐教育才能培养具有完善人格和独立精神的人的审美情趣，才能在其审美实践中呈现每一个自由奔放的个体的生命情态。

（二）音乐教育与民主精神

音乐教育的民主思想及其理论早在古希腊时期就已萌芽，柏拉图在《理想国》中将音乐教育作为培养城邦卫士的方式之一，他说："教育是什么呢？……这就是锻炼身体的体育和陶冶灵魂的音乐。"[20]他主张教育应该从音乐开始，并强调"音乐教育比起其他教育都重要得多"[21]。原因有两点。首先，"节奏与乐调有最强烈的力量浸入心灵的最深处，如果教育的方式适合，它们就会拿美来浸润心灵，使它也就因而美化……其次，受过这种良好的音乐教育的人可以很敏捷地看出一切艺术作品和自然事物的丑陋，很正确地加以厌恶；但是一看到美的东西，他就会赞赏它们，很快乐地把它们吸收到心灵里，作为滋养，因此自己性格也变成高尚优美的"[22]。柏拉图肯定了音乐具有陶冶灵魂和道德情感作用，而培养高尚的道德情操正是民主教育的重要内容，因为人的道德品性与涵养直接影响他（她）参与社会活动的行为表现。同样地，亚里士多德在《政治学》中指出："音乐教育的确适合于少年们的真趣……音乐的曲调和韵律令人怡悦，而且渗透灵魂。"[23]亚里士多德认为音乐有三种功能：教育、净化、怡情。可见，音乐教育对人们的生存方式、生活实践、道德情感等都能产生积极的影响，这些影响不仅仅只是作用于音乐专职人员，而是广大的人民群众，因为，音乐是人类固有的特质，正如他在《诗学》中所说的："模仿出于我们的天性，而音调感和节奏感也是出于我们的天性。"[24]事实上，类似的观点在我国先秦时期的《乐记》中已有十分精辟的论述："凡音之起，由人心生也。人心之动，物使之然也。""乐者，音之所由生也，其本在人心之感于物也。""凡音者，生人心者也。情动于中，故形于声：声成文，谓之音。"[25]显然，这是从心物感应说来阐明音乐是人心所生，是人类情感的表现形式。荀子在《乐论》开篇就提出此观点："夫乐者，乐也，人情之所必不免也。故人不能无乐。"[26] 充分肯定了音乐的出现是人的本性使然。倘若说中西方的古代先哲们是立足于情感表现形式来论述人类具有表达音乐的天然禀赋的话，那么，当代美国的科学家和学者们则从认知心理学的角度对人类关于音乐的感知方式做了深入的研究。例如，科学家库恩（Robert Lawrence Kuhn）对大脑的生理结构和认知方式的研究表明："人类对音乐的感知方式是普遍的。……人类的大脑存在一些基本的结构，它们与生俱来，普遍存在，而且无论基于什么样的文化背景，大脑都能产生相似的认知方式。"[27] 多纳德·霍杰斯（Donald. A. Hodges）也说："人类生来具有音乐认知系统的禀赋，但是每个人操作这个系统的水平存在差异。"[28] 以上是从认知的角度提出的观点，与此相关的事实是，哈佛大学医学院音乐与脑科学的研究专家近来宣称："所有的人与生俱来就有理解音乐的情感和意义的能力。"[29] 这与加斯顿（Gaston）从社会人类学的角度提出的基本命题"所有的人类都具有审美的（音乐的）表现和经验的需求"[30] 非常相似。显然，加斯顿是进一步从审美的角度提出他的观点。无论如何，一个不容辩驳的观点是，音乐不仅是人类的情感表达方式，而且还是人类与生俱来的一种认知方式。亦即音乐是人类的特质，人类生来就具有从事音乐活动的潜能。

以上这些结论为我们揭示了一个极为重要的事实：不论人们持何种价值观，也不论是在何种文化背景中，音乐教育都不应该囿于精英教育的小圈子，更不应该仅仅将音乐视为特殊天才的专利，我们应该自信地走出音乐天才论的重重谜团，遵循人类普遍的认知方式和发展潜能，实现人人享有公平、公正、均等的音乐教育机会的大众音乐教育理念。我们坚信，上述研究结论为当代音乐教育的民主精神的合法化提供了充分而有力的论据。

但遗憾的是，有关音乐天才论的神话至今还未彻底破除，许多人仍然信奉并沉迷于 18 世纪天才论的传统观点而错误地以为音乐才能是天赋，不是人人都具备的，音乐教育只能是个别天才的独享，不能成为公共教育的基础课程。这些谬论无疑为当代音乐教育的清朗天空布下重重雾霾。对此，埃里奥特强调，音乐才能是一种智能或认知形式，是个体音乐素养的体现而非天才独有，他说："音乐素养不是分娩事件。它不是有些人天生就有而有些人天生就没有的东西。除了先天缺陷者以外，每个人都有合格地制作和聆听音乐的必要感知能力。因此，所有的孩子都有权利得到机会来发挥他们的音乐素养，为了自我完善、自知自觉和享受，以及很可能为了未来观众的享受。……音乐素养在音乐教学中得以提高，这既非天赋也不是天才。实际上，一些人只是看起来具有高水平的音乐智能和高层次的、学习制作和聆听音乐的兴趣罢了。"[31] 作为音乐教育工作者，我们需要时时警惕，音乐天才论的观念无疑是违背音乐教育的民主理想这一事实的，它扼杀了教育中的民主精神，是导致音乐教育精英化、边缘化的罪魁祸首。我们只有清醒地认识到这一点，才能明确音乐教育的培养目标不是莫扎特、贝多芬、勋伯格，而是赋予每一个生命个体以适合他们的音乐生活方式。因此，我们应该时刻怀揣民主理想，发扬民主精神，尽可能地给每一位学生（包括残疾儿童）提供接受音乐教育的均等机会，让每一个生命个体都沐浴在民主精神的光芒之中并茁壮成长，让每一个灵魂都能畅享音乐殿堂里丰美的艺术果实。

毋庸置疑，音乐应该成为完整教育体系中不可或缺的基础教育的核心课程。试想，如果每个人都能参与和享受音乐生活方式，并在特定的文化共同体中实现情感表达、精神娱乐、社会交流、文化传播、人际交往、互助合作等诸多形式的协作模式和经验分享，那么，这些丰富多彩的音乐文化生活无疑将促发个体对于生命意义的多维度的感悟、理解和表达。正如贝内特·雷默所言："音乐教育的存在，就是要培养人们在音乐的参与中，获得更深、更广、更重要的意义的潜能，帮助他们从内心认知，借助知其然和知其所以然而懂得如何。"[32]因此，音乐教育既是人文艺术教育的一种普遍有效的形式，也是某种社会文化活动的具体体现；既是一种实现审美的人生理想，又是与政治、伦理、道德诉求紧密关联的社会事业。我们必须把音乐教育的价值和目标与发展学生个体的自我人格塑造、自身价值的思考能力紧密结合，使音乐教育思想渗透到一个深广的、有机的、有原则的、统一的社会生活的审美实践之中，实现音乐教育的民主精神和民主理想。

三 推进"知行统一"的音乐教育愿景

我们不仅需认清当代音乐教育所处的历史情境与发展现状，而且还要展望未来的发展愿景，并为推进这一愿景而不懈努力。

首先，认清当前音乐教育的情境。当前音乐教育研究逐渐从传统的重视培养单一技能的模仿能力，转向强调复合型的创新能力的培养。实践哲学研究表明，音乐不是单纯技巧的刻板模仿，而是一种"多样的、人文的、参与性的、社会性的和表演性的艺术"[33]。为了切实推进音乐体验和音乐表演高度结合的"知与行"的音乐教育愿景，美国哥伦比亚大学教授兰德尔·阿尔苏巴（Randall Everett Allsup）提出："教师可能不得不实施新的教学策略和任务：教学方法应强调创造性、即兴创作、多元文化、对话或合作学习，等等。"[34]可见，创造性、参与性和社会性已成为当前音乐教育的关键词。此外，面对新的教育发展形势和音乐情境，音乐教育工作者还需重视将本土文化与多元文化融合，培养世界视野和世界情怀。因为"当代，音乐教育必须面对越来越多元的社会文化特征、越来越多元的教育对象、越来越多元的音乐文化，并作出应有的回应"[35]。

其次，明确音乐教育的价值和学生的主体地位。从注重音乐本身转向发现学生个体的发展价值，并且培养他们创造音乐和表现音乐的兴趣。"音乐教育的价值不仅仅囿于音乐本身，更主要地还是体现在个体发展价值与社会发展价值两个方面，它对推动整个人类社会的发展具有独特的作用，这是目前世界音乐教育领域的共识。"[36]这就需要我们思考如何引导学生个体积极参与音乐教学活动，为他们适时提供体验音乐、创造音乐、表现音乐的机会，培养学生浓厚的音乐学习兴趣和爱好，真正确立学生在音乐教学活动中的主体地位，促进学生对于音乐学习和探索能力的可持续发展。

再次，确立音乐教师的多重角色。若要使绝大多数学生参与到音乐教育活动中来，音乐教师所扮演的角色就"不仅必须是音乐家，不仅要熟悉教育学原理，而且还要对各种熟悉或不熟悉的音乐语境表现出极大的兴趣"[37]。因此，"理想的教师是鼓励对音乐以尽可能多的方式进行开放自由的探索的人，以广泛、深刻、音乐性的理解为首要目标……提供一种音乐性的教育而不是音乐培训"[38]。诚然，音乐教育的改革不仅仅是设置适切性的教学课程和教学任务，调整教学策略，改进教学方法，转换教师角色等实践层面的教学改革举措，更重要的还在于教育理念层面的调整、更新与重构。如此看来，人生论美学思想和理论创新无疑为当代音乐教育的理念更新和审美实践的发展注入了新的活力。

众所周知，音乐教育引导价值观和人生观的形成。当代音乐教育不仅是投入音乐活动中的体验式的感知教育，更是人人参与、创造、表演及共享的丰富多彩的音乐生活实践。但是，我们要清醒地认识到，盲目追求纯粹性的表演技巧的传统音乐教育理念不利于推动学生音乐创造力和批判性思维的发展，不利于促进团队成员之间的互动、交流、合作与共享，不利于增进对世界各民族文化多元性的理解，不利于培养人文情怀、人生情韵和开放的格局。那么，如何以审美的人生论美学引领人们走向真正的音乐艺术生活呢？正如埃里奥特所言："聆听音乐所固有的价值是生命的中心；自我完善、自知自觉、自尊、创造性成就、人文的和文化的共鸣以及享受是所有人类文化中心的生命目标和价值。"[39] 至此，我们不禁要问，当代音乐民主教育不正是为了更好地培养未来自由平等的公民吗？不正是实现席勒在 18 世纪就倡导的通过审美教育获得理想个体的全面发展吗？不正是我们今天努力遵循社会发展的共同理想及其核心价值观吗？因此，我们坚信，推进"知行统一"的音乐审美实践是当代音乐教育的美好愿景。为了实现这一愿景，唯有倡导民主理想和民主精神，才能真正建立起人与人之间所保持的恒久的忠诚、正直、信赖、尊重与友爱的人生态度，实现平等、博爱、自由、美好的人生理想。

注释：

[1] [2] [14] 金雅、聂振斌：《人生论美学与中华美学传统》，中国言实出版社 2015 年版，第 13 页；第 261 页。

[3] 童富勇：《现代教育新论》，浙江教育出版社 2005 年版，第 3 页。

[4]［5］［6］［13］［32］［38］贝内特·雷默：《音乐教育的哲学——推进愿景》，熊蕾译，人民音乐出版社 2013 年版，第 195 页；第 378 页；第 250 页；第 6 页；第 250 页；第 7 页。

[7]［8］［11］［31］［33］［39］戴维·埃里奥特：《关注音乐实践——新音乐教育哲学》，齐雪、赖达富译，上海音乐出版社 2009 年版，第 98 页；第 162 页；第 166 页；第 220—221 页；第 97 页；第 221 页。

[9] 郭声健：《音乐教育论》，湖南文艺出版社 2004 年版，第 32 页。

[10]《蒋孔阳全集》第 3 卷，安徽教育出版社 1999 年版，第 39 页。

[12]［34］［37］兰德尔·阿尔苏巴：《音乐互助学习与民主行为》，郭声健译，湖南师范大学出版社 2009 年版，第 3 页；第 3 页；第 3—4 页。

[15]［17］［18］科恩：《论民主》，聂崇信、朱秀贤译，商务印书馆 1988 年版，第 6 页；第 10 页；第 11 页。

[16]［23］［24］亚里士多德：《政治学》，吴寿彭译，商务印书馆 2007 年版，第 197 页；第 430 页；第 12 页。

[19] 约翰·杜威：《民主与教育》，薛绚译，译林出版社 2012 年版，第 3 页。

[20]《柏拉图对话集》，王太庆译，商务印书馆 2004 年版，第 420—421 页。

[21]［22］北京大学哲学系美学教研室编：《西方美学家论美和美感》，商务印书馆 1980 年版，第 37 页。

[25]［26］吴钊等选编：《中国古代乐论选辑》，中央音乐学院中国音乐研究所，1962 年，第 19—21 页；第 70 页。

［27］［29］罗伯特·劳伦斯·库恩：《走近真实——科学、意义与未来》，龚勋译，上海人民出版社 2006 年版，第 62 页。

［28］［30］多纳德·霍杰斯：《音乐心理学手册》，刘沛、任恺译，湖南文艺出版社 2006 年版，第 552 页；第 14 页。

［35］覃江梅：《当代音乐教育哲学研究——审美与实践之维》，上海音乐出版社 2012 年版，第 215 页。

［36］郭声健：《音乐教育论》，湖南文艺出版社 2004 年版，第 32 页。

中小学艺术培训机构的人生审美教育

张贵君[*]

摘　要：人生论美学倡导人生、艺术与审美的动态统一的大审美观，真善美、知行意的融会贯通，追求物我交融、有无相生、出入自由、诗性交融的审美境界，是一种理想化的至高的精神追求，其将审美延伸到了广阔的人生，彰显了关注生命本质的人文情怀。中小学生校外正规艺术培训机构重视学生审美意义的教育实践，是审美对艺术和人生的深度融入，是人生论美学在现实生活中的具体的生命活动。本文从艺术审美维度出发，从学校、家庭、社会多角度分析中小学美育现状，具体阐述了当前国内中小学校外规范艺术培训机构重视艺术审美教育的具体实践，探讨人生论美学对中小学艺术教育的社会影响与人生实践指导，强调中小学审美教育的重要性。

关键词：培训机构；艺术教育；人生；审美；情感教育

---

* 作者单位：杭州巨飞教育集团。

　　人生论美学的核心是美情，重视艺术与人生的关系，倡导人生、艺术与审美的动态统一，真善美、知行意的融会贯通，追求物我交融、有无相生、出入自由、诗性交融的审美境界。[1]这是社会物质文明发展到一定程度后人类精神层面至高的追求，它是一种理想化的生活状态。现代文明高速发展，人们不仅重视个人艺术修养和审美品位，追求生活的高雅与趣味，同时追求诗意的生命境界。人生论美学精神层面的诗意追求影响并指导着现实生活美育实践。正确处理人生与艺术的关系，从为人生的出发点追求艺术，将艺术融入人生，用艺术涵养生活，提高人生的艺术品位，从而创造更丰富的至善至美，这是当代审美教育的最终目标。美育属于情感教育的范畴，梁启超说："情感教育最大的利器，就是艺术。"[2]映射到中小学生美育问题上即通过艺术教育，提高艺术修养，陶冶情操，实现以美育人、以情化人的育人目的。

　　画家杨晓阳说："人类只有在青少年时期接受艺术教育，才能形成健康的艺术观念和欣赏习惯，这种观念和习惯是成年后无法再弥补的。"[3]中小学美育的最终目的不只是教学生掌握基本的艺术技能，更重要的是提升个人人文与审美素养，提升审美鉴赏能力，并学会用美的视野审视生活，品味生活，创造新美。其美育实施并不仅仅局限于校园，需要家庭、学校及社会三者合力完成，家庭教育是学校美育的起点，更是补充。叶朗先生说："精神追求是美育的灵魂。"[4]对孩子的美育过程不仅仅是培养孩子的审美能力，达到育人目标；同时也是家长完成个人夙愿，完成家庭生活的艺术审美规划，完成现世生活精神超越的过程。概言之，家长重视中小学美育也是家长培养"生活的艺术家"，实现个人人生审美与追求诗意人生的精神追求过程。

一　当前中小学艺术教育的现状

美育近年来成为两会关于教育问题的新热点，当前中小学以培养学生综合素质的德、智、体、美、劳教育教学中，美育仍处于边缘位置。公立学校美育课程主要包括音乐、美术、书法等，但落实效果并不理想。很多学校因艺术专业教师资源紧缺，艺术课程被主要的文化课所挤占；也有一些学校将艺术课程作为学校文化课程的点缀，重视应试技能教学训练，忽视艺术本身的审美属性特点，忽视学生艺术兴趣、审美鉴赏及创造力的培养，对艺术教育审美育人的教学目标认识不够，课程教学收效甚微。中国画院院长杨晓阳在 2015 年两会上曾大声疾呼："中国教育体系中，艺术教育严重缺失！"[5]

针对这一问题，国家教育部近年对学校美育、艺术教育加强重视，提出学校要改进美育教学，要求艺术课程与文化知识学科渗透融合，提高学生审美和人文素养。并根据中小学生身心发展水平和特点，开设丰富优质的美育课程，主要包括音乐、美术、舞蹈、戏剧、戏曲、影视等。通过基本技能学习，激发学生艺术兴趣，发展想象力和创新力，培养审美趣味、审美格调、审美理想，丰富审美体验，开阔人文视野。同时让传统艺术走进校园，在艺术课程中加强中华优秀传统艺术教育，例如绘画、书法、音乐、舞蹈、戏曲、园林、建筑、雕塑、工艺美术、传统美食、传统服饰等浸透着中华五千年文明，代表深厚的文化底蕴的国学精粹，通过国民教育系统强化，发扬民族的艺术文化特色。2016 年教育部大力改革中小学中高考政策，增加语文学科在高考分数中的比重，将美术、音乐逐步纳入中考，作为基本素质考核标准之一，以此提高中小学生的文学、艺术鉴赏水平。这一美育教学方针改进措施将课堂教学、课外活动、校园文化三位一体重点

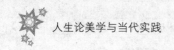

推进，会大力推进美育普及与发展。但审美教育的成效并不是立竿见影的，艺术的熏陶与心灵的美化需要潜移默化的长期过程，加上艺术课程长期处于边缘化的位置，艺术专业教师资源仍需要合理调配，学校及家长对于艺术课程在公立学校实施的思想转变等使得美育工作的实施及目标的实现还需要一定的时间。

二　当前艺术培训机构的运营特点

教育始于家庭，父母是孩子人生的第一任老师亦是最长久的老师，家庭教育关系孩子一生的发展，家长需要为孩子美育提供生长的土壤和环境。家校互助是美育推行的最好模式。基于长期以来公立学校美育资源缺乏现象，很多有一定的文化素养的中小学生父母，不满足于孩子学校文化课程的学习，纷纷选择校外培训机构通过艺术课程的专业培训来弥补学校艺术教育的不足，通过校外艺术课程个性化的辅导学习，让学生感受美、表现美、鉴赏美、创造美，提升孩子艺术兴趣，提升人文素养和艺术鉴赏能力，让孩子赢在起跑线，提升孩子在未来社会的竞争力，为父母实现对于孩子未来艺术化的人生规划做准备。

当前大型的规范的校外艺术培训机构在市场的推动之下，力求长足发展，运营模式呈现以下特点。首先，课程教学内容及辅导模式较公立学校艺术课程更丰富多样。当前培训机构主要的艺术教育课程有：音乐、美术、舞蹈、语言表演、围棋象棋等。音乐分为声乐、钢琴、小提琴、萨克斯、古筝、吉他、二胡、笛子、琵琶等；美术分为儿童创意画、素描、国画、水粉、软笔、硬笔书法等；舞蹈分为少儿民族舞、拉丁舞、芭蕾舞、街舞等；语言表演类的又分为小小主持人、口才与演讲、社交文明礼仪、诗歌朗诵、话剧等课程。此外，在近年国家新课改倡导"促进学生全面而有个性的发展"的政策指导下，对文化课程进行基础整合、美育拓展，开设以实践、趣味、公益、探究为主题的绘本阅读、古诗词鉴赏、国学经典启蒙、快乐记忆、趣味数学、魔方科学、创意手工、潜能思维开发、生物探秘等系列拓展性课程，为学生提供更多的动手操作机会、实践体验、合作学习的机会，开发和培育孩子的潜能和特长，发展个性，提高学生的学习兴趣及综合素质。可以看出，艺术培训机构的课程设置根据孩子年龄大小呈现多元化特点，较公立学校艺术课程分类更精细，体现出更多的个性特点和可选择性。

其次，更注重因材施教，教学技能方面专业性和针对性更强。都是聘请艺术学院毕业的专业学科教师授课，有一定资质的学校甚至会邀请艺术名家亲临指导，提高品牌影响力。教师教学也会针对学生特点及家长要求合理安排辅导时间，制订一对一个性化辅导方案，给予孩子100%的关注，全程跟踪服务；教学环节中，老师教学风格不拘一格，生动活泼，以培养兴趣为主，注重学生学习成果的展示，尊重学生个性，注重培养孩子自主精神及潜能的激发，学习成效显著；机构管理者在激烈市场竞争下定期对教师教学质量进行综合考评，定期展开家长问卷调查，为提高家长满意度不断改进，提升品牌形象，扩大影响力，在一定程度上能满足家长的需求。此外招生大多采用先试听后报名的模式，以开放自愿的原则吸引家长咨询了解，校区教学、师资以及综合服务时刻接受家长的检验，公开透明的管理模式在一定程度上解决了家长的后顾之忧；培训机构注重家校沟通，注重学生学情适时反馈，家长因交纳高额辅导费用，对孩子辅导效果也较为重视，对于教师提出的意见和建议也愿意配合，在一定程度上保证了教学的顺利开展及教学的效果和质量。

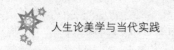

再次，更具有艺术学习氛围。在硬件设施方面，艺术机构环境极具审美艺术特色，在室内装修、绿化设施及教室的装点方面都别具一格，尤其在线条装饰、材料使用、物件摆放和色彩描绘等方面注重艺术美学内涵的展示，散发着艺术的魅力，在这种有着艺术色彩和艺术氛围的环境中学习，对于激发孩子的想象力、创新能力和创美能力至关重要，这一点也符合家长的需求。艺术培训机构这种商业化的教学管理模式在一定程度上有效地推进了艺术美育教学的顺利实施，也在一定程度上践行了以提升艺术技能、培养审美情趣、拓宽艺术视野、提高审美鉴赏能力和激发创作能力的艺术教学目标。

三 艺术培训机构的人生美育实践

艺术教育的最终任务是什么？首要的是提高人的艺术修养，通过美的教育达到育人的目的。针对当前国内培训机构竞争激烈的现状，各大机构都在寻求新颖的美育实践。"美育的深层意义是通过建构以自然美育、艺术美育、生命美育为重心的立体审美教育网络，引领当代儿童主体性、创新性、感受力、想象力及其人格、人性等的和谐发展。"[6]为了在激烈的竞争中占据领先位置，各大艺术培训机构已经不仅仅满足于对孩子学科知识、业务技能方面的教学服务，充分挖掘展现美育的深层意义，满足家长对孩子人生艺术规划的审美需求，获得家长对培训机构教育理念的认同感，成为艺术培训机构努力的方向。

首先，营造"美"的文化精神，打造爱的能量场，以美情化人。梁启超认为艺术是表现情感抒发情致，掌握着"情感秘密"的钥匙，同时艺术情感具有"移人"之力，可以激发内心的诗意情怀，砥砺内在素养和品格，情感是人类一切动作的动力。[7]对学生实施情感教育是教育机构的赢心之本。情感教育是在审美状态中带来美好情感，把人类原始本能情绪中丑陋的粗野的自然情感加以净化提升，由实用功利态度过渡到超功利的精神层面，由日常情感上升为审美情感，美使人走向自由，并恢复自身的完整性，进入一种纯美高尚的美的境界，提升自己并感染他人。艺术培训机构管理者很重视情感的激发作用，注重培养孩子的美的心灵和美的创造力。在具体教学工作实践中，即是用爱心、耐心、责任心灌注于每一个学员的心灵，精心培育，以情动人。用爱的目光关注孩子，用爱的微笑接纳孩子，用爱的语言激励孩子，用爱的细节感染孩子，用爱的行动欣赏孩子，用爱的胸怀包容孩子，用爱的策略约束孩子，把爱的机会还给孩子，关注孩子内心和谐，关注孩子人格发展。为孩子创设一个自由的、愉悦的学习交流平台，在无功利的艺术审美的氛围中创造美。用爱的信仰、优美的情感来感染激发他人，将美的文化精神沉淀、渗透，长期传递下去，最终完成对孩子艺术技能及做人、人格提升的生命教育。

其次，开展丰富多样的实践活动，为孩子人生助力。培训机构很重视校园文化内涵的打造，重视教、学、做三者的统一。依据国家法定节假日开展节日文化活动，如端午节制作香囊手工，儿童节举办节日狂欢庆典。平时定期举办参观艺术展览、校外写生、师生音乐会、影视欣赏、艺术作品比赛和交流、亲子活动沙龙、学员生日 party、绿色生命主题类的创意实践、户外拓展训练活动、游园活动、夏令营等。通过活动实践，给孩子们提供一个自由愉悦的成长空间，在参与合作中体验生活，亲近自然，开阔视野，感受自然之美，体验生活的乐趣。同时充分发挥孩子的天性，激发孩子的创造力和想象力，培养自立自强自信的能力，培养团队合作及创新能力，增强感恩意识，培

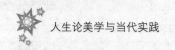

养责任感和积极乐观的心态，有助于增进亲子关系，最终完成锻炼、磨砺，实现认识人生、陶冶情操的美育目标。

再次，培养优秀父母，为孩子人生之路正确导航。让家长学习，让父母改变。艺术教育体现着一个家庭的教养，优秀的父母都是孩子生命中的摆渡人。英国学者赫胥黎说过，"欲造伟大之国民，必自家庭教育始"。童年是孩子最重要的成长阶段，这个阶段父母的教育对孩子一生的智慧、情感、意志影响深远。辅导机构通过家庭教育系列公益讲座、家庭教育网络微课堂、教育教学动态分享、亲子沙龙活动等形式帮助父母掌握教育思想，培养先进教育理念，交流正确有效的亲子教育方法——欣赏激励、控制情绪、爱的表白、营造幸福家庭等。近年来国内很多机构逐步推广并开设父母大学课程，目前大多采用家庭教育公益讲座、微课程、视频或语音转播模式，家长整体比较认可、重视，但培养优秀父母全面投入市场化运作还需要一个思想转变的过程。卓越子女的培养需要父母言传身教，以身作则，只有提高家长的文化素养，提升家长生活认知及审美能力，才能让家长真正参与到孩子的教育中来，才能成为孩子人生的榜样，才能为孩子人生之路正确导航！家长人文素养的提升、家庭教育的普及对于中小学生审美教育的实施有重大推进作用。

四　小结

以上人生美育实践是国内某些比较规范的艺术培训机构的通行做法，在一定程度上弥补了学校美育不足的问题。但中小学审美教育的普及与推广只依靠校外培训机构还远远不够，部分培训机构内部也存在教师资源短缺及课程开设单一的问题，也存在只重视技能培训忽视艺术审美的现象，这在一定程度上也会制约美育的建设；另外，部分学员家长因为经济条件限制，承担不了高昂的辅导费用，而使得孩子无法接受正常的艺术培训，这些都急需公立学校艺术教育课程的普及与推广来解决。

人生论美学的出发点在为人生，这是一种积极奋进的人生创造态度和生命超越精神，是梁启超的"知不可而为"与"为而不有的"统一，是朱光潜出世与入世的和谐，是宗白华的"得其环中"与"超以象外"的自由，将审美延伸到了广阔的人生，彰显了关注生命本质的人文情怀，其必将走向现实人生指导具体的生命实践。[8]中小学生校外艺术培训机构重视学生审美意义的教育实践，是审美对艺术和人生的深度融入，是人生论美学在现实生活中的具体的生命活动。美的艺术是美的情感与美的形式的统一，艺术教育必须将艺术与生活、艺术与情感、艺术与文化、艺术与科学融合在一起，必须将艺术技能提升与艺术审美能力、人文素养的提升相结合。中小学大力倡导美育的真正目的不是培养一批真正的"艺术家"，而是用美育来指导人生。通过艺术技能学习和艺术的情感陶冶来涵养情趣，提升整个民族的文化品位和人文素养，激发想象力和创新意识。

注释：

[1] 金雅：《人生论美学传统与中国美学的学理创新》，《社会科学战线》2015 年第 2 期。

[2] [7] 金雅主编：《中国现代美学名家文丛·梁启超卷》，浙江大学出版社 2009 年版，第 102 页；第 102 页。

[3] [5] 金叶：《画院院长：再不调整艺术教育会助长低俗文化泛滥》，《广州日报》2015 年 3 月 22 日。

［4］叶朗：《精神追求是美育的灵魂》，《光明日报》2015 年 10 月 12 日。

［6］金雅、郑玉明：《美育与当代儿童发展》（内容提要），浙江少年儿童出版社 2017 年版。

［8］金雅：《人生论美学传统与中国美学的学理创新》，《社会科学战线》2015 年第 2 期。

人生论美育与职业院校艺术设计 教学实践的创新

李　琦*

　　摘　要：美育应结合高职艺术教育，通过美育教学与互动，唤醒学生的内心；通过趣味教学，组织各种内涵丰富的教学和文化活动，使学生世界观、人生观、价值观更成熟。通过美育教学，提升高职教学的内涵，可以使高职艺术设计学生达到人生境界的内感、内省、内悟，美育要上升到内审美的境界。

　　关键词：高等职业艺术设计教育；美育；趣味教育；教学实践

　　高等职业艺术设计教育的教学理念、课程设置、教学方法一直在不断地创新，工学结合、翻转课堂、微课、慕课等教学模式和方法不断地推出，教学越来越具有针对性。但是，高职艺术类教学改革似乎很难从根本上解决现有大部分学生厌学的问题。国务院于 2015 年 7 月 27 日印发的《国务院关于加快发展现代职业教育的决定》指

---

　　* 作者单位：浙江同济科技职业学院。

出："要全面实施素质教育，科学合理设置课程，将职业道德、人文素养教育贯穿培养全过程。"《创新发展高等职业教育三年行动计划（2015—2018 年）》指出："加强和改进学生思想政治教育工作，促进职业技能培养与职业精神养成相融合，加强文化艺术类课程建设，完善人格修养，培育学生诚实守信、崇尚科学、追求真理的思想观念。"这一系列指导意见，目的是让学生具有艺术眼光和审美态度，提升人文素养，有高尚的精神调节能力，具有更好的人格修养，在走向社会之后，能够更好地发挥人生价值，获得更多的人生幸福感。

"美育与艺术教育两个概念可以相互包容，但并不完全相同。美育含义比艺术教育宽泛，它包含艺术教育，并以艺术教育为主要途径；除艺术之外，自然、社会的方方面面，都是审美教育可利用的资源。"[1] "美育与德育、智育、体育一样，都是为了提高人性，为了培养做人的能力而设。"[2] "美育提倡人以审美的态度对待社会、自然，特别是审美地对待'自身'。重视美情、强调提情为趣的致思路径，突出了情感在人格建构中的核心意义和美情在生命涵育中的中心地位，其关注人格关怀生命的人生论美育旨向，在当下日益注重效益、实用的时代，有其独特、重要的人文价值和意义。"[3] "这一理论以热爱生命、讲求责任的积极的人生倾向，注重情感（趣味、情趣）、重视理想（意境、境界）的浪漫的审美品格，弘扬生命、追寻意义的诗性的哲学意向，相交融为远功利而入世的中国式审美人生精神。它要求主体以人格精神的艺术化提升来超越小我纵身大化，追求生命境界和生命意义的积极实现。它融审美与启蒙为一体，重在关注艺术之美对人的精神与人格的唤醒与提升。"[4]这对高职教育的发展具有很好的引导作用，从内部攻克了动力不足的难题，人生论美学（育）倡导大美学（育）观，在提升艺术设计技巧的同时，涵育艺术美育态度与心境，这种大审美观将"实际人生"与"美的人生"相区别、"小艺术"与"大艺术"相区别、"唯美"与"至美"相区别，确立了生命永动、艺术升华、人生超拔的大美维度，通过人生美育提升高职艺术教学走向更美好的未来。

一 通过人生论美育唤醒学生的内心巨人

高职学生相对基础较差，学生在校期间很难使美术技能和设计表现达到自己最满意的状态，学生在课堂上会有较大的挫折感。由于自控力和意志力薄弱，学生在校厌学情况比较严重。在文化类课堂上，经常可以看到学生打瞌睡，玩手机；在专业设计课堂上，很多同学不能积极参与到设计教学中，老师在进行理论讲解的时候，一部分学生同样沉浸在手机中；在做项目设计时，一部分学生会因为创意不够或者软件操作不够熟练而无法参与教学。当代高职艺术类学生在情感上消极对待学习，学习积极性不够，自我整合能力差，容易自暴自弃。经常给自己找理由，借故逃避学习中的困难，缺少坚韧不拔的耐力和坚持不懈的努力的精神。

针对高职艺术类学生，我们更要注意教学的方式，通过美育，唤醒学生内心的巨人。梁启超认为教育摧残趣味有几种情况："第一种就是'注射式'的教育，即教师将课本里的知识硬要学生强记；第二种是课目太多，结果走马观花，应接不暇，任何方面的趣味都不能养成；第三种是把学问当手段，结果将趣味完全丧掉。"梁启超认为："无论有多大能力的教育家，都不可能把某种学问教通了学生，其关键在于引起学生对某种学问的兴趣，或者学生对某种学问原有兴趣，教育家将他引深引浓。"[5]对于高职学生，更要注意教学中的方法与方式，通过鼓励、引导给学生学习的自信，而不是填鸭式的教学，通过美育教学，结合学生自身的兴趣爱好，给学生独特的人生体验。很多高职院校采用的工作室教学，通过大师带学生，让学生可以直接在校进行项目学习，在学习过程中，学生参与实际的项目，可以直接与客户沟通，成果有机会被企业采用，也是一种美育教学的很好形式。在授课过程中，重视与学生的情感沟通，定期开展美育活动，通过美或艺术的审美实践活动，重视创造和欣赏，激发或宣泄学生感情。通过美育教育的引导，激发学生对审美的兴趣，引导学生感受和欣赏到美，激发对美的渴望。

二 在美育人生中体验趣味教学

一般高职艺术设计专业的学习有两大类型：一类是造型基础，如素描、色彩、速写、构成、软件等课程，着重操作性，属于程序性学习；一类着重设计性，即发散学习，如图形创意、广告设计和包装设计。但是在具体教学的过程中，高职艺术设计专业往往只侧重临摹类的技术性学习，教学安排上大都是针对职业技能的软件学习和设计训练，忽视了学生相关审美能力以及相关修养类课程的教学。

有的高职学生说，在校期间如果满足于课堂内学的东西，只够做一个制图员。学生毕业后进入设计单位，尤其是大的创意公司，无法完成相应的设计类工作。高职毕业生只能帮着设计师打打下手，将设计师的创意手绘草图，用电脑将其完稿，然后按照设计师的要求不停修改，直至满意，缺少创新精神。导致很多学生只能在美工的岗位上工作，设计作品质量不高，没有设计内涵和生命力。"梁启超在教学中倡导实施趣味教育，他认为应以引导与促发为主，他认为美是人生最重要的因素。他以'趣味'为核心范畴，倡导趣味主义的人生姿态和乐生爱美的人生旨趣，并创构了一个以趣味为核心、情感为基石、以力为中介、以移人为目标的人生论美学思想体系。他要求审美主体以饱满的情感孕育有责任的趣味，在实践中，创造美享受美，改造自我改造社会。"[6]在课程中，可以安排一系列人文类课程，对学生进行有意识的指引；在课外可以安排一系列人文以及设计师讲座、观看设计展览、到设计公司实践等活动，通过在职业教学中的互动，加强美育教育；引导学生积极参加设计比赛，通过比赛，主动提高设计能力；举办假期三下乡活动、送温暖活动，都可以给学生很好的生活感悟；重视院校交流，通过交换生、游学的形式，拓宽学生视野，让学生能够发挥学习的主动性，成为学习的主人。同时通过社会活动，让学生更清楚地认识到自己的社会责任和社会地位，化被动为主动，向内可以自己调节好自己的情感世界，对外可以通过努力提升专业技能。"中国现代美学家一致强调，要通过艺术教育和审美教育提高人们的艺术修养和审美能力，使人们不仅有能力生存于现实，还要有能力超越现实；不仅为温饱舒适而劳碌，更要追求充实而高尚的精神生活，才能感受到人生的趣味和价值。"[7]

《教育部关于全面提高高等职业教育教学质量的若干意见》指出："高职艺术教学适当压缩必修课门数和学时，要求增加选修课比例，增加一些专业选修课，同时也强化了基础文化素养选修课的学时要求，扩大学生视野，拓宽学习内容，调动学生学习的自主性和主动性，起到良好的效果。"梁启超曾经指出："情感教育的最大利器，就是艺术。音乐、美术、文学三件法宝需要结合起来。趣味的生命可以在具体的劳作、学问、艺术、游戏等活动中去培育。而不管通过哪一种途径去培育，其关键都是趣味主义生命态度的养成，也就是'生活的艺术化'精神的养成。"[8]高职艺术类院校尤其需要重视该类课程，写生、采风都是学生进行趣味学习的很好体验，同时开设相关的选修

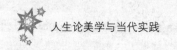

类课程，如歌剧、电影赏析、篆刻、陶艺等，可以培养良好的艺术修养与性格，对于学生的情感有陶冶和净化作用，强调通过艺术教育来培养人们和谐、美好、宁静的心灵和情感，实现完美人格的创建。

通过趣味教育，可以让学生体会设计中的各种乐趣，丰富人生经历，而不仅仅是技能上的操作；通过趣味教育，学生会看见设计背后的故事，会了解设计与人的关系，会有意识地去探究设计是什么，应该怎么做；通过趣味教育，帮助学生摆脱固有的思维模式的影响，建立有效的审美价值观；通过学生对设计的欣赏，促进艺术技能训练，激发学生的艺术热情，从而得到艺术表现能力的全面提高，避免高职教学成为僵化的设计强化训练。

三 在高职艺术类教学培养目标中要重视人生论美育的作用

在传统教学模式下，高职艺术设计专业培养的目标是使学生获得职业能力，培养具有较强的实际操作技能的应用型人才。职业艺术设计教学特别重视学生技术应用能力的培养，教育紧紧抓住"技术""技能""应用""岗位"等目标，重视学生职业素养和职业能力的培养。在培养过程中，以工作岗位为依据，进行教学组织与安排，重视工作流程，强调学生软件的应用熟练程度。这种教学模式突出对技术素养和实践能力的训练，看重的是生存训练，太过功利，一定程度上忽略了对学生的美育教育，忽视了生活的需求和学生的心理感受，从而导致学生的审美判断力和审美创造力很难上升到更高的水平。

现代科技文明促成了物质的进步和繁荣，但在某种意义上也是人性从混沌整一走向机械分裂的重要推手，让很多设计师变成机械的、物质的软件操作员，缺少精神生活和信仰，缺少文化修养，审美和创造能力需要提高。从目前我国设计行业的人员构成来看，高职毕业生成为创意设计师的微乎其微，很大一部分是从事设计制作的工作，即由客户或设计师提出设计方案或者拿出创意构思，然后由制作人员来制作和完成设计。由于缺乏美育教育，重视指向性和功利性的加强，一定程度上削弱了学生长远发展的潜力，学生可以胜任现有工作，但是在职业发展的生涯中，可能会有瓶颈。在现阶段，这是一种自发的适应社会需求的选择。以直接的就业效益为目的，以牺牲一定的生活质量为代价，是一种大工业社会快速发展的必然倾向。长时间的机械化学习，学生会失去学习乐趣，进而失去学习动力。

高职艺术设计院校不仅要培养学生成为工作岗位上的一颗螺丝钉，更要培养具有高尚人格和热爱生活的热血设计师。"艺术教育应该是感性与理性，文化性和社会性的结合，应该是超功利性的，具有文化审美性，一直伴随愉悦感的教学形式。审美教育应该在人生论美学理论指导下，把人作为感性的个体存在，把育人审美作为感性范畴，体现以人为本的理念，关注的是活生生的人的生存和发展。"[9]高职艺术设计教育应将依托本专业的美育思想和存在论、实践论的美学与美育理念紧密地结合起来，重视美育实践活动的情境性和参与者的主观能动性，为培育和提升高职学生的审美情趣、人文情怀和职业素养创设优良的实践平台与活动载体。不是"为人生而艺术，而是为艺术而艺术"。根据学生的情况，有针对性地进行美育世界观和人生观的渗透。校园联欢会、寝室文化建设、校园景观布置、开办创业园、进行工作室教学，通过相关音乐、图画、旅行、游戏、演剧、文学、诗歌、戏院、电影等课程，都可以达到很好的美育作用。"审美与人生相统一，以美的情韵与精神来体味创化人生的境界，也就是在具体的生命活动与人生实践之中，追求、实现、享受生命与人生之美化。"[10]感性的审美活动能够渗透到教学的方方面面，这样培养一批有爱心、有内涵、有深度、有担当的设计师走上工作岗位，会让设计更温暖，让生活更美好，使学生既能设计出实用的设计作品，又有较强的社会责任感。

"在选择职业时，我们应该遵循的主要指针是人类的幸福和我们自身的完美。"[11]通过教学引导学生重视人文素养的学习，以艺术美学构建审美人生，有意识地去探索技术与艺术、功能与形式的关系，重视对艺术理论的了解，重视对艺术作品的赏析，可以使学生有更深的文化底蕴，有更强的后劲。明确人生论美学，可以完成价值上的信仰和实践中的践履，这种实践要解决的不仅是审美的学理问题，而是人生的状态与意义问题，追求的是生命的更好状态。美主要是一种精神与情韵，在人生实践中注重审美人格和生命境界等的建构。

"人生论美学带给审美教育的启迪，核心在两个方面：一是养成审美胸襟（或审美境界），以实现对人生的升华；一是培育人文情怀（或人文精神），以实现向人生的回归。审美胸襟是脱俗的、升华的，人文情怀是入世的关怀的，因此，以养成审美胸襟和培育人文情怀为核心取向的审美教育，其目标就是要培育脱俗的态度入世的人，即培育以纯洁、高尚、先进的价值目标和情感态度。"[12] "通过对人生美学的学习，学生可以有更广阔的胸襟，更长远的目光，对设计潮流和设计的发展做出相应的预测，用更洒脱、平和的心态对待生活。在现实生活中通过有所作为和有所关怀来实现自己的设计人生，从而也为社会进步发展作出应有的贡献，最终实现关心人、重视人、帮助人的设计人生。"[13]

四 结语

美育结合高职艺术教育，通过美育教学与互动，可以唤醒学生的内心；通过趣味教学，组织各种内涵丰富的教学和文化活动，使学生的世界观、人生观、价值观的更成熟。通过美育教学，提升高职教学的内涵，使高职艺术设计学生达到人生境界的内感、内省、内悟，美育要上升到内审美的境界。如果说美是绿洲，那么审美教育就是让人们在茫茫荒漠的跋涉中能够发现绿洲，并感受到它带给人生的希望和愉悦；或者让人们在沙漠中实践着去创造绿洲，不仅使人们在自己的人生旅途中看到希望，而且使人们能够为自己的人生去种植希望、创造布满光辉的未来。[14]通过美育提高学生对美的事物的敏感性，通过互动交流，活动安排，使他们逐步形成自己的审美态度，激发学生对美的探索与追求，为日后成为优秀设计师打下基础。

注释：

[1] 聂振斌：《蔡元培的美育思想及其历史贡献》，《艺术百家》2013 年第 5 期。

[2] 聂振斌：《论美育的精神本质与人文价值》，《美育学刊》2011 年第 1 期。

[3][5][8] 金雅：《梁启超美育思想的范畴命题与致思路径》，《艺术百家》2013 年第 5 期。

[4] 金雅：《"人生艺术化"的中国现代命题及其当代意义》，《文艺争鸣·理论》2008 年第 1 期。

[6] 金雅：《梁启超与中国美学的现代转型》，《文艺报》2004 年8 月 17 日。

〔7〕聂振斌:《艺术与人生的现代美学阐释》,《社会科学辑刊》2011 年第 1 期。

〔9〕杜卫:《论中国美育研究的当代问题》,《文艺研究》2004 年第 6 期。

〔10〕金雅:《人生论美学的价值维度与实践向度》,《学术月刊》2010 年第 4 期。

〔11〕《马克思恩格斯全集》第 40 卷,人民出版社 1982 年版,第 7 页。

〔12〕〔13〕〔14〕马建辉:《人生论美学与审美教育》,《社会科学战线》2015 年第 2 期。

论古代思乡情怀中的人生论美学意趣

蔡堂根[*]

摘　要： 思乡与安全意识密切相关，是异乡环境下身心不安的本能反应，是一种寻求身心安全的无意识活动。受农业文明的影响，中国式"家乡"具有强大而多方位的安全保障功能，外乡则充满了风险，因此，思乡主题在中国古代文学作品中极为常见。思乡与审美有很多相似相通之处，思乡情怀中包含丰富而生动的美学意趣。思乡是考察中国传统人生论美学意趣的重要题材。

关键词： 古代；思乡；人生论美学；安全

思乡是中国古代文学作品中极常见的主题，在古代诗词等韵文中尤其多见。从先秦到清末，每一个朝代都有许许多多的抒发思乡情怀的作品。《诗经·卫风·河广》"谁谓河广？一苇杭之。谁谓宋远？跂予望之"；屈原《九章·哀郢》"鸟飞反故乡兮，狐死必首丘"；崔颢《黄鹤楼》"日暮乡关何处是，烟波江上使人愁"；李白《静夜思》

＊ 作者单位：浙江理工大学图书馆。

"举头望明月，低头思故乡"；李觏《乡思》"人言落日是天涯，望极天涯不见家"；纳兰性德《长相思·山一程》"风一更，雪一更，聒碎乡心梦不成，故园无此声"等等，都是典型的思乡之作。思乡类诗词作品在古代文学史上俯拾皆是，这一现象为众多的研究者所关注，形成了诸多研究思乡或乡愁的成果。在这些成果中，人们或者研究思乡文学的主题特征，或者研究思乡心态的形成，或者研究思乡诗文的教育价值，研究成果似乎是比较丰富、全面，也比较深入。但是，很少有研究者探讨思乡背后的安全意识，很少有研究者注意到古代思乡情怀中的美学意趣，这不能不说是一大缺失。其实，思乡活动与审美活动有很多类似之处，思乡情怀包含大量的人生论美学意趣。

一　思乡与审美

思乡指流落他乡者对故乡的思念，但在思乡活动中，故乡的家人、朋友、建筑、禽畜、山川、草木等各种事物都可化作优美的意象，让人沉浸其中，给人无尽的安慰和愉悦。这种思乡活动与审美活动存在相似之处。为了认识思乡与审美之间的关联，这里先梳理思乡的基本含义。

思乡之"乡"即家乡，包括"家"和"乡"两个概念，它们各自又有多个层面。从传统社会看，"家"可以是父母子女两代组成的核心家庭，可以是多层直系亲属构成的大家庭，也可以是聚居在一起的大家族；"乡"的概念由行政区域演化而来，指个体（或个体的祖辈、父辈等前代）最初生活过的以家庭为中心的区域，它既可以是核心家庭所在的小村落，也可以是家庭所在的各级行政区域，甚至可以大到国家。如唐代宋之问《渡汉江》"近乡情更怯，不敢问来人"的

"乡"，当指家所在的村落或更大一点的行政区域；明代袁凯《京师得家书》"行行无别语，只道早还乡"中的"乡"，则偏指核心家庭或大家庭。思乡之"思"即思念，可以理解为怀念、想念等。思念过程既伴有回忆、想象等思维活动，也伴有期待、寻觅等心理活动。因此，思乡常常是对故乡的美好想象，它不仅会赋予家乡美好的形象，还会赋予家乡强烈的情感。

思乡与审美之间的相似，可归结为三个方面。

其一，思念对象的确立与审美对象的确立是相似的。思念的对象即家乡，家乡成为思念对象的基本条件是"远离"，人们总是因为远离家乡才思念家乡。远离思乡，这中间有远离后的不适所产生的回归的驱动力等现实因素，也有纯粹的距离因素。只有远离了家乡，家乡的一草一木与现实的自我暂时脱离了关系，人们才会以审美的眼光看待家乡的一切，才会把过去视而不见或平平常常的普通之物当作美好的思念之物，并赋予其强烈的思念之情。家乡在远离后的思念中被美化，这与布洛的审美距离说完全吻合，即人们在审美过程中必须与审美对象保持一定的"距离"，让自己脱离客观对象的直接而现实的影响，才能以超功利的眼光静观对象，真正进入审美境界。

其二，思乡活动与审美活动是相似的。这方面的相似点很多，下面列举三点，以见一斑。①思乡过程中必须借助联想、想象回忆故乡，美化故乡的山水、人物等，没有联想、想象，就没有思乡。审美同样离不开联想和想象，没有想象，审美同样无法进行。②思乡作为一种情感活动，总是把思念者的情感与故乡的一切联系在一起，又通过想象，把思念者的情感赋予故乡的一草一木。这些特征与审美活动中的主客交融和移情是一致的。③思乡的最后阶段常常是思念者完全沉浸于思乡之中，忘记了身边的现实，进入一种想入非非的痴迷状

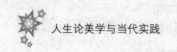

态。审美进入高峰阶段时，同样会出现主客合一、物我两忘、如痴如醉的状态。

其三，思乡效应与审美效应有相似之处。在异乡，人们不由自主地开始思乡活动，在想象中进入美好的故乡，重温熟悉而温暖的山水、草木，与故乡对话交流；在这种活动中，人们与故乡同在，放下了得失，忘却了烦恼，获得了愉悦与安慰。审美活动同样具有这种效应，如审美中主客契合的共鸣，心绪改观的净化，精神自足的愉悦，都与思乡的效应一致。

当然，思乡并不等同于审美。思乡与审美尽管有诸多相似，它们的区别同样显而易见。如思乡中获得的安慰感，是审美所没有的；思乡时可能会触景生情，引发感怀甚至伤心，在审美中也不会出现。

二 思乡情怀与安全意识

中国古人为什么会对家乡的一切产生如此强烈的思念之情？相关研究者曾作过多方面的探讨，大致认为：农耕文明中安土重迁习性的影响、宗法制度下敬宗孝祖观念的约束、历朝统治者严禁自由迁徙的规定等，是形成思乡情怀的重要原因。我们认为，这些原因确实可以强化"家乡"在人们心中的地位，可以引发思乡情怀，但它们并不是促使"异乡人"思乡的根本原因。同样，"远离"是思乡的重要因素，是必要条件，但远离并不必然思乡，远离不是思乡的充分条件，某些时代和地区，许多离乡者并未出现强烈的思乡。每个人都可能存在思乡活动，思乡是人类的本能，但它的出现应该与某种特定的刺激有关。这种刺激是什么呢？相关研究并无这方面的成果，但古代某些诗词在解读"家"的本质时透露了相关信息。

白居易《出城留别》有"我生本无乡，心安是归处"，其《种桃杏》有"无论海角与天涯，大抵心安即是家"；苏轼《定风波》有"此心安处是吾乡"，苏辙《李方叔新宅》有"心安即是身安处"，张耒《他乡》有"莫叹萍蓬迹，心安即是家"。这些诗句有个共同的观点，即都强调"心安即是家"。"心安即是家"显然是诗人面临思乡境地时的强自豁达、自我安慰，它们终究脱不了思乡色彩，甚至把思乡色彩渲染得更加浓重。不过，这种强自豁达的解读透露了人们产生思乡活动的最基本的原因——不安。身处异乡时，人们会面临各种未知、不适，甚至危险，致使人们感受到身体不安全，心里不安宁，因此有了思乡。

安全是个体生存发展的前提，马斯洛的安全需要理论表明，安全是人类最基本的需要。其实，安全的追求是生命体的本能反应，只有身体的安全有了保障，人们的心灵才会安宁。"家"作为安身之所，它可能是洞穴，是茅棚，是普通的房舍，但它们的基本功能是一致的，即提供安全保护。随着社会的发展，家的保护功能也不断丰富，它可以为单独的个体遮风避雨，也可以作为家人共同生活的场所而互相帮助，减少饥饿，预防疾病，防御敌害等。由家扩展而形成的乡，其保护功能更加强大而完善，是人们安全生存的最基本的空间。简言之，家乡就是能够为人们提供多方面的安全保障的地方。正因为家乡具有多方面的安全保障功能，人们在异乡产生不适时才会不由自主地思念家乡。因此，我们可以说，思乡是异乡环境下身心不安的本能反应，是一种寻求身心安全的无意识活动。

思乡是人类普遍具有的本能，但古代的中国人似乎表现得尤其强烈。这种现象的出现与中国文化密切相关，因为，中国文化下的"家乡"会表现出更特别更强大的安全功能，能够给人们更特别的安全、安宁之感。中国式家乡的形成有多方面的原因，以下结合相关研究成果，从安全角度略作说明。

其一，中国是农业文明社会，人们依赖土地而生活，容易形成安土重迁的民族个性；传统的农业是封闭的自给自足的小农经济，容易形成一个个封闭的村落。人们一辈子生活在一个世世代代聚居在一起的村落中，不仅能感受到家的温暖，还能深度熟悉村落中的人物、环境和生产模式等，能够自由而安全地活动于村落的每个角落。也就是说，家乡是极为安全的，能够为人们的身体和情感提供最可靠的安全保障。其二，中国历来强调孝道，有浓厚的祖先崇拜传统，后代通过祭祀供养祖先，祖先也在冥冥之中保佑后代。这种祖先与后代之间的供养保佑关系形成后，人们必然更重视落叶归根；灵魂最后必须回归家乡，否则就会成为无人供养、四处漂泊的孤魂野鬼。这样，家乡也成了保障灵魂安全的安身之所。其三，历代统治者对人口流动的限制，文人士子对故乡的咏赞，进一步明确了家乡的地位——家乡是法律、道德赞许的圣地，家乡可以更好地保证身份和道德的安全。既然家乡能够为个体的肉体、情感、灵魂、道德等诸多方面提供安全保障，家乡自然会成为安全自在的代名词，一旦人们在外面遭遇不安，就会触发思乡情怀，期待回归家乡。

安全是人类最基本的需求，是生命活动中的本能性机制，它会以各种方式进入人生的各个时期、各个方面，与生命活动融为一体。思乡既然是不安全的异乡环境下的潜意识，是一种安全的寻求，它必然与生命生存相关联，因此会涵括诸多的生命因素。另外，思乡与审美相似相通，思乡中包含诸多审美要素，这些美学要素与人生要素融合，思乡自然有了浓厚的人生论美学意趣。

三　思乡情怀中的人生论美学意趣

人生论美学指"把关于人生的观点和关于美的观点结合起来，把对美的阐明建立在对人生阐明的基础上，也是把对人生的阐明作为对美的阐明的前提的人文美学。"[1] 它强调审美与人生统一，善与美贯通，物与我交融。异乡环境下展开的思乡情怀包含多方面的人生论美学意趣，这些美学意趣是思乡者在无意识中建构的，它们可能未曾为思乡者所感知，但却是无可置疑的，是真实存在的。根据其建构规律，我们可以把它们归结为三个层次。

其一，发现美好的家乡事物。在家乡时，人们对身边的草木、山水、人物、事件等可能视而不见，觉得这些都是司空见惯的普通事物，可能毫不动情。但在异乡打开思乡情怀后，家乡的一草一木、一山一水、一事一物，都会通过想象、回忆参与思乡者的意识活动，变成有情感、有灵性的美好事物。人们关注它们、阅读它们，与它们交流对话，此时此刻，家乡原来的普通之物都成了情感丰富、动人心弦的审美对象，不断唤起思乡者对家乡的美好记忆。如王维《九月九日忆山东兄弟》中的"遥知兄弟登高处，遍插茱萸少一人"，"插茱萸"在其故乡本是一个习以为常的节日习俗，但在诗人的笔下，却包含了感人至深的思乡之情。

其二，塑造美好的家园形象。发现家乡的山川草木之美后，思乡者会重新塑造家乡的形象。这一形象以现实为基础，同时赋予诸多想象的成分，或者说，是以遥远的家乡的某些现实为材料，通过想象而建构的。因此，思乡者的故乡总是最美好的，即所谓的"月是故乡明"。在塑造故乡形象时，思乡者往往只借助故乡的部分场景或一两个事物，但它们代表的却是整个家乡，是家乡形象的整体反映，并寄予了家乡的全部情怀。如司空图《故乡杏花》中的"寄花寄酒喜新开，左把花枝右把杯"，虽然仅仅写了故乡杏花下饮酒这一情景，但表达的却是对整个故乡的思念之情，是整个故乡的美好记忆。因此，思乡者心中的家乡是一幅优美的画卷，也是一个美好的乌托邦社会，它美丽、和谐、安全，可以保全生命，可以安放灵魂，可以无忧无虑坦然自足地畅游。

其三，实现人生的超越。思乡者在重塑美好家园形象的同时，也会完成对当下的超越，在异乡当下的痛苦、不安等各种不如意之处，都可能被遮蔽，被化解。这种遮蔽和化解也许是短暂的，但它会像一束阳光，照耀那颗忧郁而黯淡的心，让思乡者超越痛苦，超越现实。白居易《邯郸冬至夜思家》云："邯郸驿里逢冬至，抱膝灯前影伴身。想得家中夜深坐，还应说着远行人。"冬至夜一个人寄身"驿里"，抱膝枯坐，孤寂凄凉，其凄苦之情可想而知；但在思乡中，想到家人可能在深夜闲坐，惦记着自己，温暖之意油然而生，孤寂凄凉之感顿时消失。有时候，这种思乡还会成为一种巨大的动力，激励人们克服困难，或取得事业、生活的成功，或历经艰险、回归故乡。

思乡情怀中的美学意趣表明，思乡是一种乌托邦追求，是一种美学生存，也是一种人生超越。正因如此，思乡才会为历代文人士子所咏赞。

注释：

[1] 金雅、聂振斌：《人生论美学与中华美学传统》，中国言实出版社 2015 年版，第 28 页。

培育人生的"艺术家"

崔一贤[*]

摘　要：人生的"艺术家"就是在拥有真、善、美三者和谐发展的完整人性基础上，又能静观生命的美好、创造生活的乐趣、超越世俗的牵伴的人。基于中华美学一贯的以艺术观照人生的传统，人生的"艺术家"这个概念得以不断地充实完整。在经济、科技、传媒迅猛发展的当今语境下，人生的"艺术家"这个概念对于我们的审美和生活更具指导意义。

关键词：艺术家；人生；审美；商业媒体；时代意义

随着互联网技术的不断进步，智能手机已经取代了电脑成为使用量第一的网络终端设备，"低头族"成为这个时代的一个庞大群体。有调查数据显示，现代人平均每 15 分钟就要使用一次网络社交软件。我们接受信息的介质由报纸、杂志的文字变成了网络上的图片和视频。这些图片和视频带给我们的是一种直观的感性层面上的刺激，而

　＊　作者单位：浙江理工大学中国美学与艺术理论研究中心。

且这些信息都是稍纵即逝的，我们的大脑捕捉到这些信息，却只能留下较浅的印象，不能深入地加工，无法上升到理性层面。长此以往，我们会形成一种习惯，仅机械地收集信息却不作深刻的思考和感悟，以至于我们的理性思维逐渐弱化。

以科技手段为依托，现代社会呈现出一种过度娱乐化的状态。电视媒体、网络平台包装出了"网红"。人们娱乐生活、娱乐明星甚至娱乐政治。以往被"理性主义"束缚的感性欲望也得到解放，人们过分注重自我，宣扬个性。现如今，使用手机和平板设备的群体逐步年轻化，甚至很多儿童在四五岁就开始接触微信等社交媒体，沉迷于网络游戏当中。这种情况所带来的消极影响绝不仅限于对身体的危害。过度沉浸在个人世界中、缺少与他人的沟通交流，缺少对于人类情感的体验，则会造成人与人和人与社会的"陌生化"间离。现代人如果缺少真实的情感接触，缺少真实的体会大自然的机会，长此以往，不仅会丧失审美的冲动，更会失去创美的能力。

在当今的媒体化语境下，人们的社交、生活、思考方式悄然变化。人生的"艺术家"命题，对于我们人生方向的选择和人生价值的构建更具指导意义。人生的"艺术家"不是要求我们将生命的外在进行修饰装点使其极具艺术性，而是要将在欣赏艺术作品和大自然的过程中获得的体悟渗透到人性深处，使人格得到完善，达到真、善、美三者的完美结合。

培育人生的"艺术家"，一切美的修饰和诗意的追求首先应建立在完整人格的基础之上。也就是说，"艺术家"的一切框架应构筑在一个健康完整的人之上。人的精神世界可以划分为知、情、意三个领域，这三个领域可以对应为真、美、善三个方面。在儒家思想体系中，君子要拥有宽广的胸怀、丰富的学识和慈悲仁德，这是儒家为普通人所设计的一种完美人格模式。这种人格既能使我们不必整日钻营那样卑微浅薄，又不必承担着兼济天下的负累。笔者认为人生的"艺术家"首先要具备君子人格，让真善美在人性中完美结合。其次，人生的"艺术家"讲求对于艺术品和日常生活的美的欣赏，就是要从艺术和审美通向人生，将美导入生命。以日常的生活和鲜活的生命作为实践的对象，以整体的人生作为目的，达到人生的"艺术家"的境界。美是沟通真与善的桥梁，审美则是我们由必然王国通向自由王国的必经之路。美和审美在真与善、知与意、理性与感性相融通的过程中起着重要作用。朱光潜在《谈美》中多次提到美感和快感的区别，快感与实际需求有关，美感与实际需求无关。看丰子恺的漫画，我们总能透过它疏落的线条或是大片的留白嗅到一股生命的鲜活的味道。一颗敏锐洞察世界的心可以激起无数的好奇、激起所有潜藏在内心的感情，引领我们去发现、去思索、去感动。

总的来说，培育人生的"艺术家"就是要塑造一种在拥有真善美和谐发展的基础上将静观和实践、审美和创美、知与行、出与入同时兼顾的人格范式。人生的"艺术家"就是要培养具有坚实的人生意义、积极的人生追求，热爱生活、诗化生活的人。人生的"艺术家"，起于艺术和生活，终于艺术和生活。

艺术和审美，在快节奏的现代生活中，有时显得过分奢侈。艺术品在很多人的意识中是昂贵的、高不可攀的。但在信息如此发达的今天，我们接触到艺术品的渠道越来越多，比如说博物馆、展览馆、美术馆、大剧院等场所日益增多。社会给我们提供了便利的条件，我们就应摒弃头脑中的错误观念。另外，很多人认为艺术是晦涩难懂的。对于任何艺术，在真正去了解前，做任何的推断都是徒劳。因此，想要了解艺术，第一步要去欣赏艺术。听贝多芬《命运交响曲》我们会产生一种敬畏生命的崇高感；观看女神维纳斯的雕像，我们会产生一种摄人心魄的优美感。欣赏艺术，弄懂它的创作背景、艺术技法、思想意义不是必要的，只要能将我们体会的种种感受铭记于心就足够了。

需要注意的是生活之美是审美的另一个重要组成部分。在这里，我要将日常生活的审美分为自然审美与社会审美两部分。人生的"艺术家"要建立一种人与自然、社会和谐相处的正确观念。人与自然是一体的，中国古代讲求"天人合一"，而现在我们常常将自然与自身截然分开。我们去控制自然或去欣赏自然，这本就是一种"主客二分"的错误思想。城市的钢筋水泥圈起一个人造的世界，我们似乎觉得田园牧歌的美离我们很远。仰望星空，我们被宇宙的浩瀚所折服，被崇高的美撼动。这就是自然的力量，自然与人总在潜移默化中相互影响。人与社会也是一体的，我们每个人都不能脱离社会而存在。我们由理性向感性复归的路上如果矫枉过正，会带来很多新的问题。社交网络给我们提供了虚拟交往的新方式，人与人的交往缺乏真实的情感交流而逐步变得陌生化。我们应该将自己融入社会，尽自己的力量承担社会责任，使社会更加融洽和谐。

另外，要做人生的"艺术家"，生活不能只停留在审美静观的层面，缺少"创美"这个重要的部分。梁启超主张通过劳动、艺术、学问、生活等具体实践，把人从麻木状态恢复过来，令没趣变成有趣。朱光潜在《看戏与演戏——两种人生理想》中写道："古今中外许多大哲学家、大宗教家和大艺术家对于人生理想费过许多摸索，许多争辩，他们所得到的不过是三个不同的简单的结论：一个是人生理想在看戏，一个是它在演戏，一个是它同时在看戏和演戏。"[1] 在笔者看来，最值得拥有的人生是第三种。看戏的人认为生命的最高价值在于静观，在于从最高的意义层面来观照人生；演戏的人认为生命的最高价值在于实践，在于从生命中最真实的烟火气中感受存在和创造的乐趣。第一种人在审美的过程里只接收不输出，第二种人则只输出不接收。唯有第三种人生，既能在饱尝生命跳动的同时又能在人生路途中流连玩味、在冷和静中体会生活的热闹。第三种人既可以将自己在艺术和生活中的所感所得升华到人生的意义层面，又能利用这所感所得再创造生活的乐趣，进而影响他人。人生需要学会取舍，需要学会慢下来，需要学会欣赏，哪怕体会的乐趣只是短短一瞬，日后回想起来也是一次生命中的欢愉。将每次在艺术或生活中获得的感悟记录内心，长此以往，封闭麻木的内心就会慢慢敞开，审美能力也会逐渐变得敏锐。能发现美，才能创造美，在生命中收获的美感会化作一种创造的动力驱使我们更多地投入实践中，在生活、劳动、做学问里释放这股欢愉与热情，将生命的美好传递给每个人。其实生命的意义就是在这一次次的发现与创造的惊喜中构建起来的。"知不可为而为""为而不有"，生命的意义是在"慢慢走"中觉悟，又在这一次次的超脱中得到升华。

注释：

[1] 金雅主编：《中国现代美学名家文丛·朱光潜卷》，中国文联出版社 2017 年版，第 10—11 页。

（《中国艺术报》2017 年 7 月 28 日刊发）

附录

中国社会科学院学部委员汝信先生贺信

浙江理工大学中国美学与理论研究中心金雅同志：

　　承蒙邀请参加"人生论美学与当代实践"全国高层论坛，十分感谢。唯因我近来年迈多病现正在外休养，未能前来参与这一盛会，失去向诸位同仁朋友学习和请教的良机，甚感遗憾和抱歉。

　　中国现代人生论美学经过学术界的研究倡导，已成为当前美学研究的重要课题之一。它深深扎根于中国的土壤，紧密联系实际，注重现实生活，关怀人的生存状态，充分体现了中国文化的特性。研究探讨人生论美学，对弘扬中华美学精神，继承中国优秀文化传统，建设当代有中国特色的美学理论和话语体系，无疑具有重大的意义。

　　衷心祝愿论坛取得圆满成功，并产生丰硕的研究成果！

　　祝与会的朋友们愉快健康！

汝　信

2017 年 6 月 2 日

著名文艺美学家杜书瀛先生贺信

值此"'人生论美学与当代实践'全国高层论坛"举行之际，特向会议致以热烈祝贺！

近年，中国学者开辟了一个新的研究领域：人生论美学。新者，并非劈空而生；实则它是中国传统文化和传统美学的当代继承、当代发展、当代创造和当代表现。

世人曰：优秀的传统文化是我们的精神家园，是我们的精神命脉，是我们的魂，是我们的根。优秀传统文化的重要组成部分之一就是我们的传统美学精神。传统美学精神的重要因素之一就是人生美学，或曰人生的审美化——从实践层面说，即是人生与审美的融汇、统一；而人生美学的理论表现就是人生论美学。

故曰：人生论美学，斯义大矣！

"精神家园"是需要维护的，"精神命脉"是需要秉持的，"根"是需要培植的，"魂"是需要弘扬的。这就需要当代人的"当代实践"予以实施、予以践行。

我想，"'人生论美学与当代实践'全国高层论坛"，就是弘扬和践行优秀传统美学精神的会议。

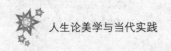

全国各地精英来到美丽的西子湖畔，可谓"群贤毕至，少长咸集"，一定会收到与这湖光山色一样美丽的成果。

祝会议圆满、成功！

杜书瀛

2017 年 5 月 30 日于北京

著名美学家朱立元先生贺信

浙江理工大学中国美学与艺术理论研究中心：

欣闻贵中心与中华美学学会等单位联合主办的"人生论美学与当代实践"全国高层论坛即将召开，特表热烈的祝贺！21世纪以来，我国美学界老中青学者都在继承优秀传统、借鉴国外新成果基础上努力进行理论创新，探讨中国美学未来的建设目标和发展路向，这是令人欣喜的。我认为，当代美学无论怎么进行创新建构，最终都应该落实到人生实践中去，都应该与人生论美学相连通、相链接。我衷心希望，也相信这次会议一定能够取得丰硕的成果，不仅能推动人生论美学本身的深入发展，而且有助于美学、美学史、美育理论各个方向的全面发展，有助于中国当代美学理论话语体系的创新建构。

预祝会议圆满成功！

朱立元

2017年6月于复旦大学

论坛主办单位浙江理工大学副校长
陈文华先生致辞

尊敬的聂振斌先生、高建平会长、庞井君主任、陈玉梅主编，尊敬的各位专家、各位来宾、各位领导，女士们先生们：

大家上午好！

今天我们在这里隆重举行"人生论美学与当代实践"全国高层论坛暨《中国现代美学名家文丛》新版发布仪式。首先，我谨代表浙江理工大学向本次论坛的召开表示热烈的祝贺！向莅临论坛的各位来宾、专家、学者表示诚挚的欢迎！向对本次论坛胜利召开和《中国现代美学名家文丛》新版出版给予关心、支持和帮助的专家、学者和各界人士表示崇高的敬意和由衷的感谢！

本次论坛由中华美学学会、中国文联文艺评论中心、《中国社会科学战线》杂志社和我校联合主办，东南大学艺术学院、《艺术百家》杂志社、《中国文艺评论》杂志协办，中国文联出版社、浙江少儿出版社也给予了我们大力支持，我们深感荣幸！

浙江理工大学是一所百年老校，学校的前身蚕学馆是 1897 年由当时的杭州知府林启创办的三所新学教学机构之一。经过 120 年的发展，我们学校现在是一所以工为主，人、文、理、工、经、管、法、艺术多学科的一所省属大学，今年 10 月 28 号，也是我校办学 120 周年的纪念日。经过 120 年的发展，我们学校为社会培养了 15 万专业人才，著名的剧作家夏衍、实业家朱景盛、报业巨子史量才都是我校的杰出校友。学校现在拥有纺织、机械两个一级学科博士点，化学、材料、工程三个学科进入全球 ESI 排名的前 1%。学校现在拥有省级重中之重一级学科 1 个，重中之重按一级学科建设的有 3 个，还有 1 个省高校人文社科研究基地，6 个浙江省的一流学科 A 类，7 个一流学科 B 类。由金雅教授领衔的艺术学理论即为省一流学科。另外我们还拥有包括国家地方联合工程实验室、文化部重点实验室、浙江省哲学社会科学研究基地等在内的省部级及以上科研平台 30 余个。近年来，我校共获得国家技术奖 13 项，鲁迅文学奖 1 项，最近，我校又有三项国家奖通过了答辩。我校倡导艺工结合，一直以来高度重视人文社会科学学科的建设。

金雅教授领衔的校级中国美学研究中心，设立于 2011 年 7 月。中心的成立，加强了学校人文基础理论学科的队伍建设，也为汇聚海内外专家搭建了重要的平台。六年来，中心以中国现代美学、中华美学精神等为核心研究领域，致力于民族美学资源的挖掘整理和民族美学理论的提炼构建，团结了一大批重要专家，组织出版了《中国现代美学名家文丛》《中国现代美学名家研究丛书》等为代表的一批具有开拓意义和学术水平的论著，逐渐形成和强化了我们自己的主攻研究领域和研究特色。人生论美学具有深厚的中华文化底蕴，是中华民族美学精神提炼和学理构建的新领域，具有重要的理论意义、实践价值和现实针对性。我校长期致力于相关研究，先后获得该领域国家社科基金、浙江省高校重大人文攻关规划重点项目等支持，并在《学术月

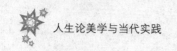

刊》《社会科学战线》《社会科学辑刊》等组织专题论文发表，部分论文为《新华文摘》《高等学校文科学术文摘》《复印报刊资料》等转载。

2014年11月，我校与中华美学学会合作，在杭州召开了"人生论美学与中华美学传统"全国高层论坛，得到了学界专家、媒体、社会的广泛关注。新华社、《光明日报》《文艺报》等刊发了论坛的报道。论坛成果结集出版。本次论坛是在2014年人生论美学论坛基础上的推进，强调了人生论美学与实践的关联，相信本次论坛也将产生同样丰硕的成果。

本次论坛是我国美学界的又一次盛会！相信论坛的胜利召开，将推动我国美学研究和相关实践的深入发展，对我校相关学科、专业的建设也将起到积极的推进作用。作为会议主办方之一和东道主，我们将竭诚为大会，为各位专家和来宾做好力所能及的服务。

最后，预祝本次论坛取得圆满成功！祝各位领导、专家、来宾身体健康！工作顺利！

论坛主办单位中华美学学会会长
高建平先生致辞

尊敬的各位领导、各位学界同仁、各位朋友：

很高兴在初夏的杭州，在这里见到各位。谢谢浙江理工大学组织和支持这次会议，谢谢中国文联文艺评论中心的支持，谢谢《社会科学战线》杂志社的支持。谢谢各家协办单位。

我参加浙江理工大学的活动，不是第一次了。记得有一年在桂花盛开的季节，我从雾霾紧锁的北方赶到西湖边，与一批好友一道谈美与人生，仿佛一下子从凡间来到仙境。我还记得，我当时说到了理工科大学发展美学研究的必要性。这一必要性，随着近年来全社会对美学的重视，已经成为越来越多的人文教育家们的共识。大学要培养全面发展的人，工程的思维，需要美的浸润，学生的心灵才能得到健康协调的发展。

谢谢中国文联文艺评论中心参与这次会议的主办。我参加过文联文艺评论中心的多次活动，还受他们的派遣，去过云南等地讲课。在他们所组织的活动中，结识了不少艺术家朋友。我一向有一个主张，美学研究要与艺术研究结合。现在有一个错误的口号：要艺术学，不要美学。这个口号是一个学科间画地为牢的说法，对美学发展不利，对艺术学的发展更不利。文联文艺评论中心参加美学活动，本身就是追求美学与艺术结合的体现。实际上，我们中华美学学会的几位副会长，包括周宪、朱良志、王一川等，都经常参加文联组织的活动，从事艺术学的研究。

谢谢《社会科学战线》杂志。这家杂志从改革开放之初，就组织过对形象思维的讨论。几十年如一日，对美学学术的支持始终不渝。我还是《社会科学战线》杂志热心的读者和作者。最近一些年，感谢杂志的支持，我经常将一些自己觉得能拿得出去的文章给这家杂志，通过杂志使观点与学界见面。

美学从哪里着手？我们过去有主观论，有客观论，也有各种美学观点的结合。有着一个思维的定式，就是美是一物，或是自然物，或是艺术品，它们被放在我们的对面，我们对它要以静观的态度来观赏。今天的美学，要超越美在"物"还是在"心"的讨论。人生论美学，是一个有益的尝试。美是生活，美来自我们的生活，要通过美来改造我们的生活。

美学要从中国古人的人生和艺术的态度中汲取营养，美学还要跟上当代思想发展的潮流。很高兴在这里见到几位中国美学的元老。昨天我匆匆翻看了一些会议的论文。我从聂振斌先生那里，看到一种融合中西的坚定的态度，从王元骧先生那里，看到了一种深邃的理论思考和对理论彻底性的追求。陈望衡先生对趣味和目的的区分，给人以启发，张玉能先生要回到席勒，重新思考美育，为当代美学注入新的维度。这些论文内容丰富，可以预期今天的会议，将是一场思想的盛宴。

最后，谢谢金雅教授组织这次会议。美与人生的讨论，在杭州已经组织了多次。我也基本上都参加，除了有一次，被聂振斌、滕守尧和徐碧辉派到武汉去，代表中华美学学会去祝贺刘纲纪先生生日去了。在这多次参与会议中，从各位的发言中学到了许多东西。我今天也是如此，带着学习的目的，认真听各位的发言。每次来杭州开会，我总是想到，在这里不远的地方，曾有过一次兰亭雅集，让后人追慕了一千多年。希望本次会议能成为现代的雅集，在美学发展史上留下永久的印迹。

　　谢谢各位！

论坛主办单位中国文联文艺评论中心主任庞井君先生致辞

各位专家：

大家上午好！

六月的杭州，格外美丽。在这样一个充满"美"的时间和地点，一群以"美"的理论和学说为志业的人相聚在一起，探讨一个关于"美"的话题，是一种十分"美"的缘分。首先，请允许我代表这次活动的主办方之一中国文联文艺评论中心，对大家光临"人生论美学与当代实践"全国高层论坛表示真挚的欢迎！也对各位长期以来对我们工作的支持表示诚挚的感谢！

本次论坛是中华美学学会、中国文联文艺评论中心和浙江理工大学共同主办的。中国文联文艺评论中心是中国文联的直属正局级事业单位，是中国文联组织、协调文艺评论工作的专门机构，也是中国文艺评论家协会的实际运行部门。评论中心、文艺评论家协会成立以来，创办了"西湖论坛""长安论坛"等学术平台，在全国建立了22家中国文艺评论基地，创办了《中国文艺评论》学术月刊和中国文艺评论网，积极倡导运用历史的、人民的、艺术的、美学的观点开展文艺评论，倡导说真话、讲道理，注重导向性、专业性和学术性、艺术性，致力于追踪和研究美学和当代中国文艺创作评论发展前沿问题，突出当下性和针对性，努力开创文艺评论新风，得到了中宣部领导、中国文联领导的肯定，受到广大文艺理论家评论家的普遍好评。应该说，参与举办此次论坛，也是评论中心整合资源和平台，加强与学术界联系的一个重要举措。我相信，本次论坛一定会对推动美学研究，加强学术交流发挥重要而积极的作用。

本次论坛的主题是"人生论美学与当代实践"。应该说，这一选题很有意义。纵观历史，放眼世界，不难发现，我们正处在一个重要的变革时代，在高科技、互联网、全球化、社会转型等时代浪潮的激荡和推动下，人类正经历着前所未有的大转型、大变革。毋庸赘言，这场变革必将对人类精神这个独特的时空世界产生深深的影响，人类精神面临着前所未有的考验、挑战和非常不确定的前景，人类轴心时代形成的思维框架和社会价值法则正从根基上被深深动摇，甚至面临瓦解的危险。这样的时代状况也使思想家获得了异常丰富多样、宏阔深刻的思维质料、人生实践和生命体验，为具有划时代意义的思想理论的出现和人类精神的嬗变酝酿着崭新的土壤。除了时代背景之外，我们还可以从当代著名的哲学家、美学家的思想中找到"人生论美学"的思想资源。比如，著名哲学家张世英先生提出"艺术生活化、生活艺术化"。他认为，艺术生活化就是艺术、文艺要深入生活，要和现实相结合。生活艺术化就是要提高我们的精神境界到艺术水平，生活要超越现实。再如，王元骧先生提出，"人生论美学"是审美、艺术、人生三者的统一。"美"对于人的生存所具有的意义和价值就在于它可以使人真正地活得快乐、幸福，使人得自由解放。美学的研究对象应该溢出"艺术"的狭小范围，以便实现与整个现实人生接轨

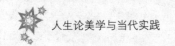

而走向人生论美学，这样才算回到了美学的原点。

我以为，当下我们倡导"人生论美学"还有一个重要课题，就是如何在这个碎片化的时代做一个完整的人。从马克思的"异化"理论到马尔库塞的"单向度的人"，我们已经看到西方哲学家对被压抑个体的反思以及试图通过审美救赎实现个体解放的美好愿景。在马尔库塞看来，工具理性控制下的社会对人的异化，使人丧失了自由，丧失了对现实的批判能力，彻底被社会同化，这样的个体是被压抑的个体。当今，在互联网的介入下，个体呈现出碎片化的状态，除了越来越细微的专业化分工将个体物化为齿轮和螺丝钉，个体的思维能力、阅读习惯、生活空间、写作方式均或多或少地呈现出碎片化的状态。但碎片化的时代不代表碎片化的人生。恰恰相反，越是在碎片化了的生活中，人们越向往成为一个完整的人。美学，为人们提供了一条可能的路径。这就要求充分发挥审美对世界总体、未来和可能性的感悟力、想象力、塑造力和穿透力，注目人类精神研究最先进的方面，探寻人类精神最深处的秘密。这不但是美学家、哲学家，也是艺术家必须面对和承担的重要课题。艺术以情感、直觉、形象、感悟等方式把握世界，具有独特的不可取代的精神价值，为人类生存发展不断拓展精神时空，注入精神力量。也只有这种力量，才能让人类在面对外在的强大力量挑战时做出自觉的回应，才能在美的享受中克服并消除现实生活中的无力感、疲软感、卑微感和恐惧感，在寂寥空旷、危机四伏的宇宙中获得存活的勇气和底气。同时，发挥审美方式在探寻人类精神中的作用，还要注重融合性，特别是科学与艺术的融合，画地为牢、故步自封不会有出路。现代科技正在推动着艺术格局的嬗变，催生更有生命力的新型艺术形态，离开了现代科技，当代艺术已经寸步难行了。在视听文化时代，艺术的创造性转化很大意义上就是视听化。现代艺术发展和艺术理论要研究和适应它，建构新的艺术生态和艺术形态。我们可以说电视剧就是视听版的长篇小说，电影就是视听版的短篇小说，短视频、微电影就是视听版的小品文，纪录片有可能演化为视听版的学术论文。而当下，情况又在发生着新的改变，新兴的网络艺术、数字艺术、虚拟艺术、融合艺术等，正向我们展示无限诱人的艺术前景，这是按照传统艺术思维无法想象的。这些都为我们的美学研究提供了新的机遇、新的经验和新的课题，需要我们敏锐地捕捉、系统地总结和认真地研究。一个新的文化时代到来总会引起人们的恐慌、疑虑、抵制、不适，这是必然现象，重要的是我们必须往前走，没有回头路可走。我们要去的地方一定在未来，在远方，而不是在脚下、在过去。

我要说的就这么多。谢谢大家！祝本届论坛圆满成功！祝大家精神愉快，满载而归！

论坛主办单位《社会科学战线》
主编陈玉梅女士致辞

尊敬的各位领导、各位专家学者、女士们、先生们：

大家上午好！

作为主办单位之一，我代表《社会科学战线》杂志社，对参加此次论坛的领导、专家学者表示热烈的欢迎和衷心的感谢。在这个热情洋溢的季节，在风景秀丽且具人文之美的美丽杭州，聚集这么多美学界的精英，召开这样一个美学盛会，正可谓天时、地利、人和。相信与会的每一位，都对此次会议充满信心和憧憬。是什么将如此众多的不同的美学风格聚集在一起，是什么将这么多美学界的朋友凝聚在一起，是学术这个纽带。费孝通老先生曾为《社会科学战线》题词"以学术为本，开风气之先"，这是老先生对我社的高度认可。也寄予着学界的厚望。这也是我社的办刊宗旨，《社会科学战线》是吉林省社会科学院主管主办的，自 1978 年创刊以来，《社会科学战线》始终将学术作为根本和生命线。不管时代怎么变化，风尚怎么移动，对于学术杂志来说，学术这根主线，永远不能变。正因为有这样的理念，正因为多年来在座的各位专家、学者对《社会科学战线》的支持和厚爱,战线一路走来,没有让大家失望,并取得了喜人的成绩。

我就说说这两年的情况,2015 年,《社会科学战线》再次被评为全国百强社科期刊,2015 年、2016 年连续两年被评为中国最美期刊,这是对我们的装帧设计质量的一个认可,2016 年,《社会科学战线》在《新华文摘》《中国社会科学文摘》的转载量位列第一。2016 年是被转载了 37 篇,在《人大复印报刊资料》转载量位列第二,被转载了 100 篇。最近,又获得了第四届中国出版政府奖,期刊奖,提名奖,这个奖项 40 项,以往大概是 100 项,40 项是提名奖,还有 20 项是正式奖,这一次是 60 项,这个有一定的难度,作为主编,我为我们的杂志自豪,更要感谢大家的长期支持和鼓励,与在座的各位专家相比,我是美学的门外汉,因为我是搞经济的,这正是综合性人文科学学术期刊要面临的问题,学术在本质上是专业化的,但我们的刊物却是综合性的,创刊之初大而杂就是战线的一个特点,内容涵盖了文学、史学、哲学、政治学、经济学、法学、教育学、管理学、传播学等相关学科,创刊之初是季刊,346 页;1993 年我们把它改成了双月刊,是 282 页;2009 年,再次改为月刊,282 页,十五年一变化,每期现在是五十万字,12 期,随着社会和学术生态的变化,当年的优长特色成为我们要面对的问题,那就是如何处理好综合性和专业性的矛盾,对此近年来我们提出了新融合与新发展的办刊理念,推动刊物与学者融合,与学界融合,与刊界融合,与新媒体融合,与国际学术前沿融合,也就是积极主动地组织参与学术活动,走进学术前沿,与学术共同体共同进步,共同发展,在学科栏目设计上,要强调问题化,探讨精神的学术真问题,把综合杂志的每一个学科都做成专业领域的精品。

金雅教授领衔的"人生论美学"栏目就是我们文学学科打造的一

个精品栏目。从 2009 年第 9 期刊发的金雅教授《趣味与生活的艺术化》一文开始，我们就关注了这个选题，组织专题栏目，八年间我们刊发了许多关于人生论美学的经典力作，也取得了很好的学术反响。目前，人生论美学的研究已初具规模，我们为学者提供了平台，我们也见证了学术的成长过程，并参与到中国美学的建设之中，这对于杂志来说，无疑是非常有意义的事情。2014 年 10 月，习近平总书记在文艺座谈会上的讲话中指出，中华优秀传统文化是中华民族的精神命脉，是涵养社会主义核心价值观的重要源泉，也是我们在世界文化激荡中站稳脚跟的坚实根基，要结合新的时代条件，传承和弘扬中华优秀传统文化，传承和弘扬中华美学精神。这是对美学研究的高度重视，也为美学研究指明了方向，我认为与西方的形而上学美学不同，我们的美学更具有实践性。与其说美学是一个学科，倒不如说，美学是一种生活方式，正是在这个意义上，我们尤为重视人生论美学。它凸显了中华美学的特质，使理论美学成为人人可实践的美学，它也彰显了中国人特有的生存、生活方式。借用海德格尔的一句话来说，那就是，一种中国式的诗意栖居的方式。我想，在座的各位对于这个集聚民族特色、中国特色的美学概念充满了兴趣、信心和期望，也期待它更加完善，枝繁叶茂，成为建设中国美学学派的契机。最后，再一次感谢诸位多年来对《社会科学战线》的关爱和支持，祝此次会议圆满成功，在中华美学精神传承，在中国美学学派的建立上留下浓重的一笔。也祝嘉宾在会议期间收获多多，生活愉快，谢谢大家。

论坛协办单位代表东南大学艺术学院
院长王廷信先生致辞

首先感谢浙江理工大学，感谢金雅教授的邀请，让我能够听到有关人生论美学研究的声音，我们东南大学艺术学院也为能够协办本次会议感到十分荣幸。

美始终是人类追求的核心目标之一。对于美的观照构成了人的审美活动。对于审美活动的认识构成了有关美的学问，也就是我们所言的美学。美学的任务是在探讨美的生成、美的表现、美的特征等一系列重要命题。有关美学的研究，在西方已经走过较长时间的道路，在中国自新中国成立以来，尤其是 20 世纪 80 年代以来，也有众多学者参与，并且取得了令人瞩目的成果。这些成果对我们正视美的存在、美的价值以及以不同的方式来表现美，都起到了重要的推动作用，也为我们正确认识文学艺术提供了方法论。

美是直接诉诸人的感觉并进而催人思考、令人回味的东西。人们从审美对象所感受到的快乐直接让人获得心理的快乐，这种快乐会进入人的精神世界，进而被带入生活，会改变或影响人们对其他事物的态度或评价。这种由对一个审美对象的快乐延伸到生活其他方面的现

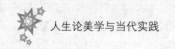

象，即应是人生的快乐。我认为，对于这种现象的思考和认识就是人生论美学。

人生论美学的价值在于把美与人的生存联系在一起来思考，有意识地引导美进入人们的日常生活，让美学从中走出来进入人们的生活世界。也让理论家的注意力转向从美产生的源头来思考美学问题。因此，人生论美学可以从方法论上为美学研究开辟新源头，也可以让美学从这个源头上重新思考。但人生论美学要走的路还很长，尤其是在视角、概念、范畴等方面都还需要更加深入的探究。本次会议是人生论美学研究取得较大进展的一次研讨会，我相信本次会议能够从更深的层次推动人生论美学的研讨。

有关美学与艺术学理论学科的问题我也想在此略谈几句。目前有许多美学领域的专家沉潜在艺术学理论学科的研究当中，也有不少艺术学理论学科的专家在美学领域耕耘。由此我们不难看出二者之间的密切关系。艺术学理论学科建立较晚，这个学科的建立，也是由美学家提出的，因为许多艺术问题单靠美学解决不了，所以需要开辟一个新的学科。在我看来，艺术学理论在成长过程中始终离不开美学的滋养。美学的研究视角、美学的思辨方法、美学针对艺术的种种独特看法，都会为艺术学理论学科思考艺术问题提供重要基础，尤其是在方法论上会为艺术学理论学科提供启发。艺术学理论的学术研究非但离不开美学的滋养，也离不开文学、历史等兄弟学科的滋养。就美学而言，它与艺术学理论学科是从不同的视角来认识艺术的，二者殊途同归，都会让我们更加清晰地看待艺术问题。因此，艺术学理论学科在未来的道路上，绝不能够孤立独行，而要自觉吸收兄弟学科的成果，让自己的步子迈得更加稳健。

最后祝各位学者参会期间身体健康，祝本次大会圆满成功！

论坛嘉宾代表中国文联副主席
陈振濂先生致辞

各位代表好！

我想简明扼要地说说我对这个会议的看法。

昨天晚上，我在翻看本次会议的论文集。

第一，我觉得这个论文集的质量非常高；尤其是读了前面几篇领衔者的论文，发现原来这背后有一个雄心勃勃的计划。记得我们过去对美学产生浓厚兴趣，是在八十年代初文革刚刚结束的时候，我们特别在意"美"是什么？美是主观的还是客观的？诸如此类的"根本性命题"。我记得当时有两个代表人物，一个是蔡仪先生，一个是高尔泰先生。这两位先生分别代表了主观派和客观派的两个极端；当时我们都是大学生、研究生，看了他们之间的争论感到非常兴奋——原来这里面还有那么多的名堂！然后到了八十年代后期九十年代初，就开始有了李泽厚先生。在南方比较流行的是蒋孔阳先生的美学观点；大学生里面最流行的应该是李泽厚的《美的历程》。后来有很长一段时间，美学界是比较沉寂的。看了这次的"人生论美学"会议论文集，我觉得它可能是想打造第三种类型。这一点金雅教授论文里面已经提到了。第一个类型，是"认识论美学"，就是"美到底是什么?"的问题。我们在这里讨论了半天，找到合理的结论还是不容易。第二个类型，这个在金教授的论文里被概括为"实践论美学"。我在想:"实践论美学"大概就是"美是怎么具体展开的"。但我们可能更多地关注的是早期这一代美学家致力于解释的是"美是怎么呈现的"，它是通过什么样的物质，通过什么样的形式呈现出来的? 在古代又是怎么呈现的? 在当代又可能是怎样呈现的? 我觉得这是第二个类型。现在这个"人生论美学"呢，大概可以把它列为第三种类型，它和早年的从认识论出发纠缠于主观客观的"宏大思考"肯定不是一回事。但它是否是在有意着力于"美学"或"美"是通过什么途径，又是怎么呈现的? 是否采取非常具体的展开方式? 好像也不是。那么这就为我们提供了一个新的角度:从这次会议的立场来说，它就有了一个试图准备另辟蹊径开宗立派的独特的意思。在这年头学问的做法可谓各显神通，在一个抽象的"美学"前面挂一个什么高大上的名词概念，然后哗哗哗说一大段，云遮雾罩，闪烁其辞，洋洋洒洒一大堆;这样的场面我们见得多了，有的时候看看也挺烦的。但是这个"人生论美学"的论述，看了以后呢，觉得它还真的是有一点基础;它的展开逻辑我觉得是可以成立的。我觉得它至少具备了一个希望和可能，让我们能看到有这样一种思考方式与概念逻辑展开顺序的应用。

现在想想，过去的梁启超、蔡元培，一直到朱光潜、宗白华，都是这个方面最出色的思想家和理论家，都有相关的论述;过去不断有人整理，也有不断出版的成果。尤其是浙江理工大学出版了两套以"人生论美学"为主题的中国现代美学大家的文献著作系列和研究专著系列，由此形成今天举办《中国现代美学名家文丛》这样一个隆重的新版发布仪式，我看到有很多非常具体的资料的绵密展开，这一点非常好。当然，在今天这个场合中，我特别希望这样的一个关联于人生论的美学立场，不但能够成立；而是能够成为今后美学界关注的学术热点。这是因为我们传统的中国人文精神，需要得到我们美学界对它的重新观照。

第二，大家过去认为，美学一定是西方之学，当然也有不同的争论，比如认定中国古代也有美学，可是有"美"的论述不等于有美学，这不是一回事。因此呢，"人生论美学"这样的一个提法，我觉得非常好。它正符合我们今天对于人生的追问；对于我们今天人生的存在价值，正需要一种系统的美学理论来进行解释定位。刚才高建平会长说的"价值观"也就是这样一个意思，这样一个立场。所以我觉得这是"人生论美学"它可能成功的一个非常重要的因素。当然也有另外一个问题：要让它真正成为这个时代美学的热点，甚至成为一个真正有广泛影响有建树的学派，我觉得它还有很多工作要做；比如说在文集中我也看到，我估计大概是年轻的作者；他的写法非常像古典文论的读后感或名篇评析，那么就是说他在写法上是就事论事、经验体会式的，缺少一个美学的思想理论框架；缺少这样一个整体概念，一个学科的概念。"人生论美学"不能变成宽泛的随感式的文艺评论。它实际上是代表了两个不同的指向。这是我觉得可能在建立这个学派的时候需要注意的。就是一篇文章如果给我看：我先要判断它是不是美学的论文，其标准是它的思辨性有多少？它的思辨魅力能够感染多少读者？它的思想的展开、逻辑的方式具体表现在哪里？如果它让我感觉只是某某怎么说，在简单介绍，我觉得那就意味着本领还需要提升。也希望我们领衔的学者如聂振斌教授、金雅教授等，在这个方面多多带领，带动学派的整体建设和年轻学者的成长。

第三，我觉得"人生论美学"可能还有很多的发展空间，我们过去是观社会、观自然；那么"人生论美学"它是不是就一定是过去的古典美学里面的观物、观我？是不是一定就是观我或者一定就是观心？我觉得也不一定。因为一个学科所面对的对象，它是人生的一个循环的过程；它既是研究的主体，也可能是一个面对的对象、一个"物"。人生的循环其实也是一个对象的"物"，那么在这个对象里，会有很多可以拓展的思想空间。过去我还不了解几年以前，已经有过一次"人生论美学"的研讨会已经开过了，这个记录唤起了我们极大的兴趣，我刚才和庞井君主席说：我们回去以后，要把这个方面的成果告诉大家，除了过去我们熟悉的李泽厚的学派，除了过去大家关心的高尔泰和蔡仪的学派以外，现在还有一个"人生论美学"的学派，它是针对我们的社会生存的每一个人而发的。它有可能成为一个非常好的学术对象，在这个对象内容里可以提取出很多的概念，如果用真正美学的方式来展开，它将是非常具有中国特色；也就是说是非常具有中国学派特征的。

预祝这个会议成功，谢谢各位！

论坛嘉宾代表中国艺术研究院研究生院党委书记李心峰先生致辞

各位专家、各位学者：

大家上午好！

非常高兴，也非常荣幸，受邀参加这样一个盛会。我首先对"人生论美学与当代实践"全国高层论坛的举办表示热烈祝贺！对金雅教授主编的六卷本《中国现代美学名家文丛》由中国文联出版社再版表示热烈祝贺！

今天的论坛主题很重要、很有意义，要发言的专家一定很多，时间非常宝贵，我尽可能简短地说几句话。我想从今天作为一个节日说起。今天是一个非常有意思的节日，就是"父亲节"。我要向在座的所有做父亲的，还有即将，或在将来要做父亲的，表示由衷的节日祝贺！祝你们"父亲节"快乐！当然，我也要向在座的所有做母亲的，和即将，或将来要做母亲的所有的女同胞们，表示由衷的节日祝贺！因为，就在一个多月以前的五月十四日，就是"母亲节"。我祝女同胞们"母亲节"快乐！

实际上，我是想借今天的"父亲节"，谈这样一个话题：即任何一个学科，包括美学和艺术学，它本身也都有一个父与子之间的代际传承关系。比如，我们会说，德国的鲍姆嘉通，是"美学之父"；德国的康拉德·费德勒，是"艺术学之祖"。我们还会说，对于中国的现代美学而言，它的第一代可被称为"中国现代美学之父"的人，我们可以举出梁启超、王国维、蔡元培等。第二代美学家，可以举出朱光潜、宗白华、丰子恺等。而金雅教授团队今天做的一件大事，就是给可视为第一代、第二代中国现代美学之父的六位代表性的美学家即梁启超、王国维、蔡元培、朱光潜、宗白华、丰子恺做了一个文丛——从人生论美学的视角，做了一套《中国现代美学名家文丛》，而且现在出了第二版，为中国现代的人生论美学，也为整个中国现代美学，认真总结、学习、传承第一代、第二代美学代表人物的宝贵精神财富，提供了系统的思想资料，为美学的代际传承，切实做了一件很有意义的工作。这难道不是一件非常值得高兴的事吗？我们要对他们所做的宝贵贡献，表示敬意和感谢！

中国现代美学的代际传承，从第一代"现代美学之父"到现在，应该说已经经历了好几代了。如果说在新中国成立之前，有梁启超、王国维、蔡元培、李叔同、鲁迅等代表的第一代，朱光潜、宗白华、邓以蛰、丰子恺、蔡仪、王朝闻等代表的第二代，这样两代美学家的话，在新中国成立以来，也已经产生了几代美学家。最早的一代人，可以举出李泽厚、蒋孔阳、刘纲纪、周来祥、叶朗等；到了新时期，逐渐涌现出第二代美学家，像我们在座的一些学者，比如聂振斌先生、张玉能先生等，以及不在现场的滕守尧先生、凌继尧先生等，可不可以称之为新中国第二代或新时期第一代美学家呢？另外，还有在座的像高建平、王旭晓、王杰，这批学者目前在年龄上大都在 60 岁上下，与上述那几位 70 多岁的学者相比，可能存在一定的年龄距离，但从他们进入美学领域、走向学术前台的时间段来看，比他们稍晚或大致同步，即大都是在 20 世纪 80 年代。似乎还难以构成代际距离。是否可以将他们视为美学上的同一代人？如果这样的判断能够成立，那么，与这一代人相比，那些出生于 20 世纪六七十年代，目前年龄在四五十岁左右的一大批青年学者们，是否可以说是当代中国美学研究的又一代新人呢？在我看来，金雅教授就是这一年龄段或这一代美学研究者中相当出色的代表之一。而目前仍在学校读硕读博的"80后""90 后"甚至"95 后"们，则是又一代人了。他们是属于未来一代的美学研究的传承人、接班人。

当然，中国现代美学的代际关系如何划分，这是一个学术问题，还有待于继续探讨。我无意于在这里对这个问题给一个结论性的意见。我只是想说，中国现代美学学科的发展，需要一代接着一代的代际传承，也需要一代接着一代地向前发展。就是说，我们的美学学科，面临着一个代际传承的历史重任。在这一点上，我认为浙江理工大学中国美学与艺术理论研究中心，以金雅教授为核心的学术团队做得特别好。他们不仅选编出版了《中国现代美学名家文丛》《中国现代美学名家研究丛书》，对中国现代美学第一代、第二代六位代表人物的人生论美学成果进行了资料整理与个案研究，而且正在展开当下的人生论美学的探索与建构。他们现在所倡导的人生论美学，我认为是继承了中国 20 世纪美学非常优良的传统，又能结合新的时代，做了新的思考，新的开拓。他们所做的工作，值得我们关注。

我就说这几句话，对这次会议表示衷心祝贺！对《中国现代美学名家文丛》的再版表示热烈祝贺！同时，对金雅教授团队未来的研究有很大的期待！

谢谢大家！

论坛嘉宾代表王国维先生重孙
王亮先生致辞

非常高兴受到主办方的邀请，作为六位美学名家后人代表作一个发言。

七八年前，金雅老师曾经向我寄赠过初版《中国现代美学名家文丛》，现在《文丛》又出新版，可喜可贺！参加人生论美学论坛对我也是一次向专业人士请益的机会。今年正好是我的曾祖王国维先生诞辰一百四十周年、去世九十周年，月初的时候我前往海宁参加了一个当地的纪念活动，现在他的美学著作选本又在此隆重重刊，我觉得也是一个非常好的纪念。大家都知道王国维先生早年投入很多心力研究美学，后期学术多次转向，这从完整的他的著录目录、学术年表中可以很明白地看出来。他著作的最后结集，是在2010年前后出版全集，可以说是他著述资料的集大成。实际上学界还是有后续的发现，比如说他早年在苏州师范学堂自编的有关教育学、心理学这些方面的讲义，以前以为已经佚失的，近若干年又发现了，其中有不少跟美育相关的内容，我觉得是值得研究美学的人去参考。我也写过文章介绍在广州省立中山图书馆找到的一种《教授法》，但我主要是从文献的角度对他进行一个描述，有些具体的内容因为治学范围的限制，我没有能力做更深入的研究，包括他引用的若干外国学者人名，没有附外国译名，到现在也还不能确认，希望假以时日，能解决疑难。

另外据我所知，北京有一些研究者他们是用很接近传统朴学的办法，就是到北京国家图书馆调查相近时代文哲主题的外文藏书，大概是去翻一遍被王国维先生阅览过的书，看看有没有王国维先生的印记或者题记，尽可能地复原他早期做研究时候的西学资源，那么我觉得这也是非常有价值的工作。还有学者在做他的著述和诗词的外文译本，那是要向世界的读者推荐他的研究和创作，所以这也可以说是另外一种性质的研究。我觉得这些对我都非常有参考的价值。

我个人对美学没有深入的研究。我读曾祖的著述，直观的感觉是他前后期的变化是相当大的，比如说他后期非常注重社会团体和道德的关系，跟他早期一直讲以美育为主轴改进人生是有一定的反差的。另外，他的生活时代实际上也是跨越了近代和现代，他对于所谓的现代化生活方式也是有一些个体的独立认知和思考，比如他跟胡适通信，对于好莱坞电影就有评论，就说美国制作人拍电影要花几十万投入，他感觉是在物质和财富上的很大的一种浪费。胡适回复就很有意思，他说其实电影人的理念和认真程度也是跟专家学者研究学术相似的，实际上这些电影是有它独特的价值的。我们今天可能会觉得胡适的见解更通达，那么反过来思索王国维先生他为什么会有这样的判断，我觉得也还有进一步研究的必要，因为我们现在都讲同情之了解，我觉得总结王国维先生美学和其他领域的学术和见解对于我们继往开来，总结新时代的审美经验，缔造新的审美艺术人生，都是很有参考价值的。包括我最近在撰写的一篇文章里提到，他那部总结性的自选集《观堂集林》分为三个部分，艺林、史林、缀林，按一般的说法，他对应中国传统经部、史部、集部。那么我觉得这种分类的方法也可能跟他早期受西方学术分类的影响有关系，西方学术的三分法也有很长的一个传统。

以上是我多年读先人著述生发的一些浅见，拉杂不成系统，若有错误和偏颇之处，希望大家指正。

最后预祝这次会议圆满成功！谢谢大家！

《艺术百家》论坛综述

为进一步将人生论美学的研究推向深入，持续推动人生论美学的民族化理论与当代艺术、美育、生活等实践的深度交融，积极推动中国美学与世界美学的多元对话，由中华美学学会、浙江理工大学、中国文联文艺评论中心、《社会科学战线》杂志社联合主办，浙江理工大学中国美学与艺术理论研究中心、浙江省一流学科"艺术学理论"（浙江理工大学）承办，东南大学艺术学院、《艺术百家》杂志社、《中国文艺评论》杂志协办的"人生论美学与当代实践"全国高层论坛，于 2017 年 6 月 18 日在杭州召开。

著名美学家汝信、杜书瀛、朱立元向论坛发来贺信。汝信指出，中国现代人生论美学经过学术界的研究倡导，已成为当前美学研究的重要课题之一。它深深扎根于中国的土壤，紧密联系实际，注重现实生活，关怀人的生存状态，充分体现了中国文化的特性。研究探讨人生论美学，对弘扬中华美学精神，继承中国优秀文化传统，建设当代有中国特色的美学理论和话语体系，具有重大的意义。杜书瀛指出，优秀传统文化的重要组成部分之一就是我们的传统美学精神。传统美学精神的重要因素之一就是人生美学，或曰人生的审美化——从实践层面说，即是人生与审美的融汇、统一；而人生美学的理论表现就是人生论美学。朱立元指出，当代美学无论怎么进行创新建构，最终都应该落实到人生实践中去，都应该与人生论美学相连通、相链接。论坛的顺利召开，不仅能推动人生论美学本身的深入发展，而且有助于美学、美学史、美育理论各个方向的全面发展，有助于中国当代美学理论话语体系的创新建构。

本次论坛是在 2014 年中华美学学会与浙江理工大学联合主办、浙江理工大学中国美学与艺术理论研究中心承办的"人生论美学与中华美学传统"全国高层论坛基础上的进一步推进。

国内众多顶尖美学家，以及来自全国 30 多所高校的近百名学者出席本次论坛。论坛现场观点争鸣，思想交锋，学术气氛浓郁热烈。论坛在人生论美学研究的若干领域展开了广泛深入的对话和交流。

弘扬中华美学精神，建设人生论美学的民族话语和民族学派，是本次论坛的核心内容。人生论美学的主要倡导者——浙江理工大学美学中心金雅教授指出，人生论美学直接源自民族文化的诗性内核，聚焦于真善美张力贯通和审美、艺术、人生动态统一的大美情韵。人生审美情趣，中国古已有之。人生论美学的理论建设，孕萌于 20 世纪上半叶，自觉于 20 世纪末迄今。简单套用一种现成的西方美学学说，难以框范和裁剪人生论美学的理论内涵和学理特质。人生论美学不同于生活美学、实践美学等，也不能等同于认识论的美学、伦理学的美学等。发掘阐发和研究建构人生论美学，是建设当代中国美学民族话语和民族学派的重要课题之一。中国文联文艺评论中心庞井君研究员认为，人类精神结构可以从科学认知、审美艺术、价值信仰三个方面进行建构。在社会转型时期，文化的一些基本理论、概念，都面临着重新去理解，去架构。以人生论美学为主题，探讨人生问题，社会问题、美学问题，非常有意义。《社会科学战线》陈玉梅研究员指出，与西方的形而上学美学不同，我们的美学更具有实践性；与其说美学是一个学科，倒不如说，美学是一种生活方式，正是在这个意义上，我们尤为重视人生论美学。它不但凸显了中华美学的特质，使理论美学成为人人可实践的美学，也彰显了中国人特有的生存、生活方式。浙江大学陈振濂教授认为，中国传统的人文价值，需要得到新的观照。人生论美学探讨的问题与每一个人相关，正符合当代对于人生的追问以及对于人生的存在价值的探究。它非常具有中国特色。中国艺术研究院李心峰研究员指出，中国美学面临着代际传承的重任，人生论美学继承了 20 世纪民族美学优良的传统，继往开来，为中国美学的发展传递薪火。《求是》杂志社马建辉研究员认为，人生论美学是当代中国美学研究的一个很深刻的转折。它为摆脱形而上学的纠缠、摆脱抽象的辞藻玩弄，提供了一个适宜而恰当的选择。华中师范大学何卫华副教授认为，人生论美学是中国学界发掘中国传统美学思想的重要成果，随着相关讨论的不断推进、深入和发展，已逐渐发展成为一个体现中华民族审美精神的立体的、多维度的和综合的思想体系，其在审美情怀、审美内容、审美方式上都有别于西方美学，不仅是对中华传统美学精神的提炼，也是对时代问题的回应。

发掘人生论美学的民族资源和精神传统，引领提升当代生活实践，是本次论坛的重要内容。中华美学不纠结对美的问题的理性思辨，而是关怀人生，关爱生命，关注生存，这也是人生论美学传承发扬中华美学精神的重要方面。浙江大学王元骧教授认为，人生论美学是迄今为止找到的最准确的一种美学的出发点或者说是逻辑点。从现实生活中的人来谈美，是切中肯綮的。人生论美学不同于生活美学，

不是消费美学，而是诗化人生。东南大学艺术学院王廷信教授认为，
人生论美学的价值在于把美学从象牙塔中引入我们的生活，而生活本
身是产生美的最根本源泉。因此，将思辨性、理论性的这样一门学问
引入人生、人的生存、人的生活世界，对于美学未来的发展大有裨
益。武汉大学陈望衡教授指出，美学有两个研究维度：艺术、人生。
中国自古以来就没有把艺术跟人生分开——艺术即人生，人生即艺
术。从先秦的孔子、老子、庄子，一直到近代的王国维、朱光潜、宗
白华，人生论美学可谓绵绵不绝，从未中断。他从中国文化的语境出
发阐释了"趣味"与人生的关系，认为西方美学史中重要的范畴——
"趣味"，不只是美学的范畴，还是人生观的范畴。它不只涉及审美，
还涉及人生的意义、人生的终极追求以及追求的方式。因此"趣味"
是人生论美学的重要范畴。中国人民大学哲学院王旭晓教授从审美活
动的三大特点入手，分析了美与人生的关系和对人生的启迪，认为其
价值就是促使人生的审美化或称艺术化。河北大学胡海教授认为，朱
光潜的"赤子之心"是一种超功利的心境。朱光潜将其作为人心净化
的出发点和归依。从"赤子之心"切入，可以把握朱光潜人生论美学
思想的要旨，并充分认识其实践意义。中国社会科学院哲学研究所徐
碧辉研究员分析了中国人生美学的两大原型——"乐生"与"逍
遥"，认为孔子的"乐"既是生命精神的状态，也包含道德人格的内
蕴，可说是蕴含了审美和道德的人生化境；庄子的"逍遥游"其实就
是一种审美之游，一种心灵摆脱物欲羁绊而自由任情、高度愉悦的审
美历程。

以人生论美学的民族理论和民族精神，推动中国当代艺术实践的
繁荣发展，也是本次论坛聚焦的论题之一。美学与艺术的关系极为密
切。尤其在中国文化中，人生与艺术更是息息相关。中国艺术体现了

万物含情、万象含生、天人合一的至美境界。高建平指出，当前学界特别是艺术学界有一个错误的口号：要艺术学，不要美学。这是一种学科间画地为牢的做法，既不利于美学的发展，更不利于艺术学的发展。美学与艺术相结合才是正途。人生论美学是当代美学发展事业中非常有意义的尝试。杭州师范大学莫小不教授认为，中国传统艺术一直倾心人生问题，富有浓重的人文关怀意蕴。他从书法艺术的创作实践出发，认为中国书法重视法度，既要在尚美中主动用心修炼，规范自己，求得技法精熟，又要能最终忘法而进入自由的创作状态，以达书法的最高境界。浙江工商大学朱鹏飞教授从王国维的"大文学"观谈起，认为其有三个基本特征：一是强烈的入世情怀，二是理想精神，三是入世与出世的统一。实质上，这就是中华人生论美学融审美艺术人生为一体的大美追求。其对当代艺术创作具有重要启示：一是要涵育"诗人之眼"，二是要拥有"美丽之心"。浙江理工大学美学中心李瑞明教授认为宗白华艺术意境论所呈现的正是华严哲学"四法界"中的"华严境界"。这个境界在深层的意蕴上，即艺术即人生，是艺术与人生合一的人生观与实践。赣南师范大学文学院吴中胜教授认为，以《文心雕龙》为代表的中国文论谈文学艺术也是在谈人生，文论寄托了他们的人学观念、生存抉择和人生理想。浙江理工大学美学中心李梅博士认为丰子恺的"万物一体""美的眼光""艺术的心境"等诸多审美范畴，构成了丰子恺真率人生论美学的重要方面，展现了丰子恺真率人生的审美之维，也凸显了他一贯坚守的"艺术化的人生"和"人生的艺术化"的审美理想。丰子恺以"心眼"观世界的审美态度及艺术创作原则，对于当今的艺术实践活动有着重要的启发意义。温州大学傅守祥教授针对我国当前艺术的审美乱象和文化迷失，指出急需将兼具中华传统美学特色与现代美学精神的"人生论美

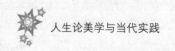

学"发扬光大，以此为核心实现新世纪的美学自觉与文化自觉，以切实的"审美介入"矫正文化时弊，并推动重建文艺的"公共性"与审美伦理。

以人生论美学切入和推动当代中国美育实践的发展，也是本次论坛的重要议题。中国社会科学院聂振斌研究员从中西方人生理想与美感——艺术教育的差异出发，认为美感——艺术教育是中国人理想和信仰确立的重要路径。中国文化理想是以美感——艺术教育为核心的人生理想而不是宗教理想。浙江工业大学郑玉明副教授认为，朱光潜重视艺术美育、关注趣味培养的趣味教育思想，对于我们探索民族性美育理论、认识美育活动的功能机制和美育方法都有重要启发。同时，他认为只有从个体人生与民族复兴的统一中认识趣味教育，才能真正把握其理论和实践价值。安徽师范大学文学院陈元贵教授认为大学美育的价值和定位，在于对大学生现世人生的引领和提升。浙江理工大学美学中心刘广新副教授从梁启超的"情感说"谈及如何解决当代青少年人生美育中存在的诸多问题，认为必须借助诉诸情感的艺术审美教育，而不能简单地依靠理性的说教。

本次论坛期间，还举行了金雅教授主编的《中国现代美学名家文丛》新版发布仪式。《中国现代美学名家文丛》各卷编选、专家委员、美学名家后人代表，以及出版方、图书馆、媒体等参加了活动。

（原载《艺术百家》2017 年第 5 期。原题《"人生论美学与当代实践"全国高层论坛综述》。作者：莫小不、李梅、王宇；责任编辑：帅慧芳）

后　记

　　本书是 2017 年 6 月 18 日在杭州召开的"人生论美学与当代实践"全国高层论坛的论文选集。论坛由中华美学学会、浙江理工大学、中国文联文艺评论中心、《社会科学战线》杂志社联合主办，东南大学艺术学院、《艺术百家》杂志社、《中国文艺评论》杂志协办，浙江理工大学中国美学与艺术理论研究中心、浙江省一流学科"艺术学理论"（浙江理工大学）承办。论坛期间，举行了《中国现代美学名家文丛》新版的发布仪式。

　　自 20 世纪末以来，我们所在的研究中心和学术团队，开始将主要精力集中于中国现代重要美学资源的发掘整理和民族美学人生论精神传统的提炼总结，这个工作也得到了学界诸多前辈和同仁的关心指导、大力支持。我们先后汇聚全国相关领域的专家学者，组织出版了《中国现代美学名家文丛》（金雅主编，6 卷）、《中国现代美学名家研究丛书》（金雅主编，6 册）、《人生论美学与中华美学传统》（金雅、聂振斌主编）、《中国现代人生论美学文献汇编》（金雅、刘广新编选）等集体成果，在杭州发起召开了"中国现代美学、文论与梁启超"全国学术研讨会、"中国现代美学的资源与实践"全国高层论坛、

"蔡元培、梁启超美育艺术教育思想与当代文化建设"全国学术研讨会、"人生论美学与中华美学传统"全国高层论坛等学术会议，对上述问题进行了持续的聚焦和研讨。相关活动和成果，承新华社、《人民日报》《光明日报》《中国社会科学报》《中国艺术报》《文艺报》《文学评论》《学术月刊》《社会科学战线》《社会科学辑刊》《学术界》《艺术百家》《中国文艺评论》等宣介和发表，部分成果为《新华文摘》《复印报刊资料》《高等学校文科学术文摘》等转摘（载）。

人生论美学是中华美学最为重要的精神传统之一，也是中国美学的民族化思想学说。它与中华文化的人生论哲学有着深切的关联，既具重要的理论建设意义，也有很强的现实针对性。目前这方面的研究，已引起学界的关注，但还有着较大的提升空间，很需要予以系统深入的发掘、梳理、辨析、建构、推进。

为更好呈现论坛的面貌，文集除遴选入编的论坛论文外，也收录了著名学者汝信、杜书瀛、朱立元先生发给论坛的贺信，论坛主协承办单位代表和嘉宾代表的致辞，以及《艺术百家》刊发的论坛综述。集中部分论文经论坛主办方推荐和作者本人投稿，已由《学术月刊》《社会科学战线》《学术界》《探索与争鸣》《著作欣赏》《艺术与设计》《中国艺术报》《高等学校文科学术文摘》等先行刊发和转载（摘），这部分论文标注了发表信息。感谢诸报刊支持！

诚挚感谢汝信先生和仲呈祥先生为文集赐序以及给予支持！诚挚感谢各方对人生论美学研究的关注支持！

金　雅　聂振斌

2017 年 11 月